Mantegazza, Paol

Physiologie des Genu

EUROPÄISCHER
HOCH
SCHUL
VERLAG

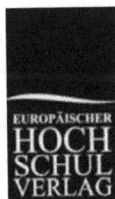

Mantegazza, Paolo

Physiologie des Genusses

ISBN: 978-3-86741-420-3

Auflage: 1
Erscheinungsjahr: 2010
Erscheinungsort: Bremen, Deutschland

Bei diesem Titel handelt es sich um den Nachdruck eines historischen, lange vergriffenen Buches aus dem Jahr 1888. Da elektronische Druckvorlagen für diese Titel nicht existieren, musste auf alte Vorlagen zurückgegriffen werden. Hieraus zwangsläufig resultierende Qualitätsverluste bitten wir zu entschuldigen.

Mantegazza, Paolo

Physiologie des Genusses

EUROPÄISCHER
HOCH
SCHUL
VERLAG

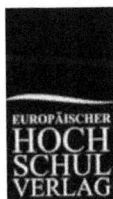

Physiologie des Genusses.

Von

Paul Mantegazza.
Professor der Anthropologie an der Universität in Florenz.

Autorisirte Uebersetzung.

Nach der 9. Auflage aus dem Italienischen.

Jactamur in alto.
Urbis et sterili vita labore perit.
Martial.

Zweite Auflage.

Styrum u. Leipzig.
Verlag von Ad. Spaarmann,
Königl. Hofbuchhändler.
1888.

Einleitung.

Der Genuß ist ein elementares Lebensphänomen, welches als solches nicht weiter erklärt werden kann. — Dieses Buch soll nur dessen wahrnehmbare Momente beschreiben und in eine Art System zusammenreihen; aber selbst wenn es mehr als eine einfache Skizze, wenn es ein bändereiches Werk wäre, würde es doch nie das Wesen des Genusses erklären können. — Uebrigens ist die Definition eines Objektes, das Alle kennen und über dessen Wirklichkeit Niemand Zweifel erheben kann, vollständig überflüssig, so daß ich ohne Gewissensbisse darüber hinweggehe. Wer anderer Meinung sein sollte, und durchaus eine Definition von mir verlangt, dem antworte ich, daß ich sie mit diesem Buche gegeben habe und daß ich dieselbe, so weitschweifig sie auch scheinen mag, doch nur als unvollständig und mangelhaft ansehe.

Der Genuß ist eine „Empfindung“, denn er bietet die dieser Art von Lebensoffenbarung eigenen Merkmale dar. Die ihn bildenden Hauptelemente sind demnach der Eindruck eines äußern oder innern Agens auf einen reizbaren Punkt unseres Körpers, die von der empfindlichen Fiber gefühlte eigenthümliche Modifikation und das Bewußtsein der Empfindung.

Das Phänomen findet also im Bereiche des Nervensystems statt und kann, wie jede Empfindung, seinen ersten Ursprung in den peripherischen Nerven oder im Gehirn- und Rückenmarks-Centrum haben. — Das eine Mal entspringt der Genuß direkt in einem auf besondere Weise modifizirten Empfindungsnerven, und die Nervencentren sind nur insofern an der Thätigkeit betheiligt, als sie das Bewußtsein davon haben. Das andere Mal wieder übermitteln die Nerven dem Gehirn einen Eindruck, welcher, mehrfach modifizirt, einen Genuß hervorruft; oder dieselben Centren erzeugen, indem sie alte, von den Sinnen gesammelte Materialien verarbeiten, angenehme Empfindungen. In diesen beiden Fällen wird der Genuß im Gehirn selbst erzeugt und kann sich auf die peripherischen Nerven verbreiten, um sich von einer übermäßigen Spannung zu befreien, oder um seine besondere Physiognomie zum Ausdruck zu bringen.

Das Merkmal, durch welches sich die Empfindung des Genusses von jeder andern Empfindung unterscheidet, ist uns unbekannt; es muß jedenfalls in einer eigenthümlichen Veränderung des erregbaren Nervenmarks bestehen, welche für unsere Sinne nicht wahrnehmbar ist. — Diese specifische Modifikation kann das einzige Element einer Empfindung bilden oder kann sich mit vielen anderen eigenthümlichen Veränderungen verbinden, so daß eben so viele verschiedene Genüsse daraus entspringen, welche jedoch alle durch ein ihnen gemeinsames Merkmal übereinstimmen.

Der Genuß ist fast immer eine übertriebene Empfindung, eine Kundgebung von übermäßiger lokaler oder allgemeiner Kraft. Er erheischt den Verbrauch von Stoff und stellt, wie alle anderen Lebenserscheinungen, eine Parabel dar. Er steigert sich bis zu einem gewissen höchsten Punkte und nimmt dann ab, um gänzlich zu verschwinden. Je intensiver der Genuß, desto kürzer die Linie, welche diese verschiedenen Stadien verbindet, und umgekehrt. — Manche Genüsse haben so ausgedehnte Zu- und Abnahme-Linien, daß der bei ihnen stattfindende Kraftverbrauch sich auf eine sehr lange Zeitdauer vertheilt; und die Empfindung kann, angelangt auf dem äußersten Punkte der Abnahme, sogleich wieder steigen um eine neue Parabel zu bilden. — In solchen Fällen kann die von der Empfindung gezogene Linie fast als gerade erscheinen, etwa wie ein sehr großer Kreisbogen. — Eine scharfe Beobachtung zeigt jedoch, daß diese dem Anschein nach gerade Linie in längeren Zwischenräumen Senkungen und Erhebungen darbietet, welche die Gradschwankungen des Genusses andeuten. Jeder Klasse von Genüssen ist eine gewisse Summe von Kräften zugetheilt, welche sich nur unter Einbuße der einer andern Freudenklasse zugetheilten Materialien steigern läßt. Die schlüpfrigen Sinnesgenüsse verzehren mit glühender Flamme das Brennmaterial, welches die ruhigen Verstandesfreuden immer lebendig erhalten soll; und der Geist, trachtend nach den erhabenen Genüssen, welche sich nur in einer gewissen Höhe finden, erhebt sich auf den Trümmern des Gefühls und der Sinne. Hier, wie in vielen anderen Fällen, stehen Intensität und Ausdehnung zu einander im Verhältniß.

Der Genuß hat im Allgemeinen immer seinen Grund für sich und begleitet die Befriedigung eines Bedürfnisses. Wenn er keinen direkten Zweck hat, trägt er zur Verschönerung des Daseins bei und bewirkt, daß wir das Leben lieben und es vor feindlichen Mächten bewahren. Wenn er die Ursache oder die Folge eines Uebels ist, befinden wir uns in pathologischen Verhältnissen. Im ersten Falle treibt der Mensch mit einem Gute, über welches er bis zu einem gewissen Punkte frei verfügen kann, Mißbrauch, und bietet also eine moralisch-pathologische Erscheinung dar. Im zweiten Falle hingegen kehrt eine organische Verletzung der Empfindungscentren oder der peripherischen Nerven die Ordnung der Dinge um und läßt aus der Anwesenheit eines Schmerzes einen Genuß entspringen. Hier sind also die Genüsse deutlich in zwei Klassen unterschieden, nämlich in die physiologischen und in die pathologischen. Die ersteren entsprechen den gewöhnlichen Gesetzen der Organisation, und statt dieselbe zu beleidigen, dienen sie vielmehr zu ihrer Erhaltung und Stärkung; die letzteren hingegen haben immer ein abnormes Verhältniß oder eine Krankheit zur Voraussetzung. Die besonderen Fälle werden uns diese Thatsache klarer machen.

Die Genüsse sind nicht Dinge, die für sich existiren, sondern zarte und geheimnißvolle Vorgänge, von denen wir nur durch unser Bewußtsein Kenntniß erhalten. Da ich jedoch schneiden und zerstören muß, um studieren zu können, so werde ich die

Genüsse in verschiedene Klassen theilen und als Grundlage meiner Klassifikation die Quellen nennen, aus denen sie entspringen. Ich werde also drei Klassen von Genüssen unterscheiden, nämlich:

I. **Sinnesgenüsse.**

II. **Gefühlsgenüsse.**

III. **Verstandesgenüsse.**

Ich halte mich nicht für verpflichtet, diese Theilung zu rechtfertigen, der ich übrigens weiter keine Bedeutung beimesse und die ich nur als ein passendes Mittel gewählt habe, um die sich am meisten gleichenden Erscheinungen näher aneinander zu reihen. Ein Gleiches möchte ich auch in Betreff meiner Klassifikation der Gefühle und der Geistesfähigkeiten sagen. Das Eingehen in psychologische Haarspaltereien würde mich zu langen und zwecklosen Erörterungen führen und könnte mir leicht als Vermessenheit angerechnet werden. Ueberdies ist mein Buch mehr das Resultat einfacher Beobachtung und will nur eine anatomische Analyse des moralischen Menschen geben; deshalb habe ich mich denn auch von allen Theorien und Hypothesen möglichst fern gehalten.

Erster Theil.

Analyse.

Erste Abtheilung:

Lustempfindungen und Genüsse der Sinne.

1. Kapitel.

Lustempfindungen des Gefühlssinnes im Allgemeinen; — vergleichende Physiologie; spezifischer Tastsinn.

Ein sehr bedeutender Theil des Nervensystems breitet sich über die ganze fühlbare Oberfläche des Körpers aus und läßt uns die von außen auf uns wirkenden Eindrücke, sowie verschiedene in den Geweben stattfindende moleculare Veränderungen empfinden. Das Ich setzt sich auf diese Weise mit der Außenwelt in Verbindung und wird sich der allgemeinen Veränderungen des Organismus bewußt. Der diese Funktion verrichtende organische Apparat bildet den Gefühls- oder Tastsinn und vermittelt die verschiedensten Empfindungen, welche ihrer Natur und dem zu dienenden Zwecke nach in drei Kategorien getheilt werden können. Einige lassen uns die physischen und mathematischen Eigenschaften der Körper erkennen, haben ihren Hauptthätigkeitssitz in der Hand und bilden den eigentlichen *specifischen Tastsinn*. Andere berichten uns von den weniger mechanischen äußeren Vorgängen (Temperatur, Elektricität u. s. w.) und den inneren Veränderungen und werden unter der Bezeichnung „*allgemeine Empfindlichkeit*" begriffen. Die Empfindungen der letzten Kategorie endlich bezwecken die gegenseitige Annäherung der Geschlechter zu der großen Funktion der Zeugung und werden unter dem Namen „*Geschlechtssinn*" zusammengefaßt. Diese Theilung ist jedoch künstlich und dient nur dazu, uns das Studium der durch den Gefühlssinn vermittelten vielförmigen Empfindungen zu erleichtern.

Die Lustempfindungen des Tastsinnes werden entschieden die verbreitetsten im Thierreiche sein; weil jedes empfindungsfähige Wesen nothwendiger Weise mit den Körpern, die es umgeben, in Berührung kommen muß, von diesen jedoch nicht immer den gleichen Eindruck empfängt; weshalb aus der Bevorzugung der einen, auch abgesehen von dem Widerstreben der anderen, Lust entspringen muß. Das aus einer ganz weichen Masse gebildete Infusionsthierchen (die Amöbe), das seine Form je nach den Gegenständen, die es berührt, alle Augenblicke verändert und das die ihm zur Nahrung dienenden organischen Körperchen in sich einschließt, vermag, wenn es mit Empfindung und Bewußtsein begabt ist, nur mittelst des Gefühlssinnes Lust zu empfinden. Derselbe muß jedoch, da er alle anderen Sinne vertritt, eine gewisse Varietät von Empfindungen gewähren, je nach den Körpern, mit denen das Thierchen in Berührung kommt. Die Lustempfindungen des Gefühlssinnes nehmen, von dieser niedrigsten Form der lebenden Materie die Stufen im Thierreiche aufwärts steigend, zu, und zwar im Verhältniß zur Ausbildung und Verfeinerung des sensorischen Apparats und des Nervencentrums, welches die ihm von den Telegraphenfäden der Tastnerven überlieferten Eindrücke aufnimmt. Bei vielen niederen Thieren scheint der Gefühlssinn nur einigen Extremitäten oder Ausläufern des Körpers beschieden zu sein, der in seiner ganzen übrigen Oberfläche mit einer harten und unempfindlichen Kruste bedeckt ist. Je mehr wir uns jedoch den höheren Klassen nähern, desto weiter sehen wir das Gebiet der Empfindlichkeit sich ausdehnen, welche sich dann auf verschiedenen Punkten modificirt und sich concentrirt, so daß die Beziehungen zwischen der Außenwelt und den Centren des Gefühles und Verstandes vermehrt werden. Kein Thier aber nähert sich in der Vollkommenheit des Gefühlssinnes dem Menschen. Dieser besitzt ein wunderbares Instrument, das in seinen vielförmigen Verzweigungen die kleinsten Körpertheile umschließt und sich über die Oberfläche der größeren Massen verbreitet; es dient zu gleicher Zeit als Bewegungs- und Empfindungs-Maschine und überbringt dem regierenden Centrum Nachrichten ohne Zahl und Ende. Seine Haut, fast ganz von

Haaren frei, ist sehr empfindlich; und da die Civilisation ihn gelehrt, seinen Körper zu bedecken, so wird deren Feinfühligkeit noch erhöht. In seinen Geschlechtsorganen endlich concentrirt sich so viel Sinnes-Feinheit, daß ihm die größte Wollust gewährt wird.

Außer den gewöhnlichen Bedingungen, welche zur Erzeugung irgend eines Lustgefühls nöthig sind, muß man bei den Lustempfindungen des Tastsinnes die drei Elemente, aus welchen sie wesentlich hervorgehen, wohl unterscheiden; nämlich den Eindruck des innern oder äußern Körpers auf den empfindlichen Theil, die Structur des Nerven, welcher den Eindruck überbringt und die Natur des Centrums, welches ihn empfängt und modificirt, indem es den mechanischen Akt der Berührung zweier Körper in einen dynamischen, d. h. in eine Empfindung umbildet. Die geringste Modifikation eines dieser drei Elemente kann die Empfindung verändern und sie entweder mehr oder weniger angenehm, oder gleichgültig, oder gar schmerzhaft machen.

Die schmerzlichen Empfindungen, die uns hier gar nicht beschäftigen, bei Seite lassend, bleibt zu untersuchen, warum ein und derselbe Eindruck eine gleichgültige oder eine angenehme Empfindung hervorzurufen vermag, d. h. wir müssen den Ursprung der durch den Gefühlssinn vermittelten Lustempfindung erforschen.

Der Empfindungs-Apparat, gebildet von dem centralen Nerven-Apparat und den peripherischen Nerven, welche, in Bündeln auslaufend sich entsprechend über den ganzen Körper verzweigen, hat seine bestimmten Funktionen und somit auch seine besonderen Bedürfnisse, die er befriedigen muß. Die regelrechte Verrichtung einer Funktion ist immer von Lustgefühl begleitet, sobald der Geist nur den daraus entspringenden und zum Bewußtsein gelangenden Empfindungen volle Aufmerksamkeit schenkt und nicht von anderen Empfindungen oder Gedanken abgelenkt wird. Je stärker das Bedürfniß zur Verrichtung einer Funktion und je größer die Aufmerksamkeit des Geistes ist, desto mehr erhöht sich das Lustgefühl. Dieses ist im vollsten Grade auch beim Tastsinne der Fall. Das Kind, das von der Welt für die es bestimmt ist noch nichts weiß, hat das dringende Bedürfniß, die Eigenschaften der Körper, welche es in seiner Umgebung sieht, kennen zu lernen; es wird von einem mächtigen Instinkt getrieben, nach allen Gegenständen, die sich im Bereiche seines engen, von den kleinen Aermchen begrenzten Horizontes befinden, zu greifen. Es umklammert sie mit seinen Händchen, hebt sie auf, bewegt sie hin und her, wirft sie zur Erde um sie nachher wieder aufzuheben, läßt sie von einer Hand in die andere wandern, mit einem Worte: es sucht die Gegenstände kennen zu lernen, indem es allerhand wunderliche Bewegungen macht, welche die Volkssprache Spiele nennt. Bei diesen ersten Uebungen des Tastsinnes empfindet das Menschenkind ein unendliches Vergnügen und zeigt es oft durch den heiteren Ausdruck seines Gesichtchens oder durch Lachen. Es besitzt in der That alle Grundbedingungen des Lustgefühls: dringendes Bedürfniß, Neuheit der Empfindung, große Aufmerksamkeit; — und genießt Alles mit einer seinem Alter eigenen Wonne, von der es sich in späteren Jahren keine rechte Vorstellung mehr machen kann. Allmählich hat das Kind die physischen Eigenthümlichkeiten der ihm nahe liegenden, gewöhnlichen Gegenstände kennen gelernt; sie vermögen ihm nunmehr keine neuen Genüsse zu gewähren, aus dem einfachen Grunde, weil sich Bedürfniß und Aufmerksamkeit abschwächen. Eine neue Quelle des Vergnügens findet es jetzt darin seine schwache Bewegungskraft an den Gegenständen zu versuchen, und indem es dieselben zerbricht oder zerreißt ändert es deren physische Eigenthümlichkeiten und empfindet neue Wonne. Aber bald sind auch die Ueberreste der ersten Gegenstände genügend studirt, und seine Händchen mit den ausgestreckten Fingern erhebend, sucht es nach neuem Stoff zur Befriedigung seiner Bedürfnisse. Wenn ihm ein neuer Gegenstand erreichbar ist, wird es um so größeres Vergnügen daran finden, je verschiedener derselbe von den bereits bekannten ist, — und von Neuem wird es an ihm seine Zerstörungslust versuchen. — So verliert der Mensch, älter werdend und zum Jüngling heranreifend, nach und nach eine Quelle des Vergnügens, weil die ihn umgebenden Gegenstände ihm schon zu bekannt sind und die Gewohnheit ihm die Wonne, welche er in den ersten Tagen seines Lebens an ihnen empfunden, genommen hat. Aber wenn ein Erwachsener trotz der größten Aufmerksamkeit und Anstrengung der Phantasie aus einem Blatt Papier nicht so viel Vergnügen ziehen kann, wie ein Kind beim Zerreißen desselben empfindet, so sind ihm doch die Lustempfindungen des specifischen Tastsinnes nicht versagt.

Es gibt Körper, die wenn auch bekannt, vermöge ihrer eigenthümlichen Beschaffenheit Lustempfindungen erzeugen können, sobald wir den Geist nicht durch andere Gedanken ablenken, sondern ihnen genügende Aufmerksamkeit schenken. So kann man in Augenblicken der Muße oder Ruhe ein Wohlgefühl empfinden, wenn man mit der Handfläche über Seide streicht oder die Finger durch langes und feines Haar gleiten läßt, oder auch wenn man im Winter beim Spazierengehen über eine dünne Schicht frisch gefallenen Schnees schreitet und denselben zertritt. Ein mit anderen Gedanken beschäftigter oder unaufmerksamer Mensch könnte freilich barfuß über ein Marderfell schreiten ohne die geringste angenehme Empfindung zu verspüren. — Aber auch angenommen, daß man einer Tastempfindung ganz besondere Aufmerksamkeit schenkt, gereicht sie doch nicht immer zum Vergnügen. Um diese sehr zarten Wohlgefühle zu genießen, bedarf es einer außerordentlichen Empfindlichkeit, die nur Wenigen eigen ist. Außerdem beschränken verschiedene unbekannte Gründe die Lustempfindung bei Berührung einiger Körper. Ohne Anspruch darauf zu machen das Mysterium der Empfindung zu entschleiern, wollen wir doch versuchen dieselbe einer Analyse zu unterwerfen.

Wenn ein Körper mit den Sinnesnerven in Berührung kommt, darf er die organische Struktur weder aufreizen noch beleidigen, sondern muß den Gefühlssinn anregen ohne ihn zu ermüden. Die in sehr kurzen Intervallen von der Ruhe unterbrochene Einwirkung oder die in kurzen Zeiträumen stattfindende Abwechslung der Eindrücke, sowie andere Umstände können oft noch eine Tastempfindung angenehm machen. Die auf solche Weise wahrgenommenen Lustgefühle sind jedoch nicht durch die Befriedigung eines Bedürfnisses erzeugt, sondern durch eine eigenthümliche Verrichtung einer natürlichen Funktion. Ich werde jetzt die dem specifischen Tastsinne entspringenden Lustgefühle in größere Gruppen zu theilen versuchen.

Eigenthümliche Lustempfindungen werden erzeugt, wenn man glatte Gegenstände, wie Marmor, Metalle, Talkstein u. s. w. berührt oder daran reibt. Dieselben halten nur wenige Augenblicke an und überschreiten fast nie die Grenze des vom Gegenstande berührten Körpertheils. Sie sind um so stärker, je seltener die Berührung stattfindet und je weniger der betreffende Theil Tast-Eindrücken ausgesetzt war. So wird bei einem Individuum, das nie warme Bäder genommen hat, die Berührung des Bauches oder der Schenkel mit einem marmornen Bassin eine größere Lustempfindung hervorrufen, als die Berührung der Hand mit demselben Gegenstande.

Andere Lustempfindungen werden wahrgenommen durch die Berührung der Haut mit Körpern, welche eine feintheilige Oberfläche haben und zugleich glatt und biegsam sind. Es scheint, daß der Tastsinn hierdurch in ganz eigenthümlicher Weise angeregt wird, und daß die feinsten Nervenfäserchen durch die unendliche Berührung mit einem Körper, der auf sie einwirkt ohne sie zu ermüden, die Lustempfindung erzeugen. Diese Lustempfindungen können von längerer Dauer sein als die vorher erwähnten und können sich sogar oft den Nerven entlang verbreiten. Sie werden erzeugt durch das Berühren von Pelz, Seiden-Strehnen, Haaren oder auch durch das Zerdrücken der Schnee-Krystalle mit dem Fuße u. s. w.

Andere Lustempfindungen erzeugt die Berührung von Körpern, welche etwas rauh oder uneben sind, sei es daß man ihre Oberfläche streift, sei es daß man sie in pulverisirter Form zwischen den Händen reibt, so z. B. wenn man die Handfläche über einen Sandstein gleiten läßt, wenn man Zucker, Schmirgel oder Sand zwischen den Fingern reibt, wenn man Brodkrume zwischen den beiden Handflächen zerkrümelt u. s. w. In diesen Fällen scheint das Lustgefühl durch eine leichte Reizung hervorgerufen zu werden, welche auf eine Reihe getrennter Punkte der Haut ziemlich starke Empfindungen häuft. Es ist nur von kurzer Dauer und verbreitet sich selten über die an der Thätigkeit betheiligte Körperstelle hinaus.

Eine andere Art von Lustempfindungen erzeugt das Drücken oder Kneten eines weichen Körpers, der ohne die Haut zu beschmutzen sich dem Drucke fügt und dabei jedsmal seine Form ändert. In den meisten Fällen wirken hier jedoch Empfindungen, welche den Gesichtssinn betreffen, sowie das Bedürfniß die uns umgebenden Gegenstände in der Form zu verändern, mit. Dergleichen Empfindungen werden erzeugt, wenn man Brodkrume, Wachs, Thon und ähnliche weiche Körper mit den Fingern rollt oder knetet, wenn man Tischlerkitt zwischen den Zähnen hin- und herpreßt u. s. w. In allen diesen Fällen wird der Tastsinn oft so gereizt, daß er in einen vorübergehenden krankhaften Zustand verfällt. Hand und Zähne würden mit Kneten und Drücken gar nicht mehr aufhören, wenn nicht die Vernunft oder die Ermüdung der Muskeln diesem frivolen Spiele ein Ende machte. Diese Empfindungen bleiben fast immer nur auf das direkte betheiligte Sinnesgebiet beschränkt.

Andere Empfindungen werden erzeugt, wenn man walzenförmige Körper von kleinem Durchmesser, wie Bleistifte, kleine metallene Cylinder u. s. w. durch die Hände gleiten läßt. Die Empfindung ist nur schwach und lokal.

Ebenso verschafft ein kugelrunder Körper, wenn man ihn unter der Handfläche kreisen läßt, eine Lustempfindung. Dieselbe ist ebenfalls lokal, kann aber einen gewissen Grad von Stärke erreichen.

Eine andere Quelle angenehmer Gefühlsempfindungen bietet das Handhaben elastischer Körper, die, einem leichten Drucke nachgebend, den drückenden Theil immer wieder auffordern, die Pression zu erneuern. Diese Lustempfindungen sind nur schwach und immer lokal, variiren aber sehr je nach der Form des Körpers. Gummi, Kautschuk, dünne Stahlstäbchen u. s. w. können derartige Lustempfindungen gewähren; ferner ein mit Luft gefüllter Lederball, wenn er zwischen den Händen gedrückt wird.

Eine andere Art von Lustempfindungen wird uns gewährt, wenn wir einen Körper von gewissem Gewichte in die Luft werfen und ihn mit der Handfläche empfangen, um ihn wieder in die Höhe zu schleudern; oder wenn wir einen Körper, der bei kleinem Umfang ziemlich schwer ist, in der Handfläche wiegen. Man kann sich hiervon eine Vorstellung machen, wenn man eine Flintenkugel auf der Hand hüpfen läßt oder mit einer kleinen Kanonenkugel in dieser Weise spielt. Diese Empfindungen, sowie die vorher erwähnten, sind besonders deshalb angenehm, weil Ruhe und Sinnesthätigkeit dabei wechseln.

Noch andere Lustempfindungen genießen wir, wenn wir mit einem Körper auf einen andern, der mehr oder wenig nachgiebig ist, irgend eine Handlung ausüben: wenn wir z. B. das weiche Gewebe eines Kürbisses mit einem scharfen Messer zerschneiden, oder einen Nagel in eine Metallplatte treiben. Zwischen diesen extremen Empfindungen eines geringen und eines großen Widerstandes gibt es eine ganze Reihe anderer, die uns gewährt werden, wenn wir z. B. einen Nagel in eine Holzplatte schlagen, wenn wir sägen, bohren, hobeln oder ein Stück weichen Metalles platt hämmern u. s. w. Alle diese Lustempfindungen werden zum größten Theile noch verstärkt durch das Bedürfniß die Muskeln zu bewegen, durch die Freude in seinem Vorhaben zu reussiren, sowie durch andere Elemente, welche auch erhabenen Ursprungs sein können.

Ich habe hier in einigen Gruppen die hauptsächlichsten Lustempfindungen des Gefühlssinnes zusammengestellt; sie alle aufzuzählen kann mir natürlich nicht einfallen. Eine verdient jedoch noch unsere besondere Aufmerksamkeit, und diese gründet sich auf den Kitzel. Wenn einige Regionen unseres Körpers in kleinen Intervallen und an mehreren Punkten berührt werden, sei es mit unseren eigenen oder den Fingern Anderer, oder auch mit einem fremden Körper, so entsteht bei sehr vielen Individuen eine eigenthümliche Empfindung, die jedoch nur bis zu einem gewissen Punkte angenehm ist, bei längerer Dauer oder Uebertreibung der sie erzeugenden Action dagegen unerträglich, ja schmerzhaft werden kann. Zur Herbeiführung des Kitzels bedarf es einer großen Empfindlichkeit, weshalb weder alle Menschen noch alle Theile des Körpers demselben zugänglich sind. Die Fußsohlen, die Achselgruben, der Bauch und im Allgemeinen die Gelenke sind die Stellen, welche ihn am stärksten empfinden. Menschen mit nervösem Temperament, Kinder und Frauen sind ihm am meisten ausgesetzt. Mancher ist so empfindlich, daß er beim bloßen Anblick einer auf ihn zukommenden Person, welche durch Handbewegungen mit Kitzeln droht, schon in Wallung geräth. Je weicher, zarter und feintheiliger ein Körper ist, um so leichter kann er bei der Berührung die Empfindung des Kitzels erzeugen; deshalb sind ein Strohhalm, eine Feder oder eine Bürste schreckliche Waffen zur Erzeugung derselben. Die Hand wirkt ebenfalls in diesem Sinne, indem sie nämlich eine große Berührungsfläche darbietet und die höchste Beweglichkeit entwickelt, — unentbehrliche Grundbedingungen zur Erzeugung derartiger Empfindungen. Die erste Wirkung der Berührung ist unter allen Umständen ein unmäßiges Lachen, begleitet von krankhaften Bewegungen, welche ein Widerstreben gegen den uns berührenden Körper andeuten. Das Gesicht röthet sich, die Pulse schlagen schneller, das Lustgefühl verbreitet sich über die Oberfläche des Körpers; kurze, scharfe Schreie erfolgen und die Athmung wird unregelmäßig. Wenn der Angriff fortdauert und wir ihn nicht abzuwehren vermögen, hört das Lustgefühl auf und die Empfindung, — immer unerträglicher werdend — zwingt uns zur Flucht oder zur thätlichen Vertheidigung gegen die Person, welche unsere Geduld mißbraucht. Oft kann der Tod infolge eines zu lange dauernden Kitzels eintreten.

Alle diese Erscheinungen sind einzig in ihrer Art und verdienen, da sie von den gewöhnlichen Kundgebungen des Nervensystems abweichen, die vollste Berücksichtigung des Physiologen. Auf der einen Seite haben wir eine leichte Empfindung und auf der andern eine außergewöhnliche Reaction aller Muskeln (und sogar des Zwerchfelles), die in eine wahre Convulsion verfallen. Das Verhältniß zwischen Ursache und Wirkung ist hier in der That ungleich und läßt uns vermuthen, daß dieser Fall ein Uebergang von der Gesundheit zur Krankheit sei oder bereits zur Klasse der pathologischen Lustempfindungen gehöre.

Die Lustgefühle des specifischen Tastsinnes bieten in ihrem Ausdruck kein sehr interessantes Bild. Wenn sie nicht sehr stark und nur lokal sind, nimmt man kein Zeichen der Empfindung wahr; in den anderen Fällen ist der Ausdruck, der Natur der Empfindung entsprechend, verschieden. Entspringt das Lustgefühl z. B. aus der Berührung von Körpern mit einer glatten oder feintheiligen Oberfläche, so nimmt das Gesicht einen unbeweglichen und Aufmerksamkeit verrathenden Ausdruck an, die matt erscheinenden Augen heften sich auf einen Punkt und die Lippen sind leise geschlossen oder halb geöffnet. Wenn das Lustgefühl zunimmt, schließen sich die Augen ganz; der Kopf wendet sich dann leicht nach einer Seite, die Mundwinkel verziehen sich zu einem stummen Lächeln und den Lippen entweichen zuweilen auch Seufzer oder abgebrochene Worte. Ist das Lustgefühl sehr stark, so kann der ganze Organismus an der Empfindung theilnehmen.— Entspringt das Lustgefühl aber insbesondere aus dem Ueberwinden eines Widerstandes, dann ist der Ausdruck ein ganz anderer. Das Antlitz zeigt dann ein ruhiges Wohlgefallen, die Augen glänzen etwas, der Mund schließt sich energisch oder begleitet die Bewegungen der Hand; mitunter pressen sich auch die Zähne der oberen Kinnlade auf die Unterlippe. Ebenso sind die Füße oder andere Körpertheile zuweilen in Bewegung. Oft begleitet man die Handlung, welche das Lustgefühl erzeugt, mit Gesang oder kraftvollen und immer wiederholten Ausrufen oder auch mit Lauten, welche das von der Handlung verursachte Geräusch nachahmen.

Die Töne und Worte, mit denen der Mensch die Muskelthätigkeit begleitet, drücken nicht allein das Vergnügen aus, sondern erscheinen auch als der Ausfluß eines sympathischen Verhältnisses, in welches die Stimmorgane gezogen werden, und bewirken ein erhöhtes Gefallen an der Arbeit. Jedermann weiß, daß der Bauer seine Arbeit mit Gesang begleitet und daß Matrosen oder Packträger ihre Stimmen im Chor erheben, wenn sie zu mehreren einen schweren Gegenstand heben oder bewegen sollen. Die Neger in Brasilien fühlen unter dem Stich der Sonne das Bedürfniß, sich durch Schreie und sogar durch das Geklapper einer mit Steinchen angefüllten Blechbüchse zur Muskelthätigkeit anzuregen. Der Einfluß der Lustempfindungen des

Tastsinnes auf das Leben ist nicht sehr groß. Sie können manche Stunde verschönern, aber nur sehr wenig zur Glückseligkeit des Menschen beitragen. Jene Empfindungen, die mehr oder weniger der Wollust gleichkommen und für welche die erste der oben beschriebenen Physiognomien gilt, vervollkommnen zwar das Empfindungsvermögen im Allgemeinen, haben aber auf die Ausbildung des Tastsinnes nur geringen Einfluß. Bei Mißbrauch führen sie zu Verweichlichung und Laster. Dagegen tragen jene Empfindungen, welche durch das Handhaben technischer Instrumente erzeugt werden, sehr zur Ausbildung des Tastsinnes und der plastischen Geschicklichkeit bei; werden aber im vollsten Sinne nur von Künstlern und Handwerkern genossen.

Die Lustempfindungen der ersten Gattung sind zahlreicher und stärker beim weiblichen Geschlecht, im jugendlichen Alter, in heißen und warmen Ländern, bei Individuen von nervösem Temperament, die in guten Verhältnissen leben, und bei weniger civilisirten Völkern. Die Römer des Kaiserreichs waren Meister in der Kunst, diese Lustempfindungen, die heutzutage noch den verweichlichten Völkern Asiens große Freude gewähren, zu genießen. Ihre Ausbildung ist immer ein Zeichen von Verfall und Verkommenheit des Geistes und des Gemüths. Hingegen werden die Lustempfindungen der zweiten Gattung mehr vom männlichen Geschlecht, in der ersten Kindheit, in kalten Ländern, von kräftigen Individuen und allen Jenen, die ein Handwerk oder eine Kunst betreiben, genossen.

2. Kapitel.

Lustgefühle der allgemeinen Empfindlichkeit (Sensibilität); — pathologische Lustempfindungen des Gefühlssinnes.

Die Lustempfindungen, welche durch den über die ganze fühlbare Oberfläche des Körpers sich ausbreitenden Gefühlssinn vermittelt werden, sind, je nach der Natur des Bedürfnisses, welches befriedigt wird und je nach dem Körpertheile, welcher die Empfindung wahrnimmt, sehr verschieden. Einige sind einander ganz ähnlich und zeigen von den Lustempfindungen des specifischen Tastsinnes fast gar keine Verschiedenheit; während andere, die an den tiefer gelegenen Theilen des Körpers wahrgenommen werden, gänzlich von diesen abweichen.

Die Schwankungen der Temperatur sind für uns Quellen der mannigfachsten Lustempfindungen, welche man — je nachdem sie aus der Vermehrung oder Verminderung der Wärme entspringen — in zwei große Klassen theilen kann. Wenn wir uns in einem zu warmen Luftkreise befinden, der uns verhindert die sich beständig in unserm Körper bildende oder von außen auf uns wirkende Wärme möglichst schnell zu vermindern, so fühlen wir ein wahres Bedürfniß uns abzukühlen und suchen gierig nach solchen Körpern, welche einen Theil unserer Wärme abzuziehen vermögen. Die Befriedigung dieses Bedürfnisses gewährt immer Behagen, das sich sehr verschieden gestaltet, je nachdem die Abkühlung durch Luft oder eine Flüssigkeit (meistentheils Wasser) oder einen andern festen Körper bewirkt wird. Die Verminderung der Temperatur muß jedoch immer mit Maß erfolgen und im Verhältniß zu unserm Bedürfniß stehen. Lustempfindungen dieser Art nehmen wir wahr beim Wehen eines frischen Abendlüftchens nach einem heißen Tage, beim Wedeln mit dem Fächer, oder auch wenn wir aus einem heißen Zimmer in die freie Luft treten. Die Luft, wenn sie vom Winde bewegt wird, kann uns aber auch unabhängig von ihrer Temperatur Behagen gewähren, dadurch, daß sie die Empfindlichkeit der Haut reizt und in Thätigkeit versetzt. Hierbei kommt jedoch die individuelle Constitution sehr in Betracht. Es gibt Leute, die bei windigem Wetter nicht aus dem Hause gehen, weil der Wind sie betäubt oder in die schlechteste Laune versetzt. Andere hingegen empfinden das größte Vergnügen, erhobenen Antlitzes gegen den stärksten Wind zu marschiren, oder unbeweglich auf dem Deck eines mit vollen Segeln über die Meereswellen gleitenden Schiffes zu stehen und gegen den Wind zu schauen. Ich habe versucht, die verschiedenen Empfindungen zu studiren, welche man — bei heftigem Winde am Ufer eines Sees spazieren gehend, bald mit dem Winde, bald gegen ihn marschirend, bald sich ihm in ganzer Person aussetzend, bald einen großen und starken Regenschirm öffnend — wahrnimmt. Die Lustempfindungen sind in diesem Falle von zweierlei Art und bestehen: entweder in dem Besiegen eines Widerstandes oder in dem Gefühl von einer andern Macht erfaßt zu werden, welche — durch die Poren der Kleider mit unserer Haut in Berührung kommend — uns, ohne dem Körper wehe zu thun, von der Erde zu erheben droht. Der durch den Wind von den Wellen abgehobene und uns in's Gesicht gespritzte feine Wasserstaub verursacht eine weitere Lustempfindung. — Ein eigenthümliches Lustgefühl, das ebenfalls in diese Kategorie gehört, empfindet man, wenn man aufrecht auf einer Locomotive steht und gegen den Luftzug schaut.

Das kalte Wasser zieht unserm Körper die Wärme viel bereitwilliger ab als die Luft, welche ein schlechter Wärmeleiter ist; und da dessen Berührung einen mechanischeren Reiz bietet, so gewährt sie auch größeres Behagen. Dasselbe ist nicht immer gleich, sondern richtet sich darnach, ob wir nur einen Theil des Körpers benetzen oder uns ganz in das Wasser tauchen; ob wir uns bespritzen oder uns einem Wasserstrahl von gewisser Höhe und Stärke aussetzen. In diese Kategorie fallen alle jene Lustgefühle, welche man beim Waschen, beim Schwimmen, bei kalten Bädern, bei der Douche u. s. w. empfindet. Von festen Körpern können uns nur die guten Wärmeleiter beim Abkühlen ein gewisses Behagen gewähren, das — je nach der Form und Beschaffenheit des Körpers, nach der Art und Weise der Anwendung, und nach dem Theile unseres Körpers, der den Eindruck empfängt, — verschieden ist. Derartige Empfindungen hat man z. B. wenn man ein frisches Leinwandhemd anzieht, wenn man das Gesicht auf eine Marmorplatte legt oder wenn man mit warmen Händen Metalle, Glas u. s. w. angreift. Eine ganze Reihe anderer Lustempfindungen gewährt die Abziehung der Wärme durch kalte Getränke, durch Einspritzungen u. s. w.

Allen diesen Lustempfindungen stehen andere gegenüber, die durch Vermehrung der Wärme bei Mangel daran erzeugt werden.

Dieselben unterscheiden sich ihrer Natur nach von den ersteren in dem Maße, als die Empfindungen der Wärme von denen der Kälte verschieden sind; im Allgemeinen aber kann man sagen, daß sie intensiver sind als jene, wenn sonst die Verhältnisse immer die gleichen bleiben. Das kommt wahrscheinlich daher, weil bei Erhöhung der Temperatur auch eine Steigerung der Empfindlichkeit eintritt. So stumpft ein kaltes Bad die geschlechtliche Begierde ab, während ein warmes sie erhöht und die Erection der Genitalien unterhält oder wiedererweckt. Um nicht weitläufig zu werden, unterlasse ich von diesen Lustempfindungen im Besonderen zu sprechen und sage nur, daß sie die Eigenthümlichkeit haben, lange anzuhalten und sogar während des Genusses bis zu einem gewissen Grade zuzunehmen. Das Behagen, mit welchem wir uns z. B. im Sommer in ein frisch bezogenes Bett legen, hält nur wenige Augenblicke an, weil die Wärme, welche wir dem Bettzeug abgeben, dasselbe bald durchdringt. Dagegen können wir uns im Winter nie entschließen, das warme Federbett zu verlassen; und oft bedarf es einer herkulischen Kraftanstrengung und eines wahren heroischen Entschlusses, um uns aus dem warmen Zimmer in die rauhe Witterung hinauszuwagen.

Es ist wohl nicht nöthig, zu erklären, warum die aus den Schwankungen der Temperatur entspringenden Lustgefühle je nach dem Klima und der Jahreszeit sehr verschieden sein müssen. In Guiana und Madera, wo die Temperatur fast das ganze Jahr hindurch sich gleich bleibt, werden diese Lustgefühle weniger zahlreich und hervortretend sein als in Ländern, wo der Wechsel der Jahreszeiten uns im Laufe eines einzigen Jahres in vier verschiedenen Klimaten leben läßt. Die individuellen Neigungen für diese Lustgefühle sind ungemein verschieden. Einige zittern vor Wohlgefühl unter dem feinen Regen einer kalten Douche oder wenn sie sich zum Baden in das kalte Wasser eines Flusses werfen und fühlen sich nur im Winter im Vollbesitz ihrer Kräfte. Andere hingegen erstarren schon beim Herannahen des Winters und sehnen sich nur nach den sanften Julilüftchen und den Sonnenstrahlen der Hundstage. Sehr wenige Andere, glücklicher als Jene, und zu denen auch ich gehöre, reiben sich vergnügt die

Hände, wenn sie den Schnee fallen sehen oder an einem frischen Januarmorgen über die knirschende weiße Decke spazieren gehen, und empfinden im Sommer großen Genuß, auf der Erde ausgestreckt zu liegen und mit halbgeöffneten Augen in die Sonne zu schauen, welche mit ihren senkrechten Strahlen die verborgensten Falten einer eigenthümlichen, sehr angenehmen und ausgedehnten Empfindung durchdringt. Dieselbe kann aber doch nur von Solchen, die ungestraft die Julisonne zu ertragen vermögen, in richtiger Weise genossen werden.

Auch der elektrische Zustand der Atmosphäre muß das allgemeine Wohlbefinden sehr beeinflußen und muß demzufolge einige besondere Lustempfindungen erzeugen oder solche aus anderen Quellen modificiren können. Wir sind jedoch hierüber ohne positive Kenntniß, ebenso wie wir über die unzähligen Elemente, welche auf die Luft in den verschiedenen Ländern und zu den verschiedenen Tageszeiten einwirken, nichts wissen. Die vollkommensten Eudiometer können nur kaum merkbare Verschiedenheiten in der Luft entgegengesetzter Hemispähren auffinden; wohingegen unsere Lungen schon auf wenige Meilen Entfernung beträchtliche Unterschiede in der Atmosphäre erkennen.

Wir können die physischen Eigenschaften der Organe, welche unsern Körper ausmachen, nicht kennen lernen, ohne diese in den Leichnamen unserer Mitbürger zu zerstören; aber während unseres Lebens erhalten wir, bei wachem Zustande, aus jedem Theile des Körpers eine Empfindung, welche aus seiner Existenz resultirt und welche — von der Art und Weise seines Zustandes modificirt — sich mit allen anderen von den übrigen Theilen des Körpers ausgehenden Empfindungen im Bewußtsein verwebt und unificirt. Auf diese Weise haben wir, selbst bei geschlossenen Augen, ohne von irgend einer äußern Empfindung oder einer Vorstellung gestört zu werden, und ohne zu denken, das Bewußtsein unserer Existenz. Diese so einfache physische Thatsache ersteht einerseits aus allen den unzähligen von der lebenden Materie auf die Sinnesnerven ausgeübten Eindrücken und andererseits aus dem Bewußtsein, welches dieselben wahrnimmt und in Eins gestaltet. Sie ist eine Fundamental-Erscheinung des Lebens, welche bei den verschiedenen Thieren, bei den verschiedenen Individuen des menschlichen Geschlechts und selbst in den unzähligen Momenten, in welche das Leben eines jeden Individuums sich theilt, variiren muß. Könnte man sie durch ein wahrnehmbares und getreues Zeichen in allen lebenden Wesen zur Darstellung bringen, so würde man ebenso viele Formeln erzielen, welche die vielfältige Verschiedenheit der lebenden Materie erklärten. Wie dem nun auch sei, dieses Phänomen gehört dem Reiche des Gefühlssinnes an und ist wohl die Quelle der Mehrzahl der Genüsse. Sind die Organe alle vollkommen gesund und schreitet der verwickelte Mechanismus des geistigen Lebens in seiner ganzen Kraft vor sich, so „fühlt sich" der Mensch und freut sich des Lebens, indem er einen der einfachsten und zugleich vielseitigsten Genüsse empfindet. Dieser Genuß ist Keinem versagt, welchen Alters er auch sei und welcher Zeit und welchem Lande er auch angehöre. Ihn nicht empfinden können ist eine Krankheit, welche man zuweilen bei melancholischen, hypochondrischen und nervenschwachen Menschen beobachtet. Er ist einer der weniger intensiven Genüsse, hält aber für das ganze Leben vor und wird nur unterbrochen, wenn Schmerzen ihn übermannen. In der Jugend empfindet ihn der Mensch in seiner ganzen Stärke, und dann sieht man ihn oft — selig über sich selbst und über die ihn umgebende Welt — mit dem Ausdruck des Lächelns und dem Bewußtsein seiner Kraft auf dem freudestrahlenden Antlitze, kühn einherschreiten. Dieser primitve Genuß hat durch die Civilisation nicht zugenommen. Der erste Mensch, der — nachdem er die ihn umgebende herrliche Natur bewundert — seinen Blick auf sich selbst gelenkt haben wird, muß ihn in seiner ganzen Intensität empfunden haben; — wie ihn ein Kind empfindet, das in seiner Wiege erwachend, sich anschaut und lächelt; wie ihn der Philosoph empfindet, der gesund an Körper und Geist, den Blick ohne zu denken auf sich selbst lenkt und frohlockend die Hände reibt.

Das Bedürfniß nach Schlaf ist eines jener Bedürfnisse, die am nothwendigsten befriedigt werden müssen; da aber im Schlafe die Aufmerksamkeit unmöglich ist und das Bewußtsein sich verfinstert, so ist derselbe von keinem Genusse begleitet. Angenehm sind indessen die ihm vorausgehenden Augenblicke, wenn die Gedanken anfangen ineinander zu schwimmen und das Licht des Geistes allmählich erlischt. Dann pflücken wir die Erstlinge eines Genusses, welcher aus der sich vollziehenden Befriedigung eines Bedürfnisses entspringt. Viele lieben es, sich am Morgen vor der Stunde ihres natürlichen Erwachens aufwecken zu lassen um diesen Genuß zu empfinden, der alsdann stärker ist als am Abend; weil der Uebergang vom Schlaf zum Wachen länger währt. — Träume können ebenfalls einige Genüsse gewähren, aber sie gehören in das Reich der geistigen Phänomene und werden später besprochen werden.

Ein Bedürfniß, das dem Schlafbedürfniß sehr nahe steht, ist die Sehnsucht nach Ruhe. Die damit verbundenen Genüsse sind zuweilen sehr intensiv und werden nicht selten allen anderen Genüssen vorgezogen. Sie werden in ihrer ganzen Stärke namentlich von einem Genesenden empfunden, der nach langer Krankheit zum ersten Male aufgestanden ist und, nachdem er einige Schritte versucht hat, wieder in sein Bett zurückkehrt. Leidet derselbe sonst an keinem Schmerze, so genießt er alsdann vor dem Einschlafen ein wahres Paradies. Die kleinsten Punkte des Körpers haben eine ungemein große Empfindlichkeit angenommen und indem sie, so zu sagen, ebenso viele kleine Empfindungs-Mittelpunkte werden, fühlen sie um so mehr den angenehmen Druck der weichen Federn. Die Muskeln bereiten sich zur vollständigsten Ruhe vor; einige Pulsadern schlagen fühlbar und zuweilen ergreift ein leichtes Zittern das Herz: es scheint als gehe die Müdigkeit unter der Form einer lauen und bebenden Strömung aus dem Körper in das Bett über. Zuletzt fühlt der Körper den Schlaf wie einen ersehnten Freund sich nähern. Aehnliche Lustempfindungen genießen auch solche, die nach einem anstrengenden Marsche oder nach harter Arbeit zu Bette gehen. Meistentheils dehnen sich diese Lustempfindungen auf den ganzen Körper aus; sie können aber auch lokal sein, wenn es nur ein Theil des Körpers ist, der ruht.

Lustempfindungen ganz entgegengesetzter Art, aber auch von großer Lebhaftigkeit, genießt man beim Bewegen der Muskeln, sei es durch Uebungen einzelner Glieder oder durch Fortbewegung des Körpers von einem Orte zum andern. Auch hier entspringt der Genuß immer aus der Befriedigung eines Bedürfnisses. Ich werde nur einiger derartiger Lustempfindungen Erwähnung thun und mir vorbehalten, von anderen, die eine wirkliche Unterhaltung gewähren, später ausführlicher zu sprechen. Lokale Lust-empfindungen dieser Art gewähren z. B. das Zerknacken der Nüsse mit den Zähnen, die Kraftübungen der Arme, die Bewegungen der Finger u. s. w.; allgemeinere Genüsse bieten das Spazierengehen, das Laufen, Springen, Tanzen, Fahren, Reiten, Schaukeln u. s. w. Alle diese Genüsse werden am lebhaftesten im ersten Lebensalter und von Individuen mit entwickeltem Muskelsystem empfunden.

Die großen Funktionen des vegetativen Lebens gewähren uns, die sie fast gänzlich außerhalb des Bereiches unseres Willens stehen, nur sehr wenige Genüsse; obschon sie uns viele negative Lustempfindungen bereiten können. Die Leber, das Herz, die Milz u. s. w. vermögen uns nur dann Lustempfindungen zu gewähren, wenn irgend ein Schmerz, der sie peinigte, aufhört; obgleich auch sie im gesunden Zustande mitwirken müssen, die „synthetische Empfindung" des Lebens, von der ich schon gesprochen habe, zu erzeugen.

Das Athmungsorgan verkehrt direkt mit der Außenwelt und kann uns einige Genüsse verschaffen, wenn diese auch nur mehr oder weniger negativ sind. Hätten wir nicht zuweilen die Lunge mit verdorbener oder heißer Luft angefüllt, so würden wir beim Athmen einer reinen oder frischen Luft keinen Genuß empfinden; hätten wir nicht zuweilen eine Reizung in der Nasen-Schleimhaut oder sonst an einer Stelle der schleimigen Athmungswege, so würden wir die angenehme Empfindung des Nießens nie genießen; befände sich nicht ab und zu unser Lungengewebe in einem leidenden Zustande, so würden wir das angenehme Gefühl des uns wiedergeschenkten freien Athmens nicht empfinden.

Der Ernährungs-Apparat gewährt uns intensive Genüsse nur dann, wenn er mit der Außenwelt verkehrt. Dort, wo die Speisen eingeführt werden, befindet sich der Geschmackssinn, der freigebige Spender leichter Freuden, dem sich auch der Tastsinn beigesellt. Doch da die Empfindungen dieses letztern hier immer in Begleitung derjenigen des Geschmacksinnes auftreten, so werde ich sie später mit diesen zusammen behandeln. Der Schlund verhält sich ganz neutral. Der Magen erfreut sich selten an den ihm zugetheilten Speisen, und das Wohlbefinden während einer guten Verdauung ist ein ganz allgemeiner und vielseitiger Genuß, der hauptsächlich durch die Befriedigung des Hungers, sympathische Belebung der Circulation, die Einführung der aufgelösten Stoffe in das Blut, sowie durch andere weniger bekannte Vorgänge erzeugt wird. Der Darmkanal versagt jede positive Lustempfindung, ausgenommen die durch die Entleerung verursachte, welche bei sehr empfindlichen Individuen einen gewissen Grad von Stärke erreichen kann. Diese Empfindung hat ihren Grund in der Befriedigung eines Bedürfnisses und ist um so stärker, je mehr der Widerstand der Excremente die Muskeln in Thätigkeit setzt, ohne sie zu ermüden. Nach vollbrachter Ausleerung steigert sich dieselbe in Folge der Bewegung aller Eingeweide um die entstandene Leere wieder auszufüllen, welcher Empfindung sich das Aufhören der Reizung der Mastdarm-Schleimhaut beigesellt. — Die Lustempfindungen, welche gewisse Klystier-Einspritzungen hervorrufen, gehören fast zu den pathologischen.

Die Ablassung des Urins ruft zuweilen auch unter physiologischen Bedingungen — besonders wenn die Blase sehr ausgespannt ist — eine Lustempfindung hervor. Viele sehr empfindliche Individuen fühlen in diesem Falle die Blase sich zusammenziehen und in's Becken zurückgehen. Doch immerhin ist diese Lustempfindung schwach und sehr flüchtig.

Alle diese Lustgefühle, von denen ich gesprochen habe, variiren sehr bei den verschiedenen Individuen und sind um so stärker, je größer die Empfindlichkeit ist. Sie werden am meisten von Frauen und von verweichlichten und weibischen Völkern empfunden.

Ihre Physiognomie ist sehr verschieden und wollen wir dieselbe nur in größeren Umrissen zeichnen.

Die Lustempfindungen, welche die Abkühlung des Körpers bietet, drücken sich durch leichte Schauer und vernehmbares Ausstoßen der Luft, durch Zusammenziehen der Augen und Zusammenpressen der Zähne aus. Ist der uns erfrischende Körper die Luft, so sperren wir den Mund auf und dehnen — tiefe Athemzüge einziehend — den Brustkasten weit aus. Mitunter thut sich das Behagen einfach durch eine freie und heitere Physiognomie kund. Entspringt aber die Lustempfindung aus der Wärmesteigerung in unserm Körper, dann variirt der Ausdruck sehr je nach der Art und Weise wie wir uns erwärmen. Im Allgemeinen drücken wir uns, wenn die Wärme einen lauen Grad erreicht, — die Augen halb schließend und eine lachende Miene annehmend — über uns selbst zusammen. Warmes Wasser macht den Körper matt und erweckt in uns unzüchtige Gedanken. Die Sonnenwärme steigert, wenn sie Behagen gewährt, die Anschwellung der Haut auf den höchsten Grad; das Gesicht röthet sich und die Ausathmung ist langsam und geräuschvoll. Das Triefen des Schweißes wirkt angenehm und vermindert die übermäßige Spannung der Haut, das Behagen, sich am Feuer zu erwärmen, hat einen besondern Ausdruck, der je nach den gegenseitigen Temperatur-Verhältnissen unseres Körpers und der uns erwärmenden brennenden Stoffe, variirt. Nähern wir uns dem Feuer mit dem bloßen Zwecke uns zu erwärmen, so ist die Lustempfindung sehr einfach und wird meistentheils durch Händereiben und Bewegungen, welche den Wärmestrahlen eine möglichst große Oberfläche unseres Körpers darbieten, ausgedrückt. Wird das Stehen am Feuer aber zu einer Art Beschäftigung, so setzt sich das Behagen noch aus anderen Lustempfindungen zusammen, wie jene: die Zeit ohne Anstrengung zu verbringen, eine besondere Erholung oder Sammlung zu genießen, den Tastsinn anzuregen, indem man ab und zu mit der Feuerzange auf den Brennstopf klopft und diesen so fortwährend in eine andere Lage bringt, und sich an dem immer wechselnden Schauspiel zu ergötzen, welches uns die leckenden Flammen, die blauen Verschlingungen des Rauches, sowie das Farbewechseln der sich immer mehr mit zarten Aschflocken bedeckenden Kohle darbieten.

In diesem Falle ist der Ausdruck kein lebhafter, sondern deutet auf eine stille Sammlung oder eine glückliche Gemüthsruhe.

Das aus dem Bewußtsein eines gesunden Körpers fließende allgemeine Wohlgefühl verleiht der Physiognomie einen besondern Charakter, welcher einen der weniger veränderlichen Theile unseres gewöhnlichen Gesichts-Ausdruckes bildet. In den niedrigen Graden zeigt sich eine gleichmäßige Ruhe; in den höheren Graden dagegen wird der Ausdruck durch heitere und frische Züge, durch eine leichte Neigung zum Lachen und durch besondere Lebendigkeit der Geberden markirt. Auch dem Ausfluß der geringsten Thätigkeit verleiht dieses allgemeine Behagen ein Gepräge, welches wir guten Humor nennen.

Die Lustgefühle der Ruhe oder der dem Schlafe vorausgehenden Augenblicke thun sich durch eine ausgedehnte Mattigkeit, durch ein Sich-Fügen des Körpers unter die Herrschaft physischer Gesetze kund. Pflegt der Mensch der Ruhe in sitzender Stellung, so lehnt er den Rumpf nach hinten über oder neigt den Kopf der Brust zu, hält die Arme gekreuzt auf den Schenkeln oder läßt sie herabhängen, streckt die Beine aus oder schlägt sie über einander. Das Niederfallen der Augenlider ist ein Zeichen großer Müdigkeit oder großen Behagens. Ein müder Mensch, der sich niederlegt, sucht so wenige Muskeln wie möglich anzustrengen und wirft sich deshalb mit ausgestreckten Beinen und Armen, — den Athem tief ausstoßend — vollständig horizontal hin. Seufzer und verlängertes Athemausstoßen sind häufig. Die Mimik eines Faulenzers, der am Morgen aufwacht, um wieder in Schlaf zu fallen und so eine Zeit lang zwischen Schlafen und Wachen abwechselt, beweist, wie mir scheint, ganz deutlich, daß er unendlichen Genuß empfindet. Langsam öffnet er die Augen, und die Bilder der ihn umgebenden Gegenstände verschwimmen in seinem Geiste mit den letzten Gespenstern der Nacht zu tausend phantastischen Gebilden; aber langsam fallen die Augenlider wieder zu, um sich nach Kurzem von Neuem zu öffnen, auf diese Weise die wechselseitigen Uebergänge von der Wirklichkeit zum Nichts, wo nur ungreifbare Schattengestalten herumschweifen um das verborgene Leben des schlaftrunkenen Geistes anzudeuten, kundthuend. Bald jedoch wird der Athem belebter und das Blut, wärmer und schneller durch alle Gewebe laufend, erweckt den Geist allmählich zum Leben. Der glückliche Erdensohn regt sich, reckt die Glieder und ergießt die Fülle des ihn überfluthenden Wohlgefühls in ein langes Gähnen.

Die Mimik eines aus der Bewegung entspringenden Genusses ist von jener der Lustgefühle der Ruhe ganz und gar verschieden. Das Gesicht ist belebt, die Augen glänzen und viele Muskeln, die an der Thätigkeit, welche ausgeführt wird, keinen direkten Antheil haben, werden in sympathische Mitleidenschaft gezogen. Das Lachen, das Schreien und die ausgedehnten Bewegungen der Glieder, sind ebensoviele Kundgebungen dieser Lustempfindungen, die in ihrer ganzen Fülle nur nach der Ruhe genossen werden, wie andererseits die letztere in ihrer vollsten Ausdehnung nur nach harter Arbeit genossen werden kann.

Die negativen Lustempfindungen, welche aus dem Aufhören von Schmerzen entspringen, können einen sehr bezeichnenden Ausdruck haben, der um so lebhafter ist, je größer der Schmerz war. Die langen und wiederholten Seufzer, das Lachen, die Freudeausrufungen, die Ruhe und Gemächlichkeit in den Gesichtszügen sind alles Elemente, die sich untereinander auf die verschiedenste Weise verbinden, um so und so viele den Umständen entsprechende Ausdrucksbilder darzustellen.

Das allgemeine Behagen, welches man nach einem köstlichen Mahle verspürt, kann sich unter Umständen durch eine ausdrucksvolle Mimik kundthun. Wer es genießt, bleibt in sitzender Stellung und zeigt in seinen Bewegungen eine lässige Ruhe. Das Gesicht ist roth, der Mund ist halb geöffnet und die sich etwas zurückziehenden Mundwinkel verrathen einen Anflug von Lächeln. Die Augen leuchten und blicken, sich langsam in einem beschränkten Horizont bewegend, ohne zu schauen. Die Hände falten sich meistentheils auf dem Bauch zusammen, als ob sie die lustverbreitende Thätigkeit der sich im Magen auflösenden Speisen fühlen wollten, und der letztere — ausgedehnt und in etwas gereizter Stimmung — verbreitet eine laue Empfindung um sich, ähnlich einer in kreisförmigen Wellen vor sich gehenden Ausströmung.

Der kurze Abriß, den ich von dem Ausdruck der Lustgefühle der allgemeinen Empfindlichkeit gegeben habe, soll nur in leichten

Zügen die hauptsächlichsten physiognomischen Typen andeuten, da ich diese vollständig nicht beschreiben kann.

Der Genuß dieser verschiedenen Lustempfindungen hat großen Einfluß auf die Vervollkommnung des allgemeinen Gefühlssinnes und wirkt annähernd in derselben Weise wie die Tast-Lustempfindungen der ersten Gattung, von denen ich schon gesprochen habe. Das allgemeine Wohlbefinden regelt den ganzen Organismus und disponirt zum Genusse aller anderen Lustgefühle. Sein Fehlen bildet einen wahren Anfang des Schmerzes und schwächt die Empfindung aller Freuden bedeutend ab, da dieselben zum Theil zur Linderung oder zur Ausgleichung des ansässigen Schmerzes dienen müssen. Die verschiedenen Grade dieses ersten aller Genüsse üben somit einen großen Einfluß auf die Statistik der Lebensfreuden eines Jeden. Die Lustempfindungen der Bewegung mäßigen, da sie die indirekte Ursache der Muskelentwicklung sind, die übermäßige Empfindlichkeit für leichtere Eindrücke und dämpfen somit die wollüstigen Genüsse sowie auch die Nerven-Reizbarkeit, welche die Pein und Wonne des schönen Geschlechts ist.

Alle Lustempfindungen, von denen ich bisher gesprochen habe, sind physiologisch, weil sie den das Nervensystem beherrschenden Naturgesetzen entsprechen und weil alle gut organisirten Menschen sich ihrer zu erfreuen vermögen. Es giebt jedoch eine Menge anderer ebenfalls dem Tastsinne angehöriger Lustempfindungen, welche man pathologisch nennen kann. Eine abnorme Lustempfindung des specifischen Tastsinnes sowohl wie des allgemeinen Gefühlssinnes kann ihre Ursache entweder in einem eigenthümlichen angeborenen Zustand des Gehirn-Centrums oder der Tastnerven, oder in einem nur vorübergehenden krankhaften Zustand der erwähnten Theile des Organismus haben.

Von der Constitution abhängige pathologische Lustempfindungen sind z. B. jene, welche manche Menschen beim Befühlen schmutziger Körper oder beim Stoßen mit dem Kopfe gegen harte Gegenstände genießen.

Die aus einem vorübergehenden krankhaften Zustand herrührenden pathologischen Lustempfindungen sind sehr mannigfaltig.

Ein Räudiger oder ein mit irgend einer Jucken erzeugenden Hautkrankheit behafteter Mensch, findet ein Vergnügen daran, sich zu kratzen. Wer eine Wunde hat bedrückt oft mit einem gewissen Lustgefühl den Umkreis derselben; wer von einem heftigen Fieber ergriffen ist, hat große Lust sich in ein Eis-Bad zu stürzen u. s. w. Der Wahnsinn kann schließlich auch körperliche Verletzungen, Schläge, Brandwunden und andere an und für sich sehr schmerzhafte Beschädigungen angenehm erscheinen lassen.

Die erstgenannten Lustempfindungen sind nur in relativer Weise pathologisch, denn wenn alle Menschen sie genießen könnten, würden sie nicht mehr als solche gelten. Sie verursachen keinen materiellen Schaden, sondern sind nur dem Schönheitsgefühl zuwider und treten meistentheils als Begleiter von geistiger Stumpfheit oder niedrigen Instinkten auf.

Die anderen hingegen beleidigen direkt den Organismus und sind deshalb ihrem Wesen nach pathologisch. Sie verstoßen gegen die Gesetze der Natur, welche den Genuß fast immer nur der Befriedigung eines unserm Wohlbefinden entsprechenden Bedürfnisses beigesellt.

Der Ausdruck dieser Lustempfindungen ist meistentheils widerwärtig und entzieht sich der Beschreibung. In einzelnen Fällen spiegelt sich allerdings in der Physiognomie ein unschuldiges Vergnügen ab, doch ist dieses dann nur seinem Ursprung nach pathologisch, und sein Genuß hat eine heilsame Wirkung.

3. Kapitel.

Von einigen auf die Lustempfindungen des specifischen Tast- und des allgemeinen Gefühlssinnes sich gründenden Leibesbewegungen und Spielen.

Sehr viele Unterhaltungen beruhen in der Hauptsache auf Lustempfindungen des Gefühls- oder Tastsinnes: so die gymnastischen Uebungen und viele Spiele. Ich werde hier nur von einigen derselben sprechen, die als Typus für andere ähnliche Uebungen und Spiele dienen können.

Eine der einfachsten und genußreichsten Bewegungen bildet das Spazierengehen, welches — auf seine größte Einfachheit zurückgeführt — die Verrichtung der Funktion des Sich-Fortbewegens ist, und den Zweck hat, die Muskeln in Thätigkeit zu setzen. Doch sehr selten ist der Genuß des Spazierengehens so einfach; er wird vielmehr durch andere Genüsse, wie das Sehen, das Austauschen von Gedanken, das Erreichen irgend eines Zweckes, das Vertreiben der Langeweile u. s. w. ergänzt. Immerhin aber ist das unentbehrliche Grundelement dieser Belustigung die Bewegung der Muskeln der unteren Gliedmaßen und des Rumpfes. Der Mensch ist zum größten Theile aus Fleisch und Knochen gebildet, und wie sehr auch die kleine Gehirnmasse den ganzen Organismus in Zaum zu halten vermag, so kann sie doch nicht die Bedürfnisse so vieler lebender Materie, die mit gebieterischer Stimme nach Nahrung und Arbeit verlangt, unterdrücken. Bei allen unseren sitzenden Beschäftigungen begnügen sich die Beine schwer mit den paar Schritten, die wir innerhalb der vier Wände unseres Zimmers machen, oder mit den Bewegungen, zu denen sie unter dem Tische zuweilen herhalten müssen; nach Verlauf einer gewissen Zeit macht sich das Bedürfniß in's Freie zu treten und spazieren zu gehen fühlbar. Die Muskeln, durchdrungen von einer sich über alle Maßen in ihren Fibern angesammelten Kraft, bewegen sich alsdann mit Lebhaftigkeit, und wir empfinden in ihren Bewegungen die Befriedigung eines Bedürfnisses. Die Brust dehnt sich in der reinen freien Luft, die der Mund mit tiefen Zügen einathmet, weit aus; der Puls schlägt schneller und der ganze Körper genießt in allen seinen Theilen die ihm mitgetheilte Bewegung. Die Abwechselung des Schritts, die Natur des Bodens und der uns umgebenden Gegenstände gestalten die Genüsse eines Spazierganges bis ins Unendliche verschieden; aber was mehr als alles andere sie modificirt ist der Grad der Empfindlichkeit und der Intelligenz eines Jeden. Wer nur spazieren geht um einige Stunden eines müßigen oder in gewöhnlichen Beschäftigungen sich hinziehenden Tages zu verbringen, nimmt nichts als das schwache Vergnügen, mechanisch die Beine zu bewegen, wahr; während ein Mensch, der viele Stunden in seinem Studirzimmer zugebracht hat und sonst empfindungsunfähig ist, sich zu einem Spaziergang rüstet als stehe ihm ein großes Fest bevor. In sich gekehrt mit dem Geiste, empfindet er alle Eindrücke der äußern Welt — von dem sanften Druck des Bodens auf die Fußsohlen bis zu den Erzitterungen der Eingeweide innerhalb ihrer Höhlen. Zuweilen nimmt er einen wunderlichen Schritt an, sei es aus Gewohnheit der Armseligkeiten dieses Lebens nicht zu achten, sei es, daß er in der Absicht Zeit zu sparen und doch seine Muskeln gehörig in Thätigkeit zu setzen, sich überstürzt und die Füße ungleichmäßig hebt, wie ich es z. B. an einem berühmten Professor der Chirurgie gesehen habe. Die belebende Wirkung auf Gesicht und Geist trägt ebenfalls dazu bei, einem denkenden und fühlenden Menschen den Spaziergang sehr angenehm zu machen. Den meisten Genuß gewährt dieses Vergnügen im Allgemeinen in kalten und gemäßigt warmen Ländern. Frauen und Körperschwachen Individuen bietet das Spazierengehen nur fahle Genüsse, theils weil sie sich zu sehr an die sitzende Lebensweise gewöhnt haben, theils weil die zur Bewegung erforderliche Kraftanstrengung sie zu sehr ermüdet.

Das Laufen ist eine Steigerung der Bewegung des Gehens und kann uns ebenfalls lebhafte Lustempfindungen gewähren; doch sind dieselben nur Kindern und jungen Leuten vorbehalten. Die frische Jugendkraft bedarf einer anregenderen Bewegung und findet deshalb das Laufen genußreicher als das einfache Gehen. Die den Körper streifende Luft, die Erschütterung der Eingeweide, das Ausgreifen der Beine u. s. w. verursachen lauter Lustempfindungen, die sich zu einem vielseitigen Genusse vereinigen. Jemandem, der mit langen Beinen versehen ist und sich leicht im Gleichgewicht zu halten weiß, gewährt das Hinablaufen von einer Anhöhe großes Vergnügen. Das Auge sucht eifrig nach geeigneten Stützpunkten für die Füße, und diese stürzen, ohne sich anzustrengen, vorwärts, den Körper, der durch die verschiedenartigen Bewegungen in allen seinen Fibern erschüttert wird, mit sich ziehend. An dem Genusse des Laufens, wie an allen anderen durch das Besiegen von Schwierigkeiten erzeugten Genüssen, kann der Wetteifer sehr großen Antheil haben.

Ein Sprung gereicht dem Gefühlssinn nur dann zur Lust, wenn er nicht sehr hoch ist; im anderen Falle bietet die Freude, eine Kraftanstrengung gemacht oder einen Beweis des Muthes gegeben zu haben, eine Entschädigung für den nichts weniger als angenehmen Stoß, den der Körper erleidet. Bei Sprüngen aus großer Höhe in's Wasser verursacht das Gefühl frei in der Luft zu schweben, ein eigenthümliches Behagen. Das Hüpfen auf einem elastischen Körper gewährt den Genuß eines immer besiegten und immer wieder neu erstehenden Widerstandes.

Die gesunde Uebung des Schwimmens bereitet uns ziemlich starke Lustempfindungen, die fast alle auf den Gefühlssinn zurückzuführen sind. Im stehenden Wasser beschränkt sich der Genuß auf die Abkühlung der Haut, auf die Muskelthätigkeit und auf die Berührung der ganzen Körper-Oberfläche mit einem unseren Bewegungen so leicht nachgebenden Stoffe. In einem von Wellen beunruhigten See oder im Meere treten noch die durch das abwechselnde Sich-Heben und -Senken des Wassers und (wenn wir gegen den Wind gehen) das Anschlagen der Wellen gegen unsern Körper erzeugten Lustempfindungen hinzu. In Flüssen mit schnellem Lauf ist der Genuß am stärksten: die Strömung reißt uns mit sich fort, so daß wir schnell und ohne Anstrengung dahin fahren: die leichten Bewegungen unserer Arme verdoppeln noch die Geschwindigkeit, und während das fließende Wasser in der wohlthuendsten Weise unsern Körper streift, sehen wir die Ufer schnell und immer schneller an uns vorüberziehen. Die Sonderheiten des Schwimm-Genusses gehen in's Unendliche, und würde deren Beschreibung viel Zeit in Anspruch nehmen.

Das Tanzen bietet einen vielseitigen Genuß, der seinen Elementen nach zum großen Theile auch dem Gehörsinne angehört. Da jedoch der Grundzug desselben eine Bewegung ist und der Geschlechtstrieb eine der glänzenden Zierden bildet, in deren Rahmen er sich bewegt, so glaube ich an diesem Orte von ihm sprechen zu müssen. In seiner einfachsten Form wird dieser Genuß von einem Individuum empfunden, das allein und ohne

Musikbegleitung tanzt. Er beschränkt sich in diesem Falle auf die in rhytmischer Weise erfolgende, d. h. nach gewissen Regeln zwischen Ruhe und Thätigkeit abwechselnde Bewegung einiger Muskeln. Wenn sich diesem Individuum noch eine andere Person desselben Geschlechts beigesellt, um mit ihm gemeinschaftlich zu tanzen, so wächst das Vergnügen wegen der gemeinsamen Theilnahme an den Empfindungen um einen Grad. Ist der Gefährte unseres Vergnügens eine Person des andern Geschlechts, ist diese noch dazu schön und jung, so mischen sich dem bloßen Vergnügen der Bewegung die köstlichen Empfindungen einer unschuldigen Umarmung bei, und aus den leichtesten Berührungen entspringen alsdann unendlich wonnige Gefühle. Läßt sich nun noch die Musik vernehmen, dann hat das Vergnügen seinen Gipfelpunkt erreicht, und unter ihren Klängen lösen sich alle Lustempfindungen in einen harmonischen Genuß auf.

Die schnellen Wendungen, das schmachtende Sich-Hingeben, die anmuthige Haltung und das zierliche Ineinander-Schmelzen der abwechselnden Bewegungen verschwimmen harmonisch mit dem Wogen des Busens, der Berührung des warmen Athems, den verstohlenen Blicken, den abgebrochenen Seufzern und dem warmen Druck der Hände. Der Mann, selig in seinen Armen ein Wesen athmen zu fühlen, das ihm mit seinen elastischen Bewegungen in den stürmischen, von der Musik vorgezeichneten Tanzschritten folgt, wird verwirrt und glaubt einen der schönsten Augenblicke des Lebens zu genießen. Die bis zur Leidenschaft erregte Frau genießt, indem sie sich in diesem Wirbel von einem ihren Leib umschlingenden Arm erhoben und mit fortgerissen fühlt, ein wahres Delirium; und mit glühendem Antlitze, mit verwirrten Augen wird sie auf ihren Platz zurückgeführt, den sie oft allein nicht finden würde. Der Glanz des Lichtes, die Kleiderpracht, die Wohlgerüche und tausend andre Luxusdinge schmücken auf's köstlichste die Genüsse eines Balles ohne dessen Wesenheit zu ändern. Diese Genüsse — obgleich nicht selten Quellen goßen Weh's und frühzeitigen Weinens — bilden für die Jugend und besonders für die Frauen eine der schönsten Unterhaltungen. Der Ball, in seiner ganzen Fülle genossen, ist ein wahrhaft convulsivisches Vergnügen, ein wahrer Sinnenrausch.*)

Bei den gymnastischen Uebungen ist das Vergnügen um so größer, je kräftiger die Muskeln sind und je stärker sich demnach das Bedürfniß, sie zu üben, hervorthut. Individuen mit dünnen und schwachen Muskeln finden in ermüdenden Kraftanstrengungen kein Vergnügen. Die Lustempfindung variirt den verschiedenen Fällen entsprechend, ist aber nie wollüstiger Art und thut sich immer durch die Physiognomie des Wohlgefallens und der Anstrengung kund. Das sofortige Aufhören eines Widerstandes unter unserer Kraftäußerung, der Wechsel der Anstrengung mit der Ruhe und das ungeheuer rasche Aufeinanderfolgen starker Empfindungen sind die hauptsächlichsten Elemente, welche die Genüsse der verschiedenen gymnastischen Uebungen ausmachen.

Alle diese Genüsse werden durch die Ausführung einer in uns entspringenden und sich unserm Körper oder anderen Gegenständen mitteilenden Bewegung hervorgerufen. Sehr viele andere Genüsse können wir aber auch durch die Empfindung einer sich uns mittheilenden Bewegung haben.

Das Reiten gewährt viele, innerhalb sehr ausgedehnter Grenzen variirende Lustempfindungen. Wenn wir fest und bequem im Sattel sitzen, so empfinden wir das elementare Lustgefühl, hoch über der Erde auf dem Rücken eines Thieres zu ruhen, das uns durch die Wärme seines Körpers und durch seine Bewegungen ein kräftiges und feuriges Leben verräth. Kaum hat ein Zeichen unserer Hand das Roß zum langsamen Schritt angetrieben, so empfindet unser Körper den Genuß einer regelmäßigen und keine Anstrengung verursachenden Bewegung. Das Auge durchstreift den weiten Horizont oder bleibt auch wohl auf dem Kopfe des Thieres haften um dessen Schütteln und die verschiedenen Bewegungen der Ohren nachdenklich zu betrachten. Die eine, den Befehl vermittelnde Hand ist stets bereit, die

*) Kein Volk, wenigstens keines der uns näher stehenden Völker genießt wohl die Tanzfreuden in dem Grade wie das französische. Man sehe wie Gillard diesen Passus in seiner französischen Uebersetzung des vorliegenden Buches zu übertragen gewußt hat.

Aeußerungen des menschlichen Willens dem Thiere kund zu thun; während die andere zuweilen die feine Haut des Thieres streichelt oder über dessen Mähne fährt. Doch bald wird der Reiter des langsamen Schrittes müde; die Zügel etwas nachlassend befiehlt er Trapp und fühlt sich nunmehr von den schnellen Bewegungen seines Pferdes bis in die tiefsten Eingeweide erschüttert. Der angenehme Druck des Fußes auf die Steigbügel, auf welche sich in bestimmten Zwischenräumen der Reiter gänzlich stützt und die heftige Bewegung des ganzen Körpers machen den Trapp sehr ergötzlich, namentlich wenn man nach englischer Manier reitet. Das größte Vergnügen empfinden wir jedoch im Galopp oder im gestreckten Lauf. Dann fahren wir im Fluge und fast ohne einen Stoß zu erleiden dahin, als ob wir auf großen Wellen in der Luft schwämmen, die einen genügenden Widerstand bietet um einen erfrischenden und anregenden Wind um unsern Körper herum zu erzeugen. Das wesentliche Vergnügen des Reitens hängt jedoch von der Natur der uns mitgetheilten Bewegung ab und läßt sich aus sich selbst nicht erklären. Die Kunstfertigkeiten des Reitens gewähren unzählige verschiedene Lustempfindungen, welche jedoch nur von Solchen genossen werden können, die schon seit längerer Zeit diese angenehme und gesunde Kunst üben.

Das Fahren im Wagen gewährt eine Empfindung, die angenehm sein kann, wenn die Bewegung sonst gleichmäßig von Statten geht und der Körper in der günstigen Verfassung ist um diese Art sich ihm mittheilender Bewegung zu genießen. Das Vergnügen ist größer, wenn wir in der Richtung fortgezogen werden, in der wir gewöhnt sind uns zu bewegen, in welchem Falle alle Elemente eine mit der gewöhnlichen übereinstimmende Einwirkung erhalten. Die Rückwärts-Bewegung ist vielen Individuen unerträglich und verursacht ihnen Uebelkeit und Kopfschmerz. — Die Alten werden in ihren ungepolsterten Wagen und auf ihren unebenen und steinigen Straßen sicherlich nicht den Genuß beim Fahren empfunden haben, den heutzutage ein Städter empfindet, wenn er — auf weichen und elastischen Kissen im Wagen sitzend — über das glatte Straßenpflaster schnell dahinfährt. Für viele Individuen hat die Bewegung des Fahrens fast gar nichts Angenehmes, wärend sie für andere von sehr großem Genuß und heilsamer Wirkung ist. Die Tages- und Jahres-Zeiten, sowie viele andere Umstände modificiren den Genuß des Fahrens. — Das Fahren auf der Eisenbahn kann ebenfalls angenehme Empfindungen erwecken, deren Ursache leicht zu errathen ist.

Die Mittel, deren man sich gewöhnlich zum Fahren auf dem Wasser bedient, können verschieden Lustempfindungen des Gefühlssinnes hervorrufen, die jedoch meistentheils sehr schwach sind. Das Fahren in einem Dampfschiffe oder in einer Barke auf einer ruhigen Wasserfläche erzeugt kaum wahrnehmbare Tastempfindungen; während wenn ein Wind das Fahrzeug in's Schaukeln bringt, die gleichmäßig abwechselnden Bewegungen angenehme Empfindungen erwecken können, ähnlich jenen, die man auf der Schaukel genießt. Vielen macht auch das Stützen des Fußes auf einen unsichern und alle Augenblicke schwankenden Boden Vergnügen.

Das Aufsteigen in höhere Luftregionen mittelst eines Ballons muß Gefühls- (Tast-) Empfindungen erwecken, die schon ihrer Neuheit wegen sehr angenehm sein können. Die ungewissen schwankenden Bewegungen, das schnelle Steigen und die verschiedenen Eindrücke des sehr beweglichen Luftgebietes, in welches man sich versetzt findet, müssen entschieden starke und verschiedenartige Lustempfindungen erzeugen.

Viele Spiele verdanken ihre besondere Anziehungskraft den Lustempfindungen des Tastsinnes. Die Schaukel, das Ballspiel, das Billard, das Reifspiel und viele andere Belustigungen gehören hierzu; und die Genüsse, welche sie gewähren, bestehen aus den verschiedenen bisher analysirten Elementen, die sich untereinander auf mannigfache Art und Weise verbinden. Fast immer bilden die Gesellschaft und der Wetteifer den hauptsächlichsten Theil dieser Freuden.

4. Kapitel.

Geschlechtsgenüsse; — vergleichende Physiologie und Analyse.

Die Natur, welche wollte, daß sich die Gattung trotz aller äußeren Mächte und trotz des Widerstreits aller moralischen Elemente immerdar erhalte, gab dem Manne und der Frau das dringende Bedürfniß sich einander zu näheren, um in einem Rausche des höchsten Sinnengenusses einen Akt zu vollziehen, der ein neues Wesen ins Leben riefe. Zur Erreichung dieses Endzweckes bediente sie sich zweier wesentlicher Elemente, nämlich einer zur Vollziehung dieses Aktes geeigneten Macht oder eines in das Gehirn-Centrum gepflanzten Instinkts und höchst empfindlicher Organe, welche bei gegenseitiger Berührung den stärksten der Sinnengenüsse erzeugten. Die auf diese höchste Einfachheit reducirte Annäherung der Geschlechter beobachtet man bei den niederen Thieren, bei denen sich der Begattungsgenuß meistentheils einzig und allein auf die Berührung oder Reibung der Genitalien beschränkt. Von den niederen Stufen des Thierreichs zu den höheren aufsteigend, gewährt es ein wunderbares Schauspiel zu beobachten, mit welch' mannichfaltiger Verschiedenheit sich um den einfachen, so zu sagen als Skelett dienenden Haupt-Vorgang unzählige andere Elemente gruppiren, welche den Genuß der Begattung verschönern und vervollkommnen. Zuerst beginnt die Natur damit, die äußeren Formen der beiden Wesen, welche sich zu dem mysteriösen Austausch verbinden sollen, zu verschönern, gleichsam als lade sie dieselben zu einem Feste, und macht dann die Berührung der zwei zu einander in Beziehung tretenden Oberflächen inniger und ausgedehnter. Auf einer weitern Stufe fügt sie den wesentlichen Organen andere von rein luxuriöser Wollustempfindung hinzu, schmückt den mechanischen Vorgang mit dem zartsinnigsten Liebesspiel, welches man schon bei den niederen Thieren in jenem der Begattung vorausgehenden Ringen und

Scherzen kurz angedeutet sind, bis sie schließlich — bei den höheren Thieren anlangend — den Lustquellen des Sinnes noch die ersten Spuren des Gefühls beigesellt, so daß aus der Verschmelzung dieses letztern mit der reinen Sinnlichkeit plötzlich tausend neue köstliche Empfindungen erstehen. Die Abstufungen des Genusses müssen an Form und Stärke zunehmen, je verwickelter die Geschlechtsorgane und je vollkommener die Nerven-Centren werden. Die lange Dauer des Begattungs-Aktes bei einigen Insekten, so wie der nach der Begattung fast sogleich erfolgende Tod der Männchen könnte vermuthen lassen, daß diese niederen Thiere mit stärkeren Lustgefühlen von der Natur begünstigt worden wären; aber die unvollkommene Berührung ihrer Körper und die Einfachheit ihres Nervensystems machen eine solche Vermuthung sehr unwahrscheinlich. Uebrigens lassen sich in dieser Hinsicht nur Meinungen von größerer oder geringerer Wahrscheinlichkeit aussprechen, um so die aufsteigende Linie, welche alle lebenden Wesen verbindet, wenigsstens in größeren Umrissen zu zeichnen.

Das Lieblingsgeschöpf der Erde wurde in den geschlechtlichen Genüssen reichlich bedacht. Die Natur wollte mit ihren Schätzen Verschwendung treiben, indem sie die gegenseitige Annäherung der Geschlechter mit allen möglichen verführerischen Mitteln ausschmückte, wie um den Mann für soviel Kraftverlust und die Frau für so viele Schmerzen und Opfer, die ihr ein paar Augenblicke der Wollust kosten sollten, zu entschädigen. Die kostbarsten Reichthümer des Sinnes, des Gefühls und des Verstandes werden in den seligen Augenblicken, welche der Geschlechts-Vereinigung vorausgehen, verschwendet, bis in dem Augenblicke dieser selbst alle Lustgefühle sich zu einem Strom unnennbaren höchsten Genusses verbinden. Wir werden nur einige leichte und oberflächliche Umrisse zeichnen, die mehr rathen lassen als beschreiben sollen.

Die bewegende und ursprüngliche Kraft aller Phänomene der geschlechtlichen Wollust ist der Instinct, der uns vom Eintritt der Geschlechtsreife bis zu dem des Unvermögens (Impotenz) zur Annäherung an Personen des andern Geschlechts treibt, welche letzteren sich in dem gleichen Falle wie wir befinden und somit unseren Bedürfnissen Befriedigung gewähren können. Diese Neigung ist in ihrer innersten Natur durchaus blind; die anderen Kräfte, in deren Rahmen sie sich bewegt, bilden nur eine Art Einfassung und vermögen sie nur der Form, aber nie dem Wesen nach zu verändern. Ihre Uebermacht und unwiderstehliche Kraft sind die Haupt-Ursachen des großen Genusses, welcher ihre Befriedigung begleitet. Je größer die Anzahl der Bedürfnisse ist, welche bei Erreichung des Endzwecks auf einmal befriedigt werden, desto stärker ist auch das Lustgefühl. Die lüsterne Neigung zur Annäherung an das andere Geschlecht treibt uns zu sehen und zu suchen; und wenn wir einem Wesen begegnen, welches auch unserm Schönheitsgefühl — allein oder in Verbindung mit dem Wahren und Guten — Genüge leistet, so heften sich unsere unbestimmten Wünsche auf dasselbe, entzünden sich mit großer Heftigkeit und erzeugen eine Leidenschaft. Von der Begierde bis zur Befriedigung des Genusses ist jedoch ein langer Weg und dazwischen liegt eine lange Reihe herber Schmerzen und köstlicher Freuden, die aber, da sie das Gefühl und den Verstand angehen, andern Orts behandelt werden sollen. Will man alle der Wollust vorausgehenden Phänomene mit wenigen Worten in eine Formel zusammendrängen, so kann man sagen, daß die Natur dem Weibe auferlegt habe, der Annäherung des Mannes eine Zeit lang zu widerstehen und sich erst nach einem kleinen Kampfe zu ergeben, der dann, je länger und härter er war, den Sieg um so schöner macht. Bei den Wilden flieht das Weib und versteckt sich, wenn sie vom Manne verfolgt wird; das junge europäische Fräulein hingegen reizt und treibt das brennende Verlangen des Liebhabers mit den Waffen der Züchtigkeit auf den höchsten Grad und gewährt ihm den Siegespreis erst nach schweren Proben. Die auf dieser von mir künstlich vereinfachten Thatsache beruhenden Verwicklungen sind unzählig und entstammen allen größeren und kleineren Leidenschaften, welche das menschliche Herz bald vor Freude, bald vor Schmerz heftig schlagen machen.

Auch der rein physische Theil des Liebesgenusses, von welchem allein ich hier zu sprechen habe, ist überreich an Genüssen und zerfällt in die der geschlechtlichen Vereinigung vorausgehenden und in die sie begleitenden Lustempfindungen. Dieselben gehören fast alle dem Tastsinne an; nur wenige kommen auf den Gesichtssinn, und keine auf die übrigen drei Sinne.

Die bloße gegenseitige Annäherung und Berührung zweier Personen, welche sich lieben, führt alle sensitiven Nerven des Tastsinnes in einen Zustand der Aufregung und Reizbarkeit. Selbst Berührungen, die unter anderen Umständen ganz gleichgültig lassen, werden zu Quellen des Genusses: die Haut wird heiß, die Lippen beben und lassen nur abgebrochene Worte herauskommen; die Athmung und der Lauf des Blutes werden belebter, und der fliegenden Brust entsteigen von Zeit zu Zeit lange Seufzer. In diesen Augenblicken, in welchen der Verstand gänzlich schweigt und auch das Gefühl nicht mitspricht, concentrirt sich die ganze auf den höchsten Grad der Spannung gebrachte Lebensthätigkeit in dem Tastsinne. Fast unwillkürlich suchen und finden sich alsdann gegenseitig die empfindlichsten Theile des Körpers . . . .

Ehren wir mit Stillschweigen das Mysterium dieser Augenblicke, in welchen der Tastsinn sich in einem einzigen Punkte des Körpers zu concentriren scheint und alle kleineren Lustgefühle nicht mehr wahrgenommen werden, weil von der neuen Empfindung — welche sie in sich aufnimmt und umschließt — übermannt. Das Mysterium vollzieht sich und das von den Genitalien in Strömen über das ganze ungeheure Netz der sensorischen Nerven sich verbreitende Lustgefühl ist so gewaltig, daß es bei längerer Dauer die schwache menschliche Creatur umbringen würde. — Die Quelle so großen Lustgefühls kann nur aus der eigenthümlichen Structur der sensorischen Nerven der Geschlechtsorgane und deren Centren herkommen; aber mit den gewöhnlichen Beobachtungs-Mitteln sind wir bis jetzt noch zu keiner näheren Kenntniß dieser Structur gelangt. Die Handlung an und für sich ist sehr einfach und besteht lediglich in der gegenseitigen Berührung und Reibung zweier sehr empfindlichen Körpertheile. Das wesentliche Phänomen der Begattung, die Samenergießung, wird durch die krampfhafte Zusammenziehung der Samenbläschen erzeugt, welche im Zustande der höchsten Wollust Berückung stattfindet. Bis zu einem gewissen Punkte kann der Mensch die Handlung verlängern und deren Form modificiren! aber in den letzten Augenblicken nimmt die Natur allein den wesentlichen Akt des Phänomens auf sich, und die Ergießung erfolgt ohne Einfluß des Willens.

Was die thätige Theilnahme an der Begattung betrifft- so verhalten. sich die beiden Geschlechter verschieden. Die Frau kann, da sie fast ganz passiv bleibt, den Akt ohne Bewußtsein und somit auch ohne Genuß vollziehen, während der Mann seiner ganzen Energie dabei bedarf. Oft kommt es vor, daß ein ungelegener Gedanke, Furcht, das Bild eines ekelhaften Gegenstandes oder andere ähnliche Ursachen ganz plötzlich auch den stärksten Mann zum Liebesakt unfähig machen, so daß er auf einen schon begonnenen Kampf verzichten muß. In solchen Fällen wird nämlich den Genitalien ein Theil der nervösen Reizbarkeit, in welcher sie sich befinden, entzogen, und sie werden infolge dessen augenblicklich von der verhängnißvollsten Untüchtigkeit betroffen. Ein derartiges Ereigniß kann jedoch meistentheils nur in den allerersten Momenten eintreten, nach welchen die Handlung mit der ganzen unwiderstehlichen Nothwendigkeit eines unvermeidlichen Naturgesetzes bis zu ihrem Abschluß fortschreitet.

Zu den geschlechtlichen Genüssen in Beziehung stehen nicht nur die den Geschlechtsorganen eigenen Empfindungen und solche, welche durch die Berührung der beiden Geschlechter in anderen Theilen des Körpers erzeugt werden; sondern auch alle jene Tastgefühle, welche erotische Gedanken oder Begierden erwecken. Empfindungen, die in der Kindheit und im Greisenalter mit der größten Gleichgültigkeit aufgenommen werden, können im Jünglingsalter zu wollüstigen ausarten, indem sie die Genitalien ganz plötzlich in Wallung versetzen. In demselben Alter kann eine Tastempfindung wegen Samen-Anhäufung oder anderer zufälliger Umstände, welche die Genitalien sofort in Mitleidenschaft ziehen, zuweilen einen wollüstigen Charakter annehmen. Dies geschieht z. B. beim Liegen in elastischen Betten, beim Schaukeln oder bei einem warmen Bade u. s. w. Doch nehmen derartige Lustempfindungen erst dann einen geschlechtlichen Charakter an, wenn sie unzüchtige Bilder erwecken oder die Geschlechtsorgane in Mitleidenschaft ziehen. Diese Unterscheidung ist sehr wesentlich; weil eine und dieselbe Lustempfindung sich ihrer Natur nach verändern kann, je nachdem sie tastlich oder geschlechtlich auftritt.

Jenes Gefallen, welches manche Personen an unzüchtigen Bildern, an der Lektüre gewisser Bücher, an schlüpfrigen Unterhaltungen u. s. w. finden, gehört in die Naturgeschichte des Gefühls und des Verstandes.

Geschlechtliche Lustgefühle, sehr ähnlich den natürlichen, aber ohne daß sich die Geschlechter berühren, können durch nächtliche, meistentheils von unzüchtigen Träumen begleitete Pollutionen erzeugt werden. Ist der Geist voll schlüpfriger Gedanken und abscöner Bilder, so kann er die erste Ursache des Traumes oder der Wollust sein; es kommt jedoch häufiger vor, daß die Geschlechtsorgane, wenn sie sich in einem überreizten Zustande befinden und an Samen-Ueberfüllung leiden, dem Gehirne solche Eindrücke übersenden, daß die Einbildungskraft in Mitleidenschaft gezogen wird; welche — von der Vernunft nicht in Zaum gehalten — eine derartige Störung hervorruft, als finde eine wirkliche Geschlechts-Vereinigung statt. Sehr oft ist aber das Lustgefühl sehr unvollständig, weil das Bewußtsein nur in unvollkommener Weise wach wird. Ruht dieses ganz, so bleibt überhaupt das Lustgefühl aus. Zuweilen ist die Scene so lebhaft, daß wir während der Pollution oder gleich nachher erwachen; auch wird der Schlaf unter Umständen schon vorher gestört und dann ist es möglich, den Akt durch Aufstehen zu verhindern. Kommen diese unfreiwilligen Samen-Ergießungen bei keuschen Personen und nur selten vor, so sind sie eher heilsam als schädlich, weil sie von einer lästigen Samen-Ueberfüllung befreien. Findet die Ergießung ohne Wollust und ohne vorhergehenden lasciven Traum statt, so haben wir es offenbar mit einer krankhaften Erscheinung zu thun, und es bedarf dann bei häufiger Wiederholung eines Arztes. Ohne auf eine ausführlichere Besprechung der physiologischen nächtlichen Pollutionen einzugehen, kann man sagen, daß sie von zu langer Keuschheit, von reizender Nahrung oder übermäßiger Ernährung und von der anhaltenden Beschäftigung des Geistes mit unzüchtigen Bildern begünstigt werden. Nicht ohne Einfluß bleibt es auch, wenn man sogleich nach dem Essen und namentlich nach einer überreichen Abendmahlzeit zu Bette geht, oder wenn man nach einem in nicht ermüdenden Beschäftigungen verbrachten Tage in weichen Betten schläft.

Alle diese Lustempfindungen, von denen ich gesprochen habe, sind physiologisch, d. h. der Natur gemäß; sie werden erst dann pathologisch, wenn sie mit Benachtheiligung der nützlicheren Gefühls- oder Verstandes-Kräfte genossen werden. Ein Mensch, der es über sich bringen kann, sie zu verachten, ohne aber der Begierden zu entbehren, trägt einen der schwersten und seltensten Siege davon, weil die Geschlechtsgenüsse eben die heftigsten Lustempfindungen des Sinnes sind und für viele Individuen die bedeutendsten des ganzen Lebens ausmachen.

Mit weisem Maße genossen matten die Geschlechtsgenüsse den Mann nur für wenige Augenblicke ab und üben auf die Frau einen noch viel geringeren Einfluß. Die nach ihnen eintretende Schwäche ergreift den Muskel-Apparat, den Sinn, das Gefühl und den Verstand. Das Denken ist langsam und in seiner Thätigkeit gestört, die Empfindungen sind stumpf, und die Erhöhung des Appetits sowie das Bedürfniß nach Ruhe fordern den Menschen auf, den erlittenen Stoffverlust zu ersetzen und das niedergeschlagene Nervensystem durch Schlaf wieder zu kräftigen. Das ganze Leben wird durch die Summe vieler Wollust-Akte modificirt und das Gefühl empfindet davon den größten Einfluß. Die Ausübung der Geschlechts-Funktionen stimmt uns, da sie den ersten Ring in der socialen Kette bildet, mehr zu Wohlwollen und Mitleid; während der vollständige Sieg über die Fleischesgelüste die intellectuellen Kräfte unter Benachtheiligung des Gefühls erhebt oder uns zu Sclaven der rohen Tafelfreuden macht, sobald der Geist nur geringe Bedürfnisse hat.

Für das Leben eines Jeden sind die Geschlechtsgenüsse von sehr verschiedener Bedeutung. Wer fähig ist sich an den Schätzen des Verstandes oder den zarten Gaben des Gefühls zu erfreuen, widmet dem Sinne nur einen kleinen Theil seines Ich's und bringt ihm nicht selten sehr ungern ein Opfer, indem er höhere Altäre damit beraubt. Wer hingegen wegen angeborener Unvollkommenheit oder wegen sozialer Entartung das Maul nicht aus dem Freßtrog nehmen kann, wird den größten Theil seiner Kräfte der geschlechtlichen Wollust opfern. Der eintönige und schlüpfrige Lebensgang Vieler trägt keine anderen Spuren als eine mehr oder weniger unterbrochene Reihe von Punkten, gezeichnet von den hinfälligen Delirien ganz roher Umarmungen.

5. Kapitel.

Verschiedenheit der Geschlechtsgenüsse nach dem Alter, der Constitution, dem socialen Stande, dem Geschlecht, dem Klima, der Zeit und anderen äußeren Umständen.

Die Geschlechtsgenüsse müssen infolge mannichfaltiger Umstände, die angeboren und somit unveränderlich oder auf einem Zufall beruhend und veränderlich kein können, in Natur und Stärke sehr variiren. Das ist leicht begreiflich, da zur Erzeugung des Genusses unzählige von einander unabhängige Elemente beitragen, welche alle ihren Einfluß auf das Endresultat ausüben. Wir überzeugen uns selbst davon, wenn wir bei Verrichtung eines Aktes, der sich allem Anschein nach immer gleich bleibt, sehr verschiedene Lustempfindungen wahrnehmen.

Wie die uns mit auf die Welt gegebene Leibesbeschaffenheit (Constitution) alle Handlungen des Lebens beeinflußt, so prägt sie auch der Natur der Geschlechtsgenüsse ein besonderes Zeichen auf. Es lassen sich jedoch in dieser Hinsicht nur mehr oder weniger wahrscheinliche Folgerungen machen. Im Allgemeinen kann man sagen, daß die Genüsse an Intensität zunehmen, je lebhafter das Empfindungsvermögen und der Verstand sind und je stärker sich der geschlechtliche Instinkt hervorthut.

Die beiden erster Elemente üben jedoch den größten Einfluß aus, weshalb ein Individuum, das mit dem begehrlichsten erotischen Temperamente ausgestattet, aber von stumpfen Sinnen ist, viel weniger genießt als ein anderes, welches alle Empfindungen in übertriebener Weise wahrnimmt, glänzende intellectuelle Eigenschaften und ein sehr klares Bewußtsein besitzt, um zu „verstehen, was es fühlt" und die unzähligen Abstufungen des Genusses zu analysiren. Individuen von nervösem Temperamente, erkennbar an der feinen und bräunlichen Haut, den rundlichen Formen, den aufgeworfenen Lippen und dem stark hervorragenden Luftröhrenkopfe empfinden also im Allgemeinen viel mehr Genuß als solche, welche sich unter entgegengesetzten Umständen befinden. Ich habe aber auch hier eine Ausnahme wahrgenommen: daß nämlich manche überaus empfindliche Wesen sehr selten und erst nach langer Erfahrung zu den höchsten Graden des Genusses gelangen; wohl weil sie — unfähig ihn zu ertragen, wenn er durch seine übermächtige Gewalt zu einem wahren Delirium führt — krampfhaft die Muskeln der Zeugungsorgane zusammenziehen, so daß die Ausspritzung — vielleicht wegen des in dieser Weise auf einige Nervenfäden ausgeübten Druckes — ohne Genuß erfolgt.

Eine allgemeine Tradition nennt die Buckeligen, die Zwerge, wie auch alle Menschen von kleiner Statur und mit langer Nase sehr geschlechtsbegierig. Obgleich eine derartige Behauptung wissenschaftlich nicht begründet ist, erweist es sich doch ziemlich oft als richtig, daß solche Individuen sehr entwickelte Geschlechtsorgane besitzen, woraus sich denn auch folgern läßt, daß sie — sofern sich die Empfindlichkeit bei ihnen besonders hervorthut — stärkere Genüsse zu empfinden vermögen.

Da das Zeugungs-Vermögen nur den kräftigsten Lebensaltern verliehen ist (wenn der Organismus stärkere Kräfte entwickelt als genügen würden, blos das Individuum zu erhalten), so folgt daraus nothwendigerweise, daß die Geschlechts-Genüsse dem Alter der Fruchtbarkeit eigen und also in der Periode der größten Kraftentwickelung lebhafter sein müssen. Gleich nach Eintritt der Geschlechtsreife und in den ersten Jünglingsjahren sind sie gewöhnlich intensiver, aber weniger fein; in den darauf folgenden Jahren hingegen bis etwa zum vierzigsten verleihen ihnen die Erfahrung und das Bedürfniß, Empfindungen, die durch die Gewohnheiten etwas erkaltet sind, mit einem gewissen Studium neu zu beleben, eine auserlesene Feinheit. Vom 20. bis zum 30. Lebensjahre treten sie in ihrer größten Macht auf. Doch kann der Mensch Mißbrauch mit sich selbst treiben, sobald er Genüsse aus Organen zieht, die von der Natur noch nicht zur Thätigkeit berufen oder bereits zur Ruhe von ihr verurtheit sind. Die matten Empfindungen in solchen Fällen gehören zur Klasse der pathologischen Genüsse und bringen den Schuldigen nichts als Leid ein, gleichsam als hätte die Natur jedem Individuum unabänderlich ein gewisses Maß von Freuden und Leiden vorgezeichnet, das wir vermehren oder vermindern können ohne jedoch das wechselseitige Verhältniß zwischen Beiden zu verändern. Deshalb läßt eine unerbittliche Hand sogleich ein Körnchen auf die Wage des Schmerzes fallen, sobald wir das uns zugetheilte Maß von Genüssen vermehren.

Man hat vielfach unter den Physiologen gestritten, ob die Natur gegen eines der Geschlechter parteiisch gewesen sei, indem sie ihm einen volleren Becher bei dem Liebes-Gastmahl gewährte. Obgleich eine derartige Frage durch Experimente und genaue Versuche positiv nicht zu lösen ist, glaube ich doch mit genügender Sicherheit die Behauptung aufstellen zu können, daß die Frau in der Liebes-Umarmung sehr viel mehr genießt als der Mann, natürlich immer die Ausnahmen, welche von individuellen Zuständen herrühren, bei Seite lassend. Die Gründe hierfür will ich — mit den anatomischen beginnend, und dann zu den physiologischen und inductiven übergehend — sogleich beibringen.

Der Wollust-Apparat der weiblichen Geschlechtstheile ist viel complicirter als jener der männlichen. Die Scheide bildet beim Weibe das Hauptorgan des Genusses und findet ihr Gegenstück in der männlichen Ruthe; doch hat diese nur die Eichel dem complicirten Vorhofe des Venustempels, den Brustdrüsen und sogar dem Munde des Uterus entgegen zu setzen, welch' letzterer bei vielen Frauen Quelle ungeheuern Genusses ist, aber auch wieder bei anderen, wegen seiner übermächtigen Empfindlichkeit, die Berührung eines fremden Körpers nicht ertragen kann. Die organische Structur der weiblichen Genitalien macht nur die Entjungferung etwas schmerzhaft, doch ist diese auch für den Mann nicht ganz indifferent.

Die weiblichen Geschlechtsorgane sind in den für den Genuß bestimmten Theilen mit einer beständig schlüpfrigen Schleimhaut bedeckt und bewahren, weil innerlich, ihre Empfindlichkeit unversehrt. Die Ruthe beim Manne hingegen befindet sich zum größten Theile in einer ganz gewöhnlichen Hauthülle und selbst die Eichel kommt ziemlich oft mit äußeren Gegenständen in Berührung.

Der für den Geschlechtsgenuß bestimmte Apparat des Weibes hat eine viel ausgedehntere Oberfläche als der des Mannes.

Die Frau besitzt eine größere Empfindlichkeit als der Mann und nimmt deshalb alle Eindrücke äußerer Gegenstände viel stärker wahr.

Beim Begattungsakte verhält sich die Frau fast gänzlich passiv und doch bleibt ihre ganze Aufmerksamkeit, da nicht die geringste Kraftanstrengung an der Bewegung theilnimmt, dem Sinne zugewendet.

Die Frau leidet nach den Geschlechtsgenüssen nur an einer leichten Mattigkeit, verursacht durch die Erschöpfung des Nervensystems, und kann sich also sehr viel schneller als der Mann der Wiederholung des Aktes unterziehen.

Sie ist physisch immer zum Beischlaf bereit, während der Mann es nur zeitweise ist.

Viele Frauen haben mehrere Samenergießungen in dem Zeitraum, in welchem der Mann nur einer einzigen fähig ist.

Die Frau, obgleich sie das Klopfen des Busens und die häufigen Begierden unter weiten Kleidern verbirgt, sehnt sich doch mit stärkerem Gefühl als der Mann nach diesen Genüssen; weil dieselben für sie, wegen des Mysteriums, das ihr von der Scham und den socialen Gewohnheiten auferlegt wird, noch verführerischer sind.

Schließlich war die Natur der Frau in der Zeugungsfunktion zu einem Ersatze für die langen Schmerzen und Gefahren, welche sie ihr vorbehielt, verpflichtet und gewährte ihr also stärkere Wollust, welche sie die lange Reihe von Opfern, denen sie beim Nachgeben des dringenden Bedürfnisses entgegen gehen kann, vergessen lassen.

Eine Thatsache scheint allerdings allen diesen Gründen offen zu widersprechen, und auf sie stützen sich denn auch Viele, welche das Gegentheil von dem, was ich festzustellen suchte, behaupten: es ist dieses die vollständige Gleichgültigkeit oder auch Langeweile, mit welcher viele Prostituirte den verkauften Liebesakt aufnehmen. In diesem Falle befinden wir uns aber, wohl zu beachten, auf einem Gebiete, welches gänzlich der moralischen Pathologie angehört und somit ganz und gar außerhalb der gewöhnlichen Bedingungen liegt. Uebrigens macht der Mißbrauch des Beischlafes die Frau für diesen Akt so gleichgültig, daß sie ihre ganze Theilnahme aufwenden muß um daran Vergnügen zu empfinden und einer stärkeren und länger andauernden lokalen Reizung bedarf um eine vollständige Samenergießung zu erhalten. Fast jede Hure hat aber auch einen Geliebten, dem sie außer ihrem Körper auch ihre Neigung gibt und in dessen Umarmungen sie Genüsse empfindet, welche sie mit dem Schwarm ihrer Besucher nicht zu theilen vermag. Diese Thatsache hat also für die vorliegende Frage nicht die geringste Bedeutung; sie dient nur als Beweis dafür, daß das Gefühl in alle moralischen Handlungen der Frau als Haupt-Faktor tritt und einen derartigen Einfluß ausübt, um einen ganzen Akt, zu welchem wir durch die Uebermacht anatomischer und physiologischer Gesetze getrieben werden, zu modificiren.

Der sociale Stand modificirt nicht minder die Natur der Geschlechtsgenüsse, theils durch den auf die organische Structur ausgeübten Einfluß, theils auch durch die Einwirkungen auf die moralischen Anlagen. Wer sein Brod durch harte körperliche Arbeit verdient oder wer den bessern Theil seines Ich's geistigen Arbeiten widmet, bewahrt für den Sinn nur sehr wenig Kraft und wird beim Schlafengehen zu ermattet sein, um sich im Liebes-Ringen kräftig zu erweisen. Jene Menschen hingegen, welche im Wohlstande leben, welche, von Luxus umgeben, den Tastsinn ausbilden und verfeinern und sich den Bauch mit köstlichen Speisen und reizenden Getränken anfüllen, werden sicherlich mehr als alle anderen im Stande sein, reiche Wollust-Ernten in Cypern's Gärten zu halten.

Einen gewissen Einfluß hat auch das Klima auf die Geschlechts-Genüsse, jedoch viel mehr in Bezug auf deren Zahl als auf deren Wesen. In heißen Ländern, wo die Natur sich in ihrer vollen Pracht und Ueppigkeit zeigt, geben sich die Menschen in der That mit größerer Leidenschaft dem Geschlechtsgenusse hin und sind auch mit einem sehr kräftigen Geschlechts-Apparate ausgestattet. Da aber die übergroße Hitze in diesen Ländern nöthigt, auf die Bekleidung, welche den Körper gegen die äußeren Agentien schützt, fast gänzlich zu verzichten, so wird die Empfindlichkeit geringer, und zwar um so mehr, als der leidenschaftlichen Gluth des Organismus die unzähligen von der Civilisation ertheilten Feinheiten fehlen. In kalten Ländern hingegen haben die Sinne weniger heftige Begierden, aber die Rauhheit der Temperatur veranlaßt eine gegenseitige Annäherung der Individuen und läßt also auch — ein Haupt-Element der Wollust — die körperliche Berührung sowie den angenehmen Gegensatz der einladenden Wärme des Zimmers zu der kalten Luft, welche die Mauern des Hauses umweht, den Geschlechts-Genüssen sich beimischen. Man kann daher sagen, daß die Natur sich auch hierin als eine besorgte und gerechte Freudenspenderin erweist. — Der Afrikaner, von erotischem Temperamente, hat eine wenig empfindliche Haut und harten Verstand, er empfindet deshalb nur den Haupt-Genuß des Beischlafes mit größerer Heftigkeit; dahingegen genießt der kalte Schwede in seinen weichen Betten alle jene feinen Lustempfindungen in Fülle, welche in Form von glänzenden Ausschmückungen dem Liebes-Ringen vorangehen und es begleiten. Wehe, wenn einem unter den Tropen geborenen Menschen der helle Verstand und das zarte Empfinden des Europäers bescheert wären! Das Uebermaß der Wollust würde ihn umbringen. — Dieses gilt jedoch nur von den Eingeborenen der heißen Zone. Der hier geborene oder eingewanderte Europäer befindet sich in einer der Ausübung der Zeugungs-Funktion ungünstigen Lage; denn einerseits wird er von der Unthätigkeit, dem weichen Klima und vielen anderen Umständen zum häufigen Genuß dieses Aktes angetrieben, und andererseits sind doch seine Kräfte schwächer und nicht so schnell wieder hergestellt. Es ist dieses eine der weniger bemerkbaren Ursachen und doch ein Hauptgrund der verschiedenen Sterblichkeit der weißen Racen in den Ländern der gemäßigten und heißen Zone. Derselbe Europäer ist in einer kalten Region stärker in der Liebe und weniger zum Genusse angetrieben; während er sich unter den Tropen schwächer und doch mit größerer Macht hingezogen fühlt zu einem Genusse, der ihn nur noch mehr ermattet.

Man kann wohl annehmen, daß die Jahreszeiten auf diese Genüsse den gleichen Einfluß üben, wie die Klimate.

Obgleich das Leben der Menschheit die Jahrtausende hindurch in den physischen und moralischen Kräften einige Modifikationen darbietet, welche sich den Generationen aufprägen, so sind dieselben doch um so weniger gekennzeichnet, je wichtiger und wesentlicher die sich modificirende Kraft ist. So glaube ich, daß z. B. das Zeugungs-Vermögen eine von jenen Kräften ist, die sich die Generationen hindurch am meisten unversehrt erhalten haben; denn von der Natur als die wichtigste der organischen Kräfte eingesetzt, hat es bestimmtere Grenzen und fügt sich schwer dem Andrängen der äußeren Mächte. Spricht man jedoch nur von dem Genußelemente, das sich der Verrichtung dieser Funktion beigesellt, so kann man wohl annehmen, daß es in der Kindheit der Menschheit intensiver gewesen sei, daß es aber jetzt feiner und vielförmiger sein müsse. Die Liebes-Umarmung der ersten nackten Menschen auf dem nackten Erdboden wird ungestüm gewesen sein, kann sich aber gewiß nicht vergleichen mit dem Liebes-Ringen, das sich in warmen und weichen Federbetten vollzieht. Die Uebung vervollkommnet übrigens jede Kraft und das so verbesserte Individuum überträgt dieselbe verfeinert oder verstärkt durch die natürliche Vererbung auf die nachkommende Generation. Obwohl sich nur ein verschwindend kleiner Theil von Civilisation auf diese Weise fortpflanzt, muß sich doch im Laufe der Jahrtausende ein Einfluß auch in der Verrichtung der wichtigsten Funktionen bemerkbar machen.

Die Geschlechtsgenüsse waren in den verschiedenen Perioden um so feiner, je mehr sie gepflegt wurden, wuchsen aber immer nur unter Benachtheiligung der erhabeneren Genüsse und der menschlichen Würde. Wenn die Völker, das Schwert bei Seite gelegt, auf ihren Triumphen ausruhten und in Kunst und Wissenschaft keine genügende Befriedigung fanden, so blieben ihnen nur die schlüpfrigen Pfade der Sinnesgenüsse übrig; und auf diese stürzten sie sich denn auch mit der heftigsten Begierde, bald zu unerhörten, ja fürchterlichen Genußformen der Wollust gelangend. Die Geschichte bietet uns zahlreiche Beispiele davon; doch kann ich nicht näher auf dieselben eingehen, ohne mich zu weit von meinem Thema zu entfernen.

Alle diese bis jetzt besprochenen Umstände vermögen die Gesammtheit der Geschlechtsgenüsse in dem Leben eines Individuums und einer ganzen Generation zu modificiren; aber es gibt noch unzählige andere Elemente, die auf jeden einzelnen Genuß einwirken und bestrebt sind, ihn innerhalb sehr ausgedehnter Grenzen sowohl dem Grade als der Natur nach zu verändern. Doch ist dieses ein zu delicates Argument, über welches wie über viele andere, die sich auf dieses Thema beziehen, ich einen Schleier ziehen muß. Nur sei erwähnt, daß die Genüsse um so lebhafter sind, je ursprünglicher die Begierde darnach und je nothwendiger das physische Bedürfniß war. Genüsse, welche von einem schwachen Willen oder einer vorübergehenden Laune eingeleitet werden, sind lange nicht so lebhaft wie jene, welche allein die Natur billigt und welche ein keuscher und gesunder Körper empfindet. Unter den das Leben der Europäer beherrschenden socialen Verhältnissen ist die geeignetste Stunde für den Geschlechtsgenuß die nach dem ersten Erwachen gegen Morgen. In der Nacht ruht das Verstandes- und Gefühls-Leben fast gänzlich, zu Gunsten der allgemeinen Ernährungs-Vorgänge; deshalb befinden wir uns, kaum erwacht, unter den günstigsten Verhältnissen, die zum Begattungs-Akt nöthige Kraft abzugeben. Außerdem sind auch die Genitalien wegen der beim Schlafen eingenommenen Lage in einem den Empfindungen dieser Genüsse sehr günstigen Zustande.

6. Kapitel.

Pathologische Geschlechts-Genüsse.

Der Mensch, der Alles zu mißbrauchen weiß, konnte sich nicht mit den die Geschlechtsvereinigung begleitenden natürlichen Genüssen zufrieden geben; theils weil ihm die Gewohnheit auch die auserlesensten Empfindungen mit der Zeit reizlos macht, theils weil die Gier nach Genuß ihn zur Ersinnung neuer Wollustreize treibt, theils endlich weil die complicirten socialen Verhältnisse, in denen er lebt, ihm die Befriedigung der natürlichen Bedürfnisse mitunter unmöglich machen. Aus allen diesen Gründen suchte er mit mehr oder weniger widerwärtigen künstlichen Mitteln den mechanischen Akt der Begattung nachzuahmen, indem er sich den Genuß, welcher von der Natur nur als Mittel zu höheren Endzwecken bestimmt war, als das letzte und einzige Ziel vieler Handlungen vorstreckte. Hieraus entsprangen die Onanie, die Päderastie und unzählige andere Schändlichkeiten, von denen einige nur mit griechischen und lateinischen Namen bezeichnet werden könnten und andere wohl in keiner Sprache einen Namen haben oder je haben werden.

Obgleich sich über diese Dinge sehr viel sagen läßt und obgleich der belehrende und wissenschaftliche Zweck dieses Buches bis zu einem gewissen Punkte ein näheres Eingehen verzeihlich machen könnte, werde ich doch auf die Ehrbarkeit einiger socialen Convenienzen, die als Gesetze gelten, Rücksicht nehmen und solche Fragen nur in ganz allgemeiner Weise behandeln.

Lassen wir die weniger häufigen pathologischen Geschlechts-Genüsse bei Seite, so bleibt uns von der Onanie zu sprechen übrig, einem Laster, das viel verbreiteter ist als man gewöhnlich glaubt und das, verborgen gehalten wie das undurchdringlichste Geheimniß, langsam die Keime der Kraft und des Verstandes im rüstigsten Alter zerfrißt, auf diese Weise ganze Generationen in den Kreis seiner Wirkung ziehend. Wer so keusch ist, daß er diese Art von Genüssen nie gekannt hat, darf doch nicht dieses fast allgemeine Laster bezweifeln; sondern muß sich durch Befragen seiner Freunde, durch Beobachten und Studiren von der Wahrheit überzeugen, um durch Beispiel und Rath einen wohlthätigen Einfluß auf Solche auszuüben, welche ihm verfallen. Wer da annehmen wollte, daß nur Personen mit beschränktem Verstande und entsittlichtem Gefühle sich diesem Laster ergeben, sei daran erinnert, daß von den wenigen großen Männern, die den Muth hatten ihr Leben zu beschreiben, einige sich als dieser Verirrungen schuldig bekannten.

Die Ursachen, welche den Menschen mit unüberwindlicher Macht zu solchen unnatürlichen Genüssen treiben, sind unzählig, und werde ich hier nur die hauptsächlichsten anführen.

Die Unterweisung und das Beispiel geben im Kindes- und Jünglingsalter am häufigsten Veranlassung, daß sich dieses Laster wie eine ansteckende Krankeit verbreitet. Nur sehr selten, durch einen reinen Zufall kommt ein Kind, wenn es die Hände den Genitalien nähert, darauf, Mißbrauch mit sich selbst zu treiben; aber kaum hat es das verhängnißvolle Geheimniß in Erfahrung gebracht, so trachtet es auch schon mit heftiger Begierde darnach, dasselbe seinen Altersgenossen beizubringen; theils um das eigene schuldbeladene Gewissen zu erleichtern, theils weil getheilte Genüsse mehr Freude machen, mehr aber noch weil diese zum Geschlechts-Instinkte in Beziehung stehenden Genüsse, obgleich ganz und gar der Natur zuwider, doch eine Neigung nach Annäherung der Körper in sich tragen und fast immer einem eingebildeten oder entfernten Wesen gewidmet sind.

In sehr seltenen Fällen werden einige Krankheiten (wie flechtenartige Ausschläge, Nierensteine u. s. w.) dadurch daß sie die Geschlechtstheile in starke Reizung und in Jucken versetzen, zur Ursache der Onanie.

Auf welche Weise man auch nun zu diesem ruchlosen Laster gelangt sei, unzählig sind die Ursachen, welche eine Befreiung davon erschweren, und mehr als jede andere die Liebe zum Genusse, der Müßiggang, der Mangel an Personen des andern

Geschlechtes, mit denen man seine sinnlichen Bedürfnisse befriedigen könnte, die Furcht vor ansteckenden Geschlechts-Krankheiten, die Heftigkeit der Begierden, Aerger und schlechte Laune, die Gewohnheit u. s. w.

Im Anfang, so lange der Genuß noch mit der Pflicht kämpft, sind die Schändungen selten und haben immer bittere Reue und Gewissensbisse zur Folge. Der Körper, unreifer Weise von Erschütterungen und Verlusten beunruhigt, welche er nicht ertragen kann, erhebt seine gebieterische Stimme und versetzt den Schuldigen nach jedesmaliger Befriedigung durch Niedergeschlagenheit und Stumpfsinnigkeit in Schrecken. Mit Aufwendung aller Kräfte sucht dieser nun seinen Feind zu besiegen; aber bei dem geringsten Stillstand erfaßt ihn der unerbittliche Gegner, ohne daß er Widerstand zu leisten vermag und läßt ihn nach wenigen Augenblicken verwirrt und erstaunt darüber, so feig nachgegeben zu haben, zurück. So wechseln Siege und Niederlagen einander ab, bis nach und nach die Gewissensbisse schwächer werden, der junge Mann die Achtung vor sich selbst verliert und sich darin fügt, der menschlichen Schwäche seinen Tribut zu zahlen, — das ganze Leben hindurch eine moralische Krankheit mit sich schleppend, welche ihn zu einem frühzeitigen Alter verdammt.

Mannigfaltig sind bei den verschiedenen Individuen die Grade der geschlechtlichen Reizbarkeit, abhängig von dem Instinkte und der Vernunft eines Jeden; deshalb sind auch die der Befriedigung dieser einsamen Genüsse auf dem Fuße folgenden Wirkungen sehr verschieden. Glücklicherweise sind die Fälle von bis zum äußersten Grade oder auch nur bis zur größten Duldsamkeit des Organismus fortgetriebener Onanie selten; und wenn einige jener Autoren, welche über dieses Thema schrieben, die Folgen des Lasters nach solchen Ausnahmefällen bemessen haben, so war das eine Fälschung der Wahrheit, ausgeführt zum großen Schaden der Schuldigen, die bei der Lectüre dieser Bücher nur erfuhren, daß sie keine Symptome der schrecklichen Rückenmarksdarre hatten und — sich über den Verfasser mit seinem Schreckbild lustig machend — ganz ruhig ihre schlechten Gewohnheiten fortsetzten. Man soll die Wahrheit achten und verehren wie eine Religion, und eben deshalb ist es Pflicht anzuerkennen, daß die meisten der Onanie ergebenen Menschen nie solche Excesse begehen, daß dadurch schwere oder tötliche Krankheiten herbeigeführt werden könnten. Aber darum bleiben ihre Vergehen nicht ungestraft, sondern die Natur verurtheilt sie, von der intellectuellen Stufenleiter, auf welche sie sie gestellt hatte, um einen Grad herabzusteigen.

Jünglinge, die Ihr diese Zeilen leset, leget die Hand auf's Herz und gestehet, ob Euch nie Gewissensbisse, einem niedrigen Instinkt gefolgt zu sein, einige der schönsten Stunden Eures Lebens verbittert haben. Ihr seid in dem Alter, in welchem die Kräfte des Sinnes, des Gefühls und des Verstandes sich in der ganzen Macht ihrer Thätigkeit entfalten und Euch unbegrenzte Freudenreiche öffnen. Eure Phantasie verschönert alle Gegenstände Eures Horizonts und macht Euch das Herz bei den herrlichen Gebilden der Zukunftsträume schlagen. Die Liebe, die Freundschaft, der Ruhm, die Wissenschaft machen Euch vor Hoffnung zittern — und seufzen bei dem Gedanken, daß Euer Leben zu kurz sein werde, um die ganze Euch umgebende Welt umschlingen und erfassen zu können. Und doch opfert Ihr alles dieses einem elenden Genusse von einigen Augenblicken, der Euch verzagt, stumpfsinnig und zu Allem unfähig zurückläßt. Der klare Verstand verdunkelt sich, das gute und schnelle Gedächtniß Eures Alters wird schwach, die Einbildungskraft strahlt nicht mehr in ihrem lichten Spiegel die schillernden Farben Eurer Phantasie zurück, der Wille wird stumpf; eine lästige Unruhe peinigt Euch und verdammt Euch stundenlang in einen Zustand von Gleichgültigkeit und geistiger Trägheit, den Ihr mehr als den Tod verabscheuen solltet. Dem Gefühl und Verstande ist auch der Körper ein Leidensgefährte: die Verdauung geht schwer von Statten, am Kreuzbeine thun sich schmerzhafte Empfindungen kund und oft stellt sich auch Uebelkeit ein; die Haut, ein Spiegel des allgemeinen Wohlbefindens, wird blaß und die Physiognomie nimmt einen so niedergeschlagenen und düstern Charakter an, daß sie fast immer dem Auge eines scharfen Beobachters das

Vergehen enthüllt. Mehr als einmal las ich das traurige Laster mit Betrübniß auf den Gesichtern meiner Mitschüler, und wenn ich ihnen freimüthig meine unglückliche Entdeckung offenbarte, so führte ich sie zu Geständnissen, die nicht immer ohne Nutzen blieben.

Aber die erwähnten Belästigungen bleiben erträglich und der junge Mann begnügt sich damit, einige Stunden in Schlaftrunkenheit oder in leichten Beschäftigungen zu verbringen, in der Erwartung, daß der ausgleichende Ernährungsproceß ihn noch in den Stand gesetzt habe, Mißbrauch mit sich selbst zu treiben. Die gewohnheitsmäßige Wallung, in welcher die Geschlechtsorgane durch die schlüpfrigen Bilder des Geistes erhalten werden, verursacht alsdann einen Rückfall zum Laster. Zuweilen treiben Muthlosigkeit und die Unfähigkeit andere Empfindungen zu erwecken, welche die ganze Energie erfordern würden, zu dem unglücklichen Vergnügen, um durch dasselbe eine Erschütterung zu verspüren und zu fühlen, daß man lebt. Ein Leben, verbracht in unzureichenden Beschäftigungen, in langen Stunden von Schlaf oder Schlaftrunkenheit, unter Augenblicken des Zornes und des Aergers, und nur hier und da von den gewohnten Schändungen gezeichnet, ist elend und erbärmlich. Ihr Alle, die Ihr von Vorurtheilen festgehalten, Euch in dem engen Pfade eines von äußeren Umständen zugeschnittenen Lebens eingeschlossen habt und Euch von diesen packen und stoßen lasset; Ihr, die Ihr lebet, ohne Euch je gefragt zu haben; warum und wozu; Ihr, die Ihr nichts als todte Ziffern seid in der Formel einer Generation — fahret nur fort in Euren schmutzigen Gewohnheiten, da Ihr doch keine höheren oder niedrigeren Freuden begreifen könnt. Aber all' Ihr Anderen, die Ihr die Ketten des Vorurtheils zerbrochen habt, und Euch hinaufschwingend auf die Höhen des Gedankens, freien Blicks um Euch schaut; Ihr, die Ihr den erhabenen Genuß des Denkens kennt und Euer Leben nach einem Zwecke richtet, sei es nun Religion, Wissenschaft, Ruhm oder Liebe — verfallet um Eurer menschlichen Würde willen nicht einem Laster, das Euch aus Eurer Höhe hinabstürzen würde in den zu Euren Füßen liegenden Koth, und Euch die Waffen in der Hand zerbrechen würde, mit denen Ihr die fürchterlichen Feinde, die den Weg zum Wahren, Schönen und Guten versperren, bekämpfen müsset. Wenn Ihr das einsame Laster noch nicht kennt, studiret es nicht etwa aus Neugierde oder Spottes halber zum Versuch; weil die Probe gefährlich werden könnte. Wenn Ihr es verhängnißvoller Weise in einem Alter geistiger Unmündigkeit kennen gelernt habt, bekämpfet Euren Feind mit der mächtigsten Waffe, welche dem Menschen verliehen, mit der höchsten Kraft seines Geistes, die ihn unificirt und erhebt, mit dem „Willen". Erziehet diese kostbare Macht durch edelmüthige und auch verwegene Uebungen; strebet nach Allem was schwer zu erreichen ist; suchet zu bekämpfen, was fast unbesiegbar ist; helfet Euch den Lebensweg bauen. soweit die Natur es Euch gestattet. Dann werdet Ihr die erhabene Genugthuung genießen: gewollt und gesiegt zu haben — ein Vergnügen, welches das Opfer der wollüstigsten Genüsse aufwiegt. Hat Euch die Natur nur einen schwachen Willen gegeben, so suchet Euch Bundesgenossen, vertrauet Euer Geheimniß einem Freunde, vereinigt Euch mit ihm um den Feind durch Wetteifer, durch Belohnung, durch Strafe, durch alles das, was Euch erheben oder demüthigen kann, zu besiegen: kurz, machet Euch eines der schwersten Siege, eines der glorreichsten Triumphe würdig.

Bevor ich dieses Thema, über das man wohl einen dicken Band schreiben könnte, verlasse, will ich noch einer hierauf bezüglichen, bis jetzt noch nicht gelösten Frage Erwähnung thun. Die Wollustempfindungen der Onanie wirken auf Sinn und Intellect intensiver als jene des Beischlafes; obgleich sie ihrer Natur nach diesen verwandt sind. Einige meinen, daß die nach jenen unnatürlichen Genüssen eintretende Reue und Scham eine allgemeine Störung herbeiführen, wie man sie bei der Begattung nicht hat. Dieses ist jedoch ein sehr schwaches Argument, da beim Beischlaf die Reue und die Furcht vor den Folgen mitunter viel schrecklicher sind, ohne daß man deshalb jene physischen und moralischen Störungen hat, wie bei der Onanie. Die Hypothese der Elektricitäts-Entwickelung bei der Berührung der beiden Geschlechter ist ebenfalls nicht stichhaltig, wenn man sie auch nicht ganz verwerfen kann. Wenn mir gestattet wäre über dieses delicate und schwere Thema eine Meinung zu äußern, so würde ich sagen, daß bei der Onanie wie beim Beischlafe die Wirkungen in Bezug auf den materiellen Samenverlust die gleichen sind, daß aber bei ersterer der Organismus eine unverhältnißmäßige Kraftanstrengung machen muß um zum Delirium zu gelangen; weil er sich nie in jener natürlichen Erregung befindet, welche nur durch die Berührung der beiden Geschlechter erzeugt werden kann. Bei der Begattung sind wir in einer außergewöhnlichen Erregung, die ihren Abschluß durch einen angemessenen Genuß erhält, weshalb wenig Kraftentwickelung oder vollständiges Gleichgewicht stattfindet; bei der Onanie dagegen ist die geschlechtliche Wallung nur mittelmäßig und hat dann überstarke Wollustempfindungen zur Folge, weshalb hier Ungleichheit zwischen Kraft und Wirkung herrscht und Störung des Nervensystems eintritt. Es ist nicht so unwahrscheinlich, daß sich in jenem fürchterlichen Wollustkampfe zwischen den beiden Geschlechtern Lebensströme entfesseln, welche von dem einen Körper auf den andern übergehen und welche, einander das Gleichgewicht haltend, sich gegenseitig ergänzen. Jedenfalls ist diese Frage noch nicht gelöst; sie muß aber gründlich studirt werden, weil sie auf die geheimnißvolle Thätigkeit des Nervensystems viel Licht verbreiten kann.

7. Kapitel.

Von den Genüssen des Geschmacksinnes im Allgemeinen; — vergleichende Physiologie; — Verschiedenheiten.

Wenn der ernste Denker nur die Gedanken verehrt und die trivialen Genüsse des Geschmacks verachtet, wenn die schwärmerische und sentimentale Frau den erhabenen Traum Byron's verwirklichen und nur von „Gefühlen" leben möchte, so erblickt der wahre Philosoph, der mit Ruhe und Unerschrockenheit seine Hand auf die lebende Materie legt und deren Zuckungen vernimmt, in der menschlichen Heerde eine Schaar intelligenter Thiere, die mit Vorsatz und Wissenschaft zu essen und zu trinken verstehen; — und sein Ohr hört sagen und immer wieder sagen, daß die bei einem fröhlichen Schmause oder einem köstlichen Mahle verbrachten Stunden mit zu den schönsten des Lebens gehören. Er wird über diese Wahrheit weder erschrecken, noch wird er sich deshalb schämen ein Mensch zu sein. Die allweise Mutter Natur, die uns mit heroischem Befehle zu leben gebot, pflanzte ein dringendes Bedürfniß nach Nahrung in uns und überwies der Befriedigung desselben eine reiche Quelle von Genüssen. Aber nicht genug damit: großmüthig wie immer gegen ihr Lieblings=Geschöpf, schmückte sie Bedürfniß und Genuß — die sie als nothwendiges Lebensgesetz allen Wesen ertheilt hatte — beim Menschen mit dem Reichthum der Kunst und den zarten Einfassungen des Gefühls und schuf auf diese Weise aus einer Thatsache, die in ihrer Wesenheit und ihrem Zwecke doch immer dieselbe bleiben mußte, eine ganze Welt von Combinationen und physischen und moralischen Erscheinungen.

Da die Ernährung im Wesentlichen darauf beruht, in unsern Körper Stoffe einzuführen, welche geeignet sind, die durch den Lebensprozeß beständig verbrauchte Kraft wieder zu ersetzen, so muß der Haupt=Genuß in der Berührung der Nahrung mit den zu ihrer Verarbeitung bestimmten Organen bestehen und muß demnach eine Tastempfindung sein. Die allereinfachsten Thiere, bei denen die Ernährung lediglich durch Endosmose oder Aufsaugung stattzufinden scheint, müssen den Geschmacks=Genuß auf allen Punkten ihres Körpers empfinden, wenn sonst der Stoff, aus welchem sie bestehen, empfindungsfähig ist, — sei er nun entweder mit sehr dünnen, für unsere Augen unsichtbaren Nervenfäden versehen, oder sei er sonst von einem fühlenden organischen Elemente in gleichartiger Weise durchdrungen. Jedenfalls wird diese Lustempfindung sich mit unzähligen anderen aus der Befriedigung anderer Bedürfnisse entspringenden vermischen und mit diesen zusammen den allgemeinen Sinn des Lebens ausmachen. Steigen wir in der Reihe der lebenden Wesen eine kleine Stufe aufwärts, so sehen wir verschiedene aus homogener Masse gebildete Infusionsthierchen, welche die ihnen zur Nahrung dienenden Körper umschließen, an irgend einer Stelle ihrer Masse einen Mund und einen Magen öffnen und diese Oeffnung, sobald die Verdauung stattgefunden hat, wieder schließen (so die Amöbe). Wenn diese Wesen den Geschmacks-Genuß empfinden, so muß derselbe von allen Theilchen des Körpers, welche wechselweise mit der Nahrung in Berührung kommen, wahrgenommen werden. Steigen wir höher, so finden wir Thiere, welche zum Zwecke der Nahrungs-Aufnahme eine bleibende Höhlung besitzen. Da die Geschmacksempfindung auf diese Weise localisirt wird, so muß sie auch intensiver sein; es ist aber sehr wahrscheinlich, daß es nur eine Tastempfindung sei und daß die Verschiedenheit nur in der Natur des mit dem fühlenden Organ in Berührung kommenden Körpers bestehe. In der That muß bei den niederen Thieren, die mit einem sehr einfachen Nervensystem versehen sind, ein und derselbe Nerv eine reine Tastempfindung geben, wenn er von irgend einem indifferenten Körper berührt wird, eine geschlechtliche Tastempfindung, wenn er von den zur Zeugung bestimmten Organen gekitzelt wird, und Geschmacksempfindungen, wenn der ihn berührende Körper zur Nahrung dient. Dasselbe ließe sich vielleicht auch von den anderen Sinnen sagen. Gehen wir von diesen ersten Anfängen thierischen Lebens ohne Weiteres zu den höheren Thieren über, welche mit zwei deutlich unterschiedenen Nervensystemen ausgestattet sind, so sehen wir die Nerven des animalen Lebens an den zur Nahrungs-Einnahme bestimmten Oeffnung den Vorsitz führen, während der Rest des Verdauungs-Apparates fast ganz unter der Herrschaft des Gangliensystems steht. Auf diese Weise finden wir den Tastsinn des Geschmacks schon angedeutet und unterschieden von dem innern Gefühlssinne; obgleich bei den Insekten und bei anderen höheren Lebenswesen diese Art Tastsinn wohl noch nicht specifisch heißen kann. Wenn wir aber die Modifikationen des Geschmackssinnes bei den Thieren mit großen Schritten weiter verfolgen, so gelangen wir zu den vollkommensten Formen der Organisation und sehen hier dem Geschmackssinne ein besonderes Nervensystem zugetheilt, das man — wenigstens physiologisch — als specifisch betrachten kann. Die Geschmacksempfindungen der höheren Thiere variiren dem Grade und der Natur nach; theils wegen der verschiedenen Organisation der sensorischen Nerven und des Gehirn-Centrums, theils wegen der Art und Weise, mit welcher die Nahrungskörper die empfindlichen Wärzchen der Mundhöhle berühren. So finden wir den Geschmack wenig entwickelt bei den Vögeln, die ihre Nahrung schnell verschlucken; ebenso bei den Fischen, deren Mundhöhle meistentheils mit harten und knorpeligen Häutchen austapeziert ist. Dagegen ist bei den Säugethieren die Oberfläche des Geschmackssinnes sehr ausgedehnt und von Wärzchen verschiedener Natur zusammengesetzt, welche, die Berührung der Empfindungspunkte mit dem Nahrungsstoffe in tausenderlei Weise abändernd und vervielfältigend, unzählige Abstufungen des Genusses schaffen müssen.

Ferner bemerken wir, daß die Nahrung eine Zeit lang im Munde verbleibt, wo sie, von den Zähnen zerrieben, sich mit dem Speichel vermischt, welcher die kleinen Stofftheilchen theils auflöst, theils unbehelligt läßt; sie in der zur Erzeugung eines delicaten und intensiven Genusses geeignetsten Form mit den Nerven in Berührung bringend.

Es ist möglich, daß einige Säugethiere einen entwickelteren Geschmacks-Apparat besitzen als der Mensch; doch kann man ohne Furcht sich zu irren, behaupten, daß Keines von ihnen aus dem Geschmackssinne so viele Genüsse zieht, wie das Lieblingsgeschöpf der Natur, welches mit Kunstverständniß die Geschmäcke zu vervielfachen und eine Empfindung, die aus Gründen der organischen Structur des Sinnes nur schwach und flüchtig sein würde, durch angestrengte Aufmerksamkeit auf einen hohen Grad von Stärke zu bringen vermag.

Der Geschmacksgenuß besteht aus verschiedenen Elementen, die sich untereinander auf die mannichfaltigste Weise verbinden und von denen einige nothwendig und ersten Ranges, andere hingegen secundär und von reinem Luxus sind. Die sich in jedem Genusse des Geschmackssinnes bewährenden Elemente sind: die Tastempfindung und die specifische oder Geschmacksempfindung. Elemente von secundärer Bedeutung sind: der Anblick der Speise, der Geruch den sie verbreitet und der ganze Luxus-Zubehör, der da verschönert was anfänglich blos gut war. Das ursprüngliche und wesentliche Phänomen der Wirkung des Hungers ist beim Menschen zur Erzeugung des Genusses nicht gerade nothwendig, obgleich es, den anderen Genuß-Elementen sich beigesellend, die Empfindung köstlicher oder vollständiger macht. Der Mensch, der sich mehr als jedes andere lebende Wesen in einem freien Horizonte bewegt, dessen Grenzen er bis zu einem gewissen Punkte verengern und erweitern kann, weiß auch ohne Hunger oder Durst mit großem Genusse zu essen und zu trinken und ohne daß man dieses pathologisch nennen kann. Wir werden später bei Besprechung der krankhaften Genüsse des Geschmacks eine Grenzlinie zwischen Physiologie und Pathologie dieses Sinnes zu ziehen suchen.

Die allgemeinen Gesetze, welche die anderen Genüsse beherrschen, beeinflussen auch in derselben Weise jene des Geschmackssinnes. Je größer das Bedürfniß nach Nahrung und Trank, je feiner der Nerven-Apparat, je gespannter die Aufmerksamkeit, desto stärker auch der Genuß. Doch hängt hier die größte Verschiedenheit desselben von der molecularen Natur der Nahrung ab, was wohl den geheimnißvollen Vorgängen der Empfindung, welche sich unseren schärfsten Nachforschungen entziehen, zuzuschreiben ist. Zwei Individuen empfinden unter sonst gleichen Bedingungen des Appetits, der Empfindlichkeit und der Aufmerksamkeit einen sehr verschiedenen Genuß, wenn das eine Individuum Schwarzbrod und das andere feinen Kuchen ißt. Der Magen des Reichen und der Magen des Armen nehmen mit derselben Gleichgültigkeit sowohl kunstgerechte Leckerbissen wie ganz einfache Speisen auf, wenn sie sonst nur die zur Ausgleichung des Verlustes nöthigen Stoffe darin vorfinden. Aber während der erstere langsam kaut und sich an den in seinem gastronomischen Laboratorium bereiteten Säften mit großem Behagen ergötzt, stürzt der Andere seine schale Suppe jählings in den Magen. In dieser Erscheinung haben wir jedoch nur die Vorsehung zu erkennen, und die Forschungen, welche der Mensch im Laufe der Jahrhunderte angestellt hat um den Schatz der Geschmacksgenüsse zu vermehren, waren ein mächtiges Mittel zu Reichthum und Bildung.

Eine andere sehr reiche Quelle der Verschiedenheit in den Geschmacksgenüssen ist die der individuellen Idiosynkrasie (Art und Weise des Empfindens). Es ist bekannt, wie die Geschmäcke von Individuum zu Individuum variiren und wie Manche schon beim bloßen Geruch einer Speise vor Freude glänzen, während Andere dem was sie essen nicht die geringste Aufmerksamkeit schenken und alles was nur ihren Hunger stillen kann, schmackhaft finden. Einige sind ganz und gar Specialisten und finden sich nicht wenigen Quellen von Genüssen verschlossen, indem sie Speisen, welche das Entzücken Anderer bilden, verabscheuen. Das einzige Gesetz, das sich hier auffinden läßt, ist das der natürlichen Vererbung. Wenn die Geschmäcke der Eltern in ihren Neigungen zusammentreffen, so werden sich dieselben Geschmacks-Eigenheiten wohl in den meisten Fällen auf deren Kinder übertragen; stehen sie aber im Widerspruch zu einander, so vererben sich entweder die Geschmacksneigungen der Mutter oder die des Vaters, oder die Geschmäcke stellen sich auf die verschiedenste Weise zusammen. In seltenen Fällen, wenn die Neigungen der Eltern einander ganz und gar entgegengesetzt sind, so daß sich die sämmtlichen Geschmacksgenüsse so zu sagen in zwei Gruppen theilen, können die Kinder unter Umständen den allgemeinsten und vollständigsten Geschmackssinn erwerben, d. h. sie werden jedes beliebige Nahrungsmittel schmackhaft finden und fähig sein, alle Geschmacks-Empfindungen mit jener Stärke und mit jener Sinnes-Feinheit zu genießen, wie sie im Allgemeinen nur den einseitig ausgebildeten Feinschmeckern eigen. Bei mir trifft dieser Fall z. B. vollständig zu.

Die Geschmacksgenüsse sind bei beiden Geschlechtern verschieden, und der Mann, dem sich die Natur in vielen anderen Fällen so zugethan zeigte, wurde auch hierin von ihr bevorzugt. Die Frau, obgleich empfindlicher als der Mann, ist jedoch zu wenig egoistisch um diese sinnlichen Genüsse zu zergliedern und besonders zu lieben. Außerdem bleiben ihr wegen der Zartheit ihrer Verdauungs-Organe und ihrer vielen wunderlichen Neigungen meistentheils die intensiven Genüsse verschlossen. Den scharfen Geschmack der alkoholischen Getränke und der Gewürze kann sie selten vertragen. Dafür ergötzt sie sich mehr an süßen und säuerlichen Sachen und zieht im Allgemeinen vegetabilische Nahrung vor. Es fehlt in dieser Beziehung gewiß nicht an Ausnahmen; aber sie können die allgemeine Regel nicht aufheben. In der moralischen Physiologie kennt man weder gerade Linien noch mathematische Abgrenzungen der Thatsachen; sondern man zeichnet nur in Andeutungen und krummen Linien. Wer es anders machen wollte, würde ebensogut wagen können mit den Armen die Grenzen des Himmels abzumessen.

Die so zarten und flüchtigen Geschmacksempfindungen können natürlich nicht auf allen Altersstufen dieselben bleiben, während sich alle Tage der Rahmen, auf welchem der Lebensstoff gewoben, verändert. In den ersten Monaten des Daseins müssen diese Genüsse sehr unbedeutend sein, weil das Nahrungsmittel immer ein und dasselbe und die Aufmerksamkeit nur schwach ist. Der große Appetit jenes Alters kann zwar diesem Mangel theilweise abhelfen; jedoch nur der Stärke, nie der Ausdehnung nach. Im Kindesalter sind die Geschmacksgenüsse sehr stark und mannichfaltig, theils wegen der Neuheit der Empfindungen, theils wegen des Mangels an anderen Genüssen, theils auch wegen des unbändigen Appetits jener glücklichen Zeiten. Sobald die Liebessonne am Lebenshorizont erschienen, erbleichen die Genüsse des Geschmackssinnes vor so herrlichem Strahlenglanze und bilden verächtlich auf die Seite geschoben, den geringfügigsten Theil der Genüsse des Jugendalters. Das Stürmen und Drängen in jenen unruhigen Zeiten, die angefachte Jugendkraft, welche die ganze Welt aus den Angeln heben möchte, machen den Menschen außerdem zum Genusse der ruhigen Tafel-Freuden untauglich. Aber auch die Sonne der Jugend verfinstert sich und geht unter und das kleinere Gestirn des Geschmacks beginnt wieder ein zitterndes aber angenehmes Licht zu senden, das den zu Sparsamkeit in Zeit und Geld geneigten erwachsenen Menschen mit Hoffnung erfüllt. Nunmehr bezeichnet der Mensch die Mittagsstunde als den Gipfelpunkt des Tages; und die Zubereitungen in der Küche selbst überwachend, hilft er durch die Kunst dem Mangel des verlorenen Appetits ab. War er in der Kindheit ein starker Esser und Feinschmecker aus Instinkt, so wird er es jetzt aus Wissenschaft, und Niemand versteht es dann besser als er, die Zunge im Munde umhergleiten zu lassen, um noch die letzten Spuren einer entweichenden angenehmen Empfindung zu kosten. Aber bald werden die Zähne schwach, die Sinne stumpf, und das bleiche Greisenalter sieht auch die leichten Freuden des Geschmacks schwinden. Weder künstliche Mittel noch die beharrliche Aufmerksamkeit des ganzen Egoismus vermögen nunmehr die Eßlust der Kindheit oder die ruhigen gastronomischen Meditationen, welche einst zu einem Schmerbauche verhalfen, wieder zu erwecken. — Ungleich sind in den verschiedenen Ländern die Grade des Appetits, die Geschmäcke und die Genüsse. Die Lappen haben einen solchen Heißhunger, daß sie ungeheure Quantitäten Speck und Branntwein zu sich nehmen; während der Araber sich den ganzen langen Tag über mit ein paar Datteln begnügt. Die nördlichen Völker Europa's erfreuen sich, indem sie dem unersättlichsten Appetit mit den Feinheiten der Kunst begegnen, mehr als jede andere Nation an den Genüssen des Geschmacksinnes; und der gefräßigste Spanier kann kaum mit einem Seufzer des Unvermögens und Neides an die fabelhaften Mägen Wiens und St. Petersburg denken.

Im Allgemeinen werden wohl das Bedürfniß nach Nahrung und die Geschmacksgenüsse mehr von der Rasse als vom Klima modificirt. In Süd-Amerika sind die Einwohner von Rio Janeiro viel gefräßiger als die Einwohner von Buenos-Ayres und Montevideo; obgleich diese letzteren in einem viel weniger warmen Klima leben als jene. Ich habe Engländer und Deutsche fast immer ihre Gewohnheiten des Viel und Oft-Essens auch in Paraguay und unter dem Aequator beibehalten gesehen. Auf der Stufenleiter der Gaumengenüsse nehmen wohl in Europa die Lombarden und die Franzosen den ersten Rang ein, während die Spanier auf Null stehen. — Es ist unnöthig zu bemerken, daß der Arme weniger genießt als der Reiche. Der Letztere bedarf jedoch großen Studiums und eines festen Willens um sich den Appetit inmitten der beständigen Anfechtungen seiner Küche unversehrt zu erhalten. Wenn er mit diesen Genüssen Mißbrauch treibt, so kann es geschehen, daß er von seinem Wagen aus den armen Arbeiter beneidet, der, an den Strahlen der Mittagssonne sich erwärmend, sein trocknes Schwarzbrod mit dem größten Behagen verzehrt.

Die Geschmacksgenüsse variirten sehr in den verschiedenen Perioden. In den ersten Zeiten des menschlichen Daseins ersetzte der Appetit die Kunst; in der Folge aber überdeckte diese mit ihrem zauberischen Mantel den primitiven Hunger, der bei dem bewegten Leben jener Zeiten — wenn man nur an die Mahlzeiten des Ulysses und des Aeneas denkt — riesenhaft gewesen sein muß. Der Appetit existirt aber noch, und wir dürfen uns sicherlich rühmen, die Tafelfreuden besser zu genießen, als unsere Väter. Wir genießen Kunstschätze, die uns auf dem Wege der Tradition überliefert worden; wir genießen mit feineren und empfindlicheren Nerven, die uns auf dem Wege der natürlichen Vererbung überkommen; ja wir würden — mit einem Worte gesagt — den mäßigsten Römer aus den Zeiten des Augustus zum Vielfraß machen, wenn wir ihn in eines unserer heutigen Restaurants zum einfachen Mittagsmahle einladen könnten.

Nachdem wir einen flüchtigen Blick auf die Verschiedenheiten der Geschmacksgenüsse geworfen haben, sind wir wohl berechtigt zu sagen, daß diese Genüsse mit der größten Intensität von einem Genesenden empfunden werden müßten, der sich ungestraft den Freuden einer mit den ausgewähltesten Speisen der ganzen Erde besetzten Tafel hingeben könnte.

Die Geschmacksgenüsse erfordern einen geringen Aufwand von Nervenkraft und nehmen die Aufmerksamkeit des Geistes nur in mittelmäßigem Grade in Anspruch. Das Gehirn gefräßiger Menschen befindet sich in außergewöhnlicher Ruhe, und wenn die unerbittliche Natur der Ausdehnung des Magens keine Grenzen steckte oder die Wege, durch welche ein zu viel Speisesaft enthaltendes Blut läuft, nicht verstopfte, so würden diese glücklichen Vielesser gar nicht sterben. Man kann jedoch die Tafelfreuden nicht ungestraft bis auf den Grund studiren. Das Fassungs-Vermögen wird stumpf und die ganze dem Gedankenleben bestimmte Kraft wird in der ununterbrochenen Kette seliger Verdauungen verbracht. Gefräßige Menschen mit hervorragenden geistigen Anlagen sind sehr selten. Die wenigen bekannten Beispiele dürfen die Vielesser durchaus nicht aufmuntern; weil bei diesen entweder der Magen eine außergewöhnliche Kraft besaß, oder die sehr große Thätigkeit des Verstandeslebens die ungeheure Masse des eingeführten nahrhaften Brennstoffes verbrannte. Auf das Gefühl üben die Geschmacksgenüsse weniger einen Einfluß. Menschen, die von Natur gefräßig sind, können ein ausgezeichnetes Herz besitzen; aber Solche, die mit großem Nachdenken essen, sind stets mehr oder weniger egoistisch. Nicht selten paart sich die Gefräßigkeit mit stumpfen und gemeinen Gefühlen.

Die den Geschmacksgenüssen eigene Physiognomie hat sehr interessante Momente, welche aber alle auf den niedrigen Grenzstufen einer stillen Freude oder eines ruhigen Wohlgefallens stehen. Der niedrigste Grad der Lustempfindung thut sich durch besondere Lebhaftigkeit der zur Einführung der Speisen nothwendigen Bewegungen, sowie durch eine gewisse Heiterkeit des Gesichtes kund. Wird die Lustempfindung feiner, so sind die Bewegungen weniger lebhaft und können sich in den höheren Graden auf die dringendst nothwendigen beschränken, in welchem Falle der Geist den Genuß aufmerksam verfolgt. Der Körper ist dann leicht über sich selbst geneigt und ruhig in die angenehme Arbeit versenkt. Die Augen glänzen, sind aber unbeweglich und entfernen sich ungern von dem beschränkten gastronomischen Horizont des vor ihnen stehenden Tellers. Die Kinnbacken bewegen sich mit bedächtiger Langsamkeit und die Zunge studirt, indem sie den Nahrungsbissen über die empfindlichsten Punkte des Mundes laufen läßt, den Zusammenklang der verschiedenen Empfindungen. Schließlich, wenn der Bissen (resp. der Schluck des Getränkes) auf dem Punkte steht, sich unserer Analyse zu entziehen, scheint er uns durch Gewährung einer letzten und stärksten Lustempfindung noch einen zärtlichen Gruß zurufen zu wollen. Dann schließen sich die Lippen, und alle Muskeln machen die größte Kraftanstrengung, um diesen leider nur sehr kurzen, köstlichen Augenblick möglichst zu verlängern, was dem Vielfraße, der einen schmackhaften Bissen aus der Welt des animalen Lebens in die des vegetativen Lebens befördert, eine ganz eigenthümliche Physiognomie verleiht. Das Opfer ist vollbracht und der Mund stößt, sich weit öffnend, den Athem langsam aus, wie um die Zufriedenheit mit jenem Augenblick auszudrücken. Zuweilen hebt und senkt sich noch die Kinnlade, um die letzten Spuren des Genusses aufzusammeln, bis der Mund sich ungeduldig zu einem neuen Bissen öffnet, der eine neue Lustempfindung erzeugt und aus deren Verschmelzung mit den Nachwirkungen der ersteren ein wahrhaft melodisches Phänomen ersteht. In der That kann man beim Geschmacksgenusse von Harmonie und Melodie sprechen. Alle Tast- und Geschmacks-Empfindungen, welche ein und derselbe Bissen an den verschiedenen Punkten des Mundes erzeugt, verbinden sich untereinander in wunderbarem Zusammenklang und schaffen die Harmonie; während die letzte entschwindende Empfindung durch Vereinigung mit der ihr nachfolgenden eine Melodie bildet. Diese nun variirt, je nachdem die zwei Empfindungen, welche ineinander schmelzen, gleicher Natur und nur dem Grade nach verschieden, oder aber verschiedener Natur sind. Auf die Harmonie der Geschmäcke gründet sich der elementare Theil der Gastronomie, welcher im Zubereiten und Würzen der Speisen besteht; auf die Melodie der Geschmacksgenüsse dagegen stützt sich der erhabenste Theil dieser Wissenschaft, welcher von der Aufeinanderfolge der Speisen und den verschiedenen Combinationen der Weine handelt. Ein Diner ist ein Harmonie- und Melodie-Concert des Geschmackes, in welchem gewisse Gesetze als unabänderlich und — fast möchte ich sagen — mathematisch stets respectirt werden, welches aber dann durch das künstlerische Genie auf seine höchste Vollkommenheit gebracht wird. Unser Rajberti hat mit seinem Buche „L'arte di convitare"*) ein werthvolles Fragment gastronomischer Musik und Moral geschrieben.

*) „Die Kunst zu gastiren."

Ich habe nur die hervorstehendsten Züge der Physiognomie der Geschmacksgenüsse gezeichnet. Die Ausrufungen des Wohlgefallens, das Auflegen der Hand auf die Brust, wie um das Hinabrutschen des köstlichen Bissens in den Magen zu begleiten, und viele andere Geberden bilden ebenfalls Bestandtheile dieses Bildes, das ich nur habe skizziren können. Erwähnen will ich jedoch noch, daß wie beim Geschlechtssinne, so auch beim Geschmack der höchste Genuß in dem Augenblick empfunden wird, in welchem sich der Hauptact der Funktion vollzieht. Man kann die Natur nicht ungestraft hintergehen. Man kann den Liebesact nachahmen, ohne ihn zu vollziehen, man kann ebenso kauen, ohne zu verschlucken; aber den höchsten Genuß empfindet man nur dann, wenn der von der Natur gesetzte Zweck erreicht wird, d. h. in unserm Falle, wenn der Nahrungsbissen die Werkstatt des vegetativen Lebens betritt.

8. Kapitel.

Analytische Skizze der Geschmacksgenüsse.

Obgleich die Geschmacksgenüsse zahllos und von einander sehr verschieden sind, ist es doch unmöglich, sie genauer zu beschreiben und sie der innersten Natur der Empfindung nach zu classificiren; es lassen sich auf einem so unsicheren und geheimnißvollen Gebiete nur einige unbestimmte Grenzpunkte andeuten.

Eines der hauptsächlichsten Elemente der Geschmacksgenüsse bildet die Tastempfindung, welche sehr oft die Hauptquelle derselben ist und welche namentlich von den physischen Eigenthümlichkeiten der Nahrungskörper modificirt wird. So kann die Temperatur einer Speise fast für sich allein einen Genuß erzeugen; und hierbei springt uns sogleich ein sehr interessantes physiologisches Gesetz in die Augen. Die Kälte vermag nämlich bei den Geschmacksempfindungen einen stärkeren Genuß hervorzubringen als die Wärme, und zwar einen Genuß, der fast ganz auf dem Tastsinne beruht. Die Wärme dagegen bringt meistentheils nur die specifische Geschmacksempfindung auf einen höheren Grad der Vollkommenheit und wirkt deshalb nur indirekt zur Erzeugung des Genusses mit. Wenn wir z. B. im heißen Sommer mit Behagen eiskaltes Wasser trinken oder die weiche oder körnige Masse von Gefrorenem im brennenden Munde zergehen fühlen, so haben wir den größten Genuß von der Tastempfindung und nicht schon vom Geschmacke. Selten werden wir dagegen eine Speise schon deshalb angenehm finden, weil sie warm ist. Man müßte denn vielleicht auf die Eisfelder Sibiriens gehen, um an einer Tasse reinen warmen Wassers Genuß zu finden. Wenn nun auch die Erhöhung der Temperatur für sich allein keine angenehme Empfindung zu erzeugen vermag, so wirkt sie doch indirect mit, die Geschmacksgenüsse verschiedenartiger und intensiver zu gestalten, und zwar aus zwei Gründen: einmal, weil die Nerven durch die Wärme der Speise in einen Zustand äußerster Sinnesspannung versetzt werden; und dann, weil die Temperatur, welche dahin strebt, die Moleküle der Körper von einander zu entfernen, deren Cohäsion vermindert.

Es ist gar nicht so unwahrscheinlich, daß die nicht fühlbare molekulare Bewegung, welche ein warmer Körper nothwendigerweise darbieten muß, zur Erzeugung des Genusses mitwirke. Jedenfalls ist Allen bekannt, daß die Kunst, Speisen zu erwärmen, einen Haupttheil der Gastronomie bildet und daß Speise und Trank je nach den Graden ihrer Temperatur ihren Geschmack ändern. Es genügt hier an den Geschmacksunterschied zwischen kalter und warmer Milch zu erinnern.

Ein zweites an der Erzeugung der Geschmacksgenüsse mitwirkendes physisches Element ist der flüssige oder feste Zustand der Nahrung. Die angenehme Empfindung, welche ein Getränk erzeugt, ist viel einfacher und gleichförmiger als jene, welche eine feste Speise bereitet. Man kann vielleicht sagen, daß die Genüsse des Trinkens flüchtiger und zarter sind als die des Essens, daß sie sich aber nicht so hervorheben wie diese. Beim Trinken lassen wir die Muskeln ruhen, und schmachtend auf eine Empfindung wartend, welche sich uns so plötzlich darbietet, kosten wir einen Genuß ohne die geringste Anstrengung. Allerhöchstens begnügen wir uns damit, das Getränk etwas im Munde aufzuhalten, indem wir unsere volle Aufmerksamkeit auf den köstlichen Augenblick zu richten suchen, in welchem es uns verläßt. Wenn man jedoch eine genaue und vollständige Statistik der von einer ganzen Generation empfundenen Geschmacksgenüsse machen könnte, so würde man finden, daß die des Trinkens jene des Essens bedeutend übersteigen.

Zu den Getränken gehören die alkoholischen Flüssigkeiten, Kaffee, Thee, Maté-Thee, Guarana und andere weniger bekannte mysteriöse Stoffe, welche zusammen eine besondere Klasse bilden und unter der Bezeichnung „Nervenreizmittel“ den respiratorischen und plastischen Nahrungsmitteln an die Seite gestellt werden sollten. Sie sind mächtige Factoren in der Cultur der Völker und ihr Einfluß müßte von Jedem, der eine Naturgeschichte der Menschheit schreiben wollte, gründlich studirt werden. Die Analyse der unzähligen uns von diesen Getränken gewährten Genüsse würde uns zu den Genüssen des Gefühls und des Verstandes führen, weil sie ihre Wirkung auf das ganze Gebiet der menschlichen Kräfte ausdehnen und als fürchterliche Zahlen in allen, die gewöhnlichsten Fragen wie die schwierigsten Probleme des socialen Lebens darstellenden Formeln erscheinen. Ich erwähne hier nur, daß sie sich in zwei größere Gruppen theilen lassen, je nachdem sie von alkohol- oder von coffeïnhaltigen Getränken (zu letzteren außer dem Kaffee auch den Thee und andere ähnliche trinkbare Stoffe zählend) herrühren.

Das anerkannte Oberhaupt der unzähligen alkoholischen Getränke ist der Wein; er vertritt sie alle in den Schätzen des Genusses, welche er uns bietet — vom schäumenden Champagner bis zum herben Saft der Reben von Oporto, vom vulkanischen Naß der Vesuv-Trauben bis zu den feurigen Malaga-Weinen. Die Genüsse, welche wir so eifersüchtig in den Bibliotheken unserer Keller bewahren, gehören dem Geschmackssinne an; doch werden sie erst von den Freuden, welche das Entkorken und Entleeren der Flaschen mit sich bringt, auf den höchsten Grad erhoben, — Freuden, von denen wir später, bei Gelegenheit anderer zu derselben Familie gehörigen Empfindungen sprechen werden.

Der Kaffee und sein jüngerer Bruder, der Thee, hingegen lächeln diese geschwätzigen und feurigen alkoholischen Flüssigkeiten mitleidig und verächtlich an und weisen ihnen mit triumphirender Miene den edlen Hofstaat von Genüssen, der sie begleitet. Der köstliche Duft einer Tasse Mokka regt das Gehirn zu einer ruhigen Thätigkeit an: die Nerven überbringen lebhaftere und stärkere Empfindungen und der Geist schafft bei einer jeden derselben Gedanken über Gedanken, die Phantasie bewegt ihr zauberisches Kaleydoskop hin und her und schafft Bilder über Bilder, und das Bewußtsein macht, indem es alle Bewegungen des Geistes und des Herzens in seinem klaren Spiegel reflectirt, den Menschen stolz auf sich selbst. Aber weitere Züge dieses Bildes würden mich in das Gebiet der Verstandesgenüsse führen, und es mögen deshalb diese wenigen Worte genügen um den Hauptgrund anzudeuten, warum der Kaffee Dem, der denkt und fühlt als ein so köstlicher Trank gilt. Diese Freuden sind jedoch nicht für Alle, wie jene, welche sich im Grunde einer Flasche befinden; und Viele haben sich nie träumen lassen, daß der Kaffee außer den Genüssen seines Geschmackes und einer leichten Verdauung auch noch andere gewähren könne.

Der Maté-Thee, ein aus den schwach gerösteten Blättern der Stechpalme von Paraguay (Ilex paraguayensis) durch Aufguß bereitetes Getränk, ist stärkend und nervenerregend und bildet das Entzücken der Bewohner von Rio de la Plata und Paraguay, ist aber auch — jedoch weniger häufig — in Brasilien, Bolivia und auf den Küstenstrichen des stillen Oceans im Gebrauch. Tretet Ihr in den Palast des Präsidenten oder unter das schmutzige Dach einer Gauchos-Hütte, überall wird Euch eine freigebige Hand den Maté-Thee reichen, dessen heißen Aufguß Ihr mittelst eines silbernen Röhrchens aufsauget. Zucker und siedendes Wasser genügen, um aus denselben Blättern immer wieder das gleiche Getränk zu bereiten, und dieses geht von Hand zu Hand, ohne daß Gefäß und Röhrchen gewechselt werden. So lange Ihr nicht ablehnet, wird Euch immer wieder

Maté-Thee gereicht, und Neulingen ist es schon passirt, daß sie davon 30mal und mehr den Tag über zu sich nahmen. Dieses Getränk, welches eine große Quantität Coffeïn enthält, erzeugt nicht nur eine angenehme Erregung der Sinne und des Verstandes — schon durch die Art und Weise wie es aufgesogen und alle Augenblicke wieder genommen wird, — sondern es gewährt auch viele nebensächliche Genüsse dadurch, daß es die Conservation belebt, die Langeweile mit Nadelstichen vertreibt und — was besonders hervorzuheben — alle Anwesenden in einen gemeinsamen Empfindungskreis zieht. Den Europäer widert diese unbeschränkte Mund-Brüderschaft meistentheils an und er zieht sich von einem Vergnügen, das unwillkürlich an das friedliche Zeitalter erinnert, da noch Milch und Honig floß und weder Mißtrauen noch Furcht vor schrecklichen Krankheiten das gemeinsame Gefäß vom Mahle verbannt hatten, zurück. Ich gestehe jedoch, daß es mir leid thun würde, das Maté-Röhrchen bei den amerikanischen Völkern verschwinden und das rauchende Getränk in elegante Porcellan-Tassen gießen zu sehen; und ich würde eine Verwünschung schleudern gegen das unbarmherzige Richtscheit der Cultur, welche darnach trachtet, die lebhafte Physiognomie der verschiedenen Völker zu verwischen und dafür von anderer Seite Mißtrauen unter die in Gesellschaft vereinigten Menschen zu säen.

Der Guarana, eine Zubereitung aus den Früchten der „trinkbaren Paullinie" (Paullinia sorbilis), ist ein aristokratisches, wegen seines hohen Preises nur dem Reichen in Brasilien und Bolivia reservirtes Getränk. Man nimmt es kalt und gezuckert; es hat einen angenehmen Geschmack, der an Himbeeren und Chokolade erinnert. Er vertreibt Mattigkeit und Schlaf und regt zu geistigen Arbeiten wie auch zum Liebesgenusse an.

Die festen Nahrungsmittel können uns schon allein durch ihre physischen Eigenschaften und also durch die einfachen Empfindungen, welche daraus entspringen, sehr viele Genüsse bereiten. So regt eine Speise von gewisser Weichheit die Muskeln und die Tastnerven des Mundes an ohne sie zu ermüden, und erzeugt verschiedene Lustempfindungen, von denen man sich eine Vorstellung beim Essen von Gelee oder weichem Kuchen machen kann. Zuweilen ist die Zartheit oder Feinheit des Gewebes Quelle des Genusses, wie man dieses z. B. wahrnimmt, wenn man Kalbsgekröse, Hirn, Blumenkohl, fleischige Früchte u. s. w. ißt. Ebenso kann die körnige Structur Lustempfindungen erzeugen, indem sie die Berührungspunkte vervielfacht und den Tastsinn fast zu kitzeln scheint; dieses findet statt wenn man z. B. Härings- oder Fisch-Eier ißt. Gleicherweise erweckt ein weiches faseriges Gefüge, wie z. B. des gutgekochten, mürben Rindfleisches, angenehme Empfindungen. Einen Genuß besonderer Art gewährt uns die Elasticität der Nahrungsmittel und derselbe kann leicht einen so hohen Grad erreichen, daß die Kinnbacken in eine fast convulsivische Bewegung versetzt werden. Die weichlichen Frauen des Orients beschäftigen ihre Zähne in den langen Mußestunden des Harems, um nicht beständig gähnen zu müssen, mit Kauen von Mastix und anderen harzigen Substanzen, welche, dem Drucke sich fügend, alle Augenblicke ihre Form ändern ohne sich aufzulösen. Einige Speisen stellen unseren Zähnen zuerst einen scheinbaren Widerstand entgegen um dann plötzlich zusammen zu brechen und den Mund mit Bröckeln oder einer weichen Masse anzufüllen. Dies ist z. B. der Fall bei verschiedenen schwammartigen Süßigkeiten, bei stark geröstetem Gebäck u. s. w. Feste Speisen, die im Munde schmelzen oder zerfließen, wie Butter und verschiedene Küchenpräparate, wirken dadurch ebenfalls angenehm auf die Tastnerven des Geschmackssinnes. Eine eigenthümliche Lustempfindung endlich haben wir, wenn uns ein Nahrungsmittel einen mittelmäßigen Widerstand bietet, der eine gewisse Kraftanstrengung nöthig macht; so z. B. wenn wir Schiffszwieback, Mandelkuchen u. s. w. essen oder wenn wir Nüsse mit den Zähnen aufknacken. Diese letzteren Lustempfindungen sind jedoch nur wenigen Auserwählten reservirt.

Alle diese Tastempfindungen verbinden sich auf tausenderlei Weise und erzeugen vielseitige Genüsse. Eine Hauptquelle dieser Zusammenstellungen besteht in dem Gemisch fester und flüssiger Körper oder in der Verbindung von Nahrungsmitteln verschiedener Cohäsion. Es sei hier nur an den Genuß erinnert, den man beim Essen von Maisbrod mit Milchrahm oder eines Beefsteaks mit Butter empfindet. In Europa ist man gewohnt, Brod als Beigabe zu fast allen Speisen zu essen, während bei den Chinesen der Reis die Stelle unseres Brodes vertritt. Hier wie überall übt die Gewohnheit einen großen Einfluß auf die Erzeugung des Genusses aus.

Das charakteristische Element der Geschmacksgenüsse besteht jedoch in der dem Geschmackssinne eigenen specifischen Empfindung. Nicht alle Geschmäcke sind angenehm, ohne daß wir den Grund davon angeben können. Im Allgemeinen haben alle Substanzen, die uns ernähren können, einen guten Geschmack, während die ungeeigneten und schädlichen Stoffe fade oder unschmackhaft sind. Doch gibt es in dieser Hinsicht auch zahlreiche Ausnahmen.

Die Grund-Geschmäcke, welche sich am verbreitetsten in den Nahrungsmitteln vorfinden und welche schon allein Genuß zu erzeugen vermögen, indem sie den Geschmackssinn auf specifische Weise anregen, sind: das Süße, das Bittere, das Salzige, das Saure und das Fette.

Das Süße vermag im Allgemeinen Genüsse von jeder Stärke zu erzeugen und steht in besonderer Gunst bei Frauen und Kindern. Es kann Verbindungen mit fast allen Geschmäcken eingehen, gewährt aber die größten Genüsse, wenn vegetabilischen Nahrungselementen beigesellt. Mit dem Bitteren und dem Fetten verträgt es sich sehr selten.

Das Bittere gefällt nur Wenigen und auch fast immer nur in seinen schwächeren Graden. Nur der scharfe Gaumen erwachsener Männer findet im Allgemeinen an ihm Gefallen.

Das Salzige ist nur in seinen geringeren Graden angenehm; es paßt im Allgemeinen mit wenigen Geschmäcken zusammen und läßt nur unzählige Combinationen zu mit Speisen, die durch ihre physischen Eigenthümlichkeiten den größten Genuß gewähren. Es ist sonst fast bei Allen beliebt.

Das Saure gefällt nur in den niedrigsten Graden; es harmonirt gut mit dem Süßen, selten mit dem Salzigen und dem

Fetten, fast nie mit dem Bitteren. Es steht in besonderer Gunst bei Gaumen, die das Süße lieben.

Das Fette gefällt fast nie allein und im Allgemeinen werden die Genüsse, welche es gewährt, durch Tastempfindungen oder durch starken Geschmack hervorgehoben. Etwas Festes über die Neigung zum Fetten läßt sich nicht aufstellen;- allenfalls möchte ich sagen, daß Viele, die zur Schwindsucht neigen, ihm zugethan sind.

Außer diesen Grund-Geschmäcken gibt es noch unzählige andere, die keine besondere Bezeichnung haben, sondern sich nach dem Stoffe, der sie gewährt, benennen. In dem Chaos dieser Empfindungen ist es kaum möglich, eine mehr oder weniger sichere Grenzlinie zu ziehen.

Viele Genüsse hat man von der Zartheit einer Empfindung, wenn diese so flüchtig und leicht ist, daß sie unsere Aufmerksamkeit in einem gewissen Grade herausfordert. Ein Beispiel liefert uns der Thee, der einen so zarten Duft bietet, daß derselbe einem rohen oder unaufmerksamen Gaumen entgeht.

Einen Genuß entgegengesetzter Art hat man von der Stärke einer Empfindung; doch kann dieselbe nur angenehm sein, wenn die Nerven fähig sind, sie zu vertragen ohne sich zu überreizen. Rum, Zimmet, spanischer Pfeffer, Senf und unzählige andere Substanzen gewähren uns diese Genüsse.

Zwischen diesen äußersten Grenzpunkten steht eine unzählige Schaar großer und kleiner Genüsse, die sich weder beschreiben noch classificiren lassen und die — sich auf tausenderlei Weise zusammensetzend — das Entzücken der Gastronomen bilden. Niemand wird übrigens je erklären können, warum das Aroma der Vanille so köstlich ist, oder warum Schweinefleisch angenehmer schmeckt als Ochsenfleisch.

Bei den Geschmacksgenüssen lassen sich, da die individuellen Neigungen in's Unendliche verschieden sind, schwer Grenzlinien zwischen physiologischen und pathologischen Empfindungen ziehen. Wer vor dem bloßen Geruch des Käses zurückschreckt, hat sicherlich noch nicht das Recht, das Gefallen Anderer an einem Stück Gorgonzola, in welchem unzählige Kryptogamen (beweidet vielleicht von den Larven einiger Insekten und von Miriaden von Infusionsthierchen) wachsen, krankhaft zu nennen. Es gibt Speisen, welche der Mehrzahl der Menschen gefallen, während andere das Feld der Liebhaber in verschiedene Parteien theilen. Glücklicherweise finden fast Alle einstimmig die zum Ersatze der Verluste des Organismus geeignetsten Nahrungsmittel gut, wohingegen die erbittertsten Gegner des gastronomischen Gebiets nur über den Vorrang reiner Luxusspeisen streiten. Austern, Schnecken, Kaviar u. s. w. haben stets Verehrer und unversöhnliche Feinde gehabt; aber sie sind zum Leben des Menschen durchaus nicht nothwendig. Die Cerealien und das Fleisch pflanzenfressender Thiere hingegen folgten dem Menschen überall auf seinen Auswanderungen. Der Abscheu ganzer Völker vor gewissen Speisen ist durchaus keine pathologische Erscheinung; und nur die Gewohnheit ist's, die den Chinesen nach Schwalbennestern, den Amerikaner von Florida nach Hundefleisch lüstern macht. —

Der pathologische Genuß des Geschmacksinnes beginnt erst dort aufzutauchen, wo er von einer zur Ernährung durchaus ungeeigneten Substanz bereitet wird. Hysterische Frauenzimmer z. B., die mit großem Behagen ein Stück Kreide oder Kohle zwischen den Zähnen zermalmen oder sich — von Niemandem beobachtet — einem Mahle von Asche, Erde oder Kalk hingeben, empfinden krankhafte Genüsse. Jedenfalls liegt solchen pathologischen Genüssen ein angeborenes, oder erworbenes und dann vorübergehendes Gebrechen der Organisation zu Grunde. Ich kenne einen Herrn in Bergamo, der des Geruchssinnes ganz und gar und des Geschmacksinnes fast ganz beraubt ist; er schmeckt nur das Süße und hat deshalb beim Essen stets Zucker in gehöriger Quantität auf dem Tische stehen, womit er Suppe, Rindfleisch, Wurst, sowie alle Speisen, die an und für sich nicht süß sind, würzt.

9. Kapitel.

Von einigen auf den Genüssen des Geschmackssinnes beruhenden Belustigungen: — gastronomische Philosophie.

Das vernunftlose Thier ißt, wenn es Hunger hat und Nahrung findet, wobei der Genuß sich nach dem Grade des Appetits und der Natur der gefundenen Nahrung bemißt. Der Mensch hingegen regelt, nachdem er die Geschmacksgenüsse mit den Kunstmitteln der Gastronomie bis in's Unendliche vervielfacht hat, auch die Zeit, wann, und die Art und Weise, wie er essen und trinken muß, um den höchst möglichen Genuß zu haben und seine geordnete Thätigkeit nicht zu stören.

Der roheste Theil der Menschheit unterscheidet sich kaum von den Thieren und ißt unregelmäßig, ohne Zeit und ohne Maß; der civilisirte Mensch hingegen vertheilt seine Mahlzeiten auf verschiedene Tageszeitpunkte, sich dabei mehr von den Bedürfnissen des Gehirns als von denen des Magens leiten lassend. Die Vertheilung der Mahlzeiten ist, je nach dem Volke, den socialen Verhältnissen und den Gewohnheiten verschieden; doch das vollständigste Tages-Programm der gastronomischen Genüsse bietet uns Frühstück, Mittagsmahl, Vesperbrod und Abendbrod. Eine jede dieser Mahlzeiten hat ihre besonderen Regeln und Gesetze und ebenso ihre besondere moralische Physiognomie, auf Grund deren man eine Special-Physiologie davon schreiben könnte. Ich werde hier nur eine Skizze davon geben.

Das Frühstück ist die erste Mahlzeit, zu welcher wir die ganze Reinheit eines seit langer Zeit ruhenden Appetits mitbringen. Der Mißbrauch der Tafelfreuden, sowie die Launen eines vor der Zeit erschöpften Magens berauben viele Individuen des Genusses, mit Appetit zu frühstücken; aber Kinder, junge Leute und Solche die sich auch im erwachsenen Alter den Magen in jugendlicher Kraft erhalten haben, empfinden kurze Zeit nach dem

Aufstehen ein wahres Bedürfniß nach Nahrung und rüsten sich lächelnd und händereibend zum Frühstück. Die Vernunft mäßigt jedoch sehr die Ansprüche des Magens, um die bereits begonnene oder die bevorstehende Arbeitsthätigkeit nicht zu stören, weshalb das Mahl nur dürftig ausfällt und in Eile verzehrt wird. Das Frühstück ist eine Mahlzeit, welcher man — ob allein oder in Familie eingenommen — wenig Aufmerksamkeit schenkt, und bei welcher man gewöhnlich wenig spricht und noch weniger nachdenkt über das was man ißt. Die Pläne für den bevorstehenden Tag beschäftigen unsern Geist, die Zeit treibt uns und wir begnügen uns, den Appetit zu befriedigen, selten daran denkend, einen besondern Genuß daraus zu machen. Will man die Physiologie des Frühstücks in eine Formel bringen, so kann man sagen, daß die Jungfräulichkeit des Appetits und die Nothwendigkeit, ein Bedürfniß auf einfache Weise zu befriedigen, den wesentlichen Charakter desselben ausmachen. Dieses gilt von dem normalen, von dem physiologischen Frühstück par excellence; sonst giebt es wohl ebensoviele Varietäten dieser Mahlzeit wie Menschen. Für Manche bildet es das wichtigste Ereigniß der ersten Tageshälfte; Andere dagegen verbannen es vollständig aus ihrer Diätetik. Einige glückliche Sterbliche bringen es fertig, zwei bis drei Stunden bei wahrhaft fabelhaften Morgenmahlzeiten zu verbringen.

Kinder und Solche, die das Glück haben, sich den kräftigen Appetit der Kindheit das ganze Leben hindurch ungeschwächt zu erhalten, verstehen es, noch ein zweites Frühstück einzunehmen; doch ist diese Mahlzeit ohne allen moralischen Werth und erinnert durch die Art und Weise, mit der es verschlungen wird, an das Mahl der Hebräer, als sie mit dem Stocke in der Hand, aufrecht stehend, im Begriffe waren Aegypten zu verlassen. In kalten Ländern, wo der bloße Appetit fast immer den Namen Hunger hat, kann man sich mit diesem zweiten Frühstück wohl etwas angelegentlicher beschäftigen, ohne daß es jedoch deshalb seinem physiologischen Werthe nach sehr von der ersten Mahlzeit des Tages abweicht. Dieser Art ist das luncheon der Engländer. — Die wichtigste Mahlzeit, — von der Bedeutung eines wahren

Punktes in den Tagesbeschäftigungen — ist diejenige, welche unter dem bescheidenen Namen „Mittagsessen" die Familie um den einfachen Speisetisch versammelt, oder unter den hochtrabenden Benennungen „Diner" und Bankett" viele Personen zu einem wahren Feste vereinigt, an welchem ebensowohl die edelsten Gefühle wie die erbärmlichste Nichtigkeit und Eitelkeit theilnehmen können. Das Alleinspeisen bietet nichts als eine Reihe sinnlicher Genüsse des Geschmacks und hat gar keinen psychologischen Werth. Wenn sich zufällig zwei oder drei Personen an ein und demselben Tische befinden, aber ein Jeder beim Essen nur an sich selbst denkt, so ist das zwar eine gemeinschaftliche Mahlzeit, die durch Conversation verschönt werden kann, aber sie bildet noch immer keinen Act von moralischer Bedeutung. Diesen hat man erst dann, wenn mehrere durch das Band der Familie oder der Freundschaft mit einander verbundene Personen sich um einen einzigen Tisch versammeln, um die gleichen Speisen zu essen. Alsdann wird der Genuß zu einer wirklichen Belustigung, zu einem wahren Feste, in welchem sich die Genüsse des Sinnes in wunderbarem Einklang mit den wonnigen Freuden des Gefühls verbinden.

Beim Mittagsmahl der Familie wird der bessere Theil des Genusses vom Gefühle empfunden und wenn dieses einen Stoß erleidet, dann können auch die ausgewähltesten Speisen den fehlenden Schatz nicht ersetzen, sondern machen jedes Individuum zum Thiere, das für sich ißt. Die moralische Atmosphäre, welche die Freuden des Mittagsessens in sich verschmilzt und unificirt, ist das primitive sociale Gefühl, ist die alle Familienglieder vereinigende Liebe. Das Vergnügen, sich von den Anstrengungen der Arbeit zu erholen, die Freude sich zu sehen und zu sprechen, die Lust zu scherzen, sind alles Elemente, welche die Augenblicke, in denen sich so viele Liebes- und Freudengefühle vereinigt finden, verschönern. Alles, was dazu beiträgt, die Einzelnen einander näher zu führen und Sammlung einzuflößen, belebt auch die Genüsse der Mahlzeit. So gibt es nichts Schöneres als das Mahl einer Schweizerfamilie, die in ihrem wohlverschlossenen und warmen Zimmer beim friedlichen Scheine einer Lampe durch die kleinen Fenster den Schnee draußen fallen sieht, während Kinder und Eltern mit musterhafter Ruhe und mathematischer Ordnung um den Tisch herum sitzen. Unter den gleichen moralischen Verhältnissen ist dagegen die Mahlzeit einer indischen Familie, die — auf den Feldern zerstreut — sich gegen die Mittagsstunde um einen schmutzigen und ungeordneten Tisch versammelt und zum Theil sitzend, zum Theil stehend ißt, abscheulich. Wir können uns, ohne Inder oder Schweizer zu sein, sehr wohl den Unterschied zwischen diesen Mahlzeiten vorstellen, wenn wir nur unserer warmen und behaglichen Mahlzeiten an Winterabenden und des flüchtigen und zerstreuten Speisens in den warmen Sommertagen gedenken. Im Allgemeinen läßt sich sagen, daß das Mittagsmahl am Familientische, je weiter man von Norden nach Süden geht, an Fülle und Schönheit des Genusses abnimmt, bis es in der heißen Zone gar und gar seine Physiognomie ändert.

Beim Gastmahle ist das dominirende Gefühl im Allgemeinen weniger erhaben als beim einfachen Mittagsessen, und die Feinheiten des Luxus müssen nur zu oft als glänzender Deckmantel für Leidenschaften von wahrhaft trostloser Erbärmlichkeit dienen. Das edelste Gastmahl ist dasjenige, bei welchem der Gastfreundschaft gehuldigt und die eingeladene Person auf besondere Weise geehrt wird. Alsdann befleißigt man sich auf der einen Seite einer natürlichen Höflichkeit oder bezeugt seine Achtung und Verehrung, und auf der andern Seite fehlt es gewiß nicht an Kundgebungen des Dankes und der Erkenntlichkeit. Dieser Austausch edler Gefühle breitet seinen wohlthätigen Einfluß auf die ganze Mahlzeit aus; er belebt und erhebt die niedrigsten Sinnesgenüsse, welche gern auf dem Altar des Gefühls geopfert werden. Doch sehr selten sind die Gastmähler, welche einen so würdevollen Charakter annehmen; oft versammeln sich um einen reich besetzten Tisch Menschen, die sich hassen oder verachten, deren Gunst man sich aber kriechend erbetteln oder denen man das Joch der Erkenntlichkeit auferlegen möchte, indem man sie unter die Ruthe eines geckenhaften Reichthums beugt. Kaltes und gezwungenes Lächeln, einstudirte Lügen und dreiste Schmeicheleien verbreiten alsdann über die Tafel eine erkünstelte und wahrhaft pathologische Lust, welche nicht selten die Genüsse des Geschmackssinnes aus Mangel an nöthiger Aufmerksamkeit erstickt. Außer diesen zwei Arten von Gast- und Festmahlen gibt es noch eine andere Art: wenn nämlich mehrere einander bekannte oder befreundete Personen sich um einen mit den auserlesensten Leckerbissen besetzten Tisch versammeln, um den Geschmacksgenüssen ein Fest zu bereiten, denen sich Genüsse des Geruchs, des Gehör-, des Gesichts- und vielleicht auch des Geschlechtssinnes beigesellen. So lange diese Art Festmahle nicht zu Orgien herabsinken, kann ihnen von der Vollkommenheit der Kunst und dem Gefühl für das Schöne ein gewisser Grad von Erhabenheit verliehen werden; sicherlich schließt die Freude, welche unter dem unmäßigen Lachen und den sprühenden Geistesfunken auf allen Seiten hervorbricht, noch keine Schuld in sich.

Das Vesperbrod ist in südlichen Ländern eine Mahlzeit par excellence, die in ihrer höchsten Vollkommenheit nur, wenn unter freiem, blauen Himmel und auf grüner Erde eingenommen, genossen werden kann. Frohsinn und Munterkeit verbannen Ordnung und Etikette und man ergötzt sich an Obst, Brod, Milch oder anderen einfachen und leichten Speisen. Spiele, Scherze und Musik bilden die natürlichste Würze hierzu.

Das Abendbrod ist eine Mahlzeit, welche nicht bei Allen die gleiche Rolle spielt, sondern zwei sehr von einander abweichende Arten darbietet. In der Familie ist es eine einfache, von stiller Freude und besonderer Sammlung gewürzte Mahlzeit. Die Arbeiten des Tages sind beendet und der Geist ergeht sich in ruhigen Betrachtungen über die Vergangenheit und in unbestimmten Hoffnungen auf die Zukunft. Das Bewußtsein reflectirt die Bilder in hellerem Glanze und der rechtschaffene Mensch befindet sich in heiterer und seliger Stimmung. Es ist die Stunde der vertraulichen Mittheilungen und sanften Ermahnungen, der langen Erzählungen und des traulichen Plauderns am häuslichen Herde. Glücklich diejenigen, welche die Freuden eines Abendbrods im Familienkreise in ihrer vollen Reinheit haben genießen können! — Die zweite Art Abendessen ist ein den Gaumengelüsten gewidmetes kleines Fest, und es genügen die Anwandlungen eines launenhaften Appetits um die ausgewählten Speisen und köstlichen Weine, welche köstliche Begierden erwecken, gehörig würdigen zu können. Eine solche Mahlzeit, auch wenn sie in dem bescheidensten Gewande auftritt, bewegt sich auf der Grenzlinie zwischen Mittagsmahl und Orgie. Meistentheils wird das Mäßigkeitsgefühl dermaßen beleidigt, daß es die frohen Gäste von dem Augenblicke an, in welchem diese sich versammeln, verläßt und erst später, oft von Reue begleitet, wieder erscheint.

10. Kapitel.

Von den Genüssen des Geruchssinnes.

Von allen Sinnen gewährt uns die mangelhaftesten und flüchtigsten Genüsse der Geruchssinn, der beim Menschen fast nur als eine Zierde von reinem Luxus erscheint. Bei sehr vielen niederen Thieren fehlt dieser Sinn ganz oder verschmilzt mit anderen; bei verschiedenen Säugethieren dagegen ist er viel vollkommener als beim Menschen, weshalb er denselben auch wohl zahlreichere und stärkere Genüsse gewähren mag. Es sei hier nur an den Hund erinnert, der fast den ganzen Tag schnüffelnd umherläuft, um die seinen feuchten und zarten Nasenlöchern von allen Seiten zuströmenden riechenden Ausdünstungen aufzulesen. Es giebt im Uebrigen weder Meter noch Kubus, um die Grade des Genusses zu messen; und wer da aufstellen wollte, daß der Mensch auch mit der Nase mehr genieße als der Hund, würde vielleicht ausreichende Gründe zur Vertheidigung seiner Behauptung finden.

Die Genüsse des Geruchssinnes haben fast nie den Grund für sich selbst, wie diejenigen der anderen Sinne; weil die feinsten und angenehmsten Gerüche nicht von den zu Ernährung dienenden Stoffen kommen, welche uns die Natur doch eigentlich durch die Anziehungskraft köstlicher Wohlgerüche hätte näher bringen sollen. Selbst die mäßige Uebung des Geruchssinnes genügt nicht, um einen wirklichen Genuß zu erzeugen, wie dies sonst bei fast allen anderen Kräften der Fall ist, und die angenehmen Gerüche finden sich ohne Gesetz und Maß in allen drei Reichen der Natur zerstreut. Es läßt sich kaum erwähnen, daß sie im Pflanzenreiche und speciell bei den Blumen am reichlichsten vorhanden, im Thierreiche weniger häufig und im Reiche der Anorgane sehr selten sind. Warum aber das einfache Veilchen in seinen Blättern so viel Wohlgeruch verbirgt, während die schöne Blüthe des Arum dracunculus einen so stinkenden und widerlichen Geruch verbreitet, wird man nie erklären können.

Das Grundelement der Genüsse des Geruchssinnes ist uns unbekannt. Meistentheils ist es ein einfacher Berührungsact der in der Luft schwimmenden Riechtheilchen mit den Geruchsnerven, aber zuweilen gesellt sich diesem Genusse auch eine reine Tastempfindung bei, die jedoch in den *seltensten Fällen* die Hauptquelle desselben ist.

Die Genüsse des Geruchssinnes variiren bei den verschiedenen Individuen mehr als alle anderen Genüsse; eben weil die sie erzeugenden Empfindungen so zart sind und einem in der thierischen Oekonomie weniger zur Geltung kommenden Sinne angehören. Während über den Geschmack der stärkeren Gerüche fast Alle harmoniren, gehen die Neigungen um so mehr auseinander, je *weniger intensiv* die Empfindungen sind. Jedenfalls variiren, im Ganzen genommen, die Genüsse bis in's Unendliche, und man hat davon im Familienleben täglich die deutlichsten Beweise. Einen wirklich pathologischen Charakter nimmt der Genuß erst dann an, wenn er von einer Substanz erzeugt wird, die, *eingeathmet*, schädlich wirkt. Da jedoch die allgemeine Uebereinstimmung in allen Fragen von so gewaltiger Wirkung ist, möchte ich alle jene Nasen, die sich an Teufelsdreck, Knoblauch und gebranntem Horn ergötzen, krank nennen.

Die Geruchsgenüsse sind im Allgemeinen auserlesener beim weiblichen Geschlecht, theils weil die Frau überhaupt zartere Nerven besitzt, theils auch weil ihre Nase keine nähere Bekanntschaft mit den Genüssen der Tabaksdose macht. Im mittleren Lebensalter, in warmen Ländern und somit auch im Sommer, und in den höheren Klassen der Gesellschaft sind diese hinfälligen Freuden weniger fahl.

Im Leben des Menschen haben sie einen so geringen Wirkungsantheil, daß man ihren Einfluß kaum bemerkt. Erheischen sie einen mittelmäßigen Grad von Aufmerksamkeit, so üben sie den Beobachtungsgeist; und erwecken sie Liebe zu Blumen, so verfeinern sie den Schönheitssinn. Ihr Mißbrauch macht weichlich und schlaff.

Die Physiognomie dieser Genüsse ist sehr einfach und offenbart sich in den niedrigsten Graden lediglich durch Schließen des Mundes und verlängertes unterbrochenes Einathmen. Die Gesichtszüge verrathen eine stille Aufmerksamkeit. In stärkeren Graden des Genusses ist das Einathmen tief, und der Brustkasten dehnt sich wie zu einem Seufzer weitmöglichst aus: hierauf folgt ein langes und geräuschvolles Ausstoßen des Athems, wobei die Gesichtszüge den Ausdruck großen Wohlgefallens annehmen. Die Augen schließen sich fast immer halb und verbergen sich gänzlich unter dem Schleier der Augenlider. Ausrufungen und Geberden der Ueberraschung vervollständigen dieses Bild. Zuweilen erweckt der angenehme Geruch Erinnerungen, welche uns still und nachdenkend machen; die Augen wenden sich dann gegen den Himmel und das Gesicht nimmt einen ernsten Ausdruck an. Ein gefälliges Lächeln können uns diese Genüsse unter Umständen abzwingen, aber sie kommen nie durch lautes Auflachen zum Ausdruck.

Die Tast-Lustempfindungen des Geruchssinnes sind sehr beschränkt und bestehen meistens nur in einer leichten Reizung oder in einem wirklichen Kitzel der Tastnerven der Nasenschleimhaut. Bisweilen ist auch die Gegenwirkung so stark, daß ein Niesen erfolgt, welches, die übermäßige Spannung des Sinnes durch eine Art nervöser Entladung plötzlich aufhebend, sehr angenehm sein kann. Ein Beispiel hierfür wird uns geboten, wenn wir Tabak schnupfen oder Radical-Essig und andere ähnliche Substanzen beriechen.

Die specifischen Genüsse des Geruchssinnes lassen sich nur in zwei Klassen theilen, je nachdem die Empfindung zart oder stark ist. Zur ersten Klasse gehören die Wohlgerüche von Veilchen, Rosen, Reseda, Ambra und unzähligen andern Körpern; stärkere Genüsse haben wir beim Geruch der Magnolie, der Vanille, des Moschus, des Patchouli u. s. w.

Es gibt Gerüche, die nur wegen ihrer Zartheit und weil ihr Genuß eine angestrengte Aufmerksamkeit erheischt, gefallen, wie dies z. B. beim Thee und bei verschiedenen wohlriechenden Holzarten der Fall ist.

Es gibt ferner Gerüche, die stark und kräftig und, fast möchte ich sagen, mysteriös sind, weshalb wir eine gewisse Anstrengung machen müssen, um die Nerven erst daran zu gewöhnen dieselben angenehm zu finden. Es ist ein wahrer Kampf, aus welchem wir mit den Waffen des Sinnes und des Willens als Sieger des Geruches hervorgehen. Der strenge Geruch des Opiums und verschiedener Harze liefert uns ein Beispiel dieser Art wenig studirter Empfindungen.

Sehr oft wird der Genuß weniger von der Empfindung an und für sich als vielmehr von dem schönen Bilde, das diese in uns weckt, erzeugt. So erinnert z. B. der Geruch des Peches den Matrosen freudig an das Meer oder an sein Lieblingsschiff; so zieht der wunden- und ruhmbeladene Veteran mit der Nase wohlgefällig den scharfen Pulverdampf ein, während der in die eintönige Ebene versetzte Bergbewohner mit Entzücken den Harzgeruch der Fichte einathmet. In allen diesen wie in vielen anderen ähnlichen Fällen gesellt sich dem Sinne das Gefühl bei, und wir empfinden dann einen Genuß, der einen hohen Grad von Stärke erreichen kann.

11. Kapitel.

Vom Gebrauche des Tabaks und einigen Belustigungen, die man für den Geruchssinn ausdenken könnte.

Die menschliche Cultur hat es mit dem Geruchssinne noch nicht weiter gebracht als bis zur erbärmlichen Belustigung des Tabaksschnupfens, welche, sich in den engen Kreis weniger Empfindungen schließend, uns zuletzt unfähig macht, die zarteren Luftempfindungen dieses Sinnes zu genießen.

Der Schnupftabak gewährt uns den Genuß einer Reizung der Tastnerven, eines leichten Wohlgeruchs und — was die Hauptsache — bietet uns den Trost einer abwechselnden Beschäftigung, die uns stärkt, dadurch, daß sie von Zeit zu Zeit unsere Arbeit unterbricht. Nicht selten macht er uns die Stunden der Muße weniger unerträglich, indem er sie in die unzähligen Zeit-Abschnitte theilt, die von einer Prise zur andern reichen. Mitunter weckt uns die Tabaksdose aus Trägheit und Schlaf oder beschäftigt unsere Hände, wenn wir in Gesellschaft nicht wissen, was damit anfangen; — kurz, die Tabaksdose ist ein Gegenstand, den wir lieben können wie den treuesten Begleiter, und auf den wir ein Tröpfchen Eitelkeit fallen lassen können, wenn sie von Silber oder Gold ist und wir sie beständig öffnen vor Jemandem, der bescheidener Weise nur eine hölzerne oder knöcherne Dose besitzt. Wir wollen den Männern aller Stände sowie jenen Frauen, die, sobald sie ein gewisses Alter überschritten, nichts Weibliches mehr an sich haben, den Genuß des Tabaksschnupfens gern lassen; aber feierlichst verwehren wir die Tabaksdose jungen Mädchen und Frauen, die ihre zarte und schöne Nase den Wohlgerüchen von Rosen und Reseda erhalten sollen. —

Ein Genuß, der in besonderer Weise den Geruchs- und Geschmackssinn betrifft, ist das Tabakrauchen. Es wird unsere

Aufgabe sein, unparteiisch über denselben zu sprechen, und wir wollen uns deshalb in die Mitte stellen zwischen jene unermüdlichen Dilettanten, die den ganzen Tag in einer Tabaksrauch-Atmosphäre leben, und jene nervösen und delicaten Feinde des Tabaks, die auf das arme Nikotinkraut schimpfen und es der Corruption und Vergiftung anklagen.

Der Genuß des Rauchens ist sehr vielseitig und besteht aus verschiedenen Elementen, die wir nacheinander betrachten werden.

Die Vorbereitungen zum Rauchen eröffnen mit der leichten und interessanten Beschäftigung, die sie erheischen — mag man nun eine Cigarre herrichten und anzünden oder sich die Pfeife stopfen — eine Reihe angenehmer Empfindungen. Wer einen Raucher von gutem Geschmack beobachtet hat, während er die Vorbereitungen trifft, um sich seinem Lieblings-Vergnügen hinzugeben, wird zugeben müssen, daß jener Augenblick köstlich sei: und es kann auch nicht anders sein, denn die Aussicht auf den Genuß und das Wohlgefallen sich denselben mit eigenen Händen und ohne Mühe zu bereiten, sind Elemente, die eine angenehme Empfindung erzeugen müssen, wenn sonst die Aufmerksamkeit wenigstens von mittelmäßigem Grade ist.

Ein weiteres in diesem vielseitigen Genusse mitwirkendes Element ist die Geschmacksempfindung, welche sich bei der Pfeife auf den Geschmack des Rauches beschränkt, bei der Cigarre aber auch aus der Empfindung des Speichels besteht, den man aus den löslichen Theilen der Tabaksblätter saugt. Die unendlichen Verschiedenheiten des Scharfen und des Aromatischen bilden tausend, nur von vollendeten Rauchern gründlich gekannte Genuß-Combinationen. Im Allgemeinen jedoch befinden sich die Geschmacks- und Tast-Nerven des Mundes in einem Zustande angenehmer Reizung, in einer wahren Aufregung, und der Mensch „schmeckt" ohne zu essen.

Der Tastsinn der Lippen und der Mund-Muskeln trägt durch die zum Einziehen, künstlichen Zurückhalten und Ausstoßen des Rauches erforderlichen abwechselnden und sanften Bewegungen ebenfalls zum Genusse bei.

Der Geruchssinn hat großen Antheil an diesem Genusse, wenn auch gewiß nicht in dem Grade, wie die anderen Elemente. Jedenfalls ist er nicht unentbehrlich, wie der bereits als Beispiel angeführte Herr aus Bergamo beweist, der des Geruches ganz und gar und des Geschmackes fast ganz beraubt ist, und doch Genuß am Rauchen findet. Der Duft des Tabaks wird von den Nasenlöchern gewöhnlich mit dem aus dem Munde steigenden Rauche eingeathmet, kann aber auch aus dem Munde durch die hinteren Nasenlöcher in die Nase dringen.

Personen, welche den Rauch in Säulen durch die Nase auszustoßen verstehen, empfinden auch den Genuß einer leichten Reizung der Schleimhaut und haben außerdem das Vergnügen eines bizarren Spiels.

Der Gesichtssinn entrichtet den Rauchern seinen Tribut, indem er sie mit den Scherzen der langsam vor sich gehenden Verbrennung und den Formen und Gestaltungen des aufsteigenden Rauches unterhält. Ein Beweis, daß dieser letztere Genuß sehr viel zur Unterhaltung beiträgt, ist der: daß nur Wenige Vergnügen daran finden, im Dunkeln zu rauchen, wo für das Auge nichts bleibt als der hellglühende Punkt des brennenden Tabaks.

Die physiologischen Wirkungen des Nicotins und der anderen flüssigen Geruchsstoffe, die eingesogen werden und vorzugsweise auf das Nervensystem wirken, haben ebenfalls einen großen Einfluß auf die Genüsse des Rauchens und zwar namentlich dadurch, daß sie die Verdauung erleichtern und die allgemeine Empfindlichkeit in einen eigenthümlichen Zustand erethischer Betäubung versetzen, welche den höchsten Grad von Wohlgefühl erreichen kann. Die Neulinge werden trunken und leiden; die Eingeweihten verspüren einen leichten Rausch und fühlen, wenn sie sehr empfindlich sind, auf der ganzen Haut-Oberfläche eine eigenthümliche Lauheit oder ein leichtes angenehmes Jucken; die Veteranen der Rauchkunst endlich werden weder trunken noch „berauscht“, aber sie „fühlen sich wohl“, mit dieser Redensart das unbestimmte Wohlbehagen ausdrückend, das sie während des Rauchens empfinden.

Alle diese Genüsse existiren jedoch nicht einzeln für sich, sondern sie verbinden sich harmonisch zu einem Ganzen und bilden eine einzige angenehme Empfindung. Alle jene Fragen, die immer von Neuem über das wahre Wesen des Rauchgenusses angeregt werden: ob derselbe nämlich den Geschmacks-, den Geruchs- oder den Gesichts-Sinn betreffe, sind werthlos. Keiner dieser Sinne genießt für sich allein, sondern ein jeder trägt nur das Seinige zur Erzeugung des Genusses bei, und es hängt von jedem Individuum ab, welche Einzel-Empfindung es besonders bevorzuge. Das Element jedoch, welches alle Einzel-Empfindungen zu einem einzigen Genusse zusammenfügt, indem es so zusagen als Bindungsmittel dient, ist das Vergnügen „etwas zu thun", ab und zu von der Arbeit abgezogen zu werden, oder die Langeweile zu vertreiben, wie dieses ja nach unserer Ausführung auch beim Tabaksschnupfen der Fall. Die vollständige Muße ist selbst dem Faulsten unerträglich, aber zum Arbeiten haben auch nicht alle Lust. So ist denn das Tabakrauchen eine Abfindung des Gewissens, eine Art Friedensvertrag zwischen der Trägheit und der Thätigkeit, zwischen der Abneigung zur Arbeit und dem Widerwillen gegen das Nichtsthun. Beim Rauchen arbeitet man nicht und thut doch etwas; das Gewissen kann uns nicht den schweren Vorwurf der Trägheit in's Gesicht schleudern, sobald wir eine Cigarre oder eine Pfeife im Munde haben. Die gewöhnlichen und somit auch die zahlreichsten Raucher haben nie einen andern Genuß im Rauchen finden können als diesen; ja Viele haben sich gar einer wahren Marter unterzogen, nur um in die Schaar der Raucher treten zu können und ein Mittel zu finden, manche Stunde des Lebens zu verbringen. Sie werden jedoch von den wirklichen Rauchkünstlern, die mit Verstand und Wissenschaft rauchen, indem sie die in einer guten Cigarre verborgenen Genüsse mit den Gelüsten einer langen Erfahrung analysiren, verlacht und wenig geachtet.

Jedenfalls sind die Genüsse des Rauchens für die meisten Menschen nicht pathologisch, und wer noch etwa so naiv wäre die Unschuld Arkadiens herbeizuwünschen, kennt nicht den Menschen und vergißt, daß er beständig eine große Menge Nervenkraft fabricirt, die in Bewegung und Thätigkeit gesetzt sein will. Der menschlichen Kraft so enge Grenzen stecken, hieße einen Löwen in einen Weidenkäfig sperren.

Die Genüsse des Geruchssinnes haben, so hinfällig sie sonst auch sein mögen, in den Fortschritten der Cultur eine zu große Vernachlässigung erfahren, als daß sie Anlaß zur Erfindung irgend einer wirklichen Belustigung hätten geben können. Der erbärmliche Gebrauch des Tabaks, die Essenzen, mit denen wir unsere Kleider durchdüften und der Tribut, den uns die Horticultur durch die Pflege wohlriechender Pflanzen zollt, bilden in Europa die einzigen Genüsse dieses Sinnes. Im Orient wird die Nase mehr berücksichtigt als bei uns, und die Zimmer der Reichen sind voll der köstlichsten Düfte. Doch haben diese Freuden etwas Elementares an sich und machen noch keine wirkliche Unterhaltung aus. Die Civilisation der Zukunft wird diese Lücke ausfüllen; ich aber möchte, einen Zipfel des Vorhanges, der die Gegenwart von der Zukunft trennt aufhebend, behaupten, daß man schon jetzt sich eine Vorstellung machen könne von dem Wege, den man einschlagen wird, um der Nase einige Unterhaltung bietende Genüsse zu bereiten.

Harmonie und Melodie müssen, wie in allen anderen Empfindungen, so auch in den Wohlgerüchen existiren. Es ist leicht, sich ein Instrument vorzustellen, welches in getrennten Abtheilungen verschiedene Wohlgerüche enthält, die man nach einem von der Erfahrung gelehrten Maßstabe ausströmen läßt. Einige Ventile müssen die Wohlgerüche wechselweise freilassen und zurückhalten, nach harmonischen und melodischen Gesetzen eine wahre Wohlgeruchsmusik erzeugend. Die Steigerung und Milderung eines und desselben Geruches, das langsame Freiwerden und die schnellen Strömungen, die harmonischen Accorde und der Wechsel der Gegensätze sind die Elemente dieser neuen „Kunst der Nase“, die ihre eigenen Gesetze und ihre eigenen Künstler haben muß. Außerdem könnte man ein Nasenloch von dem andern durch eine einfache Vorrichtung absperren und auf diese Weise neue Combinationen versuchen. Niemand hat vielleicht bis jetzt den Versuch gemacht, die zwei Nasenlöcher künstlich zu isoliren, mit dem einen an einem Veilchen, mit dem andern an einer Rose zu riechen und so den Accord zweier einfacher Gerüche zu genießen. Zum Privatgebrauch wären Instrumente von mittlerer Größe zu verwenden; bei öffentlichen Vorstellungen könnte man mit entsprechenden Maschinen in größeren Räumen die bizarrsten Nasen-Concerte veranstalten.

12. Kapitel.

Von den Genüssen des Gehörssinnes im Allgemeinen; — vergleichende Physiologie; — Verschiedenheiten; — Physiognomie; — Einfluß.

Von allen Sinnen gewährt uns nach dem Tastsinne der Gehörssinn die stärksten Lustempfindungen. Diese Thatsache hat eine große physiologische Bedeutung, weil sie eine Ausnahme von einem der elementarsten den Genuß beherrschenden Gesetze bildet. Bisher haben wir gesehen, daß die stärksten Genüsse immer die Befriedigung der dringendsten und von der Natur als nothwendig vorgeschriebenen Bedürfnisse begleiteten; jetzt sehen wir aber eine überreiche Quelle von Genüssen aus reinen Luxus-Empfindungen hervorsprudeln, aus Empfindungen, die weder zum Leben des Einzelnen noch zu dem der Rasse nothwendig sind. Wir haben ferner bisher bemerkt, daß der Mensch die Grenzen der ihm von der Natur gewährten und in nothwendiger Folge physiologischer Bedingungen auftretenden Genüsse künstlich hat erweitern, aber nie eine angenehme Empfindung neuer Art hat hervorbringen können; hier aber sehen wir, daß er sich durch Schöpfung der Musik, die in der Natur nicht existirt, plötzlich eine neue Welt erhabener und wonniger Freuden erschließt und für dieselben auf diese Weise ein künstliches Bedürfniß erwirbt.

Sehr viele niedere Thiere entbehren ganz und gar des Gehörssinnes. Wo er in seinen einfachsten Formen erscheint, vermag er nur verwirrte und ganz unvollkommene Empfindungen zu gewähren. Auf den höheren Stufen der Thierscala, wo das Ohr fast denselben Bau zeigt wie das des Menschen, läßt sich nicht feststellen, ob die einfache Funktion dieses Sinnes angenehm sei. Es ist jedoch gewiß, daß viele Säugethiere, wenn nicht auch schon Reptilien und Fische die harmonischen Töne zu unterscheiden wissen und es scheint, da sie Zeichen der Freude geben, daß sie auch Gefallen an ihnen finden. Der Verstand hat in dieser Hinsicht durchaus keinen Einfluß auf die Vollkommenheit der Lustempfindungen; denn wir sehen die dumme Amsel mit ihrem Gesang fröhlich den Klang einer Drehorgel begleiten, während der kluge Hund sein Mißfallen an einem schönen Concerte durch Heulen kundgibt. Von allen Thieren außer dem Menschen sind die Vögel vielleicht die einzigen, welche sich an einer Musik erfreuen können, deren Urheber sie selbst sind. Philosophen, welche die menschliche Würde erniedrigen wollen, als ob wir nicht schon tief genug ständen, behaupten, daß der Mensch die ersten Anfänge der Musik von den Vögeln gelernt habe. So sehr die Physiognomie der Thiere von der unsrigen verschieden ist, können wir doch Freude und Schmerz auch in den Zügen eines Vogels lesen; und wer nur einmal eine Nachtigall während ihrer musikalischen Uebungen von nahe beobachtet hat, wird gesehen haben, daß sie großes Vergnügen empfindet, wenn sie, ihr Köpfchen hin und her drehend, mit glänzenden und unbeweglichen Augen aufmerksam auf ihren Gesang horcht und fast mit ihm zu scherzen scheint, indem sie die ihr besonders gefallenden Töne wiederholt oder einfache Variationen versucht.

Wir werden später bei der Analyse der Gehörs-Lustempfindungen sehen, daß die größten Verschiedenheiten aus dem Charakter der gleichen Empfindungen hervorgehen; vor der Hand wollen wir nur im Fluge einen Blick auf die individuellen Umstände und auf die anderen äußeren Elemente, die eine und dieselbe Gehörs-Lustempfindung modificiren können, werfen.

Fast alle Menschen erfreuen sich an Musik, nur wenige bleiben ihr gegenüber gleichgültig; aber zwischen Cuvier, der sich einen Zwang anthun mußte, um seine Lieblingstochter Klavier spielen zu hören, und Rossini, der sich Zeit seines Lebens in einer musikalischen Atmosphäre bewegte und sie zum Leben nöthig hatte wie Luft, gibt es unzählige Varietäten von mehr oder weniger für die Genüsse der Musik empfindlichen Ohren. Man kann die Menschen in dieser Hinsicht so zu sagen in drei Klassen theilen. Die Ersten können nur die von Anderen ausgeführte Musik genießen, die Zweiten können sie repetiren und die Dritten verstehen sie zu schaffen. Daß diese drei Klassen der musikalischen Welt sich schon vermöge ihrer Anlagen von einander unterscheiden und daß nur Personen, welche die Musik mehr oder weniger beherrschen, auf die erhabensten Genüsse des Gehörssinnes Anspruch machen können, darf wohl nicht erst besonders erwähnt werden.

Es ist bis jetzt noch unmöglich, einen Menschen, der zwischen dem Trommellärm der Bänkelsänger und den Trillern Paganini's keinen Unterschied zu machen weiß, an irgend einem besondern Merkmal von einem solchen zu unterscheiden, dem es gegeben, in den Sphären der Harmonie eine neue Welt zu finden; und auch der Musiksinn der Phrenologen kann nunmehr ohne Gewissensbisse und ohne Bedenken in die Rumpelkammer überlebter Irrthümer, in welcher noch eine große Lücke für die Irrthümer der Zukunft offen steht, geworfen werden. Niemand hat das Recht, denjenigen, welcher von der gewaltigsten Fluth der Töne unberührt bleibt, geistiger Stumpfheit anzuklagen; denn die Geschichte führt uns viele Beispiele vor von großen Geistern, die nicht einen harmonischen Accord von einem Gekreisch unterscheiden konnten; und andererseits zeigt uns ja die gewöhnlichste Beobachtung fast täglich ausgezeichnete Virtuosen und leidenschaftliche Dilettanten der Musik mit ziemlich kleinem Gehirn. Hingegen stehen die Genüsse des Gehörs in einer gewissen Beziehung zum Gefühl, weshalb denn auch oft rohe und egoistische Menschen solche, die bei einer wonnigen Melodie Rührung empfinden, mitleidig belächeln.

Die Frau ist im Allgemeinen für die sinnlichen Genüsse der Musik empfänglicher als der Mann, aber sie kann nie in dem Grade wie dieser die geistigen und somit auch die werthvollsten Schätze derselben genießen. Sehr selten kann sie außerdem auf den erhabensten Genuß des Componirens Anspruch machen, wie dies die Statistik der Componisten genügend beweist.

Der Mensch beginnt schon als kleines Kind die Genüsse der Musik zu empfinden; doch beschränken sich dieselben nur auf die reine Gehörsempfindung, welche ebenfalls noch unvollkommen und verwirrt sein muß. Aelter werdend erfreut sich das Kind schon mehr an diesen Genüssen, aber seine beständige Zerstreutheit und die Unvollkommenheit der geistigen Fähigkeiten gestatten ihm noch nicht, dieselben in ihrer ganzen Fülle zu kosten. Erst im Alter der Phantasie und der geistigen Reife erschließt die Musik ihren ganzen Harmonie-Reichthum, alle geistigen Qualitäten auf den höchsten Grad der Erregung bringend. Im erwachsenen Alter wird, wie bei allen anderen Empfindungen so auch hier, die Jungfräulichkeit und Ueberschwenglichkeit des Genusses durch die Erfahrung ersetzt, weshalb derselbe einen ruhigeren Charakter annimmt, aber immer noch intensiv und wonnevoll sein kann. Im Greisenalter wird der Gehörssinn stumpf, wird die Phantasie träge, und die Genüsse des Gehörssinnes erbleichen.

Das eigentliche Vaterland der Musik ist Italien, während die am wenigsten harmonischen Ohren Europa's wohl im nebligen England anzutreffen sind. Die Musik bedarf eines warmen und heitern Himmels und erhebt sich zum erhabensten Fluge nur, wenn sie die Nähe ihrer rechtmäßigen und Lieblingsschwester, der Poesie, fühlt. Sie wagt ihren zarten Fuß allerdings auch nach dem eisigen Norden, aber leicht erstarrt sie dort; und wenn die menschliche Industrie sie wie eine fremdländische Blume im Treibhaus erzieht, so ist doch die Röthe ihrer Wangen nur eine künstliche und sie ergießt sich nur in berechneter und schwülstiger Harmonie, die den Mangel an Inspiration schlecht zwischen den Falten ihres Mantels verbirgt. Zwar rühmt sich der Norden vieler berühmter Componisten und einer großen Schaar ausgezeichneter musikalischer Künstler, aber in keinem Lande sind die musikalischen Genüsse so allgemein wie in Italien. Auch außerhalb Europa's haben, mit Ausnahme einiger wilden Horden, alle Völker eine Musik, die jedoch selten von unseren Ohren ungestraft angehört werden kann.

Schon in den ersten Zeiten der Civilisation machte der Mensch auf einem Rohr, das er sich zurechtgeschnitten, musikalische Versuche, aber nie waren die Genüsse des Gehörs so intensiv wie in unseren Tagen. Sie wuchsen beständig mit der Vervollkommnung der Kunst und des Sinnes und mit der Anhäufung von Schätzen schöpferischer Geister, je nach der Wechselfolge von Frieden und Krieg hin und her schwankend.

Auch im heißen Waffenkampfe, beim Donner der Kanonen läßt die Musik ihre Harmonien vernehmen; aber in ihrer vollen Pracht entfaltet sie sich nur unter den Schatten der Oliven.

Es ist wohl unnöthig, zu erwähnen, daß diese Genüsse in reichlicherem Maße den höheren Klassen der Gesellschaft beschieden sind. Es gibt jedoch viele Ausnahmen, und oft bleibt der einfache Arbeiter mit offenem Munde vor einem Guitarrenklimperer stehen, während der Reiche in seiner Loge bei den Klängen der Tell-Ouvertüre oder des Miserere im Trovatore vor Langeweile gähnt.

Der Einfluß dieser Genüsse ist sehr groß und erstreckt sich auf alle Geistes- und Seelenkräfte. Das Studium des Antheils, den die Musik an der menschlichen Cultur hatte, wurde schon von vielen Philosophen gemacht ohne aber deshalb erschöpft zu sein. Ich könnte nicht davon sprechen ohne als sehr verwegen zu erscheinen und ohne mich zu weit von meinem Thema zu entfernen; doch will ich später, bei meinem Versuche die Ursache dieser Genüsse zu analysiren, noch einige Bemerkungen darüber fallen lassen.

Die Physiognomie der Genüsse des Gehörssinnes bietet eine unabsehbare Reihe von Bildern, die je nach dem Charakter der Empfindung variiren, so daß ein Physiognomiemaler eine ganze Gallerie von Gemälden mit den bloßen Ausdrücken dieser Genüsse, welche von der lebhaftesten und ausgelassensten Freude zur tiefsten Schwermuth, vom unbändigsten Gelächter zu den sanftesten Thränen übergehen, machen könnte.

Die nichtharmonischen Töne wirken, wenn sie Genuß erzeugen, nur indirect, indem sie ein Gefühl oder eine Erinnerung erwecken; weshalb der Ausdruck je nach dem Charakter derselben sich verschieden gestaltet, ohne irgend ein den Genüssen des Gehörssinnes eigenes Merkmal darzubieten.

Ein einfacher harmonischer Ton erweckt nur unser Interesse, indem er das Ohr angenehm berührt. Das Gesicht nimmt dabei den Ausdruck einer ruhigen Aufmerksamkeit an, die Augen sind unbeweglich und der Mund ist mitunter geöffnet, was bei Genüssen des Gehörssinnes sehr oft der Fall ist.

Wenn die Harmonie an Intensität und Zartheit zunimmt, kann sie uns, je nachdem sie einen heitern oder ernsten Charakter trägt, sehr verschiedene Genüsse gewähren. Im ersten Falle nehmen die Augen, sich weit öffnend, einen leuchtenden Glanz an und die Winkel des halbgeschlossenen Mundes verrathen, leicht hervortretend, den ersten Anflug eines Lächelns. Im entgegengesetzten Falle nähern sich die Augenlider einander und die Mundwinkel treten zurück. Immerhin ist der Gesichtsausdruck sehr verschieden, je nachdem der Geist dabei verweilt die Empfindung zu genießen, deren Elemente so zu sagen analysirend, oder die Harmonie nur ein Mittel ist um Gefühl und Verstand in angenehme Erregung zu versetzen. Ist die Musik Selbstzweck und liegt der Genuß ganz in der Empfindung, dann werden wir sogleich getrieben, die Tonfälle mit Geberden, mit der Stimme oder auch mit dem Gedanken zu begleiten, was für Viele sogar ein unwiderstehliches Bedürfniß ist und was zugleich eines der charakteristischsten Elemente der Physiognomie dieser Genüsse ausmacht. Bald begleiten wir die Musik mit Beugungen des Kopfes von oben nach unten oder nach der Seite, bald bewegen wir den ganzen Körper, bald nur einen Arm oder eine Hand. Bisweilen erzeugen wir irgend ein Geräusch durch Klopfen oder Schlagen auf uns nahe stehende Gegenstände. Sitzend bewegen wir gewöhnlich den Fuß; stehend dagegen bedienen wir uns meistentheils der Hand, welche uns mit dem langen Hebel des Armes einen weiten Spielraum zum Ausdruck aller Abstufungen des Genusses bietet. Bei heiterer Musik treibt uns das Vergnügen höchst selten zum Lachen, wohl aber fast immer zum Lächeln; während das Bedürfniß, sie zu begleiten, oft so mächtig ist, daß es uns zwingt, fast alle Muskeln des Körpers zu bewegen. Der

Tanz muß in seiner primitiven Form nichts anderes gewesen sein, als der Ausdruck eines nach Ausbreitung neigenden musikalischen Lustgefühls. Die Ausrufungen der Freude können bis zur Raserei ausarten und können sich mit Händedrücken und zärtlichen Umarmungen vereinigen. In allen diesen Ausdrucksformen bemerkt man eine Neigung nach Ausdehnung und Bewegung. Bei ernster Musik hingegen deutet Alles auf Sammlung und Begeisterung. Die Geberden sind wenig ausgedehnt, selten und langsam, die Seufzer häufig, und oft stellt die Nervenspannung das Gleichgewicht durch Weinen wieder her. In den höchsten Graden des Genusses nimmt das Gesicht eine blasse Farbe an, die Augen werden wie geblendet, und der Körper wird von eigenthümlichen Zuckungen und mysteriösen Schauern ergriffen. Zuweilen bleibt der Körper auch unbeweglich wie von Starrsucht befallen, und der Mensch scheint in Verzückung aufzugehen.

Diese wenigen Züge geben ein Bild von der allgemeinen Physiognomie der musikalischen Genüsse, doch wird dasselbe erst von den Ausdrücken aller edlen und niedrigen, aller guten und schlechten Gefühle, die ihrerseits von der Harmonie erweckt werden können, vervollständigt. Sehr oft sind wir mit unseren Gedanken nicht mehr bei der Musik, die uns berauscht; sondern von der Phantasie in entfernte Regionen getragen, rufen wir uns freudige oder schmerzliche Erinnerungen in's Gedächtniß; wir werden mit fortgezogen in das Gewirr eines thätigen Lebens, oder wir träumen von einem einsamen und ruhigen Dasein. Bald sind wir von tiefem Hasse, bald von unendlicher Liebe erfüllt, je nach dem Geisteszustande und der Natur der uns ergreifenden Musik. Alle diese Physiognomien wollen wir jedoch erst in der Abtheilung der Gefühls-Genüsse studiren; vorläufig sei nur bemerkt, daß die ganze Cerebrospinal-Achse von den Genüssen des Gehörssinnes in Mitleidenschaft gezogen werden kann und daß ebenso die Circulation und die Athmung indirect daran theilnehmen können. Das Herz pocht oft heftiger und der Athem wird bisweilen langsam und schwer. Der Wechsel der Röthe und der Blässe im Gesicht, sowie das unbestimmte Gefühl, das mitunter unsere Eingeweide beschleicht, beweisen, daß auch das Gangliensystem als Factor in den Ausdruck der Gehörs-Lustempfindungen treten kann.

Das Gebiet, welches die Physiologie dieser Genüsse von deren Pathologie trennt, hat keine markirten Grenzen. In Betreff der intensivsten musikalischen Genüsse stimmen fast Alle überein, während dieses bei den schwächeren oder den durch Geräusche verursachten Lustempfindungen nicht der Fall ist. Natürlich können auch die bizarrsten Liebhabereien des Gehörs nicht die Gesundheit des Körpers beeinflussen; aber viele derselben können im moralischen Sinne pathologisch genannt werden, weil sie sich von dem Typus ästhetischer Vollkommenheit, den wir von der Natur bei Geburt erhalten, entfernen. So sind z. B. die Lustempfindungen Derer, die an dem kreischenden Geräusche einer Feile oder an dem Geheul eines Hundes Gefallen finden, als krankhaft zu bezeichnen.

13. Kapitel.

Analyse der Genüsse des Gehörsinnes; — Lustempfindungen, welche aus Geräuschen und aus harmonischen Tönen entspringen.

Die unzähligen Lustempfindungen des Gehörssinnes lassen sich, je nachdem sie durch Geräusche oder durch Töne erzeugt werden, in zwei größere Gruppen theilen.

Jedes beliebige Geräusch kann mitunter zum Vergnügen gereichen, einzig und allein deshalb, daß es den Gehörssinn anregt ohne ihn zu ermüden. Die Lustempfindung ist in einem solchen Falle fast immer schwach, wenn sonst nicht irgend ein besonderer Umstand mitwirkt sie zu steigern. So horcht ein Gefangener, der lange Jahre in der Stille eines Kerkers zugebracht hat, wenn er plötzlich wieder in die Welt tritt, mit heftiger Begierde auf die Geräusche des ihn umgebenden thätigen Lebens. So sucht ein Tauber, der durch irgend einen Umstand plötzlich sein Gehör wieder erlangt, mit der Unbefangenheit eines Kindes alle möglichen Geräusche hervorzubringen, nur um sich zu überzeugen daß er hört. Abgesehen von solchen Ausnahmsfällen kann jedoch nur ein Kind an jedem beliebigen Geräusche Gefallen finden, und dies auch nur, wenn dasselbe neu ist und den Sinn nicht ermüdet. Die unzähligen Geräusche, welche das Ohr Erwachsener beleidigen, sind für das Kind Sinnes-Studien und Quellen des Genusses.

Verschiedene Geräusche sind angenehm, weil sie in kurzen Unterbrechungen stattfinden und so im Wechsel von Ruhe und Thätigkeit auf das Ohr wirken. So gibt es wohl Niemanden, der nicht schon manche Viertelstunde in seinem Leben damit verbracht hat, mit den Fingerspitzen auf einem Tische oder an einer Fensterscheibe zu trommeln, oder in den müßigen Abendstunden am häuslichen Herde mit der Feuerzange auf die glimmenden Kohlen zu klopfen. Diese angenehmen Empfindungen sind vielleicht schon das erste Element der Musik oder bilden wenigstens ein Verbindungsglied zwischen den zwei großen Gruppen der Gehörs-Lustempfindungen.

Ein starkes und unvermuthetes Geräusch, das ganz plötzlich die Stille unterbricht um sogleich wieder aufzuhören, kann vermöge der Erschütterung, die es den sensorischen Nerven mittheilt, ein Lustgefühl erzeugen; doch darf in diesem Falle die Empfindung weder zu schwach noch zu stark sein. Der Pfiff einer Locomotive, ein Schuß, oder ein einzelner Glockenton, der sich in der Luft verliert, können eine derartige Lustempfindung verursachen.

Oft ist die Empfindung angenehm wegen eines eigenthümlichen Charakters, der die Gehörnerven auf besondere Weise kitzelt oder anregt. Zu dieser Klasse gehören die wunderlichsten und mysteriösesten Lustempfindungen des Gehörssinnes. Ich erinnere nur an das Schütten des Kornes aus einem Hohlmaß in das andere, an das Zerreißen eines baumwollenen Stoffes, an das Ausschütten eines mit Sand beladenen Karrens, an das Säuseln des Laubes, an das Brausen eines Stromes, an das Plätschern der Wellen, an das Heulen des Windes und an viele andere verschiedenartige Geräusche. Wenn es uns möglich wäre die molekulare Bewegung eines empfindenden Nerven und eines aufnehmenden Gehirns zu sehen, so würden wir die Geheimnisse dieser Empfindungen entschleiern können; vorläufig ist uns jedoch dieses unschuldige Vergnügen versagt.

Ein Geräusch kann uns Vergnügen gewähren, wenn es ohne seine Natur zu verändern an Stärke allmählich zu- oder abnimmt. Die Haupt-Ursache des Vergnügens liegt hier in der verlängerten Aufmerksamkeit, welche die Empfindung auf einen sehr hohen Grad von Intensität erhebt. Es genügt an das Geräusch eines sich nähernden oder sich entfernenden Wagens zu erinnern. Wenn das Geräusch an Stärke abnimmt, greift unser Ohr oft noch begierig die letzten sich verlierenden Schallwellen auf wie um die Feinfühligkeit des Sinnes zu messen.

Eine andere Lustempfindung entspringt aus dem Gegensatze zweier aufeinander folgenden Geräusche, sei es daß sie in der Natur oder nur in der Stärke, oder in beiden Elementen zugleich differiren. Ein Vergnügen dieser Art gewährt uns z. B. der wuchtige Hammer des Schmieds, welcher bald auf das glühende Eisen, bald auf den Amboß schlägt, oder auch das Echo, indem es durch das Gegenüberstellen zweier analoger Töne unser Interesse fesselt.

Die größten Genüsse jedoch, welche uns die Geräusche bieten, sind weniger die Empfindungen an und für sich, als vielmehr die Vorstellungen und Bilder, die sie in uns erwecken. Der Sinn dient hier nur als Werkzeug und der Genuß wird fast ausschließlich vom Gefühl oder vom Verstande empfunden.

Verschiedene stürmische Geräusche, wie das Hämmern und Feilen in der Schmiede, können uns zur Thätigkeit und Energie anregen; andere einförmige und langsame Geräusche, wie das Ticken der Uhr oder das Rauschen eines Flusses, können uns zur Gleichmüthigkeit und Ruhe stimmen. Das Säuseln des Laubes und das Plätschern des Sees auf dem Sande des Ufers erwecken in uns eine sanfte Melancholie oder unaussprechliches Sehnen. Das Geräusch eines in Scherben zerbrechenden Gefäßes bringt uns zuweilen zum Lachen, indem wir uns den

Schreck der Person, welcher das Unglück passirt, vorstellen. Derartige Genußquellen gibt es eine solche Menge, daß es eine mißliche Arbeit wäre, sie blos aufzuzählen. Nur sei noch erwähnt, daß in manchen Fällen die durch ein Geräusch verursachte Lustempfindung den höchsten Grad menschlichen Fühlens erreichen kann.

Die Analyse der von musikalischen Tönen erzeugten Lustempfindung ist sehr schwer und würde eine gründliche Kenntniß der Musik erfordern; ich kann deshalb nur eine ziemlich unvollständige Skizze davon geben.

Die einfache Verbindung zweier gleichzeitigen und aufeinanderfolgenden Noten bietet uns das erste Element musikalischen Genusses, welches, der Natur der zwei Töne und dem die Harmonie und die Melodie regelnden Zeitmaß entsprechend, verschiedene Grade von Intensität erreichen kann. Im Allgemeinen stimmt uns die Aufeinanderfolge weniger sich abwechselnder Noten leicht melancholisch, wenn jedoch die Töne nicht in Moll sind. So können wir z. B. den einfachen Gesang des Landmannes, die Klänge einer Schalmei oder das langsame und eintönige Geläut einer Glocke höchst interessant finden. Andererseits vermögen uns einzelne tiefe Töne einen geheimen Schrecken einzujagen, der nicht ohne Wonnegefühl ist.

Das musikalische Zeitmaß allein kann mit denselben Tönen das Lustgefühl verschieden gestalten und uns bald in die lebhafteste Freude, bald in tiefes Sinnen versetzen. Lustige Musik hat im Allgemeinen ein weniger getragenes Zeitmaß als ernste. Das übereilte und fröhliche Geläut der Festglocken kann eintönig und düster werden, wenn sich die Schläge zu sehr verlangsamen.

Die Wiederholung eines und desselben Tones vermag zum Genusse beizutragen, namentlich wenn damit ein Harmoniesatz abgeschlossen wird. Es scheint dann als wiederhole die Musik, indem sie sich von uns verabschiedet, noch einmal ihren letzten Gruß. —

Die Pause kann oft von überraschender Wirkung sein, sei es weil sie einen Melodiesatz vervollkommnet, sei es weil sie das von Empfindungen schwirrende Ohr plötzlich in Ruhe versetzt, sei es endlich weil sie ein dringendes Bedürfniß nach weiterer Musik erweckt. Wenn ein ganzes, alle Schätze der Harmonie entfaltendes Orchester inmitten eines unsere Sinne überfluthenden Wonne-Rausches plötzlich anhält, so bleiben wir schwankend, verwirrt und fast möchte ich sagen von einem heiligen Schrecken überfallen, welcher uns zu gleicher Zeit wünschen läßt, daß jener feierliche Moment sich verlängere und daß er aufhöre. Verwünscht Diejenigen, welche diese Stille durch Beifallsklatschen ꝛc. unterbrechen!

Eine reiche Quelle einfachster Lustempfindungen des Gehörssinnes besteht in der Eigenart des Klanges und kann für sich allein nicht erklärt werden. Ein und derselbe Ton, hervorgebracht auf einer Harfe und auf der Trommel, erzeugt sehr verschiedene Empfindungen.

Das vollkommenste musikalische Instrument ist der Kehlkopf des Menschen; es ist eine lebende Maschine auf welche die inspirirte Seele die Musik ohne Vermittelung eines äußeren Werkzeuges, welches uns so vieler Schätze des Genusses beraubt, überträgt. Der Hauptgrund jedoch unserer Vorliebe für eine wohlklingende Stimme ist die Sympathie, welche den Menschen an den Menschen kettet; weshalb denn auch Alles, was unser ist, uns interessirt und bewegt. Bei der Musik eines Instrumentes bewundern wir den Künstler, aber ohne zu wissen dehnen wir unsern Beifall auch auf das mechanische Getriebe aus; die aus einer inspirirten Brust ertönende menschliche Stimme dagegen erreicht unser Ohr, fast möchte ich sagen nackt und noch lebenswarm. Eine tiefe Stimme erweckt im Allgemeinen feierliche Gefühle und ernste Gedanken; hohe Stimmen hingegen regen mehr zu sanften Gefühlen und sinnigen Bildern an. Von den erschütternden Tönen eines Marini, die aus einer tiefen und dröhnenden Gruft zu steigen schienen, bis zu den weichen und wonnigen Tönen einer Malibran, läuft ein langer Weg, auf welchem sich unzählige, mehr oder weniger wohlklingende und entzückende Stimmen nebeneinander aufstellen, die mit den generischen Namen Sopran, Alt, Tenor, Bariton, Baß bezeichnet werden, die aber ebensoviele von einander verschiedene Instrumente bilden.

Nächst der menschlichen Stimme ist es das Klavier, welches uns die an Wohlklang reichsten Töne bietet. Dasselbe gehört, zusammen mit der Orgel, zu den wenigen Instrumenten, die vermöge ihres Ton-Umfanges unendliche Combinationen der Harmonie und Melodie gestatten. Vom Klavier bis zur Trommel gibt es ein ganzes Arsenal von mehr oder weniger vollkommenen musikalischen Instrumenten, von denen ein jedes eigenartige Reize der Musik zu entfalten und besondere Empfindungen zu erzeugen vermag. Je weniger der Klang eines Instrumentes an seinen mechanischen Ursprung erinnert, desto angenehmer wird im Allgemeinen dessen Wirkung sein. Die Töne der Klarinette riechen zu sehr nach Holz, bei der Flöte hört man das Blasen und bei der Violine stört uns die beständige Furcht vor einer kratzenden Saite. Große Künstler verstehen jedoch diese Unvollkommenheiten der Instrumente zu vertuschen und uns mit den reinsten und wohlklingendsten Tönen zu entzücken.

Die geheimnißvollsten Schätze musikalischen Genusses bestehen aber in dem Gedanken oder dem Plane, nach welchem die Töne und Accorde geordnet sind. Die Gesetze der Akustik sind mathematisch, und ein Jeder, der mit dem Contrapunkt vertraut ist, kann Accorde combiniren; aber nur das Genie versteht die verborgenen Quellen der erhabensten Harmonien zu erschließen und mit wenigen Noten und einfachen Accorden einen Gedanken zu schaffen, der eine ganze Generation von Menschen zu bewegen und zu entzücken vermag. Alle können die Buchstaben des Alphabets zu Wörtern zusammenfügen, aber nur Dante konnte mit ihnen den erhabenen Wurf einer „Göttlichen Komödie" thun; wie eben auch nur Bellini aus Tönen eine „Norma", eine ganze Welt von Melodie und Gefühl schaffen konnte. Wer nie aus sich selbst einen Accord oder eine Melodie hat schaffen können, vermag sich keine Vorstellung zu machen von dem was im Geiste Rossini's vorging wenn er musikalisch dachte; und die glühendste Phantasie vermag in diesem Falle auf keine Weise in jene gänzlich unbekannten Regionen zu dringen. Die ursprüngliche Vorstellung ist, wie in der gewöhnlichen Sprache so auch in der Musik, eine Idee oder ein Gefühl; aber während der in's Wort übergehende Gedanke sich in bestimmte und feste Formen kleidet, drückt sich die Idee, welche das glänzende Kleid der Musik anzieht, nur unbestimmt und nebelhaft aus.

Das Wort ist die Stenographie des Gedankens, während die Musik die wahre Sprache des Gefühls ist. Der denkende Geist und das fühlende Herz zerschneiden nicht die sie umfassenden Elemente der Thätigkeit in so und so viele Theile, sondern vibriren in einer Atmosphäre, in welcher man keine Linie zu ziehen vermag; weshalb die Musik die wahre Photographie des Gedankens und des Gefühls, die wahre Weltsprache ist. Da jedoch das Bild der Gegenstände immer schöner ist als diese selbst, weil von der Phantasie geschaffen, so werden auch die einfachsten Gedanken oder die sanftesten Gefühlsregungen durch die Sprache der Musik in eine erhabenere Sphäre gehoben: sie steigen, so zu sagen, aus dem Mittel- in den hohen Adelsstand. Eben deshalb möchte es wohl nicht zu gewagt sein wenn ich sage, daß „die Musik die Poesie des Gedankens sei, wie der Vers die Musik des Wortes."

Alle diese Elemente musikalischer Lustempfindungen, welche ich bisher gesondert betrachtet habe, verschmelzen sich miteinander und bilden tausend verschiedene Freuden und Genüsse. Die Oper bietet die höchsten musikalischen Genüsse; sie ist ein wahres Fest des Gehörssinnes. Hier findet sich der einfache musikalische Gedanke gleichzeitig in die Sprachen der verschiedenen Instrumente (an deren Spitze der menschliche Kehlkopf steht) übertragen, die dann vereinigt ein Chaos von Harmonien und Melodien bilden. Hier nur enthüllt sich die Idee des Meisters in ihrer ganzen Größe und in dem ganzen Reichthum der Formen; hier nur wird dieser sich bewußt, mit dem Zauberstabe seines Geistes plötzlich tausend Ströme der Lust und des Entzückens entfesselt zu haben. In der Oper werden uns im Laufe weniger Stunden alle Genüsse der Musik geboten. Die Sanftmuth der langsamen und getragenen Töne und das Stürmen der Accorde, der sammtweiche Klang einer Altstimme und das Schmachten der Violine, die feierliche Stille, die zwei musikalische Welten von einander trennt und das geräuschvolle Toben des ganzen

Orchesters, — mit einem Worte alle Schätze, die das Genie aus der unerschöpflichen Welt der Töne heraufzubeschwören vermag.

14. Kapitel.

Von den Genüssen des Gesichtssinnes im Allgemeinen; — vergleichende Physiologie; — Verschiedenheiten; — Einflüße; — Physiognomie; — pathologische Genüsse.

Ausgehend von dem einfachsten und ursprünglichsten der Sinne, dem Tastsinne, haben wir gesehen, daß die Empfindungen immer mehr mit neuen geistigen Elementen sich vermischten und die Sinne infolge dessen weniger sensual und mehr instrumental wurden. Beim Tastsinne ist der Genuß ganz und gar local und bleibt fast immer nur innerhalb der Grenzen der Empfindung. Beim Geschmackssinne steigt er kaum um einen Grad, so daß der Unterschied wenig bemerkbar wird. Beim Geruchssinne beginnt das Gebiet des Genusses sich auszudehnen und dieser tritt sehr oft, die Grenzen der reinen Empfindung überschreitend, in ein erhabenes Gebiet. Beim Gehörsinne zeigt sich die Verflechtung schon sehr deutlich und das Gefühl hält gleichen Schritt mit der Empfindung; wir können deshalb beide nicht von einander trennen ohne der Natur Gewalt anzuthun und den Genuß, der sich von den sensorischen Nerven auf das ganze Geistesgebiet verbreitet, zu zerstören. Beim Gesichtssinne endlich haben wir die vielseitigsten und geistigsten Genüsse, die fast nie in dem engen Kreise der Empfindung stehen bleiben, sondern, sich mit außerordentlicher Schnelligkeit den Verstandeskräften mittheilend, diese in Thätigkeit versetzend. Es scheint, daß der Gehörsinn mehr zum Herzen spreche, der Gesichtssinn hingegen mehr zum Verstande. Diese Thatsache läßt sich, da sie zu den geheimnißvollsten Thätigkeiten des Gehirns in Beziehung steht, nicht näher erklären, doch können wir sie begreifen oder besser gesagt fühlen durch Gegenüberstellen der Empfindungen die wir wahrnehmen, wenn wir eine geliebte Person sehen, und wenn wir deren Stimme hören. In beiden Fällen haben wir einen verschiedenen Genuß: im ersten Falle sympathisirt der Verstand mit der Empfindung, welche ihrer geistigen Natur wegen einer Idee oder einer Vorstellung gleicht; im zweiten Falle hingegen sind wir bewegt und fühlen, daß in dem Genusse der Affect mehr vorherrscht als der Gedanke. Will man sich hier einen Scherz mit Worten erlauben, so könnte man sagen, daß das Auge das Ohr des Geistes sei, wie das Ohr das Auge des Herzens.

Einige Thiere haben ein schärferes Gesicht als der Mensch; dieser würde sicherlich nicht von der Höhe des Chimborazo das weidende Schaf unten im Thale sehen wie der Condor (Greifgeier). Da jedoch der Verstand sich fast immer einmischt um die Empfindungen des Gesichtssinnes zu bearbeiten, denen er einen durchaus specifischen idealen Charakter aufprägt, so kann man wohl ohne Furcht zu irren behaupten, daß der Mensch aus den Empfindungen des Gesichtssinnes mehr Genuß ziehe als alle anderen Thiere.

Die individuellen Verschiedenheiten, welche die Lustempfindungen des Gesichtssinnes in größerem Maßstabe beeinflussen können, beruhen auf der größern oder geringern Vollkommenheit des Auges, und vor Allem auf der Entwickelung des Verstandes, der bei diesen Empfindungen mit dem Elemente der Aufmerksamkeit mitwirkt. Der Kurzsichtige kann die Lustempfindungen des Fernsehens nicht genießen, wie andererseits der Weitsichtige sich nur auf sehr unvollständige Weise an der ihn umgebenden kleinen Welt erfreut. Doch haben auf die Abschwächung dieser Lustempfindungen die Mängel des Sinnes geringern Einfluß als jene des Verstandes; deshalb kann der unglückliche Kurzsichtige, dessen Gesichtskreis sich nicht über eines Armes Länge hinaus erstreckt, mit Hilfe des Mikroskops in einer Stunde mehr genießen, als ein zerstreuter Dummkopf mit den besten Augen auf einer Reise um die Erde genossen haben mag.

Die Frau genießt im Allgemeinen mit den Augen weniger als der Mann. Sie ist zu zerstreut und wegen ihrer geistigen

Organisation dem Analysiren der Empfindungen zu sehr abgeneigt. Sehr oft hält sie sich beim Anblick eines Gegenstandes im Genusse der leichten Schminke der Empfindung auf, während der Mann in derselben Zeit schon eine ganze Welt von Vorstellungen und Gedanken durchlaufen hat.

Im allerersten Lebensalter sieht der Mensch, aber er beschaut noch nichts, weshalb der Genuß sehr schwach sein muß. Wenn er anfängt mit seinen umherirrenden Augen auf einem Gegenstande zu verweilen, muß die Neuheit der Empfindung dem Mangel der Verstandeskräfte abhelfen; er kann so einen Genuß empfinden, der um so intensiver wird je weiter er auf dem Lebenswege fortschreitet. In der Kindheit geht die Jungfräulichkeit des Sinnes durch den Anblick immer neuer Gegenstände allmählich verloren: deshalb werden die Grenzen unsers Gesichtskreises immer mehr beschränkt, wie anderseits die Lustempfindungen sich mit der Entwicklung des Gehirns vervollkommnen. In diesem Alter sind dieselben sinnlicher als in späteren Jahren. In dem darauf folgenden Lebensalter wird die zum Genusse dieser Lustempfindungen erforderliche Aufmerksamkeit durch die Uebermacht anderer Kräfte und den Reichthum so vieler anderer Empfindungen, die sich drängen und vermischen, etwas beschränkt. Erst im erwachsenen Alter, dem die zur Analyse nöthige Ruhe eigen, werden diese Empfindungen in ihrer ganzen Fülle genossen. Später, wenn die Augen ihre Lebhaftigkeit verlieren, sieht der Mensch seinen Horizont sich allmählich umnebeln und den Schleier, der ihn von der Welt, welche er nun bald verlassen wird, trennt, immer dichter werden.

Die Lustempfindungen des Gesichtssinnes sind lebhafter in den von der Natur bevorzugten Ländern und wo der Himmel beständig zu den Schönheiten der Erde lächelt. Der Reiche genießt auch mit diesem Sinne mehr als der Arme, weil viele Genüsse desselben nur käuflich sind. Wir genießen mehr als unsere Väter, weil die Cultur unsern Gesichtskreis mehr erweitert und immer neue Combinationen von Genüssen erfindet.

Der Einfluß dieser Freuden ist sehr wohlthätig; er wirkt mit, Gesicht und Verstand zu vervollkommnen und die sich in der glänzenden Pinakothek der Einbildungskraft ansammelnden Schätze reichlich zu vermehren. Ein Auge das viel betrachtet hat, sieht bedeutend mehr als ein solches, welches das halbe Leben hindurch von schlaftrunkenen Augen verschleiert wurde und bei matter Arbeitsfähigkeit mehr gesehen als betrachtet hat. Ein und derselbe Gegenstand gibt uns, zu verschiedenen Zeiten angeschaut, verschiedene Bilder, wenn wir sonst genügend scharfen Sinn haben um die geringsten Abweichungsgrade der Empfindungen zu unterscheiden. Die Gewohnheit des Betrachtens macht uns zur Beobachtung und Analyse geschickt und hilft auf diese Weise mit, den Geist zu gewissenhaften und strengen Studien zu erziehen. Auch die Natur solcher Gegenstände, die wir öfter sehen, neigt immer dahin, uns damit in Verbindung stehende Gefühle und Gedanken einzuflößen, auf diese Weise mitwirkend uns einen Pfad durch das Lebenseiland zu zeichnen. So versetzt der Anblick von Naturscenen Geist und Herz in eine gewisse Heiterkeit, welche eine milde Ruhe über das ganze Leben zu verbreiten vermag. So erzieht uns der stete Anblick von Meisterwerken der Malerei und Bildhauerkunst zum Gefühl des Schönen; und wie z. B. Einige behaupten, fände man bei den Bewohnern von Carrara deshalb so schöne Formen, weil dieselben seit Jahrhunderten die Werke der von allen Theilen der Erde nach dem Vaterlande des Marmors herbeiströmenden Bildhauer unter Augen haben. Die Ursache dieser Erscheinung liegt in den das geistige Leben beherrschenden Gesetzen, von denen zu sprechen hier nicht der Ort ist.

Die Physiognomie der Lustempfindungen des Gesichtssinnes bietet viele den Verstandsgenüssen eigene Merkmale dar, sobald alle jene Kundgebungen, welche sich auf die von diesen Empfindungen zuweilen erweckten Gefühle beziehen, ausgeschlossen werden. Die reinen Lustempfindungen des Gesichtssinnes haben sehr einfache Ausdrucksformen. Wenn uns ein Gegenstand interessirt, zeigt unser Antlitz eine stille Aufmerksamkeit, welche bei weiterer Steigerung die Augen unbeweglich machen und uns veranlassen kann den Hals oder auch den ganzen Körper gegen den Gegenstand unserer Betrachtung zu neigen. Wenn wir dagegen eine zusammengesetzte Empfindung analysiren, durchschweift unser Blick das ganze Gebiet des Gesichtskreises, ab und zu anhaltend um die Einzelheiten desselben zu betrachten. Ein Lächeln ist häufig, und an Ausrufungen der Ueberraschung fehlt es, sobald der Genuß nur einen gewissen Grad von Intensität erreicht, fast nie. Mitunter beugen wir uns nach hinten über und führen die Hände, sie bei den inneren Flächen zusammenpressend, nach der Brust, was eine charakteristische Geberde dieser Lustempfindungen ausmacht. In den höchsten Graden des Vergnügens werfen wir auch wohl den Kopf nach hinten über und wackeln mit ihm von rechts nach links; nicht selten auch reiben wir die Hände gegeneinander. Ich erinnere mich, in einem wahren Freudenrausche einmal mein Mikroskop, das meinen Augen so überreiche Genüsse bot, geküßt zu haben.

Sehr oft, wenn wir ein lebendes Wesen oder eine bildliche Darstellung eines solchen sehen, verziehen wir ohne zu wollen das Gesicht entsprechend dem Ausdruck jener Gestalt. Der Hercules von Canova gibt unseren Zügen den Ausdruck des Zornes und der Kraft, während die „todte Frau", dargestellt von Bartolini in der Santa Croce zu Florenz aus unserm Antlitze Mitleid und Erbarmen sprechen läßt. Das Hauptelement, welches für sich allein allen Genüssen des Gesichtssinnes Ausdruck zu geben vermag, ist die thätige und geheimnißvolle Mimik des Auges; dieselbe läßt sich nicht erklären, wohl aber fühlen. Beobachtet man aufmerksam die Augen von Personen, welche z. B. ein Gemälde betrachten, so kann man fast immer die Grade ihres guten Geschmacks und des Genusses, den sie empfinden, bemessen; sehr leicht zu unterscheiden ist nun aber der durchdringende, zergliedernde Blick des Künstlers von dem verschwommenen und unsicheren Blicke eines Neugierigen, der mit dem Ohre seinen Nachbarn ein Urtheil abhorcht und darnach seinem Antlitze den Ausdruck der Bewunderung oder des Tadels zu geben. Bei solchen Beobachtungen muß man jedoch auf die Unterschiede, welche die Mimik unter den verschiedenen Bedingungen des Geschlechts, des Temperaments, des Alters, der Nation und vieler anderer Elemente darbietet, Rücksicht nehmen. Vor einem Bilde z. B. stehen viele Personen, welche alle gleich fühlen; aber während die Frau zu Thränen gerührt wird, entschlüpft dem Mann ein Seufzer; während der Nervöse alle Muskeln des Gesichts bewegt, bleibt der Sympathische ungerührt; während das Kind springt und schreit, stützt sich der Greis unbeweglich und aufmerksam auf seinen Stock; während der Neapolitaner lebhaft mit seinen Armen gestikulirt, bleibt der Engländer steif und trocken, die Hände in den Hosentaschen, stehen.

Die Pathologie des Gesichtssinnes bietet krankhafte Lustempfindungen verschiedener Art dar: der Eine hat Gefallen an den schreiendsten Farben und an deren geschmacklosester Zusammenstellung; er sieht gern Grün neben Himmelblau, das stechendste Gelb neben dem brennendsten Roth; ein Anderer erfreut sich an den abschreckendsten und ungeheuerlichsten Gegenständen oder hat eine besondere Vorliebe für barocke Verzierungen ꝛc. In der Kunstgeschichte giebt es Epochen, in denen Künstler und Dilettanten von einer wahren Epidemie ergriffen zu sein scheinen, schön und bewunderungswürdig zu finden, was nichts als plump und überladen ist. Heutzutage z. B. wagen es viele Architecten Gefallen an ihren Werken zu finden, aber die Genüsse, welche sie empfinden, sind entschieden pathologisch, weil eben das ästhetische Gefühl in ihnen krank ist. Möge diese Krankheit nur keinen chronischen Charakter annehmen! Unterdessen wird es gut sein, wenn die öffentliche Meinung die Kranken und Genesenden zur Ruhe verurtheilt.

Der größte Theil der pathologischen Lustempfindungen des Gesichtssinnes entspringt nicht aus einem Fehler des Sinnes, sondern aus einer Krankheit des Gefühls. Unzüchtige Bilder können z. B. nur Personen ohne Schamgefühl gefallen und Stiergefechte oder Hahnenkämpfe können nur rohe und grausame Menschen erfreuen.

15. Kapitel.

Von den aus der Neuheit der Empfindung und den mathematischen Eigenschaften der Körper entspringenden Genüssen des Gesichtssinnes.

Ein Gegenstand, den wir noch nie gesehen haben, erregt unsere Neugierde, und er muß schon sehr abstoßend oder den Schönheitsgesetzen zuwider sein, wenn das in der Neuheit der Empfindung gipfelnde Vergnügen auf diese Weise verdunkelt wird. Das Vergnügen wird um so größer sein, je verschiedener der Gegenstand von anderen uns schon bekannten ist und je mehr zur Erzeugung des Genusses geeignete Elemente er in sich birgt. Einen solchen Gegenstand nennt man im Allgemeinen „anziehend" oder interessant. Alle haben in ihrem Leben schon derartige Genüsse empfunden und empfinden sie beständig, Genüsse, die dann von vielen anderen Empfindungen des Gesichtssinnes oder der übrigen Sinne ergänzt und vervollständigt werden.

Die erste Gattung von Genüssen des Gesichtssinnes ist fast immer mit geistigen Elementen, wie die Neugierde, die Liebe für wunderbare Dinge und die verschiedenen Gefühle, welche uns disponiren eine besondere Klasse von Gegenständen interessant zu finden, zusammengesetzt. In ihrer vollen Reinheit empfindet sie nur das Kind, wenn es anfängt um sich zu schauen, um die Welt, für welche es geboren, kennen zu lernen.

Die Anzahl der Gegenstände kann schon für sich allein eine Quelle des Genusses sein, indem durch dieselbe der Gesichtssinn auf eine besondere Weise angeregt oder besser gesagt interessirt wird. Ein in einem großen leeren Raum vereinzelt stehender Körper zieht unsere Aufmerksamkeit an und erweckt unser Interesse; ebenso wie eine sich gleichzeitig unserm Auge darbietende sehr große Anzahl von Gegenständen uns in angenehme Ueberraschung zu setzen vermag. Dieses sind die einfachsten Genüsse, welche aus dem mathematischen Charakter der Körper hervorgehen und welche nicht verwechselt werden dürfen mit jenen, in denen die

Zahl nur ein secundäres oder vermittelndes Element bildet. Wir sind gewohnt, den Stuhl mit vier Beinen ausgestattet zu sehen; wenn wir nun einen solchen mit sechs Beinen sähen, würden wir lachen. Doch ist die Zahl in diesem Falle nicht die nothwendige Ursache der Lustempfindung gewesen; dieselbe entsprang vielmehr aus dem Gegensatze und dem Lächerlichen der Dinge, wie nicht minder aus der Neugierde, zu wissen, warum wohl jener Stuhl zwei Beine mehr beanspruche als alle anderen.

Die Ausdehnung eines Körpers kann uns Vergnügen gewähren, wenn sie entweder ungemein groß oder außerordentlich klein ist. Derartigen Lustempfindungen mischt sich fast immer das Gefallen an der Neuheit bei, jedoch ohne als wesentliches Element in dieselben einzutreten. Alle, welche zum ersten male das Meer sehen, empfinden eine unendliche Lust und ergötzen sich in nicht geringem Grade auch an der Unermeßlichkeit der vor ihren Augen sich ausdehnenden Fläche; obgleich sie sich vielleicht in der Phantasie einen noch größeren Raum als den der Wirklichkeit ausgemalt hatten.

Die Entfernung der Gegenstände interessirt uns für sich allein fast nie, gewährt uns aber Vergnügen durch Erweckung verschiedener Gedanken oder Gefühle. Die Grenzen unseres Gesichtskreises erstrecken sich in's Weite und werden gekennzeichnet auf der einen Seite vom Mikroskop, welches uns ein Infusionsthierchen von der Größe eines zehntausendstel Millimeters zeigt, und auf der andern Seite von dem Teleskop, welches uns Millionen von Sonnen vorführt gegen die unsere Erde nur wie ein kleines Sandkörnchen erscheint. Unter sonst gleichen Umständen fordert ein naher Gegenstand uns zur Beobachtung auf und erweckt in uns den Wunsch ihn zu besitzen, das Bedürfniß ihn zu lieben, während ein sehr weit entfernter Körper uns Bewunderung und Erstaunen einflößt. Einen nahen Gegenstand besieht, einen entfernten Körper betrachtet man; der erstere gewährt uns Interesse, ein Wort, das zugleich die Antheilnahme des Herzens bezeichnet; der letztere überrascht uns.

Die Form der Gegenstände kann uns vermöge ihrer geometrischen Elemente, welche zusammen mit der Zahl, der Größe und der Entfernung die Ordnung und die Symmetrie bilden, für sich allein lebhaft interessiren. Der Mensch ist so organisirt, daß er nur einen Gegenstand schön findet, der in seinen Proportionen dem sich im Geiste von Geburt an unverändert erhaltenden Typus entspricht. Die Symmetrie ist eine sehr reiche Quelle von Genüssen, welche alle aus den mathematischen Eigenschaften der Körper entspringen. Wohl kann der Künstler neue Combinationen von Ordnung und Maß erfinden, doch kann er sich nie von dem unwandelbaren Typus, den die unveränderlichste und strengste der Wissenschaften vorgezeichnet, entfernen. Noch Niemanden ist es eingefallen, die Grundgesetze der Symmetrie zu beweisen oder zu untersuchen, weil das eine unnütze Arbeit sein würde. Sie stehen mit unauslöschlichen Buchstaben in unserm Gehirn geschrieben, wie eine nothwendige Vorbedingung seiner Organisation. Uebrigens wird Niemand erklären können, warum der Anblick einer vollkommenen Kugel größeren Genuß bereite als der eines formlosen Haufens, ebenso wie auch Niemand beweisen kann, warum zwei und zwei vier machen. Die Hypothesen, welche in dieser Hinsicht aufgestellt werden, sind nichts mehr oder weniger geistreiche Phantasiegebilde.

Die Zahl wirkt als nothwendiges Element in den Lustempfindungen der Symmetrie mit; weil diese nicht ohne verschiedene Theile, welche gezählt werden können, zu Stande kommt. Eine Reihe gleichartiger Gegenstände kann uns angenehme Empfindungen gewähren, welche, je nachdem die zum Ausdruck kommende Hauptordnung durch gerade oder durch ungerade Zahlen dargestellt wird, unter einander sehr variiren. Dasselbe läßt sich von dem numerischen Verhältnisse der verschiedenen Theile eines und desselben Gegenstandes sagen. Im Allgemeinen wird die einfachste und regelmäßigste Ordnung durch gerade Zahlen dargestellt, und die elementarste Lustempfindung der Symmetrie besteht dann darin, zwei Körper einander gegenüber zu stellen. Die durch ungerade Zahlen dargestellte Ordnung erzeugt schon einen größern Genuß, und bedarf es hierzu wenigstens dreier Gegenstände oder dreier geometrischer Elemente eines und desselben Körpers.

Die Zahl ist jedoch in der Symmetrie nur ein untergeordnetes Element der geometrischen Proportionen; uns wenn auch verschiedene Körper sich ohne Zusammenhang in irgend einer beliebigen Ordnung befinden, so zeigt sich doch immer bei uns die Neigung, sie mittelst imaginärer Linien zu verbinden und in wirkliche Figuren zu ordnen. Ganz unwillkürlich betrachten wir auf diese Weise einen Körper oder eine Reihe von Gegenständen als symmetrisch, wenn die sie umgrenzenden Linien eine regelmäßige geometrische Figur bilden. Die einfachsten Lustempfindungen der Ordnung und der Symmetrie gewähren uns die elementarsten geometrischen Figuren, wie parallele oder senkrechte Linien, Dreiecke, Quadrate, Rauten, Polygone und alle sonstigen geradlinigen Figuren. Zusammengesetztere Lustempfindungen bieten uns die krummlinigen Figuren, wie der Kreis, die Ellipse, die ebene Curve, oder auch Verbindungen von geraden und krummen Linien. Gehen wir von der Planimetrie zur Geometrie der festen Körper über, so haben wir Lustempfindungen beim Anblick krystallisirter Körper und der diesen ähnlich gestalteten Gegenstände; denn sehr viele der letzteren stellen in gröberem Umrisse von regelmäßigen und symmetrischen Flächen begrenzte Körper dar. Häuser, Ziegeln, Bücher und die einzelnen Theile der Tische und Stühle sind verschiedenartige Prismen; Töpferwaaren, Gläser und Flaschen hingegen bilden Kugelabschnitte. In den höchsten Graden dieser Lustempfindungen wirken Verstandes-Elemente höherer Ordnung mit; deshalb werden Gegenstände schön genannt, wenn sie in der Anordnung ihrer Theile ihrer Function entsprechen und mit dem idealen Typus, den wir uns von ihnen bilden, vollkommen übereinstimmen. Die Geometrie läßt die organisirten Wesen fast gänzlich im Stich, aber selbst am vollkommensten Menschen lassen sich noch ganz einfache mathematische Elemente und von Punkten und geraden Linien gezeichnete symmetrische Proportionen auffinden.

Obgleich nun die Symmetrie unzählige Genüsse bietet, gibt es doch auch ein unregelmäßiges Schöne, eine Aesthetik der Unordnung. Dieses beweist, wie in dem verwickelten Mechanismus der menschlichen Kräfte und Fähigkeiten, wo unzählige Elemente sich vermischen und ineinander schlingen, gleiche Wirkungen aus den ungleichesten Ursachen hervorgehen können; und das mag solchen Philosophen zur Norm dienen, die da vereinfachen wollten, was zusammengesetzt, und messen wollten, was nicht meßbar war, auf diese Weise das Problem der Quadratur des Kreises auf das Gebiet der Physiologie übertragend.

16. Kapitel.

Von den aus den physischen Eigenschaften der Körper entspringenden Genüssen des Gesichtssinnes.

Die mathematischen Eigenschaften der Körper bilden so zu sagen das Skelett der Genüsse des Gesichtssinnes, gewähren aber für sich allein nur matte und hinfällige Empfindungen. Dieselben werden erst belebt, wenn auch einige physische Eigenschaften mitwirken.

Ein sehr elementares Vergnügen bietet uns ein Körper, der sich bewegt: Derselbe ändert in diesem Falle fortwährend seine Beziehungen zu den ihn umgebenden Körpern, und wir setzen, ihn mit dem Auge verfolgend, den Gesichtssinn auf eine besondere Weise in Thätigkeit, indem wir jeden Augenblick gleiche, sich immer wieder erneuernde Eindrücke erhalten. Eine kaum merkbare Bewegung interessirt uns, weil wir eine gewisse Anstrengung machen müssen um sie zu erkennen. Eine sehr schnelle Bewegung hingegen wirkt nur dann angenehm, wenn sie kurze Zeit dauert, in welchem Falle der rasche Uebergang von der heftigen Thätigkeit des Sinnes zur vollständigen Ruhe durch den Gegensatz Vergnügen bereitet; während sie bei längerer Dauer uns ermüden würde. Die Bewegung kann angenehm wirken, wenn sie in Unterbrechungen oder auf ungleichförmige Weise stattfindet. Der an und für sich indifferenteste Körper gewährt uns Vergnügen, wenn er ganz plötzlich vor unseren Augen erscheint und dann verschwindet, um bald wieder zu erscheinen. Ebenso bietet uns eine an Geschwindigkeit bald ab- bald zunehmende Bewegung Unterhaltung; doch müssen wir ihr die gehörige Aufmerksamkeit schenken, was übrigens für fast alle Lustempfindungen und ganz besonders für die schwächsten gilt. Zuweilen kann auch durch das Abwechseln oder die Vereinigung verschiedener Bewegungen ein gewisser Genuß erzeugt werden, wie dieses z. B. geschieht, wenn wir in eine Baumwollen- oder Seiden-Spinnerei treten, wo das schnelle Drehen so vieler Räder und die beständige Bewegung so vieler arbeitsamen Hände uns überrascht und erfreut. Im Allgemeinen werden die Genüsse des Auges beim Anblick sich bewegender Gegenstände fast immer von der in uns erweckten Idee oder Vorstellung ergänzt. Eine langsame und einförmige Bewegung vermag uns melancholisch zu stimmen, während die unruhigen und aufgeregten Bewegungen des Arbeiterschwarms in einer Fabrik uns zu Thätigkeit und Energie antreiben, wie dieses ja auch in Bezug auf die Arbeiter selbst der Fall ist.

Das Licht in seinen verschiedenen Stärkegraden erzeugt auch unabhängig von seiner Wärme unzählige Lustempfindungen. Es ist ein zum Leben unentbehrliches Element und wir fühlen das Bedürfniß nach ihm nicht minder wie nach Luft und Speise. In das allgemeine Lustgefühl, welches ein an Geist und Körper gesunder Mensch empfindet, wenn er bei Tageslicht erwacht, mischt sich auch als Hauptelement die Freude über das Wiedersehen des Sonnenstrahls, sei er nun direct, reflectirt oder gebrochen. Die Dunkelheit kann nur für wenige Augenblicke gefallen und nur in negativer Weise, indem sie uns nachher um so höher die Wonne des Lichts empfinden läßt. Auf längere Zeit ertragen wir sie nur im Schlafe wenn wir das Bewußtsein unserer Empfindungen verlieren, oder in krampfhaften Zuständen, wenn entweder das Auge leidend oder müde ist, oder eine niedergeschlagene Stimmung uns zur Einsamkeit und Stille einladet. In jedem andern Falle giebt uns das Licht Leben und Freude, so daß wir es oft bis zum äußersten Grade der Duldsamkeit unserer Augen genießen. Haben wir in den unterirdischen Gängen eines Bergwerks einige Stunden bei dem flackernden und räucherigen Licht einer Laterne zugebracht, so überkommt uns bei dem Wiedersehen des Himmelslichtes ein wahrer Wonneschauer und wir athmen tief die freie frische Luft.

Die von den verschiedenen Stärkegraden des Lichts erzeugten Lustempfindungen variiren sehr, je nachdem dieses ein directer Strahl oder verbreitete Helligkeit ist. Im ersten Falle können wir es nur bis zu einem gewissen Grade ertragen, und nicht selten lieben wir gerade ein sehr mildes Licht, weil dieses Sammlung und Nachdenklichkeit begünstigt. Ein ungewisses Licht interessirt uns lebhaft wegen der nebelhaften Verwirrung, die es über die Gegenstände breitet und wegen des geheimnißvollen und feierlichen Charakters, den es ihnen aufprägt. Nichts stimmt mehr zu Nachdenklichkeit als das milde Licht eines Zimmers, in welchem man kaum die Gegenstände erkennen kann. Wie wonnevoll sind nicht die in Sehnsucht getauchten Schauer der Morgen- und Abend-Dämmerung! Wie köstlich ist nicht der friedfertige und ungewisse Schein des Mondes, der von allen Dichtern besungen worden! — Das helle und directe Licht erzeugt unzählige Lustempfindungen, wenn es von dunklen oder weniger leuchtenden Stellen zertheilt wird, in welchem Falle wir es auch in den höchsten Stärkegraden genießen können. Man schaut nicht ungestraft in den Lichtglanz der Sonne, wohl aber kann man das Sternenlicht und das Funkensprühen des glühenden Eisens unter dem Hammer des Schmiedes genießen. Diese Lustempfindungen sind lebhaft und schnell, nehmen jedoch an Intensität sehr ab, wenn das Licht nur allmählich hervortritt oder längere Zeit unverändert vor unseren Augen verbleibt. Den höchsten Grad erreichen sie, wenn das helle Licht im Gegensatz zur tiefen Dunkelheit steht und wenn die leuchtenden Punkte getheilter und zahlreicher sind. Empfindungen dieser Art nimmt man z. B. bei einem nächtlichen Gewitter wahr, wenn man inmitten der Dunkelheit den Himmel plötzlich von aufleuchtenden Blitzen zerrissen sieht, oder beim Anblick einer Rakete, welche, die Luft durchfurchend, ihren Goldregen ausschüttet, oder auch wenn man aus der Dunkelheit in einen von vielen Lichtern erleuchteten Saal tritt.

Die Gegensätze der mittleren Lichtgrade bilden alle jene verschiedenartigen Lustempfindungen, welche man aus den Schatten zieht. Diese können, selbst ohne die Mitwirkung der Farben von überraschender Wirkung sein. Der einfache Schatten eines Körpers interessirt uns wegen des Vergleiches, den wir zwischen zwei Empfindungen anstellen und wegen des mysteriösen Charakters, den uns eine Figur, welche, ohne die Lebhaftigkeit der Farben und auf einer Ebene, ein unbestimmtes und wunderliches Bild darstellt, gewährt. Eine Combination mehrerer Schatten verleiht vielen Naturschauspielen eine besondere Anziehungskraft und trägt sehr viel zur Wirkung der Meisterwerke der Malerei bei.

Die lieblichste Zierde der Genüsse des Gesichtssinnes wird von den Farben geboten, welche ein wahrer Luxus in dem Phänomen dieser Empfindungen sind; denn wir würden die Gegenstände von einander unterscheiden können, auch wenn sie ein verschiedengradiges Licht, aber von derselben Farbe, zurückstrahlten. Die einfachsten Lustempfindungen dieser Art gewährt uns eine einzelne Farbe, welche uns durch ihren besondern Charakter und ihre Lebhaftigkeit interessirt. Ein Gegenstand kann uns gefallen aus dem einzigen Grunde, weil er gefärbt ist; und im Allgemeinen erzeugen Roth, Himmelblau, Grün und Gelb die lebhaftesten Lustempfindungen. Doch variiren in dieser Beziehung die individuellen Neigungen bis in's Unendliche; und es fehlt nicht an Solchen, welche ungewisse oder Zwitter-Farben, wie Grau, Violett und Braun, oder auch die falschen Farben Weiß und Schwarz ganz besonders lieben. Vereinzelte Farben gefallen fast immer nur dann, wenn sie sehr lebhaft oder auch, doch seltener, wenn sie im höchsten Grade blaß sind. Die primitiven Farben können selbst in den intensivsten Graden angenehm sein, während jene ungewissen oder gemischten am meisten in ihren schwächsten Graden gefallen. Im ersten Falle wird die Lustempfindung besonders durch die Lebhaftigkeit des Eindrucks hervorgerufen, im zweiten Falle hingegen gefällt sich der Geist an einem schwachen Bilde, welches unsere Aufmerksamkeit anzieht und in sanfter Weise auf den Sinn wirkt. Die größten Genüsse aber gewähren die Farben, wenn sie sich in gewisse Beziehungen zu einander setzen.

Die einfachsten angenehm wirkenden Combinationen sind die aus zwei Farben, wie Grün und Roth, Blau und Silberfarbig, Roth und Golden gebildeten; doch die überraschendsten Wirkungen erzeugt die Vereinigung vieler Farben, wenn sie so zusammengestellt sind, daß sie tausend harmonische Accorde bilden. Die Melodie der Farben bietet lange nicht so viele Genüsse wie die Harmonie derselben, und kaum lohnt es sich der angenehmen Empfindung zu erwähnen, welche man wahrnimmt, wenn man den Blick, müde von einer Reise durch schneeige Felder, auf einer grünenden Wiese ruhen läßt.

Der Reflex des Lichtes trägt zur Vermehrung der Genüsse des Gesichtssinnes bei, indem er uns einige Empfindungen verschafft, die, weil selten, fast immer angenehm sind. Wir erinnern hier nur an den Glanz vieler Metalle, an das Leuchten des Glimmers und an das ganz eigenthümliche Funkeln einiger Edelsteine. Andere ähnliche Genüsse gewährt die Brechung des Lichts, welche uns bald die sieben Regenbogenfarben zeigt, bald allen Gegenständen, wenn wir sie durch ein gefärbtes Glas ansehen, eine eigenthümliche Farbe verleiht. Die durchscheinenden und durchsichtigen Körper gewähren uns einige Genüsse, welche ihren Ursprung in der Ungewißheit der Empfindung haben, so z. B., wenn wir die von einer Alabasterglocke verhüllte Flamme einer Lampe ansehen.

Alle diese physischen Elemente der Genüsse des Gesichtssinnes vereinigen sich fast immer und veranlassen höchst interessante und complicirte Empfindungen, deren angenehmer Charakter sich aus dem sie beherrschenden harmonischen Verhältnisse ergiebt. Hierfür einige Beispiele. Ein schöner Schneefall gefällt uns, weil das Auge durch den Anblick der vielen leichten, beweglichen und zartweißen Flocken in Thätigkeit versetzt wird; zur Erzeugung des Vergnügens wirken hier das mathematische Element der Anzahl der sich unserm Auge auf einmal darbietenden Körper, sowie die physischen Elemente ihrer Bewegung und Farbenlebhaftigkeit mit. Bei jeder Variation in Farbe, Bewegung und Zahl der Schneeflocken ändert sich auch das Maß des Vergnügens. — Eine an unseren Augen vorüberfahrende Locomotive interessirt uns, weil sie sich mit großer Schnelligkeit bewegt und weil sie uns eine unzählige Menge abwechselnder und beständiger Bewegungen darbietet; zu gleicher Zeit sehen wir hier den Schein des glühenden Ofens, die dicke und schwarze Rauchwolke, die grauen Dampfsäulen und die Menge der mitfolgenden Wagen. Dasselbe gilt von unzähligen anderen Schauspielen, in denen fast immer die Uebertreibung oder die Neuheit einer oder mehrerer Empfindungen als Hauptquelle des Genusses mitwirkt.

17. Kapitel.

Von den Gesichts-Lustempfindungen moralischer Ordnung.

Der Antheil, den Verstand und Gefühl an den Genüssen des Geschlechtssinnes nehmen, ist so wesentlich und nothwendig, daß ich gezwungen bin, an dieser Stelle davon zu sprechen; obgleich derselbe, streng genommen, nicht in die Naturgeschichte der Sinnes-Freuden gehört.

Jeder Gegenstand, der unsere Augen auf sich lenkt und ihnen eine angenehme Empfindung gewährt, zieht fast immer, indem er uns zum Denken und Fühlen einladet, einige der höheren Geistes- und Herzenskräfte in Mitleidenschaft. Sehr oft hält jedoch unser Wille die Empfindung auf ihrem Wege zu den höheren Regionen so zu sagen auf, und zwar gerade dort, wo der Sinn aufhört und die Gebiete des Geistes und des Gefühls beginnen; wir befinden uns dann in einem Zustande unbestimmten Schwankens zwischen zwei Regionen der Empfindungswelt. In diesem Falle haben wir nicht das einfache Bewußtsein einer Gesichtsempfindung; aber wir merken eben nicht, daß wir denken und bleiben deshalb schwebend in einem Zustande beschaulicher Verzückung, die weder sinnlich noch geistig ist, aber zu dem einen wie dem anderen Elemente in Beziehung steht und sich mit Worten nicht ausdrücken läßt, eben weil der Gedanke noch nicht gefaßt ist. Dieser Umstand trägt jedoch, so unbestimmt und mysteriös er auch sein mag, je nach dem Gegenstande, den wir anschauen, einen verschiedenen Charakter und beginnt eine bestimmtere Form anzunehmen und sich in einen Gedanken oder ein Gefühl umzubilden, sobald die Spannung des Sinnes einen Grad erreicht hat, der diese passive und momentane Ruhe aufhebt, um die Empfindung in das Gebiet des Geistes und des Herzens eintreten zu lassen. So kommt es z. B. öfter vor, daß wir auf unserm Spaziergange vor einem Kreuze, welches an einem Scheidewege als Wegweiser dient, stehen bleiben. Die an und für sich höchst einfache Empfindung jenes Gegenstandes interessirt uns nicht, aber wir betrachten denselben mit stiller und wehmüthiger Freude, ohne ihn deshalb zu lieben oder zu hassen und ohne daß jener Anblick die geringste Vorstellung in uns erweckt hat. Ein anderes Mal dagegen betrachten wir lächelnd ein in der Wiege schlafendes Kind, ohne daß dieser Anblick uns einen Affect einflößt oder in irgend einer Weise unsere Gedanken in Thätigkeit setzt. Es ist ein harmonischer Ausfluß des Herzens, der sich mit dem Bilde unserer Augen verschmilzt; ein Gedanke ohne Form, der im verborgenen Zustande verbleibt und nicht zum Ausdruck kommt. Dieses psychologische Phänomen ist sehr zart und erfordert eine sehr geübte Beobachtung, um überrascht zu werden; aber es ist deshalb nicht weniger wahr, wie Jeder an sich selbst erproben kann. Natürlich ist es nur sehr flüchtig und bewährt sich höchst selten in seiner ganzen Reinheit.

Viele Gegenstände entwickeln in uns vermöge ihrer mathematischen und physischen Eigenschaften sogleich eine primitive und unbestimmte Vorstellung, welche, so urplötzlich hervorgerufen, die erste Quelle des Genusses bildet. Symmetrie und Proportion erwecken in uns die Vorstellung der Ordnung und Ruhe, und wir lassen den Blick mit wahrem Wohlgefallen auf Gegenständen, welche sie darthun, weilen. Unordnung und Verwirrung hingegen geben uns entweder ein lächerliches Bild, das uns wegen seines Gegensatzes zu dem Typus der Vollkommenheit in unserm Geiste belustigt, oder flößen uns ein Entsetzen ein, das angenehm sein kann. Auf das „Lächerliche“ werden wir bei Behandlung der Genüsse des Verstandes, welches dessen erste Quelle ist, zurückkommen. Was das aus dem Mangel an Symmetrie und Ordnung entspringende Schöne betrifft, so läßt sich hier eher errathen als erklären. Nun könnte man vielleicht sagen, daß die rücksichtslose Auflehnung gegen alle geachtetsten Gesetze uns gefällt, weil wir in der Natur oder in der Kunst, welche sich dessen schuldig gemacht, einen kühnen Zug zu sehen meinen, und weil die Kraft in jeder Gestalt immer etwas Großes und Gebietendes hat, was imponirt und gefällt. Die Unordnung lebloser Gegenstände kann uns namentlich gefallen, wenn sich dieselben in Bewegung befinden, weil wir alsdann die Vorstellung von einer Art Leben erhalten. Wie dem nun auch sei, die herkömmliche Unordnung in einem Trödlerladen sehen wir lieber als die regelrechte und gleichmäßige Schichtung der Tuchstücke in einem Magazin; ebenso wie das erhabene Chaos des wüthenden Meeres uns ein schöneres Schauspiel bietet als die ruhige Fläche eines Gartenteiches.

Die Unermeßlichkeit einiger Bilder giebt uns eine Vorstellung von der unendlichen Größe der Welt und von unserer Kleinheit; hieraus entspringt ein angenehmer Gegensatz, dem sich auch noch oft das Gefallen, mit unseren Augen einen so weiten Horizont umschlingen zu können, beigesellt. Betrachten wir von der Küste aus die ungeheure Fläche des Meeres und das mit der äußersten Grenze eines ungewissen und nebelhaften Gesichtskreises sich verschmelzende Himmelsgewölbe, so haben wir ein faßbares Bild des Unendlichen vor unserm Auge; und mit dem schwankenden Blick auf jener unermeßlichen Wasserwüste umherschweifend, suchen wir nach einer Grenze, nach einem Punkte, um uns auszuruhen, ohne ihn aber finden zu können. Das plötzliche Erscheinen eines Schiffes inmitten jener uns verwirrenden Leere belebt auch das Gefühl, so daß es zu unserm Genusse mitwirkt; gleichzeitig genießen wir dann die reine Vorstellung vom Unendlichen und dem sympathischen Affect für Alles, was belebt und menschlich ist. Dieses ist das Hauptelement des Genusses, den wir beim Anblick des Meeres empfinden, und er bildet so zu sagen den Rahmen, auf welchem sich dann die herrlichsten Combinationen der Geistes- und Gefühlsfreuden weben lassen.

Die außerordentliche Kleinheit der Gegenstände erweckt ebenfalls in uns die Vorstellung des Unendlichen, indem sie uns zeigt, auf welche Weise die Grenzen des Mikrokosmos gleich jenen des Himmels nicht beschränkt sind. Die in diesem Falle wahrgenommenen Genüsse bilden die Hauptanziehungskraft der mikroskopischen Untersuchungen. Sehr eigenthümlich ist auch die Thatsache, daß wir zuweilen Gegenstände nur deshalb lieben, weil sie so klein sind. Es scheint, als verknüpften wir damit die Vorstellung der Schwäche und als fühlten wir uns getrieben, Mitleid mit ihnen zu haben und sie zu beschützen, seien sie auch leblos. Nicht selten ersteht bei ihrem Anblick in uns der Wunsch, sie zu besitzen; wir offenbaren dann, sie in die Hand nehmend und mit Interesse betrachtend, Zuneigung und Wohlwollen im Gesicht. Diese eigenartigen Genüsse werden in ihrer ganzen Stärke nur dann empfunden, wenn der Gegenstand ein fest bestimmter ist und ein Ganzes für sich ausmacht. In der That bewährt uns ein eckiger Felssplitter, so klein er auch sein mag, nicht die Freude, welche wir bei Betrachtung eines glatten oder rundlichen Kieselsteins empfinden, ebenso wie uns der Bart einer Feder weniger interessirt als eine kleine Bohne. Diesen an und für sich sehr schwachen Lustempfindungen gesellt sich oft die besondere Anziehungskraft irgend welcher Tastreiz-Combinationen bei.

Die Bewegung trägt zu den moralischen Genüssen des Sehvermögens mit vielen Elementen bei. Vor Allem erweckt sie, da sie eines der wesentlichen Symptome jeder Art von Leben ist, in uns die Sympathie, welche wir für jedes lebende Wesen hegen. Wird die intensive Bewegung von der menschlichen Industrie hervorgebracht, so finden wir großes Wohlgefallen an ihr und freuen uns über ihre Macht. Ist die Bewegung dagegen natürlich, so ruft sie fast immer bescheidenere und zartere Gefühle in uns hervor, ausgenommen jedoch die Fälle, in denen es uns durch unsere Untersuchungen gelungen ist, eine Bewegung zu entdecken, die unsere Augen vorher nicht wahrgenommen haben.

Die natürlichen Bewegungen erzeugen, je nachdem sie abwechselnd oder fortlaufend sind, sehr verschiedene Klassen von Lustempfindungen. Die ersteren stimmen uns im Allgemeinen zu sanfter Beschaulichkeit; die letzteren hingegen geben uns die großartigen und vom Ernste durchdrungenen Genüsse, wie solche die Bilder der Unendlichkeit gewähren, zu schmecken. Die Welle, welche zischend an der Küste zerschellt, sich dann entfernt, um wieder zurückzukehren, interessirt und ermuthigt uns; weil sie die abwechselnde Bewegung des Lebens darstellt: den Tag nach der Nacht, die Ruhe nach der Arbeit, das Lachen nach dem Weinen, die Rückkehr nach der Abreise. Das langsame und ununterbrochene Fließen der Wasser eines Flusses dagegen versetzt uns in tiefsinnige Betrachtung, die nur wegen der Erhabenheit der Vorstellungen und Gedanken, denen wir nachhängen, angenehm ist. Die zu unseren Füßen rieselnde Welle scherzt und bewegt sich, aber sie zieht vorbei und kehrt nicht wieder; der kreiselnde und sich auflösende Strudel wird von einem andern gefolgt, der ihn vertreibt und dann verschwindet; das vom Baum dort hineinfallende Blatt geht dahin und kommt nicht zurück, — so folgt unermüdlich und beständig Welle auf Welle und nie tritt eine Ruhe in der Bewegung ein. Dieses Schauspiel bietet uns in seinen Elementen eine fürchterliche Formel der Ewigkeit, ein Beispiel des Immerwährenden: eine Vorstellung, die uns mit Verlangen erfüllt, aber uns auch erschreckt, als ob sie für uns arme Eintagsgeschöpfe zu überwältigend wäre. Der Selbstmörder, der sich einem Flusse nähert, um sich hineinzustürzen, würde eher wieder umkehren, wenn er statt der unerbittlichen Welle, die vorüberzieht und nicht zurückkehrt, das trauliche Wogen der Seewelle sähe.

Auch das Licht in seinen verschiedenen Stärkegraden kann einen moralischen Werth haben. Ist es intensiv, so regt es zur Thätigkeit an; ist es nur schwach und zwitterhaft, so stimmt es zur Melancholie und Ruhe. Ein mittelstarkes und leise zitterndes Licht hat eine besondere Anziehungskraft, und als glänzendstes Beispiel hierfür kann die stille Wonne, welche das Nachtgestirn in so reichlichem Maße spendet, gelten.

Die Farben haben einen moralischen Werth von einer gewissen Bedeutung in den Gesichtsgenüssen. Wir nennen Roth, Himmelblau und Grün heitere, Schwarz und Grau dagegen düstere Farben; als rein und jungfräulich gilt uns das Weiße.

Diese in allen Sprachen anzutreffende Thatsache beweist mehr als alles andere die geistige Natur der Gesichtsempfindungen. Fast Alle haben eine besondere Vorliebe für eine Farbe, und ich z. B. liebe ungemein das Blau. In warmen Ländern werden die lebhafteren Farben vorgezogen; dagegen dort wo die Sonne selten lächelt, lieben auch die Menschen mehr die ungewissen und dunklen Farben. Viele Negerstämme haben eine wahre Leidenschaft für ganz grelle Farben. Auch wegen der sich an sie knüpfenden Erinnerungen vermögen einige Farben große Genüsse zu erzeugen; so kann z. B. ein Verbannter in fernen Ländern beim Anblick seiner Nationalfarben vor Freude weinen.

Die lebenden Wesen interessiren uns häufig schon bei ihrem bloßen Anblick wegen unserer natürlichen Verwandtschaftsbeziehungen zu ihnen; und dieses Interesse wird im Allgemeinen um so größer, je ähnlicher sie uns sind.

Die Pflanzen, so ferne Verwandtschaftsbande uns auch an sie knüpfen und so kalt und unthätig sie sich unserm Auge darstellen, interessiren uns durch den Antheil, den sie an den Genüssen des Gesichtssinnes nehmen, doch weit mehr als die Mineralien; weil sie ein geheimnißvolles Element äußern, welches aus ihrer Stellung in der Reihe der lebenden Wesen entspringt und welches bis zu einem gewissen Punkte unabhängig ist von den Genüssen physischer Natur, die sie uns gewähren können. Ein Gefangener, der zwischen den Gitterstäben seines Fensters ein zartes Grashälmchen entdeckt, empfindet darüber viel größeres Vergnügen als wenn er eines der interessantesten Minerale gefunden hätte. Die uns am meisten gefallenden Theile einer Pflanze sind gewöhnlich die Blüthen, eben weil sich in diesen das Leben in seiner ganzen Formenfülle offenbart und sie uns eine, fast möchte ich sagen, lebenswarme Empfindung gewähren, ähnlich derjenigen, welche der Anblick von Thieren in uns erweckt. Die Formenschönheit und die Verschiedenheit der Farben haben sicherlich großen Antheil in dem Vergnügen, das uns die Blumen bereiten, aber sie machen nicht dessen Hauptelement aus. Das bescheidenste Blümchen interessirt uns weit mehr als prächtige aus Wachs oder Porzellan gefertigte Blumen, weil es belebt ist und dann auch weil eine geheimnißvolle Sympathie uns an diese zarten Wesen, an diese schwachen Geschöpfe der Pflanzenwelt kettet.

Thiere können gefallen, wenn sie kein ekelhaftes Aussehen haben und keine Furcht einjagen; unter entsprechenden Umständen können sie jedoch alle dem Gesichtssinne des Menschen zur Freude gereichen. Die Kröte bewundert man in den Glaskästen der Museen, den Tiger hinter den eisernen Stäben eines Käfigs. Einige Thiere interessiren uns wegen ihrer Kleinheit, und das Gefallen, welches wir z. B. bei Betrachtung einer auf unserer Hand umherspazierenden Ameise empfinden, würde gänzlich verschwinden, wenn dieses Insekt die Größe eines Kaninchens hätte. Andere Thiere erfreuen den Gesichtssinn durch ihre Farbenpracht, durch die Lebhaftigkeit ihrer Bewegungen oder durch die Sonderbarkeit ihrer Formen: sie erwecken so entweder unsere Zuneigung oder regen uns zur Thätigkeit an. Die wilden Thiere gefallen uns wegen ihrer großen Muskelkraft. Die kaltblütigen Thiere gewähren dem Gesichtssinne Lustempfindungen, sehr ähnlich den von leblosen Gegenständen erzeugten; die warmblütigen Wesen dagegen gewinnen sehr leicht unsere Zuneigung. Um diese Unterschiede einigermaßen abzuschätzen, vergleiche man die kalte Empfindung, welche die Betrachtung eines im Gartenteiche voltigirenden Fisches erzeugt, mit der warmen Freude, die wir über einen auf der Straße vor uns hüpfenden Sperling haben.

Der Mensch ist das uns am meisten interessirende Thier, was ganz natürlich, da er das herrlichste Geschöpf der Erde und unser Mitbruder ist. Mehr als einmal habe ich mich beim Schwimmen in der Bewunderung der Formenschönheiten und des stattlichen Einherschreitens dieses erhabenen Zweifüßlers betroffen. Der Anblick des Menschen erweckt auch sogleich jene unbestimmte Neigung in uns, welche die Grundlage und die treibende Ursache der Gesellschaft ist. Das in diesem Falle empfundene Vergnügen steigert sich nun dem Grade nach, entsprechend den Banden der Liebe oder Freundschaft, welche uns an die erblickte Person knüpfen. Zwischen dem zärtlichen Blick einer Mutter, die das in ihren Armen liegende Kind mit den Augen verschlingt, und dem zerstreuten Blick, welchen wir den auf der Straße an uns vorbeigehenden Personen zuwerfen, liegt eine ganze Welt von Empfindungen, und Freuden des Gefühls. Wenn man die Mimik des Auges mittelst photographischen Prozesses überraschen könnte, würde man die Naturgeschichte des Gefühls, das sich in der ganzen Wahrheit seiner innersten Natur und in allen seinen Vermögensgraden durch ein leichtes Zucken des Augenlides enthüllen kann, dargestellt sehen.

Das Sich-Treffen der Augen ist Quelle unendlicher Freuden. Eine vor uns stehende Person können wir von Kopf bis Fuß betrachten und analysiren; entfernt sie sich aber ohne uns angesehen zu haben, so bleiben wir einander fremd, und die Empfindung, sowie die Ideen, welche sie in uns erweckt, verschließen sich in den Schranken unsers Ich's. Wenn aber unsere Augen sich auf einmal treffen, so treten wir in ein Verhältniß inniger Wechselbeziehungen zu einander und begrüßen uns im Geiste als Menschen. Diese geheimnißvolle und telegraphische Augen-Correspondenz ist nur zwischen Wesen derselben Gattung möglich, und wenn auch unser Blick zuweilen den unseres treuen Hundes oder den unseres Reitpferdes trifft, so ist die Lustempfindung in diesem Falle doch nur eine schwache und rein sinnliche. Der Mensch hingegen spricht mit dem Blitzen des Auges zum Menschen und versteht ihn, und die zwei Seelen scheinen sich gegenüber zu stehen wie zwei stumme Soldaten, die einander den geschriebenen Befehl zeigen, der sie als Waffenbrüder erklärt. Die Analyse des Sich-Treffens von vier menschlichen Augen verdiente für sich allein lange Studien und anhaltende Untersuchungen, weil sie über die moralische Physiologie viel Licht verbreiten würde. Da jedoch die Genüsse dieser Gattung von Gefühl- und Sinnesempfindung gemischt sind, so werden wir sie erst bei Behandlung der Genüsse des Herzens näher kennen lernen.

Eine Gesichtsempfindung kann angenehm sein wegen der Erinnerungen die sie in uns erweckt, und hier bewahrheitet sich denn auch ziemlich jenes im Anfang dieses Kapitels erwähnte Phänomen. Ein in sein Vaterland zurückkehrender Verbannter entdeckt von der Höhe eines Berges einen einfachen weißen Fleck, den er als sein Vaterhaus erkennt; er betrachtet ihn mit einem wahren Freudenrausche, ohne daß das Bild an und für sich interessant ist und ohne daß er sich erinnert oder fühlt. Er betrachtet einen Gegenstand, der ihm theuer ist und dessen Bild er selbst verehrt, und bleibt nun schwebend zwischen der Empfindung und der Erinnerungswelt, welche hinter derselben liegt, sich aber noch nicht aufthut; er schaut und schaut und verweilt, vor Freude weinend, mit dem Blick auf einem Bilde, das doch nur immer dasselbe ist, das aber für ihn immer interessanter wird je länger er es betrachtet. Unter diesem Gesichtspunkte kann der moralische Werth der Gegenstände den Genuß, welchen uns diese durch ihre Bilder gewähren, übermäßig steigern. Der Anblick einer Eiche kann den Europäer, der seit langen Jahren nichts als Palmen und Farrnkräuter gesehen, vor Freude berauschen; der Anblick einer am Spinnrad sitzenden Frau kann einen Soldaten zu wonnigen Thränen rühren, indem er sich sogleich seiner alten Mutter und der Erzählungen am häuslichen Herde erinnert. Ich kann nicht ohne Wohlgefallen einen mit Gras bewachsenen Hof sehen, weil ich eben auf einem solchen meine ersten Schritte versucht und mit Sammeln von Insekten und schönen Kieselsteinen die angenehmsten Stunden meiner Kindheit verbracht, weil ich also auf einem solchen die jungfräulichsten Empfindungen genossen habe.

Eine vorherrschende Leidenschaft macht den Anblick von Gegenständen, denen sie gilt, angenehm und erzeugt auf diese Weise unzählige verschiedene Lustempfindungen. Der Schwelger betrachtet mit Wonne den ehrwürdigen Staub auf der Flasche, die er im Begriff ist anzubrechen; während der Bibliophile vor Freude erbebt, wenn er in den Schränken einer Buchhandlung ein seiner Sammlung noch fehlendes Buch entdeckt. Auf diese Weise können selbst die gleichgültigsten oder widerwärtigsten Gegenstände zu Quellen der Freude werden. Der Malakolog kehrt frohlockend von seinem Spaziergang heim, eine neue Schnecke betrachtend, die er sorgfältig in einer Schachtel verschlossen hält; der Anatom bleibt über einem stinkenden und widerwärtigen Leichnam wie von höherer Freude betroffen mit erhobenem Secirmesser stehen, weil er ein Nervengeflecht vor Augen hat.

18. Kapitel.

Von den auf die Genüsse des Gesichtssinnes sich gründenden Spielen und Unterhaltungen.

Die Elemente der Lustempfindungen, welche wir bisher auf dem Gebiete des Gesichtssinnes kennen gelernt haben, verbinden sich auf die verschiedenste Weise untereinander und bilden complicirte Genüsse. Ich habe der Natur Gewalt angethan um diese geheimnißvollsten und unbekanntesten aller sinnlichen Genüsse auf irgend eine Weise analysiren zu können; jetzt muß ich wohl einige Winke über die hauptsächlichsten darauf sich gründenden Spiele und Unterhaltungen geben.

Die Verschiedenheit der Naturschauspiele ist so unendlich, daß das Auge nie müde wird zu sehen und zu beobachten. Einige Bilder besitzen eine solche Anziehungskraft, daß wir sie immer schön und immer neu finden. Doch sind in diesem Falle die Empfindungen nie identisch, weil der Sinn sich immer mit unserer Organisation und mit den dieselbe beeinflussenden äußern Umständen modificirt. Das Himmelsgewölbe ist eines der großartigsten Schauspiele, eines der unerschöpflichsten Gebiete, an welchem sich die Augen aller unter der Sonne lebenden Menschen ergötzen. Mag nun das Tagesgestirn am blauen Firmamente strahlen oder die Nacht ihren mit Sternen besäeten Mantel ausbreiten, mögen die Wolken leicht und flockig am heitern Himmel ziehen oder sich unter dem Leuchten von Blitzen schwarz und gewitterhaft aufthürmen, sei es das Farbenspiel des Regenbogens oder das zauberische Kaleidoskop der Dämmerung, oder sei es endlich die einförmige und jähe Finsterniß eines sternenlosen Horizontes, — der Himmel ist eine wahre Welt von Genüssen für den Gesichtssinn, ist ein ewiges Gemälde, welches der großartige Pinsel der Natur stündlich mit den erhabensten und schrecklichsten Bildern und den Scherzen der ausgelassensten Phantasie bemalt; er ist eine Leinwand, welche auf unveränderlichem Hintergrunde eine Perspective von Welten, unermeßlich wie die Räume des Universums, trägt und dabei nicht verschmäht uns auf ihrem dünnen Firniß die Scenen einer Zauberlaterne vorzuführen. Wer den Ursachen des uns vom Himmel gewährten Genusses nachforschen wollte, würde in den vorhergehenden Kapiteln den Faden dazu finden können.

Die Naturschauspiele machen einen der Hauptgenüsse des für viele Menschen die höchste Lebensfreude bildenden Reisens aus. Der Anblick der Monumente und aller menschlichen Werke eröffnet uns ein anderes Gebiet von Genüssen, die von den vorhergehenden insofern abweichen, als sie mehr das Gefühl und weniger den Verstand berühren.

Die von der Kunst dem Gesichtssinne gewährten Genüsse lassen sich im Allgemeinen nicht mit den freiwillig von der Natur gebotenen vergleichen, und die besten Meisterwerke unserer Gallerien verhalten sich zu ihren natürlichen Modellen wie die trocknen Herbarien zu den Gärten der Wiesen und Berge.

Die einfachsten Genüsse in dieser Hinsicht werden uns von der Nachahmung der Natur und besonders von den zwei Musterkünsten, der Malerei und der Bildhauerkunst geboten.

Die Analyse der uns von der Malerei bereiteten Genüsse ist sehr interessant; doch kann ich hier nur einige Andeutungen fallen lassen. Das größte Interesse, welches uns die Werke dieser Kunst einflößen, besteht in dem Wohlgefallen, die Natur nachgeahmt zu sehen auf eine Weise, daß unser Auge getäuscht wird und der Geist sich wundert, wie der Mensch mit wenigen Farben auf einer Fläche Bilder habe darstellen können, die jenen von den wirklichen Gegenständen erzeugten sehr ähnlich sind. Aus diesem einzigen Grunde vermag uns z. B. ein Busch Weintrauben als ein ganz gewöhnlicher Gegenstand kaum zu interessiren, während er, in großer Vollkommenheit bildlich dargestellt, uns bei jedesmaligem Anblick erfreuen kann. Dieses erste Element nimmt Antheil an allen von der Malerei gebotenen Genüssen und constatirt fast für sich allein die Empfindungen, welche uns von der Darstellung lebloser Gegenstände gewährt werden. Das zweite

Element, das vereinigt mit dem erstgenannten die überraschendsten Wirkungen hervorbringt, ist das Gefallen, die Natur in einem ihrer ungestümen und flüchtigen Acte überrascht zu sehen, so daß wir eine seltene oder weit entfernt von uns sich darbietende Scene jeden Augenblick vor Augen haben können. Die Landschaft fixirt auf einer Leinwand das Schnellen des Blitzes und das leise Zittern der Wellen, ebenso wie die menschliche Gestalt in ihren bildlichen Darstellungen die Leidenschaft, ja sogar das blitzende Aufleuchten zorniger Augen oder die schmachtende Sehnsucht eines Liebesblickes festhält. Mitunter vereinigt die Kunst in engem Raume unzählige Schönheiten oder vervollkommnet dieselben, indem sie sie auf einen höhern Grad als den der Wirklichkeit erhebt. So vereinigt der Ornamentmaler die hier und dort in der Natur sich zerstreut vorfindenden Elemente der Symmetrie zu neuen Combinationen; so bietet uns der Landschaftsmaler auf einer einzigen Leinwand die Elemente vieler Landschaften in neuer selbsterfundener Zusammenfassung dar. Wir können auf diese Weise, ohne das Haus zu verlassen, in allen Regionen der Erde reisen und unser Herz an den lieblichsten Scenen und schrecklichsten Schauspielen bewegen, uns an der Ruhe einer schlummernden engelgleichen Gestalt erquicken oder uns erzittern machen im Getümmel der Schlachten. Bei den sinnlichen Genüssen der Malerei wirken auch die bis zur Analyse gesteigerte Aufmerksamkeit, die Sammel- und Eigenthumsliebe und die Eitelkeit in allen ihren Formen mit.

Die Bildhauerkunst bietet uns viele Genüsse ähnlich jenen der Malerei, doch sind hier fast immer die Farbenempfindungen ausgeschlossen. Der Genuß ist hier sinnlicher und weniger geistig, weil man es nicht mit Figuren, sondern mit Formen zu thun hat, und die Phantasie ruht beim Anblick von Bildern, die den uns von den wirklichen Gegenständen gewährten so ähnlich sind.

Die Architektur, die Ciselirkunst und alle andern nachahmenden Künste gewähren uns ähnliche Genüsse wie die vorher genannten, oder doch solche die nur innerhalb sehr enger Grenzen variiren. Im Allgemeinen ist der Genuß um so größer, je mehr Anlage wir zu der betreffenden Kunst besitzen. Der profane

Mensch sieht, der Dilettant betrachtet, der Künstler identificirt sich mit dem Meisterwerke der Kunst. Alle drei Personen gehen denselben Weg, nur machen sie an verschiedenen Stationen Halt. Canova mußte bei Betrachtung der Mediceischen Venus vor Lust erbeben, während Davy, nachdem er eine berühmte Gallerie durchwandert, vor einer Statue stehen blieb mit dem Ausruf: „welch' schönes Stück Marmor!"

Das Kaleidoskop, das Panorama, die Zauberlaterne, das Stereoskop und andere ähnliche Spiele gründen sich auf die Lustempfindungen des Gesichtssinnes und ergötzen uns durch die Verschiedenartigkeit der Bilder und durch die Nachahmung der Natur.

Die Phantasmagorie ist ein wenig bekanntes, aber viele Ueberraschungen bietendes Unterhaltungsspiel. Wir sind in tiefe Finsterniß vergraben, die ganz plötzlich von einem leuchtenden Punkte unterbrochen wird; derselbe dünkt uns seiner Kleinheit wegen ungeheuer weit entfernt, doch auf einmal vergrößert er sich, nimmt bestimmte Formen an und scheint auf uns zuzukommen. Endlich, wenn diese Gestalt, welche meist entsetzlich ist, eine gewisse Größe erreicht hat, droht sie sich auf uns zu stürzen, aber nicht lange und sie verkleinert und entfernt sich wieder, um von der Dunkelheit verschlungen zu werden.

Die vergrößernden, verkleinernden und vervielfachenden Linsen und Spiegel können uns wegen der Neuheit der Eindrücke sehr belustigen.

Der ebene Spiegel strahlt das Bild der Gegenstände in ihrer natürlichen Größe zurück und erfreut uns vermöge der Neuheit der Eindrücke, welche wir dadurch erhalten; mehr aber noch dadurch, daß er unser Bild, eines der interessantesten Dinge für uns, wiedergiebt. Doch leitet sich in diesem Falle das Vergnügen fast gänzlich aus einem Gefühle her, und der Spiegel reflektirt zusammen mit unseren Zügen, auch unsere Eitelkeit und unsere Selbstsucht. Es sind unschuldige Freuden, und man entschuldigt sie gern bei der Frau, die in den ersten Tagesstunden sich geheimnißvoll in ihr eigenstes Toiletten-Laboratorium schließt um sich schön und verführerisch zu machen.

Die Kunstfeuerwerke gründen sich auf die Lustempfindungen des Gesichtssinnes, denen sich nur wenige Empfindungen des Gehörs beigesellen. Die Lichtstärke, die Farbenpracht und die Bewegung der Bilder sind die drei ihre Schönheit bestimmenden Elemente. Auch wirken in diesen Genüssen moralische Elemente mit; wir wollen nur an das reine weiße Licht einer bengalischen Flamme erinnern, welche uns die Ruhe, vereinigt mit Glanz und Stärke darstellt, oder an die strudelartige Bewegung einer prächtigen Feuersonne, welche mit so üppiger Entfaltung von Licht und Bewegung unsere Augen fast betäubt. Die Kunstfeuerwerke kann man, in Bausch und Bogen genommen und auf eine so zu sagen ihren physiologischen Werth darstellende Formel reducirt, als das getreueste Abbild der Volksfröhlichkeit bezeichnen. Das plötzliche Sich-Erheben, das schnelle und hervorbrechende Aufleuchten und die stürmischen Ausbrüche des Freudenrausches werden ganz vortrefflich wiedergegeben von dem Aufsteigen der Raketen, von dem Zischen des Feuerregens und dem Knallen der Granaten und Petarden. Es ist deshalb wohl kein Zufall, daß sowohl die Kirmeß eines Dorfes wie das großartige Fest eines sich krönenden Fürsten mit einem Feuerwerk abschließt. Die erstere begnügt sich mit dem Abbrennen einiger Hüpfer und Raketen, das letztere hingegen zeigt uns den ganzen reichen Apparat der Pyrotechnik.

Die Illuminationen sind Feuerwerke ganz einfacher Art und stellen eine ruhige und fortdauernde Freude dar. Ihr moralischer Werth gründet sich auf den physiologischen Einfluß des Lichtes. Der Bergbewohner verkündigt seine Feste, indem er große Feuer anzündet, die auf den Bergspitzen wie Sterne glänzen und sich mit diesen zu verschmelzen scheinen; der Städter dagegen läßt an Ballfesten das Licht von glänzenden Kronleuchtern und Hunderten von Kerzen in Strömen durch die Räume fließen. Bei den orientalischen Völkern wird das Licht unter den verschiedensten Formen verehrt; es sammelt die Menschen aller Nationen um den Feuerherd, es erfreut und giebt Leben im Verein mit seinem Gefährten, der Wärme. — Die Genüsse des Gesichtssinnes haben einen sehr großen Antheil in fast allen

Spielen und in unzähligen complicirten Belustigungen, auf welche wir später noch zurückkommen werden. Der Ball, das Theater, die Jagd, der Fischfang und alle kleinen und großen Schauspiele, vom Weihnachtstisch bis zur großen Weltausstellung in Paris, sind lauter Feste für den Gesichtssinn und eröffnen dem Menschen einen Horizont von Genüssen, dessen Grenzen sich in's Unermeßliche ausdehnen. Die Kunst hat noch lange nicht alle Combinationen der bis jetzt bekannten Elemente erschöpft, und der menschliche Geist hat noch nicht die Herkules-Säulen am Ende der Welt aufgepflanzt. Man lasse morgen die Optik einen Sprung thun, wie sie ihn durch Galilei gemacht hat, und wir werden unzählige Fundgruben neuer Genüsse sich öffnen sehen. Auf der einen Seite werden wir mit dem Mikroskop die letzten Moleküle der Körper wahrnehmen, auf der andern aber werden wir neue von andern Bewegungsgesetzen regierte Welt-Regionen betrachten. Die modernsten Werke der Mikroskopie und Astronomie werden an einem Tage um Jahrhunderte veralten, aber der Mensch wird zufrieden mit sich selbst sein. Es ist einmal so das Loos, daß die von unsern Vätern mit der größten Ordnung aufgeschichteten Materialien von den Nachkommen umgestoßen werden, und auf den Trümmern der nie ruhenden Wissenschaft wechseln das Richtscheit des Architekten, der baut, und der vandalische Hammer, der zerstört, beständig einander ab.

19. Kapitel.

Von den Genüssen der Trunkenheit;*) — von ihrem Einfluß auf die Gesundheit der Individuen und auf den Fortschritt der Cultur.

Es würde ziemlich schwer fallen, die Zahl der Menschen, welche auf der ganzen Erdoberfläche sich den Freuden der Trunkenheit hingeben, auch nur annähernd zu bestimmen, aber noch

*) Es kann wohl kein Zweifel darüber sein, daß das Wort Trunkenheit hier im Sinne von leichter Anregung gebraucht ist.

schwerer ist es, ein Land oder ein Volk zu finden, dem dieselben nicht bekannt wären. Der reiche Engländer bekämpft seinen Spleen mit den köstlichen Xeres- und Oporto-Weinen, die er zur Verfeinerung ihres Aroma's in Indien hat reifen lassen; der Kamtschadale verschlingt ein Stück Pilz (Amanita muscaria oder rother Fliegenschwamm), bringt eine Nacht im Delirium zu und trinkt am folgenden Tage den eigenen narkotisirten Urin, um die Stunden der Glückseligkeit zu verlängern. Die Nachkommen der Incas trinken die schmierige Chicha mit dem darauf schwimmenden fetten Oel des Mais, welcher von schmutzigen Mäulern gekaut wurde um als Gährungsstoff dieses sonderbaren und doch zuträglichen Getränks zu dienen; die Tataren betrinken sich mit einem ausgegohrenem Lammfleisch, Reis und andern Vegetabilien bereiteten Getränk oder mit dem sehr beliebten Kumiß, welchen sie aus gegohrener Pferdemilch erhalten. Im Orient wird das Opium gegessen, getrunken und geraucht; in Bolivia und Peru kaut man Coca (Blätter des Durst- oder Hungerstrauchs). Wenn Ihr in entlegeneren unerforschten Ländern wirklich noch einen wilden Menschenstamm auffindet, der noch kein alkoholisches Getränk oder narkotisches Gift kennt, so seid nur überzeugt, daß die Civilisation bald genug den Alkohol in allen Formen und mit allen seinen Folgen auch dort hinbringen wird.

Zu diesen Thatsachen schüttelt der Skeptiker mit dem Kopfe und meint, daß der hauptsächlich, ja ausschließlich zum Genießen erschaffene Mensch in den berauschenden Substanzen leichte Freuden suche, was überhaupt unnöthig wäre zu bekämpfen. Der Moralist runzelt die Augenbrauen, gedenkt der Erbsünde und verflucht den aus Sünden und Verderbtheit gekneteten Menschen. Der Philosoph dagegen lacht nicht und verflucht nicht, sondern sucht in der menschlichen Natur nach den ersten Ursachen der Laster und Tugenden, überzeugt, daß die wirklich praktischen Nutzanwendungen sich immer auf die vorurtheilslose Kenntniß des Teiges, aus dem wir geknetet, zu stützen haben.

Der Mensch, als er den Saft der Trauben gähren ließ und die aus den Mohnkapseln sickernden Tröpfchen auffing, wurde dabei von demselben Instinkt geleitet, der ihn das China in den Wäldern der Cordilleren und die Perle auf dem Meeresgrunde hat finden lassen. Lernte er zufällig sich berauschen, so übertrug er auch dieses neue Laster mit dem Blute seinen Nachkommen, und zwar vermöge jenes natürlichen Rechtes der Vererbung, welches will, daß sowohl alles Gute wie alles Schlechte von einer Generation auf die andere übergehe, wie laufende Münze, die an Werth und Form sich verändert, aber immer ohne Unterbrechung von einer Hand in die andere geht.

Die Trunkenheit ist ein vorübergehendes Delirium oder eine Ueberspanntheit einer oder mehrerer Kräfte der Cerebrospinalachse, erzeugt durch die Einführung irgendwelcher Substanz in unsern Organismus. Alle berauschenden Substanzen üben auf uns einige gleichartige Wirkungen, welche uns gleichartige Genüsse gewähren. Diejenige Empfindung, welche allen andern so zu sagen als Grundlage dient, ist die erhöhte Empfindung des Daseins; sie geht allen andern Empfindungen voraus und übertrifft dieselben fast immer. In den ersten Stadien der Trunkenheit haben wir das Bewußtsein des vollsten und empfindungsfähigsten Lebens; wir erzeugen künstlich jenen Zustand des Wohlgefühls, dessen man sich unter dem zweifachen Einflusse einer kräftigen Gesundheit und einer anregenden Leidenschaft erfreut. In der Folge werden viele Kräfte des Fühlens, des Denkens, des Bewegens mehr oder weniger gesteigert und aus dem Zustande der Ruhe und Gleichgültigkeit, in welchem sie sich befanden, in den der Ueberreiztheit versetzt. Derselbe kann dem Grade und der Natur nach variiren, ist aber immer eine fieberhafte Thätigkeit. Bis zu den ersten Graden der Trunkenheit können wir dem Schauspiele geschäftigen Lebens, in welches unsere Kräfte gezogen werden, beiwohnen, später jedoch treibt die ungeordnete und übermäßige Steigerung einiger Lustempfindungen die Vernunft mit Uebermacht in den Wirbel der Anarchie, und wir genießen ein wirres Durcheinander, einen wahren Dithyrambus, in welchem alle Elemente des Guten und des Bösen, nachdem sie den sie umschließenden Damm durchbrochen, sich die Hände reichen um sich gemeinschaftlich der zügellosen Freiheit eines Bachusfestes hinzugeben.

Eine andere allgemeine Eigenthümlichkeit der Freuden der Trunkenheit, die zugleich deren charakteristische Physiognomie bildet, ist die der Ueberfluthung der ganzen weiten Bereiche des Geistes und des Herzens, so daß lästige Sorgen, heimliche Angst vor der Zukunft oder Gewissensbisse über die Vergangenheit daraus vertrieben werden. Das Ineinander-Schwirren und Sich-Aufeinanderhäufen der geistigen Elemente jeder Art, die Hast der Gedanken, welche, hervorbrechend, zum Telegraph der Worte eilen, bilden einen solchen Wirbel, daß das Bewußtsein sich kaum mit der Gegenwart beschäftigen kann und Vergangenheit und Zukunft vergißt; etwa wie die Staubwolke eines wilden Tanzes uns weder die Gegenstände um uns herum, noch die lockigen und blonden Köpfchen, auf denen kurz vorher unser Blick begierig ruhte, erkennen läßt.

Die Naturgeschichte der Trunkenheit, unter dem vielseitigen Gesichtspunkte der Philosophie, Hygieine und Moral betrachtet, ist noch ein frommer Wunsch; ich werde hier nur im Fluge einige Linien ziehen, um zu zeigen, daß man einen schönen Palast errichten kann, wo ich nur einen Vorhang aufhebe. Jedenfalls müßte derjenige, welcher eine Naturgeschichte der Trunkenheit schreiben wollte, zwischen alkoholischen, narkotischen und coffeinhaltigen Substanzen unterscheiden.

Die gegohrenen und destillirten alkoholischen Getränke geben uns vor ihrem Eintritt in die innersten Gebiete unseres Organismus durch den Geschmackssinn einen Gruß, und eben hierin besteht ein großer Theil ihres Werthes. In den Magen gelangt, werden sie von dem Circulationsstrom mit großer Leichtigkeit aufgesogen; dieser führt sie schleunigst zu den Nervencentren und verbreitet ihr berauschendes Element — den Alkohol — über das ganze Empfindungsnetz unseres Körpers. Ein Gefühl von Kraft und Wohlsein, mit einem Worte, eine erhöhte Lebensthätigkeit thut uns diesen wohlthätigen Auffaugungsproceß kund, und wir befinden uns an der Schwelle größerer Genüsse. Wird die Menge der alkoholischen Flüssigkeit vermehrt, dann wächst die allgemeine Erregung so stark, daß sie sich durch eine besondere Physiognomie, deren Grundelemente Heiterkeit und gute Laune sind, zu erkennen giebt. Wir fangen an gesprächig zu werden, feinere und reichhaltigere Beziehungen an den uns umgebenden Gegenständen zu entdecken und die socialen Fragen aus einem verschiedenen Gesichtspunkte zu betrachten. Wir sind dann Optimisten, wie dies Menschen von ausgezeichneter physischer und moralischer Constitution fast immer sind. In jenem Augenblicke hat sich schon eine Modification in der Verstandesthätigkeit und mehr noch in dem Charakter vollzogen. Das Bedürfniß Anderen unsere Gedanken mitzutheilen, das Kommen und Gehen von Ideen und Bildern machen uns redseliger, gesellschaftlicher und wohlwollender. Ich spreche natürlich immer von der Regel und nicht von den Ausnahmen; es ist mir wohl bekannt, daß Manche unter dem Einflusse des Weines trübsinnig, übelnehmerisch und zanksüchtig werden. Doch dieser Unglücklichen giebt es wenige, und ich bezweifle sehr den physiologischen Zustand ihrer Cerebrospinal-Constitution. Die allgemeine Thatsache, wie sie zu allen Zeiten beobachtet wurde, ist, daß der Alkohol die Neigungen des Herzens großmüthiger und empfänglicher mache.

Geht Ihr aus dem Zustande eines leichten Rausches in den der völligen Trunkenheit über, so beginnen die Muskeln, die sich vorher nur in gesteigerter Thätigkeit ergehen wollten, zu schwanken und versagen Euch ihren Dienst; Eure Sinne schließen Euch, indem sie sich immer mehr verdunkeln, von der äußeren Welt ab und Ihr lebt, verwirrt in dem stürmischen Gedankendelirium, für Euch allein. Das Vergnügen Euch einen Augenblick lang als andere Menschen zu fühlen wird bald von dem Schlaf, der Euch die Thüren zur äußern Welt und zum geistigen Heiligthum verschließt, verdunkelt, so daß Ihr aufhöret das Bewußtsein des Daseins zu haben. In den letzten Stadien der Trunkenheit ringt der Wille lange mit dem dicken Gewölk, das von allen Seiten den Horizont unseres geistigen Lebens zu bedecken droht, und die Schlaftrunkenheit wird unterbrochen von schnell vorübergehenden Erleuchtungen eines lebhaften und flimmernden Deliriums, etwa wie eine Gewitternacht ab und zu von Blitzen erhellt wird. Doch ein solcher Zustand ist immer sündhaft und widerwärtig wie der Todeskampf des Gedankens und der menschlichen Würde, und nur ein

Mensch, der niedrigen Instinkten folgt oder die von der Natur in ihn gepflanzten edlen Kräfte durch Mißbrauch seines Lebens ausgerottet hat, kann sich darin gefallen.

Die narkotische Trunkenheit ist von der alkoholischen durchaus verschieden und variirt auch noch je nach den verschiedenen Substanzen, welche sie herbeiführen; doch ist sie immer reich an unmeßbaren, fürchterlichen und gefährlichen Genüssen. Nur die Gewohnheit kann uns das ekelhafte Bittere des Opiums oder den bitterlich herben Geschmack der Coca angenehm machen, weshalb die Genüsse des Geschmackssinnes in diesem Falle weniger bedeutend sind als bei der alkoholischen Trunkenheit. Das Aufsaugen dieser Substanzen geht langsam von Statten und erst nach einiger Zeit fangen wir an zu bemerken, daß ein ganz dünner Schleier sich zwischen uns und die Außenwelt gelegt hat: wir sehen etwa so, wie man ein Licht durch eine Alabasterglocke hindurch sehen kann; wir fühlen, wie man Glas durch einen Handschuh von Spinngewebe hindurch fühlen kann; wir denken, wie man mit schläfrigem Geiste während einer Siesta unter den Tropen denken kann. Das erste Stadium der narkotischen Trunkenheit wird wesentlich erfüllt von dem auf den höchsten Grad der Vollkommenheit gebrachten und in einen Mantel unstörbarer Ruhe gehüllten Bewußtsein des Daseins. Es ist der „Kef" (Wonnezustand) der Orientalen, es ist „eine Flamme, die fern vom Winde brennt."

Der narkotisirte Mensch ist Optimist, wie der von Alkohol berauschte, und selbst die schweren Sorgen des socialen Lebens können die dicke Schicht der Glückseligkeit, welche ihn umhüllt, um keine Linie durchdringen. Er hat aber durchaus nicht das Bedürfniß entgegen zu wirken und seine Lust auszudrücken, sondern wird im Gegentheil um so unbeweglicher je mehr der „Kef" sich vervollkommnet. Ich werde stets daran denken, wie ich unter dem Einflusse der Coca stundenlang ganz ruhig zu bleiben vermochte, ohne auch nur einen Muskel zu bewegen, ohne die Augen zu öffnen und ohne zu schlafen, und mich dabei unfähig fühlend irgend etwas zu wünschen was besser wäre als dieser Zustand. — Die stärksten Genüsse, welche uns die Narkotika gewähren, sobald wir deren Dosis vermehren, bestehen in den ganz unabhängig von unserm Willen vor unsern Augen erscheinenden Hallucinationen. Es ist keine Phantasie so kühn, kein Pinsel so geschickt um die Tausende von Bildern zu schaffen oder zu malen, welche, dem grauen und eintönigen Chaos unserer geschlossenen Augen entstiegen, vor uns treten und bald mit der Schnelligkeit eines vom Dampf bewegten Panoramas, bald mit größter Gelassenheit, wie wenn eine unsichtbare Hand die Gläser einer Zauberlaterne wechselte, einander folgen. Man lege in ein Kaleidoskop die schönsten und die lächerlichsten Dinge, man handhabe dieses Instrument nach den Gesetzen einer neuen und kühnen Aesthetik und man wird eine blasse Vorstellung von den phantastischen Gebilden der Opium- oder Coca-Trunkenheit erhalten. Ich habe sowohl Opium als Coca versucht und kann die Versicherung ablegen, nie einen größern sinnlichen Genuß empfunden oder geahnt zu haben. Nur nachdem man selbst eine Reise in jene mysteriösen Regionen, die das Nichts von der an Licht und Formen reichsten Schöpfung trennen, gemacht, nachdem man gefürchtet hat zu sterben oder schon gestorben zu sein, weil man zuviel genoß, ist es möglich zu begreifen wie eine tugendhafte Mutter, die in Salta (in der Argentinischen Republik) die Genüsse der Coca kennen gelernt hatte, alle Herzensbande zerreißen und die Gewohnheiten des Familien- und des Wohllebens verlassen konnte, um sich in eine arme Bauernhütte zu vergraben und einzig und allein den mysteriösen Freuden dieses bolivianischen Blattes zu leben. Nur dann ist es möglich zu glauben, daß einige chinesische Arbeiter, denen die gewohnte Ration Opium verweigert wurde, sich ins Meer stürzten um zu ertrinken. Nur dann ist es möglich die Bezeichnungen „enchained", „flettered", „enslaved", mit denen die Engländer die Opiumesser nach dem Leben malen, zu verstehen.

Es ist gewiß, daß in den Hallucinationen ein großer Theil des Lebens verbraucht werden muß, weil sie nur kurze Zeit dauern; und wenn man eine Cocapille im Munde hat, muß man, um die Hallucinationen wieder erscheinen zu lassen, zwei bis drei Schluck Saft hinabgleiten lassen.

Die unerschrockensten Liebhaber der narkotischen Genüsse haben an der glückseligen Ruhe und den mannichfaltigsten Hallucinationen noch nicht genug, sondern einen Schritt weiter thuend, gelangen sie zum Delirium, welches fürchterlich ist und welches, einmal selbst versucht oder an Anderen gesehen, Furcht einflößt, — so groß ist die Erschütterung des ganzen physischen und moralischen Menschen. Wird das Delirium von Coca erzeugt, so bleibt das Bewußtsein immer wach, und indem es uns ein treues Bild von der schrecklichen Aufregung unseres ganzen Ich's giebt, verdoppelt und verhundertfacht es den Genuß.

Die coffeinhaltigen Getränke, d. h. also Kaffee, Thee, Guarana, Chokolade, Maté und andere weniger bekannte Substanzen verursachen zuweilen eine besondere Trunkenheit, welche jedoch nur bei Personen mit zartem Empfindungsvermögen und wenn diese Getränke in großer Quantität genossen werden, auftritt. Die Empfindung ist in diesem Falle die einer angenehmen convulsivischen Reizung; wir werden gezwungen ohne Grund zu lachen, uns alle Augenblicke zu bewegen und das Uebermaß der uns überströmenden Empfindlichkeit in tausend absonderliche Geberden zu ergießen. Dieses ist die gewöhnlichste Form coffeinischer Trunkenheit, die ich zweimal in meinem Leben empfunden habe, und zwar das eine Mal nachdem ich fünf Tassen sehr starken Kaffees hintereinander ausgetrunken, und das andere Mal nachdem ich (in Amerika) eine große Tasse der besten Chokolade von der Peruanischen Küste eingeschlürft hatte. Alle empfinden verschiedene Wirkungen vom Kaffee; Wenige wissen die mannichfaltigen Abstufungen des Wohlgefühls, das er erzeugt, zu unterscheiden und zu definiren; aber einen der größten Genüsse bereitet die schnelle und vorübergehende Erhöhung des Empfindungsvermögens und des Denkens, welches aus dem einfachen Bewußtsein einer unbestimmten Lustempfindung sich bis zu einem wahren Anfall phosphorischer und convulsivischer Ueberreiztheit steigern kann.

Die alkoholische Trunkenheit ist nur in ihren ersten Graden physiologisch. Von Platon, welcher sagte, daß „der Wein unsere Seele mit Muth erfülle", bis Plinius, welcher schrieb „vino aluntur sanguis calorque hominum," besangen die Dichter und Philosophen alle, soweit sie nicht hypochondrisch und also krank waren, jeder nach seiner Art, die köstlichen Eigenschaften des Traubensaftes. Und für Solche, die in dieser Hinsicht noch Bedenken hegen sollten, könnte ich auch die schönen Worte des heil. Chrysostomus anführen, mit denen er in dieser delikaten Sache wie mit einem gutgeführten und sichern Hieb die zwei Gebiete der Physiologie und Pathologie trennte: Vinum Dei, ebrietas opus diaboli est.

Im Leben des Individuums kräftigen die alkoholischen Getränke, wenn mit Mäßigkeit genossen, den Körper, bilden Nervenreiz- und Respirationsmittel und helfen uns, indem sie auch unsere moralische Schwäche stärken, gegen den moralischen Schmerz anzukämpfen, zu welchem sie sich bis zu einem gewissen Punkte wie Gegengift verhalten.

Im Leben der Völker tragen diese Getränke zur Verkittung der Individuen in dem socialen Mosaik bei, führen die Entfernten zusammen, erinnern an die Abwesenden; sie entwickeln eine physische und moralische Kraft, die sich mit Ziffern nicht darstellen läßt, aber doch einen mächtigen Faktor in der Civilisation ausmacht. Eine Gesellschaft enthaltsamer Menschen wird immer, auch unter sonst gleichen Umständen, kälter, gedankenvoller, vorsichtiger, aber auch egoistischer und mißtrauischer sein, als eine solche, in welcher der perlende Saft das Bindemittel bildet.

In ihren höheren Graden ist die alkoholische Trunkenheit immer ein Vergehen; sie verthiert die Individuen und prostituirt die Gesellschaft, sie verträgt sich weder mit edlen Gefühlen und guten Sitten noch mit einer höheren socialen Entwickelung. Viele Indianerstämme Süd-Amerika's gehen ihrem völligen Untergang entgegen, und einige sind bereits gänzlich erloschen, weil sie aus der Berührung mit europäischer Civilisation keine anderen Vortheile zogen, als den Gebrauch der alkoholischen Getränke. Indem sie sich diesen mit der ganzen unbezähmbaren Heftigkeit eines rohen Instinkts und noch dazu unter den Strahlen einer tropischen Sonne hingeben, zerstören sie auf elende Weise den Webestuhl des Lebens.

Am meisten bringt die alkoholische Trunkenheit Kindern, Frauen und wilden Völkern Gefahr.

Der Gebrauch der Narkotika mit dem bloßen Zwecke des Genusses ist sehr gefährlich; und nur wer einen eisernen Willen hat, kann sie versuchen ohne auf die abschüssige Bahn des Lasters zu kommen. Sie verschaffen uns viele der stärksten Genüsse, und wer nur einmal Mißbrauch damit getrieben hat, vermag mit jedem Tage weniger ihnen zu widerstehen, weil die sich verdunkelnde Vernunft ihn unfähig macht andere Genüsse zu empfinden und der narkotische Rausch sich eher noch wollüstiger gestaltet, je mehr er wiederholt und aufmerksam genossen wird. Wer einmal die Hallucinationen eines narkotischen Mittels erprobt hat, wird sehr wohl begreifen warum ein so großer Theil der Menschheit mit dem Opium, dem Haschisch und dem Coca Mißbrauch treibt.

Der Genuß des Opiums ist eigentlich nicht gefährlicher als jener der alkoholischen Getränke, und wir werden uns in dieser Hinsicht von einem Vorurtheil, welches uns die ungenauen Erzählungen einiger Reisenden eingeimpft haben, lossagen müssen. Es ist hier nicht der Ort das medicinische Gebiet zu betreten; aber ich verfechte diese Meinung auf Grund meiner eigenen Erfahrungen und der Beobachtungen einiger Freunde die viele Jahre im Orient lebten.

Gefahrbringend ist die narkotische Trunkenheit für Kinder, starke Männer mit sanguinischem Temperament und vor Allem für Solche, die durch Vererbung zur Apoplexie und zu geistigen Hallucinationen neigen.

Die coffeinische Trunkenheit, besonders geliebt von Menschen von zartem Empfindungsvermögen und lebhaftem Geiste, wirkt nur in den seltensten Fällen schädlich; etwa auf sehr nervöse Personen und in sehr hoch gelegenen und trockenen Ländern, wie z. B. in den nördlichen Provinzen der Argentinischen Republik, in Potosi, Chuquisaca und im Allgemeinen im Hochlande von Bolivia.

Wenn mir, um die obigen physiologischen Bemerkungen zu beschließen, erlaubt wäre an dieses Kapitel einige Worte der Moral zu knüpfen, so möchte ich sagen: man fürchte sich nicht vor der coffeinischen Trunkenheit, man überschreite nie die Grenzen des ersten Stadiums der alkoholischen Trunkenheit und man koste nie die schrecklichen Freuden der Narkotika, es sei denn in den äußersten Fällen heftigen moralischen Schmerzes.

20. Kapitel.

Von den negativen Lustempfindungen der Sinne.

Das Abnehmen oder gänzliche Aufhören irgend einer unangenehmen Empfindung kann ein Lustgefühl hervorrufen; man nennt dasselbe negativ, weil es fehlen würde, hätte man vorher nicht einen Schmerz ausgestanden. Die Zahl solcher Lustgefühle ist unermeßlich und entspricht genau der eben so unendlichen Verschiedenheit der Schmerzen; weshalb denn auch Einige, indem sie diese Thatsache übertreiben, den falschen Satz aufstellen: daß jede Freude aus dem Aufhören eines Schmerzes entspringe. Es genügt jedoch die allergewöhnlichste Beobachtung um den Irrthum dieser Philosophen zu erkennen. Begierde und Bedürfniß sind nicht immer Schmerzen, sondern bilden nur die Einleitung zum Genusse. Der interimistische Zustand zwischen der Begierde und deren Befriedigung ist oft eine Quelle der Lust; er wird erst dann mißfällig, wenn man anfängt an der Erreichung des Zweckes zu verzweifeln oder wenn das Bedürfniß so dringend und gebieterisch ist, daß es eine schnelle Befriedigug erfordert, welche jedoch durch irgend einen zufälligen Umstand zu lange auf sich warten läßt. Sehr viele Lustempfindungen sind aber von reinem Luxus und erstehen ganz ursprünglich in uns, ohne das Vorangehen einer Begierde oder eines Bedürfnisses. Wir können uns in einem Zustande der ausgesprochensten Ruhe befinden und ohne den geringsten Wunsch an die Welt zu richten; wenn aber plötzlich eine schöne Blume sich unseren Augen darbietet, oder wenn der Klang einer herrlichen Musik unser Ohr trifft, so empfinden unsere Sinne eine Lust, welche aus keinem Bedürfniß hervorgegangen, und welcher auch nicht der geringste Schmerz vorausgegangen ist. Die Lust hat sehr verschiedenen Ursprung und wer sie durch Einzwängen in das Joch einer künstlichen Theorie erklären will, betrügt sich selbst durch Verdrehung der Natur.

Die aus dem Aufhören eines Schmerzes entspringenden Lustgefühle werden, um sie von den andern zu unterscheiden, unbilligerweise negative genannt; aber sie bestehen in einer positiven Empfindung, welche nicht indifferent, sondern angenehm ist, weil sie einer unangenehmen Empfindung folgt. Der Genuß ist, wie wir bereits gesehen haben, eine gesteigerte, oder besser gesagt, eine vollkommnere Empfindung, weshalb er nur kurze Zeit dauern und sich nie durch eine gerade Linie darstellen lassen kann. Sein Werth richtet sich immer nach dem zufälligen und augenblicklichen Zustande des physiologischen Empfindungsvermögens. Im Zustande vollkommner Ruhe oder nervöser Apathie kann die geringste gesteigerte Empfindung Lust erwecken; dagegen bedarf es in einem Zustande übermäßiger Sinnesspannung einer sehr großen Intensität, um ein Lustgefühl zu erzeugen. Lebten wir beständig in einer Welt voll Harmonie, so würde es einer übermenschlichen Musik bedürfen um uns zu erfreuen; ebenso würde es keine Lustempfindungen des Gesichtssinnes mehr geben, wenn sich alle sichtbaren Gegenstände in allen ihren unzähligen Combinationen auf einmal vor unseren Augen entfalteten. Wird der Sinn hingegen beleidigt, auf eine Weise daß er Schmerz aussteht, so ist das Nachlassen desselben schon eine Wohlthat, denn es gewährt uns Lust. Leider ist das Leben mancher Menschen aus so vielen Schmerzen gewoben, daß der ihnen gewährte Antheil von Genüssen lediglich in der Milderung ihrer Leiden besteht.

Je stärker der Schmerz und je plötzlicher und unerwarteter sein Aufhören, um so größer auch das Lustgefühl. Dauerte der Schmerz lange, so dehnt sich auch das Lustgefühl auf einen längern Zeitraum aus, weil wir alle Augenblicke das gegenwärtige Wohlsein mit dem Schmerze, den wir lange studirt haben, vergleichen. Die Ausdrücke dieser Lustempfindungen sind sehr verschieden, können aber Züge der höchsten Befriedigung, ja des unbändigsten Freudenrausches darbieten. Zuweilen verschmelzen sich in der Physiognomie die Symptome des verschwindenden Schmerzes mit denen des beginnenden Lustgefühls, und Spuren von Thränen zeigen sich noch auf einem lächelnden Antlitze. Die Gegensätze des Lachens und Weinens bilden die wunderlichsten und interessantesten Combinationen, welche im Allgemeinen lebhaft an das Schauspiel der nach einem Gewitter durchbrechenden Sonne erinnern.

Von allen Sinnen ist der Tastsinn derjenige, welcher uns ohne Vergleich die größte Anzahl negativer Lustempfindungen gewährt; aus dem einfachen Grunde, weil er allein uns fast alle physischen Schmerzen bereitet. Die specifischen Nerven geben uns nie wirkliche Schmerzen, sondern nur unangenehme Empfindungen. Man kann deshalb von diesem Gesichtspunkte aus sagen, daß im Gebiete der Sinne die Lustempfindungen die Schmerzen überwiegen; denn, den Tastsinn ausgenommen, können die übrigen vier Sinne einer Unmasse von Genüssen nur eine sehr kleine Anzahl unangenehmer Empfindungen entgegenstellen. Vielleicht ist aber diese Fülle von Genüssen, an welcher ein Optimist zu leicht sein Gefallen haben könnte, nur scheinbar, weil das Gleichgewicht von dem Uebermaß der Schmerzen des Gefühlssinnes wieder hergestellt wird. In der That gewähren uns Gehirn, Herz und im Allgemeinen alle inneren Organe keine Lustempfindungen und tragen im höchsten Falle nur zum allgemeinen Wohlgefühl bei; während der Schmerz als absoluter Herrscher in ihren Gebieten waltet, indem er seine Besitzungen in den zwei Welten des Cerebrospinalsystems und des Gangliennetzes ausdehnt.

Alle empfindenden Theile des Körpers können uns negative Tast-Lustempfindungen bereiten; und mehr als alle anderen diejenigen, welche am häufigsten erkranken und uns Schmerzen bereiten. Ueberall wo Nerven sind, die von Schmerz befallen werden können, können im Allgemeinen auch diese Lustempfindungen auftreten. Ein bekanntes Beispiel bietet das Aufhören von Zahnschmerzen, welches Quelle der stärksten Lustempfindung sein und sich durch Zeichen der ausgelassensten Freude kundthun kann. Der Kopfschmerz ist ebenfalls eine der gewöhnlichsten Ursachen dieser Art von Lustempfindungen; wie es denn überhaupt oft vorkommt, daß Schmerz und Freude einander bedingen. Mit Wohlthaten überhäuft uns fast immer die Natur in großmüthiger Weise, während an seinem Unglück der Mensch in den meisten Fällen selber schuld ist, indem er die engen Grenzen des Genusses zu überschreiten sucht und so Mißbrauch mit sich selbst treibt.

Instinkt und Erfahrung bewahren unsern Geschmackssinn vor unangenehmen Empfindungen; wir müssen deshalb, wenn wir negative Geschmacks-Lustempfindungen genießen, dem unerfahrenen Koch, der uns zuweilen mit seinen Küchen-Mißgeburten beschert, oder dem Apotheker, der uns auf Anordnung des Arztes seine schrecklichen Mixturen bereitet, dankbar sein. Immerhin sind diese Lustempfindungen wenig intensiv, hauptsächlich darum, weil sie die ihnen vorausgegangene unangenehme Geschmacksempfindung nie so ganz plötzlich substituiren können. Der teuflische Geschmack des ranzigen Ricinusöls z. B. verschwindet zu langsam aus unserm Munde, und wenn er aufhört, sind wir zu gereizt um uns darüber zu freuen, glauben uns vielmehr endlich in dem heiligen Rechte, den auf so starke Weise gepeinigten Geschmackssinn wenigstens in einem Zustande der Ruhe zu haben.

Die unangenehmen Empfindungen des Geruchssinnes hingegen sind physiologisch; denn noch Niemand hat die Verrichtung der letzten Funktion des Mastdarmes an Andere verpachten oder seine eigene Nase auf einige Augenblicke veräußern können. Andererseits hört in der Natur die Verwesung keinen Augenblick auf die lebenden Stoffe in die Welt des Todes zu befördern, und die Vulkane lassen nicht nach, Ströme von Schwefelsäure in die Atmosphäre zu senden. Deshalb muß die Nase des Menschen schon in dem primitivsten Zustande unwissender Unschuld ihre eigenen Schmerzen ausgestanden, und also auch die denselben entsprechenden negativen Lustempfindungen gehabt haben.

Das Gehör bietet uns nur sehr wenige Lustempfindungen dieser Art, und diese wenigen entspringen meistentheils aus dem Ausruhen von der Müdigkeit, welche letztere doch immer einen geringen Grad von Schmerz repräsentirt. Ich erinnere hier nur an das Wohlgefallen, welches das Ohr empfindet, wenn es von dem Gekreisch einer Feile oder von dem fürchterlichen und betäubenden Gehämmer des Kupferschmiedes oder Schlossers befreit wird.

Der Gesichtssinn bietet uns unter allen Sinnen die geringste Anzahl negativer Lustempfindungen, denn das einfache Senken der Augenlider und die Bewegung des Schrittes genügen, uns vor den abscheulichsten und ekelhaftesten Bildern zu bewahren.

Zweite Abtheilung:

Gefühlsgenüsse.

1. Kapitel.

Allgemeine Physiologie der Gefühlsgenüsse.

Die wollüstigsten oder zartesten Sinnesgenüsse können für einige Augenblicke berauschen, unsern Lebenspfad hier und da mit leuchtenden Punkten bezeichnend; aber sie können nie ihren wohlthätigen Einfluß auf das ganze Leben verbreiten und für sich allein unsere ganze Glückseligkeit bilden. Man kann alle sinnlichen Genüsse in schönster Harmonie vereinigen und sie zu einem gewaltigen Freudenrausche gestalten; doch dauert derselbe nur wenige Stunden, und in dem Gewebe unserer Tage figurirt er höchstens wie ein glänzender Edelstein, der daran haftet. Ein einziges Gefühl hingegen kann so viel harmonische Wonne um sich verbreiten, daß das ganze Leben davon bewegt bleibt und wir uns auf diese Weise glücklich fühlen. Die stürmischsten und feurigsten Sinnesgenüsse können ihre hellen Leuchten hin- und herschwingen, müssen aber alle verstummen vor dem reinen und klaren Licht eines Affects, welcher sie verdunkelt und zerstreut. Sie können weder gegen die Widerwärtigkeiten des Geschicks ankämpfen, noch die Fluth der physischen Uebel ertragen; das Gefühl aber kann uns selbst auf dem Richtplatze oder im Todeskampfe noch zum Lächeln bringen, indem es uns zur Vergötterung der menschlichen Würde erhebt. Die Sinnesgenüsse sind Furchen, welche die Lebensatmosphäre durchfurchen und dann erlöschen, nichts als ein bischen kalte Asche zurücklassend; während die Wonne des Gefühls ein harmonischer Duft ohne Form und Grenzen ist, der sich in Wellen und mysteriösen Schwingungen verbreitet.

Das Gefühl ist eine so zarte und köstliche Blume, daß selbst der im Zergliedern unerschrockenste Mensch sich fürchten muß, das tödtende Messer an die duftenden Blätter zu setzen; es ist eine Blume, die in dem warmen Klima des Herzens gedeiht und die eisige Luft des nordischen Verstandes nicht verträgt. Wer sie dorthin zu bringen wagt, um sie zu studiren, findet in seinen Händen einen verdorrten Stiel und wenige dürre Blätter, einen wahren Leichnam ohne Bewegung und Gestalt. Selbst die unerbittliche Wissenschaft, die Alles zertheilt und zerstückelt, um zwischen den Fiebern das Geheimniß des Lebens zu entdecken, muß das Gefühl wie eine heilige Sache ehren und sich damit begnügen, ihm eine Hand sanft auf's Herz zu legen, um dessen langsame und wonnevolle Schläge zu vernehmen, und in seinen Augen die Erhabenheit, welche es erfüllt, zu studiren. Sie kann, wenn sie will, so weit gehen, das Gefühl zu profanisiren, indem sie es mißt und wiegt und seine warme Temperatur bestimmt; aber wehe dem, der sich weiter wagen wollte! er würde nach Beendigung seines ruchlosen Werkes sein eigenes moralisches Leben todt finden: es würde ihm ergehen wie einem Anatomen, der, um sich selbst zu studiren, das Secirmesser in die eigenen Eingeweide stieß. Wenn er bei dieser Beschäftigung stürbe, den letzten Lebenshauch in ein entsetzliches Lächeln ergießend, würde ihm die ganze Menschheit die ruchlose Entweihung nie verzeihen und deren Ueberreste mit Abscheu vernichten. Viele große Männer ließen das kalte und feine Zergliederungseisen vor ihren Zeitgenossen blitzen und versetzten diese in hehren Schrecken; aber noch Niemand hat gewagt, sich dieses ruchlosen Instrumentes gegen das Gefühl zu bedienen, ohne verflucht zu sein.

Wenn ich somit das Gefühl weder analysiren kann noch darf, werde ich mich doch befleißigen, ein Bild von demselben zu entwerfen, indem ich einige Linien ziehe, welche beim Studium der Genüsse dieser neuen moralischen Welt als Führer dienen mögen.

In allen bisher studirten Genüssen haben wir, wenn es uns auch nicht möglich war das Wesen der ihnen zu Grunde liegenden Empfindungen zu bestimmen, doch immer den Vorgang von seinem Ursprung bis zu seinem äußern Ausdruck verfolgt und haben immer den Ort, an welchem wir waren, mit Bestimmtheit angeben können. Jetzt aber befinden wir uns auf einem unbestimmten Gebiete und sollen eine Kraft studiren, ohne das Organ zu kennen, welches sie erzeugt. Bei den Sinnen entspringt der Genuß direct aus den sensoriellen Nerven, und das Gehirn wirkt nur mit seinen geistigen Elementen mit, einen einfachen Eindruck in eine Empfindung umzusetzen. Hier hingegen entsteigt der Genuß jenen geheimnißvollen Regionen, von denen noch kein Philosoph eine geographische Karte hat zeichnen können, einem Gebiete, wo die großmüthigen Bemühungen der Spiritualisten wie die gewagten Hypothesen der Materialisten noch keinen Pfad haben legen können; dort, wo für immer geschrieben stehen wird: „unbekannte Regionen". Wie dem auch sei, soviel ist gewiß, daß das Ganglien-Nervensystem einen nothwendigen integrirenden Bestandtheil des Gefühlsrahmens bildet, was allerdings durch keinen wissenschaftlichen Beweis dargethan wird, wohl aber durch das Bewußtsein der ganzen Menschheit. Ein Mensch, welcher liebt oder haßt, nimmt weder im Gehirn eine Empfindung wahr, noch fühlt er — selbst nach dem heftigsten Zornesausbruch — seinen Körper ermüdet, während er dagegen seine Eingeweide aufgerührt und eine wahre Angst im Herzen fühlt. Uebrigens liegen in dem Gerippe der Sprachen die erhabensten Wahrheiten verborgen, und das Wort, welches das Eingeweide der Circulation bezeichnet, wurde auch immer als Synonym für Gefühl gebraucht. Welchen besondern Antheil das zwischen den Rippen befindliche Ding mit seinen verschiedenen Gangliencentren aber hat, ist vollständig unbekannt. Es ist wahrscheinlicher, daß der Affect seinen ersten Ursprung im Gehirn habe und daß dieses seine Thätigkeit auf das Ganglienneß zurückwerfe. Unsere Unwissenheit in dieser Beziehung ist jedoch zu groß als daß es uns erlaubt wäre eine Wahrscheinlichkeit in sich schließende Hypothese aufzustellen.

Unser Bewußtsein, die erste und einzige Lehrerin der wahren physiologischen Philosophie, offenbart uns jedoch die ungeheure Verschiedenheit zwischen einer Empfindung, einem Gefühl und einer Idee.. Bei der Empfindung folgen wir den Schritten des Vorgangs, und wenn wir uns im Geiste eine abstracte Vorstellung von ihr machen wollen, denken wir sie uns als einen geheimnißvollen Austausch zwischen der Außenwelt und unserm Bewußtsein, als eine telegraphische Correspondenz, durch welche wir uns mit der uns umgebenden Welt in Verbindung setzen. Wenn wir dagegen versuchen uns eine Vorstellung vom Gefühl zu bilden, indem wir uns Mühe geben den allgemeinen Charakter aller Affecte zu entdecken, so fühlen wir, daß diese Kraft ein Ausfluß ist, welcher in uns entspringt und dahin strebt sich nach außen zu ergießen, weshalb sie fast wie eine Erwiederung des Grußes erscheint, den uns die Außenwelt auf dem Wege der Sinne zugesendet hat. Während aber die Empfindung eine wahr Entladung oder eine — selbst in den höchsten Graden ihrer Ausdehnung — aus einer ununterbrochenen Reihe von Funken gebildete Strömung ist, erscheint das Gefühl als ein unbestimmter und unerklärlicher Ausfluß, der sich von unserm Ich nach außen begiebt, eine geheimnißvoll thätige Kraft mit sich ziehend, welche so lange in unbestimmter Fassung bleibt bis der Verstand sie gestaltet und ihre Grenze festsetzt. In demselben Zeitpunkte aber, in welchem sich dieser „moralische Nebel" von uns hebt, sind wir auch dessen bewußt und nehmen deshalb eine wahre innerliche Empfindung wahr, welche uns auf eigenthümliche Weise erregt, und deren Elemente aus einfacheren geistigen Thätigkeiten herrühren. Man könnte, um die Gedanken klar zu stellen sagen, daß das Gefühl eine secundäre und einer höhern Ordnung angehörige Empfindung ist, die sich zur Empfindung der Sinne verhält wie der inducirte electrische Strom zum einfachen. Immerhin giebt uns unser Bewußtsein von den geringsten Abstufungen der Gefühlsausflüsse in Stärke und Natur Kunde, weshalb z. B. nicht nur die Gefühle des Hasses und der Liebe so sehr von einander verschieden sind, sondern eine unendliche Verschiedenheit auch zwischen den äußersten Graden des Stolzes herrscht. Ein anderer wesentlicher Unterschied zwischen den Empfindungen und den Affecten besteht darin, daß während die ersteren sich vereinigen, aber nicht sich ineinander verflechten und vermischen können, die letzteren, von den entferntesten Punkten ausgehend, sich oft in einer einzigen Atmosphäre verbinden, indem sie sich auf tausenderlei Weise ausstoßen und modificiren. Wenn wir z. B. zu gleicher Zeit eine schöne Blume sehen und eine herrliche Musik hören, so treten beide Lustempfindungen nebeneinander auf, aber sie vermischen sich nicht; wenn wir dagegen ein kleines Kind mit Zärtlichkeit betrachten und uns gleichzeitig durch ein uns gezolltes Lob geschmeichelt fühlen, so empfinden wir einen einzigen Genuß, in welchem zwei verschiedene Gefühlsrichtungen zusammenlaufen; die durch gegenseitige Modification ein einziges Resultat erzeugen.

Das einfachste Phänomen des Affects ist der unbestimmte Ausfluß, welcher sich nach einer Empfindung in uns erhebt, aber er macht nicht die ganze Gefühlswelt aus. Der aus uns hinausgehende mysteriöse Strom sucht einen Stützpunkt oder einen Spiegel in welchem er zurückstrahlen kann, und wenn er einen solchen findet, kehrt er, im Wesen oder in der Form modificirt, wieder in unser Bewußtsein zurück, eine neue vollständigere innerliche Empfindung erzeugend. So läßt der bloße Anblick eines leidenden Menschen eine Regung des Mitleids in uns erstehen, welche im Bestreben sich aus uns hinaus zu verbreiten sich auf die einfachste Weise durch einen Blick kund thut, der uns zum Dolmetscher des uns bewegenden Affects macht. Wenn diese Regung auf angenehme Weise die primitive Gabe des Wohlwollens in uns erweckt, empfinden wir einen der einfachsten Genüsse des Gefühls; wenn aber unser Blick, indem er in das Herz des leidenden Menschen eindringt, verstanden wird, strahlt unsere Gefühlsregung, begleitet von einem neuen Element, welches sie auf einen höhern Grad der Vollkommenheit erhebt, in uns zurück, und wir empfinden den Genuß, verstanden zu sein. Zuweilen findet diese moralische Reflexion an demselben Orte statt, von welchem die Gefühlsregung ausgegangen ist; dann wechselt der Ausfluß nicht seine Natur, sondern wächst nur an Stärke. Mitunter aber belebt dieser, zu uns zurückkehrend, ein neues

Gefühl, das ganz plötzlich zur Thätigkeit berufen wird. Wenn wir z. B., von Liebe erfüllt, einem Freunde entgegen laufen um uns in seine Arme zu stürzen, und statt in liebevoller Umarmung empfangen zu werden uns zurückgestoßen oder gar verlacht sehen, so verwundet das zu uns zurückkehrende Gefühl des Wohlwollens direkt die Eigenliebe, welche, plötzlich in Thätigkeit tretend, leidet und durch ihren mächtigen Ausfluß jene Gefühlsregung ausstößt. Auf dieselbe Weise wie man, einen Sinnesnerven reizend, einen reflektirten Muskelstrom erzeugt, erwecken auch einige Gefühle, wenn in Thätigkeit gesetzt, zur Gegenwirkung andere Affecte.

Die Geschichte des Gefühls besteht in einer complicirten Reihe moralischer Reflexionen, denen sich oft viele Verstandeselemente beigesellen, weshalb auch die Gedanken Gefühlsregungen erwecken können, oder umgekehrt. In den einfachsten Fällen geht der Ausfluß von uns aus und sich an uns selbst oder an leblose Gegenstände wendend, strahlt er noch in uns zurück, weshalb nur wir allein thätig sind; bei den zusammengesetzten Gefühlsregungen hingegen sind immer wenigstens zwei Menschen betheiligt, die sich gegenseitig ihre Affecte zusenden, und diese bilden, indem sie auf tausenderlei Weise einander ausstoßen oder sich verbinden, die Geschichte der Freuden und Leiden des Gefühls. Von diesem Gesichtspunkte aus sind die Gefühle wahre Sinne des Herzens, welche dazu dienen uns zur moralischen Welt in Beziehung zu setzen; sie sind ursprüngliche Kräfte, die, wenn sie in Thätigkeit treten, alle höheren Fähigkeiten des Geistes zu gleicher Zeit erwecken können.

Die Gefühlsgenüsse lassen sich in zwei große Klassen theilen. Die zur ersten Klasse gehörigen werden durch die einfache Thätigkeit eines physiologischen Vermögens erzeugt und sind unabhängig von der Modifikation, welche dem Gefühl bei der Reflexion in uns mitgetheilt wird. Diese Genüsse gehören fast alle den einfachsten Gefühlen, welche sich auf leblose Gegenstände oder auf uns selbst beziehen, an. So empfindet ein Mensch, der sich selbst liebt oder einen ihm theuren Gegenstand zärtlich anblickt, einen Genuß an welchem das Gefühl eines Andern keinen Theil hat. Einige Freuden dieser ersten Klasse gehören jedoch auch erhabenern Affecten an, die sich an das Bewußtsein Anderer richten, wie z. B. jene, welche wir empfinden, wenn wir unsere Liebe einer entfernten Person oder einem eingebildeten Wesen zuwenden. Die Genüsse der zweiten Klasse sind die vollkommensten und zahlreichsten; sie entspringen immer aus der gegenseitigen Theilnahme zweier Geschöpfe, aus der Verbindung zweier ähnlicher oder verwandter Gefühle. Das von einer bewegten Seele ausgehende Gefühl verbreitet sich rings umher, eine Atmosphäre suchend, die es untereinander mischt und in sich unificirt. So lange der Affect allein ist bleibt er ohne Gestalt, ohne Farbe, ohne Leben, kommt er aber mit einem seines Gleichen in Berührung, dann scheint er vor Freude zu erzittern und sich mit diesem in einen harmonischen Zusammenklang zu verschmelzen, welcher, zu den beiden dabei betheiligten Herzen zurückkehrend, dieselben mit einer geheimnißvollen Wonne überströmt. Es ist in diesem Falle mit dem Gefühl wie mit dem Lichte, das keine Gestalt annimmt und die Schätze seiner Macht nicht offenbart, bis es einen Körper findet, welcher es einsaugt oder zurückstrahlt. Es durchläuft die grenzenlosen Räume der Leere, sie kalt und dunkel lassend; wenn es aber nur die Spitze einer Nadel trifft, hält es an, um mit dieser sein tausendfältiges Spiel zu treiben und das in seinem fruchtbaren Schoße verborgene Leben in vollen Strahlen zu ergießen. Dieses Bild des Lichtes kann noch dazu dienen, neue Geheimnisse des Gefühls zu schildern. Wie es in der Natur Körper giebt, die aus sich selbst Licht ausströmen und nie welches empfangen, so giebt es auch Seelen, die, voller Gefühl, ihr ganzes Leben hindurch nur die harmonischen Ausflüsse ihrer Affecte um sich herum verbreiten, ohne je von einem Affecte, der von außen auf sie dringt, ergriffen zu werden. Das matte Licht, das von verwandten Seelen zu ihnen gelangt, ist zu schwach, als daß es die sie umschließende glänzende Lichtkrone durchdringen könnte, und sie leben nur von dem Lichte das sie ausstrahlen, wie die Sonnen, welche die Planeten in den Himmelsräumen führen. Es giebt aber auch andere Menschen, die gleich den cohibirenden Körpern nur das aus dem Herzen Anderer strömende Licht aufsaugen und keinen einzigen Strahl davon reflektiren. Aehnlich den Planeten erwärmen und erleuchten sie sich an den Sonnen des Gefühls, die, des Hasses und der Verachtung unfähig, ihren Lauf ruhig und gelassen fortsetzen, auf jene einen leuchtenden Thau von Thränen fallen lassend; denn auch sie weinen vor Leid, nie andere leuchtende Sonnen finden zu können, die ein mächtiges bis zu ihrem Herzen gelangendes Licht zurückwerfen, und so von einem verhängnißvollen Gesetze gezwungen zu sein, von den eigenen Inspirationen zu leben. Die ewige Geschichte des Egoismus und des Herzens, sie kann man ganz mit den Gesetzen der Optik darstellen. Die menschlichen Herzen lassen sich in vier Klassen theilen, d. h. in weiße, die beständig reflektiren, in schwarze, die beständig aufsaugen, in durchsichtige, die das Licht hindurchlaufen lassen, und in graue, die aufsaugen und reflektiren, und diese letzte Klasse zählt die meisten.

Die zwei ursprünglichen Klassen der Gefühlsgenüsse lassen sich immerhin durch einen künstlichen Schnitt in noch zwei weitere Gruppen theilen. Die ersteren werden beim Ausführen einer vom Gefühl vorgeschriebenen Handlung empfunden, denn das Gefühl hat wie alle andern sinnlichen oder geistigen Vermögen ebenfalls seine Bedürfnisse; die letztern empfinden wir, wenn wir unser Gefühl durch einen Andern bewegt sehen. Auf diese Weise vermag ein einziger Affect vier formell verschiedene Genüsse zu erzeugen, welche aber alle das Kennzeichen verwandten Ursprungs an sich tragen. Hierfür ein Beispiel. Das Bewußtsein Gutes thun zu können erfreut uns und wir genießen in diesem Falle den Ausfluß, der sich unbestimmt und ohne Gestalt in uns erhebt. Ergießen wir unsern Affect in einen mitleidigen Blick, so empfinden wir ein größeres Vergnügen, in welches sich auch der Reflex eines andern mit uns schlagenden Herzens mischt. Wohnen wir einer edelmüthigen Handlung bei, so fühlen wir eine sanfte Rührung und dasselbe Gefühl wird auf andere Weise bewegt. Trocknen wir endlich mit eigener Aufopferung eine Thräne, indem wir einen Mitbruder trösten oder unterstützen, so fühlen wir uns vollständig befriedigt und genießen das Vergnügen des sich bethätigenden Gefühls. Alle guten Gefühle, die uns physiologische Genüsse gewähren, eröffnen uns vier Freudenquellen, und wenn eine derselben versiegt, müssen wir sofort befürchten, daß der uns bewegende Affect nicht rein sei oder wenigstens theilweise von irgend einem pathologischen Gefühl verdrängt werde. Nur in den widerwärtigsten Fällen moralischer Pathologie kann uns ein krankhafter Affect alle vier Varietäten des Genusses vollständig bieten. Unter den gewöhnlichen Bedingungen kann der Mensch Vergnügen daran finden, Böses zu thun, aber nur sehr selten wird er so weit kommen, Gefallen an dem Gefühl seiner eigenen Niederträchtigkeit zu finden, und um so weniger wird er deshalb Vergnügen beim Anblick einer bösen That empfinden können. Diese psychologische Thatsache dient sehr zum Troste, denn sie zeigt uns, wie das Böse keine für das moralische Leben des Menschen nothwendige Bedingung sei, sondern eine wirkliche Krankheit, eine wahre Mißgeburt, die uns in ihren Elementen als unvollständig und widernatürlich erscheint.

Die Gefühlsregionen sind von den benachbarten Reichen des Sinnes und des Verstandes klar und deutlich abgegrenzt, obgleich unzählige Straßen diese verschiedenen Gebiete verbinden. Das Bewußtsein der gesammten Menschheit hat in diese Welt das Wort des Herzens hineingeschrieben; und der Wanderer, welcher von den nordischen Regionen des Verstandes oder von den gemäßigten Genüssen der Sinne nach der heißen Zone des Gefühls pilgert, erkennt sogleich, in welchem neuen Klima er sich befindet. Wenn nun auch dieses Gebiet natürliche Grenzen hat, welche von den politischen Bewegungen nie verschoben werden können, so sind doch seine Provinzen kaum von einander unterschieden; und von den geographischen Zeichnungen, welche die Philosophen auf der ungeheuren Fläche machten und wieder machten, läßt sich auch nicht eine einzige gebrauchen. Ich kann nicht danach trachten, den schweren Versuch zu wiederholen, sondern es soll mir genügen, mich mit dem Kompaß des Bewußtseins in dieses geheimnißvolle und fast unbekannte Land zu begeben, von einem Hauptpunkte ausgehend, um an den andern zu gelangen, ohne eine Spanne Land unberücksichtigt zu lassen. Ich werde von den einfachsten Genüssen ausgehen, um allmählich zu den vollständigeren und erhabeneren zu gelangen, von den Gefühlen des Ich's zu denen des Du's, und dabei bestrebt sein, eine natüliche Reihenfolge einzuhalten. Ich werde, mit einem Worte, versuchen, auf wenigen Seiten den ungeheuren Weg zu machen, der sich von der Liebe zu uns selbst zu den Genüssen der Marter, vom Egoismus zur Aufopferung hinzieht. Bei den pathologischen Genüssen des Herzens werde ich stets nur wenige Augenblicke verweilen, aus Furcht, zu zarte und gefährliche Fragen heraufzubeschwören. Der Jüngling darf sich wohl erkühnen, mit der Leuchte der Wahrheit die finstern Reiche des Uebels einen Augenblick lang zu erhellen; doch nur dem in Erfahrung alt gewordenen Manne ist es erlaubt, die innerste Structur der moralischen Wunden unter dem Mikroskop zu studiren und deren schmerzliche Geschichte zu schreiben.

2. Kapitel.

Von den aus der Liebe zu uns selbst entspringenden physiologischen Genüssen.

Das einfachste und elementarste Gefühl ist jenes, welches uns treibt, uns selbst zu lieben, uns vor allen Uebeln zu bewahren und uns zu verschaffen, was uns Genuß gewährt. Es trägt unzählige Namen, ist aber immer ein ursprüngliches Vermögen, welches vor jedem Vernunftschlusse existirt, welches in Thätigkeit tritt, sobald das Kind den Mutterschoß verlassen hat oder vielleicht auch schon früher, welches erst mit dem letzten Athemzug aufhört, und welches seine Stimme selbst bis in das Bewußtsein des auf dem brennenden Scheiterhaufen lächelnden Märtyrers dringen läßt. Die Befriedigung dieses Gefühls erzeugt einen Genuß, von welchem wir erst dann das Bewußtsein haben, wenn er die höchsten Grade erreicht.

Dieser Genuß ist einer der am schwersten zu beschreibenden, weil er aus einem Gefühl hervorgeht, das in seinen geringeren Graden sehr unbestimmt ist. Im ersten Lebensalter fehlt die Fähigkeit einer tieferen Ueberlegung und unser Bewußtsein ist wenig analytisch, weshalb wir unsere Eigenliebe nicht bemerken und somit auch diesen Genuß nicht empfinden. Im reifern Jugendalter werden die Gefühle des Ich's von der gebieterischen Stimme der Affecte, welche aus einem leidenschaftlichen Gemüth in überschwenglichem Maße hervorbrechen und geneigt sind, uns aus uns selbst hinauszubringen, erstickt. Erst später, wenn die Stürme des Herzens sich gelegt haben, kann unser Bewußtsein durch die sich beruhigenden Wasser hindurch auf dem Grunde ein Gefühl sehen, das stets einen integrirenden Bestandtheil aller unserer moralischen Handlungen ausmacht, das mehr als einmal ein Ungewitter zu beruhigen oder heraufzubeschwören vermochte, das wir aber bis dahin nie haben sehen können. Nun erst hat der Mensch die genügende Ruhe, den einen Genuß empfinden zu können, der in seinen geringeren Graden gewiß nicht krankhaft ist.

Der aus der Liebe zu uns selbst entspringende Genuß stellt uns, wie alle Freuden überhaupt, eine Reflexionserscheinung dar, bei welcher jedoch der von der Abreise bis zur Ankunft durchlaufene Weg sehr kurz ist. Aus allen empfindlichen Punkten des Körpers gehen viele Eindrücke ab, welche, zu unserm Bewußtsein gelangend, sich in der zusammengesetzten Empfindung des Lebens zu einem Ganzen gestalten, und eben diese Empfindung erweckt das Liebegefühl zu uns selbst, das sich ruhig und gelassen in den Empfindungen, aus denen es hervorgegangen, widerspiegelt. Könnte man diesen Genuß durch ein Bild vergegenwärtigen, so müßte man auf die eine Seite den Spiegel des Bewußtseins stellen, der das Bild des Lebens zurückstrahlt, und auf die andere das Gefühl, welches dasselbe betrachtet und sich daran erfreut. Da aber jene Gestalt sehr blaß und ungewiß ist, so wird sie, sobald der hin- und herschwankende Schleier unseres Bewußtseins sich in Falten legt, nicht mehr gesehen. Jenes Bild verschwindet jedoch nie und bildet für sich allein den Hintergrund, auf dem sich alle Vorgänge des Affects abzeichnen.

Dieser Genuß ist bestrebt, uns in uns selbst zu concentriren, als ob er so ruhig und lau wäre, daß die geringste Bewegung ihn uns nehmen könnte. Aus diesem Grunde eben kauert sich ein die Eigenliebe genießender Mensch in sich selbst zusammen und verräth kaum ein Lächeln. Wenn seine Züge ein größeres Vergnügen kundgeben, oder wenn er auch nur einen Augenblick zu lange dabei verweilt, sich in dem ruhigen See des eigenen Bewußtseins anzuschauen und sich an seinem liebreichen Bilde zu erfreuen, so wird er Egoist und sein Vergnügen ist unrein.

In diesem Falle haben wir eines der delikatesten Beispiele eines unbestimmten und schwankenden Affects, der seine Natur ändert, sobald er nur um einen Grad steigt, und der eine so leichte und verschwommene Farbe darbietet, daß man ihn schwer von dem Horizont, auf welchem er sich abzeichnet, unterscheiden kann. Uebrigens ist es ziemlich schwer, daß dieser Genuß für sich allein bestehe und daß das Bewußtsein ihn einen einzigen Augenblick in seiner ganzen Reinheit reflectiren könne. Er gesellt sich meistens den Sinnes- und Verstandesgenüssen bei, welche er mit einem neuen Element versieht. Wenn wir mit dem Auge, mit dem Ohre oder im Denken genießen, so freuen wir uns auch, ohne zu wollen, unser Ich zu fühlen, welches sieht, hört oder denkt. Alle Gefühle übrigens, die in uns entstehen und in uns aufhören, haben diesen ursprünglichen Affect als nothwendiges Thätigkeitsgebiet. So sind alle Genüsse der Eitelkeit, der Ruhmsucht und des Schamgefühls Fäden, gewoben auf dem Rahmen der Liebe zu uns selbst.

Dieser Genuß wird von dem Manne mehr empfunden als von der Frau und wächst dem Grade nach mit dem Fortschritte der Cultur. Er ist das Ergebniß unserer Organisation, die nothwendige Folge unserer Individualität; deshalb steht er im Reiche der Gefühle des Ich's, das alle unterjocht und dirigirt, dem ursprünglichen Genuße des Gemeingefühls oder des „Du-Gefühls" in seiner größten Einfachheit gegenüber.

3. Kapitel.

Von den Genüssen des Egoismus.

Der Egoismus ist eine der verbreitetsten moralischen Krankheiten und überfällt epidemieartig die Generationen aller Länder und aller Zeiten, weshalb man ihn nunmehr fast als eine für das Leben des Homo sapiens nothwendige Vorbedingung betrachten könnte. Er kleidet sich in mannichfaltige Formen, aber in der Wesenheit immer derselbe, bleibt er für das scharfe Auge des Beobachters unter dem prächtigsten Mantel und selbst unter der Hülle der verstecktesten Heuchelei sichtbar: ein furchtbares Element in allen Lebensfragen, das, immer nur auf den Fußspitzen und in Sammetschuhen einherschreitend, und ohne daß wir es merken, uns überrascht und sich mit der Anmaßung von Anrechten sowie mit der beharrlichsten Hartnäckigkeit des Befehls in alle unsere Entschlüsse mischt. Mag nun in der Rathsversammlung des Geistes das Interesse das Wort führen, mögen die edelsten Gefühle sich berathen, um über das erhabenste Opfer zu entscheiden, der schweigsame Gast tritt durch eine heimliche Thüre, die er sich irgendwo zu öffnen weiß, ein, und mit dem stillsten und eisigsten Lächeln setzt er sich neben die edelsten Affecte, beschließt mit ihnen, und seine bleierne Hand auf die Wagschale der Pflicht legend, setzt er seinen Namen unter das Votum der Versammlung. Oft schon vereinigten sich die Affecte zu einem heiligen Bund um jenen schrecklichen Gast von ihren Berathungen auszuschließen, indem sie zur Schutzwehr ihrer Versammlung die Ehre, die Großmuth, das Pflichtgefühl und andere unbestechliche Gefühle ausstellten; aber der Egoismus erschien immer ganz unerwartet, verführte oder betrog die Schildwachen und setzte sich breit unter die Versammelten. Die Vernunft bewies mit dialektischer Kunstfertigkeit in der feierlichen Versammlung der edlen Gefühle, daß der schreckliche Gast sich nicht unter sie gesetzt habe, und jene in ihrer unbefangenen Großmuth glaubten es; aber der böse Geist, obwohl er sich vor solchem Lichtglanz hätte zurückziehen müssen, hatte die Feder in der Hand der Pflicht, des Sekretärs dieser edlen Gesellschaft, einen Augenblick angehalten, gerade als sie im Begriff war deren erhabene Entscheidung niederzuschreiben. Die unsichere Feder hatte gewankt, die ersten geschriebenen Buchstaben waren verwirrt und ungewiß geblieben und der Egoismus hatte, sich heimlich zurückziehend, ein cynisches und eisiges Gelächter ausgestoßen.

Die Genüsse des Egoismus entspringen nur aus dem Uebermaße der Liebe zu uns selbst, zu deren Gunst wir unsere individuelle Ziffer übertreiben, um so den numerischen Werth der socialen Ziffer zu verkleinern. Wir verringern auf diese Weise den Tribut, den wir als Individuen der Gesellschaft unserm Nächsten zu entrichten haben, auf das niedrigste Maß, und behalten das Gros des Kapitals für uns selbst zurück. In den niedrigsten Graden dieser Krankheit hält sich der Mensch nicht für einen Egoisten; aber er liebt sich ungemein und entscheidet stets, ohne es zu wissen, alle Fragen, die das Gefühl vor den Richterstuhl der Pflicht bringt, zu seinen eigenen Gunsten. In den höchsten Graden hingegen erscheint der Egoismus ungestüm und mit Sicherheit auftretend in der Rathsversammlung, und der Mensch wagt es, sich selbst zu gestehen, daß er sich über alles liebt. Er baut dann — um sich zu isoliren und zu individualisiren — zwischen sich und der Außenwelt einen festen Wall; und wahr ist's: — eine undurchdringlichere Atmosphäre als die des Egoismus giebt es nicht. Die edelsten Gefühle, die kühnsten Regungen des Affects richten ihre Batterien gegen diese Festung, aber die Geschosse werden alle zurückgewiesen und fallen an jener unüberwindlichen Mauer zu Boden. Nicht selten wagt der Herr der Festung, der nicht einmal von dem Donner der Geschütze gestört sein will, unsichtbare Meuchelmörder abzusenden und die braven Soldaten tödten zu lassen; dann bilden das Blut und die vermoderten Leichname um die Festung herum einen abscheulichen Sumpf, auf welchen kein edles Gefühl mehr seinen zarten Fuß wagen kann, selbst dann nicht, wenn es nach dem unglücklichen Ausgang des edelmüthigen Kampfes den Weg der Versöhnung und des Friedens versuchen wollte. Der Egoismus bleibt ungestört und allein in seinem Schlosse; er genügt sich selbst und verkehrt mit der Außenwelt nur von der Höhe des Thurmes, wo er mit seinem Fernglas kalten Blickes und lächelnd dem Kampfe der menschlichen Leidenschaften zuschaut. Zuweilen läßt er, um sich zu zerstreuen, durch seine Diener Einladungen zu einem Gastmahl ergehen. Dann erwärmt er seine eiskalten Zimmer, in denen es sonst kein Anderer aushalten könnte, auf außerordentliche Weise, richtet ein köstliches Mahl her und läßt seine Gäste um sich herum sitzen, die, gerührt von der großen Höflichkeit und erheitert von den Weinen und Getränken, dem Schloßherrn ihre Erkenntlichkeit ausdrücken. Er fährt indessen ruhig fort zu essen und lächelt still dazu; aber sobald das Geschwätz seiner Gäste anfängt ihm lästig zu werden, sobald er sich gelangweilt fühlt, jagt er sie mit Fußtritten aus seinem Hause hinaus, immer und immer nur still vor sich hinlächelnd. Mitunter versteigt er sich zu solchem Zartgefühl, daß er die Personen, denen er für einen Tag Gastfreundschaft gewährte, abbildet und diese Bilder in sein Museum bringt, wo er die Memoiren seines Lebens gefühllos sammelt und ordnet.

Der Egoismus in seiner idealen Vollkommenheit, ist indessen eine sehr seltene Krankheit, und, obgleich einen gewissen Abscheu einflößend, doch nicht aller Erhabenheit bar. Man kann ihn deshalb wohl manchmal bei großen Männern entschuldigen, die, auf der Leiter der Analyse sich in die reinen Verstandes-Regionen erhebend, wenn sie die Hand auf's Herz legen, fühlen, daß dieses nicht mehr schlägt. Die außerordentlichsten Varietäten des Egoismus sind ihrer Seltenheit wegen interessante Objekte, welche man gern als moralische Ungeheuer in Museen aufstellen möchte; aber die gewöhnliche Masse der Egoisten ist von einer trostlosen Einförmigkeit, weshalb der Mensch, der einige Schritte auf dem Lebenswege gemacht hat, ein wahres Bedürfniß empfindet, sein Auge an einem verführerischen Bilde zu erquicken. Der große Trost der Egoisten ist ein Haufen gewöhnlicher Menschen, welche, durch unendliche Anstrengung zu Opfern von lächerlicher Erbärmlichkeit gelangend, das große Zugeständniß, welches sie sich selbst alle Augenblicke im Leben machen, reichlich zu entschädigen glauben; es sind Menschen, die, weil sie nie gestohlen oder gemordet haben, sich für rechtschaffen halten; es sind Individuen, die nie haben begreifen können, daß das krampfhafte Schmachten eines Gefühls auf der Wagschale des Schmerzes mehr wiegen könne als der Verlust einer großen Summe Geldes; es sind Leute, die glauben und immer bis zum Tode glauben werden, daß man alle Schmerzen bezahlen, unter alle moralischen Rechnungen ein „beglichen“ schreiben und auf diese Weise das Gleichgewicht zwischen „Soll und Haben“ in dem Hauptbuche des Herzens wiederherstellen könne. Diese Menschen sind in der That von einer widerwärtigen Mittelmäßigkeit, weil sie im Gefallen an ihrer geistigen Nichtigkeit sich selbst zu lieben wagen, weil sie, sich zu dem erhabenen Lehrsatze bekennend, daß Alles was wohl thut und vom Gesetze nicht bestraft wird gutgethan sei, Philosophen zu sein glauben. Sie erdreisten sich das Gefühl für närrisch zu halten, wenn es ein gewisses Maß überschreitet; sie gehen sogar so weit, inmitten des Schmutzes einer gemeinen Mittelmäßigkeit cynisch zu lächeln, während man dieses Lächeln doch höchstens Jemandem verzeiht, der das Gewühl der Menschen von der geistigen Höhe eines Göthe betrachtet.

Da der Egoismus ein aus der Uebersättigung eines physiologischen Affects hervorgegangenes krankhaftes Gefühl ist, so bietet er uns nur unvollständige Genüsse. In der That, der Mensch findet Gefallen daran sich selbst zu lieben und sein theures Ich als das herrlichste Ding auf dieser Erde zu behandeln; aber es ist für ihn kein Vergnügen, zu sehen, daß Andere denselben Genuß empfinden. Hingegen sieht der Egoist bei Anderen die Großmuth gern, nicht etwa weil diese ein sich auf gleiche Weise bethätigendes edles Gefühl in ihm erwecken könnte, sondern weil das Wohlwollen Anderer ein werthvolles Nothkapital ist, zu welchem er in jedem Unglücksfall seine Zuflucht nehmen kann, wenn er sich sonst im Stande fühlt die abschreckende Aussicht eines Dankbarkeitszolles auf seine Schultern zu nehmen. Der Egoist verehrt den Egoismus in sich selbst, verabscheut ihn aber in Anderen. Nicht selten ist er beflissen die edleren Gefühle in Anderen mit liebevoller Sorgfalt zu pflegen, weil sie den starken Baum bilden, an den er sich klammert, aus dem er wie ein Parasit Nahrung und Leben zieht.

Die Genüsse des Egoismus beschränken sich im Zustande verborgener Kraft auf eine sehr liebevolle moralische Betrachtung des eigenen Selbst, bei welcher das Gefühl stundenlang wie eine Kokette vor dem Spiegel des eigenen Bewußtseins sitzt und sich an dem liebsten Bilde ergötzt, mit diesem scherzt und lächelt und dabei die lieblichsten und lächerlichsten Gesichter schneidet. Der Egoist hat beständig das eigene Individuum vor sich, welches er mit mütterlicher Sorgfalt liebkost, mit dem Feuer eines Liebhabers küßt, mit freundschaftlicher Liebe umarmt, welches er wie einen Vater verehrt, wie eine hohe Persönlichkeit achtet, wie einen Gott anbetet. Er opfert die von der Natur für viele Altare bestimmten Wohlgerüche einem einzigen Idol und wird ein wahrer Anbeter seines Ich's. In den glückseligsten Augenblicken seines Daseins verkriecht er sich ganz in sein Selbst und wagt kaum im Geiste einen verstohlenen Blick auf die Außenwelt zu werfen, ohne ihn sogleich wieder auf sich zu lenken; er vermeidet jedes Geräusch und jede Bewegung und zieht sich wie eine Schnecke zurück, sobald eine leiser Luftzug seine kostbare Existenz bedroht. Seine Physiognomie trägt fast immer den Ausdruck einer stillen Freude, weil das Lachen und die Muskelbewegungen seine Ruhe stören oder ein tausendstel Theilchen seiner Lebenskraft, mit welcher er bis zur Knauserei haushälterisch ist, vergeuden könnten. Er ist jedoch, glaubt es nur, nicht glücklich, ganz wie der Geizhals, mit dem er sehr viele Aehnlichkeit hat. Die Natur hat den Menschen zur Arbeit erschaffen und hat ihm so viel Kraft verliehen, damit er sie im Wirbel der Thätigkeit und in den Kämpfen des socialen Lebens verwende; sie hat ihm in großmüthiger Weise ein Uebermaß an Brennstoff gegeben, damit er hin und wieder glänzende Feuer anzünden und Licht und Wärme in weitem Spielraum um sich herum verbreiten könne; sie hat ihm das Recht zu mancher erhabenen Vergeudung gewährt.

Der Egoist aber verschlingt, kaum hat das Licht der Vernunft in ihm zu dämmern begonnen, den eigenen Holzstoß mit den Augen, mißt und wiegt ihn, und unzählige Häufchen daraus machend, zündet er sich ein ganz bescheidenes, mehr Rauch als Licht verbreitendes Feuerchen an, an welchem er sich, die daraus strömende laue Wärme begierig einziehend, niederkauert. Er bleibt das ganze Leben hindurch starr, weil er sich recht lange erwärmen will, und stirbt vor Kälte noch ehe sein Holzstoß verbraucht ist, ohne je das schöne Licht eines großen Feuers genossen zu haben. Man kann die Natur nicht ungestraft hintergehen, und wer recht lange leben will, lebt weniger als Andere.

Der Egoismus wird mit uns geboren, doch wächst er nicht so kräftig und verbreitet seine Genüsse erst im erwachsenen Alter. In der Kindheit beginnt er zu keimen, aber sein unansehnlicher und dünner Stiel bleibt auf dem Boden des Herzens unbeachtet. Im reiferen Jugendalter ist es noch schwieriger ihn wahrzunehmen, weil eine üppige Baum- und Blumen-Vegetation ihn überdeckt. Sobald der Frühling des Lebens seinem Ende zuneigt, erhebt sich das bescheidene, im Schatten der großmüthigen, Schwestern langsam herangewachsene Pflänzchen und gedeiht auf Kosten der duftenden Blätter, welche die Liebe fallen läßt, sowie des vom Baume der Illusionen abgestreiften grünen Laubes; es wächst und erhebt sich, — wird zum Strauche, zum Baume, und seine Wurzeln weit ausstreckend, saugt es die Säfte ein, welche vorher für eine ganze Vegetation ausreichten, auf diese Weise für sich allein Wiese, Acker und Wald bildend. Wehe wenn der Jüngling, mit einer frühreifen Intelligenz Mißbrauch treibend, im Alter von 20 Jahren geizig mit dem Leben wird! Besitzt er mittelmäßige Eigenschaften, so wird er der widerwärtigste Egoist; ist er dagegen ein Genie, so steigt er zu einer schrecklichen Größe. Oft schon sah man Jünglinge in der Blüthe des Lebens die noch grüne und mit edlen Gefühlen geschmückte Wiese mähen und einen Scheiterhaufen machen, um mit der Asche das Pflänzchen des Egoismus zu düngen. Ein junger Egoist flößt Abscheu und Furcht ein, und das cynische Lächeln, das zwischen einem noch weichen Flaumenbart erstirbt, macht schaudern. Vom erwachsenen Alter bis zum Tode nehmen die Genüsse des Egoismus beständig zu und im hohen Greisenalter sind sie fast physiologisch. Dann ist das Lebenslicht so zitternd und schwach, daß man dem Menschen wohl verzeiht, wenn er die kostbare Flamme mit beiden Händen behütet und sie mit dem eigenen Athem zu beleben sucht, mit Uebermacht Jeden von sich fernhaltend, der sich nähern und einen einzigen Lichtstrahl auffangen wollte. Dann nimmt der Egoismus den Namen „Liebe zum Leben" an und der Greis kämpft mit den dürren und zähen Händen lange gegen den Tod, der um das Lichtchen seines Daseins herumhuscht und dieses, wenn er es am wenigsten erwartet, auslöscht.

Es ist unnöthig zu sagen, daß diese krankhaften Genüsse dem Manne mehr zusagen als der Frau. Schwer halten würde es indessen festzustellen, ob der Egoismus im Alterthum stärker oder schwächer war als in unserm Zeitalter. Wollte man der Volksstimme glauben, so müßte man annehmen, daß wir mehr Egoismus besäßen als unsere Vorfahren und daß sich dieser krankhafte Affect mit der Cultur immer mehr steigere. Doch sind die Menschen aller Epochen stets gegen ihre Zeitgenossen losgezogen mit dem Geschrei, daß sie schlechter wären als ihre Väter; wir Heutigen müßten also, wenn das wahr wäre, ein verkommenes, niederträchtiges, viehisches Geschlecht sein, was glücklicherweise nicht der Fall ist. Es scheint, daß der Egoismus in England besonders üppig wachse.

4. Kapitel.

Von den Genüssen, welche uns die aus erster und zweiter Person gemischten Gefühle gewähren, und insbesondere von den Freuden des Schamgefühls.

Die reinen Gefühle des Ich's, welche von uns ausgehen und in uns zurückstrahlen, reduciren sich auf die — in ihren höheren Graden den Namen „Egoismus" führende — Liebe zu uns selbst, weshalb sie uns nur wenige Arten von Genüssen bieten. Von den individuellen Gefühlen zu den außerhalb unseres Ich's entspringenden übergehend, treffen wir einige gemischte Gefühle an, welche eine Art natürlichen Ueberganges zwischen diesen und jenen bilden, indem sie etwas von der Natur der einen wie der anderen in sich tragen, weshalb ich sie als ein Gemisch von Affecten der ersten und zweiten Person bezeichnen möchte. Zu diesen gehören das Schamgefühl und viele andere Affecte, die unter dem Namen Selbstgefühl, Ehrgefühl, Ehrgeiz, Stolz verstanden werden. In allen diesen Affecten strahlt unser Bewußtsein ein Bild unseres Ich's zurück, welches jedoch schon secundär und zu uns zurückgekehrt ist, nachdem es in die uns umgebende moralische Welt hinausgegangen war, wie wir dieses ganz deutlich sehen werden, wenn die einzelnen Fälle zur Sprache kommen.

Das sich den Affecten erster Person am meisten annähernde gemischte Gefühl ist das Schamgefühl, welches eine der unbestimmtesten und geheimnißvollsten Regungen des menschlichen Herzens, einen der zartesten und lieblichsten Düfte des Gefühls ausmacht. Das Kind kennt noch keine Scham und verrichtet seine natürlichen Bedürfnisse mit der Unbefangenheit seiner Unwissenheit. Kaum beginnt die Vernunft zu dämmern, so tritt dieses Gefühl in unbestimmter und verworrener Weise hervor und das Menschenkind empfindet ein wahres Bedürfniß, gewisse Theile seines Körpers zu bedecken und sich bei Verrichtung einiger häßlichen Nothwendigkeiten des Lebens zu verbergen. Später fängt es an die Körpertheile in anständige und unanständige zu unterscheiden, ohne sich einen Grund dafür angeben zu können, was übrigens selbst dem Philosophen schwer fällt. Die Körpertheile, welche zu verdecken wir getrieben werden, sind die Geschlechtsorgane mit ihren angrenzenden Gebieten. Bei der Frau dehnt sich das Gebiet des Schamgefühls weiter aus, und sie vertheidigt vor den Blicken Anderer auch den Busen mit derselben mißtrauischen Eilfertigkeit, mit der sie andere verstecktere Theile bedeckt. In den erhabensten Graden dieses Gefühls erröthet die Frau schon beim Entblößen ihrer weich gerundeten

Schultern oder ihrer rosigen Füßchen, oder wenn der äußerste Rand der Spitzen ihres Unterrocks trotzig unter dem keuschen Kleid hervorguckt. Die wunderlichsten Befürchtungen und sonderbarsten Launen dieses Gefühls beziehen sich jedenfalls alle auf die Geschlechtsfunktionen, weshalb das Bedürfniß, einen Körpertheil zu bedecken und zu verbergen um so dringender wird, je directer dessen mysteriöse Beziehung zu den Geschlechtsorganen ist.

Das anatomische Verhältniß erklärt gleichfalls alle anderen Geheimnisse des Schamgefühls. Dieses sendet seine köstlichsten Düfte im fruchtbaren Lebensalter, vom Auf- bis zum Untergehen der Liebessonne, und vertheidigt seine Geheimnisse mit größerer Gewalt, wenn der profane Blick von einer Person des andern Geschlechts, welche dem Alter nach bereits in die Mysterien der Liebe eingeweiht ist, ausgeht. Dieses Gefühl bedarf jedoch nicht der Gegenwart einer zweiten Person um erweckt zu werden; eine keusche Frau bedeckt sich auch wenn sie allein ist und hält ihre Augen von den schamlosen Bildern, die sie aus Naturnothwendigkeit mit sich führt, fern.

Verschiedene Philosophen wollten diese zarte Blume profanisiren, indem sie zu beweisen suchten, daß die Scham nichts sei als eine Folge der Gewohnheit sich zu bekleiden, ja einige wagten sie sogar als eine lächerliche Caricatur der Civilisation zu bezeichnen. Diese Narren stehen mit jenen, die den Menschen auf vier Füßen gehen lassen wollen, sowie mit allen den Philosophen, die ihren Verstand dazu mißbrauchen, die Idee der menschlichen Würde zu erniedrigen, auf gleicher Stufe. Wenn einige Wilde immer nackend gehen, wenn andere sich öffentlich thierischen Trieben hingeben, so protestirt die ganze Menschheit mit dem Abscheu, den sie empfindet, gegen eine wahre moralische Unzurechnungsfähigkeit, welche die Folge einer unvollkommenen Organisation ist. Wenn man auch beweisen könnte, daß der erste Mensch nicht erröthete, als er sich nackend dem ersten Wesen des andern Geschlechts gegenüber befand, so würde man doch immer noch dagegen halten können, daß das Schamgefühl nach einer vollständigeren Entwicklung unseres Geistes und unseres Herzens in uns erstand und daß es sich von jenem

Augenblicke an als ein ursprüngliches Vermögen constituirte, welches durch die natürliche Vererbung auf die Generationen übertragen wird. Uebrigens offenbaren viele der intelligentesten Thiere die ersten Spuren der Scham, indem sie ihre Liebesgeheimnisse vor den Augen Neugieriger verbergen.

Die Gewohnheit ist ein ausgezeichnetes Mittel um die schon vorhandenen Kräfte zu vervollkommnen, ja sie aus einem verborgenen und schlummernden Dasein zu einem außerordentlichen Grad der Entwickelung zu bringen; aber sie hat noch nie ein neues Vermögen erschaffen können. Und wenn die Menschheit noch Millionen Jahrhunderte zu leben hätte, wird es immer möglich sein, das ursprüngliche Vermögen, welches sie von Geburt an besaß, mit dessen herrlichsten und verwickeltesten Kraftentfaltungen in Verbindung zu bringen und die natürliche Abstammung festzustellen.

Das Schamgefühl hat übrigens seinen Grund in sich selbst und läßt sich als ein Kunstgriff der Natur erklären, uns die physischen Freuden der Liebe verführerischer zu machen, indem es eine Funktion, die öffentlich verrichtet trivial und vielleicht auch widerwärtig erscheinen müßte, mit dem Schleier des Geheimnisses bedeckt. Die in weite Kleider gehüllte Frau läßt uns kaum die Schätze, welche sie verbirgt, durch einige kühne, aus den beweglichen Falten ihres Gewandes hervortretende Linien errathen. Die Phantasie thut dann ihr Möglichstes, das, was in seiner Nacktheit gesehen uns kaum einen Augenblick fesseln könnte, übermäßig zu verschönern, so daß wir lebhaft begehren, unser Auge in jene unbekannten Regionen, die so viele wonnige Schätze zu verbergen scheinen, zu vertiefen. Wenn schließlich unsere Hand sich erdreistet den Schleier, welcher das Heiligthum verdeckt, zu entfernen, so wehrt sich die Frau mit dem Schamgefühl, und es genügt die ruhige Würde eines ihrer Blicke um den Unverschämten davon abzuhalten. Erst nach langem Kampfe, wenn die Frau, sich immer mehr zurückziehend, keine Handbreit Land mehr streitig zu machen hat, giebt sie der durch die Ungeduld auf die Spitze getriebenen Begierde nach und entfernt den letzten Schleier der Scham, dem Liebesaltar ein zartes, von der Uebermacht einer nicht niederzuhaltenden Leidenschaft weichendes Gefühl zum Opfer bringend. Die in diesem Falle von der Natur offenbarte Hoheit der Kunst ist wahrhaft wunderbar. Sie führt zwei an Kräften sehr ungleiche Feinde gegeneinander und überträgt dem Einen von ihnen, die Angriffe des Andern zu hintergehen, auf eine Weise, daß er den Gegner durch das allmähliche Abtreten des Gebietes belustigt, bis er, sich als besiegt erklärend, fällt und über das angenehme, mit so viel Geschicklichkeit unterhaltene Spiel lächelt. Von dem ersten feurigen Zusammentreffen von vier verliebten Augen bis zum letzten schmachtenden Neigen der Augenlider, in den tausend Wechselspielen einer ersehnten Niederlage und eines heftig begehrten Sieges, begleitet das Schamgefühl die beiden Liebenden wie ein schützender Engel, wie ein bedächtiger Secretär, der als Haushalter und Cassirer bei zwei Gedankenlosen waltet, welche die Reichthümer eines Crösus in einem Tage verschwenden würden. Er zieht sich erst zurück, wenn er durch seine Sparsamkeit den verschwenderischen Genuß eines Augenblicks hat gewähren können, und der in Flammen aufgehende Schleier des Schamgefühls sendet einen lieblichen Duft, der mit allen anderen Genüssen jener glücklichen Augenblicke harmonirt. Die Natur wollte einen letzten Strahl der Poesie über einen mechanischen und nothwendigerweise thierischen Akt erglänzen lassen und erzielte dieses durch das zarte Opfer, welches die Schamhaftigkeit der Liebe bringt.

Jedesmal, wenn den Bedürfnissen des Schamgefühls Genüge geleistet wird, empfindet der Mensch einen Genuß, der sich durch ein Gefühl der Sammlung ausdrückt und der viele Aehnlichkeit hat mit der Lust, welche wir empfinden, wenn wir uns, noch vor Kälte zitternd, in einer warmen Temperatur erwärmen. Niemand vermag sich wohl, ohne Rührung zu fühlen, das Vergnügen vorzustellen, welches eine Jungfrau empfinden muß, wenn sie, aus dem Bade steigend, nach den Tüchern stürzt, um sich darin einzuwickeln und, sich zusammenkauernd, mit furchtsamer und zitternder Miene um sich schaut. Die Freuden des Schamgefühls thun sich auch durch Lachen kund, besonders wenn die Furcht, in einem unschicklichen nackten Zustande betroffen zu werden, ganz plötzlich verschwindet. — Diese auserlesenen Genüsse sind in ihrer vollen Reinheit dem schönen Geschlecht vorbehalten, bei welchem sie eine herrliche Zierde bilden. Nur mit Abscheu sieht man die Frau ihr eigenes Schamgefühl den fabelhaftesten Unzüchtigkeiten preisgeben. Selbst wenn sich dieses Gefühl in krankhafter Weise äußert, kann es nicht mißfallen, weil es ein fast sicheres Aushängeschild der zartesten und edelsten Affecte ist. Ein Mädchen, das zuerst wagt, einem Manne in's Gesicht zu schauen oder das nicht erröthet, wenn es die Hand von einem Jüngling gedrückt fühlt, jagt mir Furcht ein, und ich bilde mir sofort ein, daß es eine Blume ohne Wohlgeruch sein könne.

Das Schamgefühl in seiner ganzen Vollkommenheit vereinigt sich mit einigen Verstandes-Elementen und gefällt sich nicht nur in der Sittsamkeit des Körpers, sondern auch in der Keuschheit der Gedanken, der Bilder und aller physischen und moralischen Gegenstände, die anständig oder unanständig sein können.

Es würde eine der zartesten und zugleich eine der tiefgehendsten Fragen sein, den von den verschiedenen Epochen und Culturformen dem Schamgefühl aufgeprägten Modifikationen zu folgen; leider müssen wir aber davon abstehen, um uns nicht zu weit von unserm Thema zu entfernen. Wir sind indessen der zuversichtlichen Ueberzeugung, daß diese Thatsache sich in einem sehr weiten Horizont bewegt, — eben weil das Gefühl ein erhabenes und von reinem Luxus in unserer moralischen Natur ist, — daß aber die Entwicklung desselben immer im Zusammenhang mit dem sittlichen Fortschritte der Völker steht. Um das ungeheure Gebiet, welches diese Frage umfaßt, anzudeuten, wollen wir nur anführen, daß zwischen den Eingeborenem von Otahiti, die dem Liebesgott ihre Opfer ohne Bedenken ganz öffentlich darbrachten, und den Engländern, die sich fürchten, den Bauch und die Unterhosen beim wahren Namen zu nennen, die Frauen von Mußgu in Mittel-Afrika stehen, die schon vor dem bloßen Gedanken zurückschrecken, sich auf einen Augenblick ihres Fracks, welcher den zwischen Rücken und Schenkeln liegenden Theil verdeckt, zu entledigen, dabei aber den ganzen übrigen Theil des Körpers vor den Blicken Profaner unbedeckt lassen.

Ich habe hier mit wenigen Worten die unsicheren Grenzen eines der geheimnißvollsten Gefühle zu skizziren gesucht, eines Gefühls, welches ich nicht anstehen würde, als eine „physische Achtung vor uns selbst“ zu bezeichnen.

5. Kapitel.

Von den aus dem Würde- und Ehrgefühl entspringenden Genüssen.

Auf dieselbe Weise wie das in unserm Bewußtsein zurückgestrahlte physische Bild von der Eigenliebe mit Vergnügen betrachtet wird, erweckt das in demselben Spiegel dargestellte moralische Bild neue Gefühle einer höhern Ordnung in's Leben. Wenn alle elementaren Gaben des Herzens ein harmonisches Band bilden, fühlen wir unsere Würde und empfinden darüber ein heimliches Wohlgefallen. Wenn unser moralisches Bild in seiner ganzen Reinheit wiederstrahlt, bewundern wir uns ohne Stolz und ohne Niederträchtigkeit, denn wir betrachten es als das heilige Banner der ganzen Menschheit, welches wir behüten und um den Preis unseres Lebens vertheidigen müssen.

Das große Vergnügen, welches wir im Gefühl, unserer selbst würdig zu sein, genießen, ist eine unbestimmte und nicht zu beschreibende Empfindung, die jedoch aus dem Zusammenwirken vieler Elemente entsteht. Kaum hat uns die Vernunft gelehrt, in dem geheimnißvollen Buche unseres Bewußtseins zu lesen, so finden wir, daß wir mehr oder weniger schwere Pflichten zu erfüllen haben und fühlen uns zu einem edlen Kampfe berufen, in welchem wir mit feurigem Muth und angestrengter Ausdauer fürchterliche Feinde besiegen müssen. Wir sehen von ferne das herrliche Schauspiel eines moralischen Panorama's, wo Tugend und Religion unserer warten, um unsere ruhmvollen Schläfen zu bekränzen. Es bemächtigt sich dann unserer ein unbestimmtes Gefühl, in welchem das Erzittern der Furcht mit der Begierde nach Sieg kämpft, und mit dem geistigen Auge messen wir unsere Kräfte und die Entfernung des Zieles, welches wir erreichen müssen. Ueberwindet uns von jenem ersten Augenblicke an die Furcht, so verzichten wir auf den edelmüthigen Kampf, und unsere Erbärmlichkeit eingestehend, erdrosseln wir, einen wahren moralischen Kindsmord begehend, unsere Würde schon in der Wiege. Viele Menschen lebten auf diese Weise, ohne je die ganz reine Freude dieses Gefühls zu empfinden. Halten wir uns jedoch, nachdem wir noch einige Zeit gezaudert haben, für fähig, die schweren Kämpfe mit Erfolg durchzuführen, oder wollen wir wenigstens einen Versuch damit machen, dann ersteht in uns das Gefühl unserer Würde in seiner ganzen Hoheit, um unser unzertrennlicher Kriegskamerad zu werden.

Dieses edle Gefühl geht mit seinem Feinde, der es durch alle möglichen Vorspiegelungen und Verlockungen zu bestechen sucht, nie einen Vergleich ein. Vergessen wir, in dem Kampfe der Tugend gegen das Laster einen Engel vom Himmel zum Bundesgenossen zu haben und suchen wir mit dem uns ohne Aufhören peinigenden unermüdlichen Feinde schimpfliche Verträge abzuschließen, dann läßt der edle Freund seine gebieterische Stimme vernehmen und zerreißt den Friedensvertrag, den wir vielleicht schon unterschrieben hatten. Dieses Gefühl kann auf dem Schlachtfelde erliegen, übermannt von einer großen Schaar Feinde, aber es kann uns nie untreu werden. Nicht selten begehen wir selbst, um uns von seinen Belästigungen zu befreien, die Schandthat, es zu erdolchen, aber von seinem Leichnam scheint sich ein Wehklagen zu erheben, das uns verflucht und zu ewiger Gewissenspein verdammt. Zuweilen wollen wir uns, unter der Last des Krieges seufzend, ein wenig ausruhen und schließen unserm Bundesgenossen heimlich den Mund, damit er einen Augenblick schweige, während wir unserm Feinde schmeicheln. Unnützes Beginnen, denn wenige Augenblicke später erhebt unser Würdegefühl seine Stimme stärker und wirft uns den schändlichen Verrath vor.

Die Freuden dieses Gefühls werden in ihrer ganzen Vollkommenheit nur von den wenigen Individuen genossen, die, unermüdlich im Kampfe, nie einen Augenblick ausgeruht haben und, ihren Feinden stets Auge in Auge gegenüberstehend, auf dem Kampfplatze geblieben sind, ohne ihr Gewissen zu beflecken. Fast alle Menschen zählen jedoch im Verlaufe ihrer Kämpfe ein beständiges Abwechseln von Siegen und Niederlagen, und ihr Würdegefühl ist, obgleich es nie von ihnen weicht, mit tausend Schmarren gekennzeichnet. Mitunter ist es sogar verstümmelt und verunstaltet und gleicht einem jener alten Invaliden, die eines oder mehrere ihrer Glieder in den napoleonischen Schlachten eingebüßt haben.

Die Genüsse, welche aus der Befriedigung dieses Gefühls hervorgehen, sind ruhig und anhaltend und verbreiten eine harmonische Atmosphäre über das ganze Leben. Sie haben ein friedfertiges und sanftes Licht und lodern nur unter dem Druck von Mißgeschick hell auf. Dann erscheinen sie als ein wahrer Reservefonds, als ein letzter Preis, welchen die Tugend dem Menschen auf dieser Erde gewährt.

Obgleich sich dieses Gefühl, wenn auch nur in leisen Umrissen, in fast allen Menschen vorfindet, sind doch seine Ausflüsse so ruhig und zart, daß das dunkle Bewußtsein Vieler sie nur auf ganz undeutliche Weise widerstrahlt. Um diesem Fehler abzuhelfen, hat die Natur durch Erschaffung des Ehrgefühls allem Anschein nach ein anderes Gefühl als Ersatz in uns pflanzen wollen, welches, von einiger weniger idealen Art, für Alle leicht zugänglich sein könnte.

Wenn wir dem vollständig reinen und durchsichtigen Gefühl unserer Würde eine unendlich kleine Gabe eines deutlich ausgeprägten Selbstgefühls beimischen, so geben wir jenem eine für die schwächsten Augen sichtbare Färbung. Es genügt zu diesem Zwecke unser Würdegefühl einer zweiten Reflexion zu unterwerfen, mit dem Ausfluß aus uns hinaus auf das Bewußtsein der menschlichen Gesellschaft. Alsdann verbindet sich der ganz reine Strahl unseres moralischen Bildes mit etwas Plastischem und Fühlbarem, und wir empfinden ihn beim Rückempfang in unserm Bewußtsein intensiver. Das Ehrgefühl ist eines der unerklärlichsten Gefühle, weil es ein wahres Auskunftsmittel, ein von der Natur der menschlichen Schwäche angepaßtes halb ausgeprägtes Bild ist. Ein Mensch mit erhabenem Herzen wehrt alle Gemeinheit mit dem bloßen Gefühl der eigenen Würde von sich ab, und das Ehrgefühl ist für ihn nichts weiter als ein Synonym. Selbst wenn er von der ganzen Menschheit abgesondert wäre, würde er sich nie um eine Linie erniedrigen, denn er verehrt das eigene moralische Bild wie ein Heiligthum und kann die Vorwürfe des eigenen Bundesgenossen nicht ertragen. Ein mittelmäßiger Mensch hingegen bedarf der Unterstützung der ganzen Menschheit, um nicht an der eigenen Würde ohnmächtig zu werden, er bedarf des fürchterlichen Schreckbildes der Schande, um sich nicht beim ersten Waffengeplänkel als besiegt zu erklären. Der erhabene Mensch sieht das Heiligthum offen und den Gott nackt; der gewöhnliche Mensch hingegen bedarf des Tabernakels und der Relique, und die ganze Menschheit wiederholt ihm beständig, daß sich unter der prächtigen, mit Gold und Edelsteinen überladenen Hülle, die er anbetet, ein fürchterlicher Gott befindet, der nicht ungestraft beleidigt werden kann. Auf diese Weise gehorcht er einer geheimnißvollen Macht, welche, seinen Nacken beugend, ihn nicht nach oben schauen läßt, und deren Namen genügt, ihn vor Furcht zittern zu machen. Er ist abergläubisch, während ein seine eigene Würde fühlender Mensch religiös ist. Je weiter sich das Ehrgefühl von seinem ursprünglichen Typus der Vollkommenheit entfernt, desto mehr nähert es sich dem Selbstgefühl, bis es schließlich ganz in Eitelkeit aufgeht. Die Wände des Tabernakels schwellen immer mehr an, während der darin eingeschlossene Gott immer mehr zusammenschrumpft, bis er zuletzt ganz und gar verschwindet. So kann es geschehen, daß ein Mensch sich nie zu einer Gemeinheit herabläßt, ohne eine Regung des Gefühls der eigenen Würde empfunden zu haben. Er hat eben ein Gesetz befolgt, das er schon bei seiner Geburt geschrieben vorfand; er hat einen Gott verehrt, den er nie gekannt hat.

Die Gesetze, welche die Genüsse des Würde- und des Ehrgefühls beherrschen, sind die gleichen, weil sie von einer und derselben Natur festgestellt werden. Diese Genüsse sind fast immer negativ, d. h. sie entspringen aus der Reparation einer Verletzung.

Das Würde- und das Ehrgefühl können nie einen Vergleich eingehen, ohne in sich selbst das mörderische Eisen zu stoßen; deshalb erzeugen sie, wenn sie rein bleiben, eine ruhige Freude, die meistentheils kaum fühlbar wird. Sind sie dagegen der Lebensgefahr ausgesetzt, so erheben sie sich muthig zum Kampfe und lassen sich fröhlich auf ihre Altare nieder. Das Ehrgefühl hat stürmischere Freuden, weil es, reizbarer als sein Bruder, alle Augenblick Händel anfängt. Unser Würdegefühl gefällt sich nur an großen Kämpfen, während das Ehrgefühl mehr die kleinen Scharmützel liebt. In den großen Treffen spielt es die Rolle der Plänkler.

Der Einfluß dieser Genüsse macht sich auf alle edleren und großmüthigeren Gefühle geltend, und die Tugend ist bei ihren Lustbarkeiten stets der erste Gast. In der Geschichte stößt man auf viele heroische Thaten, die mit der Befriedigung dieser Gefühle zusammenhängen. Beim Durchblättern der Archive des Gedächtnisses wird ein Jeder sich erinnern, diese Genüsse schon empfunden zu haben. Glücklicherweise ist das Ehrgefühl nur für sehr Wenige ein todter Buchstabe.

Der Mann wie die Frau genießen das Würde- und das Ehrgefühl in gleicher Weise, doch gestaltet sich der Ausdruck dieser Gefühle verführerischer bei der Frau, weil der moralische Muth als Begleiter der physischen Schwäche größere Sympathie und Ehrfurcht einflößt.

Die ersten Genüsse dieser Art werden in der Kindheit empfunden, doch erscheinen sie in ihrer ganzen stillen Hoheit erst in den folgenden Lebensaltern. Es sind Freuden für das ganze Leben, die aber bei gemeinen Menschen schon mit dem Jugendalter aufhören. Nach Ueberschreitung dieses Alters nehmen unsere moralischen Feinde an Zahl und Kraft zu, und wenn unser Würdegefühl die eigenen Kräfte bis dahin nur schwach aufrecht erhielt, so fällt es besiegt nieder. Manche Individuen schließen sich vom ersten Lebensalter an in eine unangreifbare Festung, in welcher sie das Gefühl der eignen Würde bis zum Tode unversehrt erhalten. — Der Ausdruck dieser Freuden offenbart in seinen physischen Charakteren vollkommen deren moralische

Natur. Ein Mensch, welcher die eigene Würde fühlt oder in der Ehre befriedigt ist, erhebt mit kühner und ruhiger Geberde den Kopf, und um sich schauend, scheint er einen Blick großmüthigen Mitleids auf die zu seinen Füßen kriechende Gemeinheit zu werfen. Mitunter kreuzt er die Arme und hat die Haltung eines Menschen, der widersteht oder kämpft. Oft ist jedoch der Ausfluß dieser Genüsse so ruhig und gelassen, daß er die ganze Seele sanft bewegt, ohne nach außen hindurchzuscheinen. Das Auge kann zuweilen der einzige Dolmetscher dieser Genüsse sein, und der bloße Ausdruck ist dann unerklärlich.

Ich wage zu sagen, daß das Gefühl der eigenen Würde keine pathologischen Genüsse haben kann. Es bewegt sich in einer zu erhabenen Region, als daß es vom Uebel ergriffen werden könnte. Ein Mensch, der, mit einem durch Schlechtigkeit oder mit Gold erworbenen Bande geschmückt, sich vor dem Spiegel brüstet mit den Worten: „meiner Würde ist Genüge geleistet“, lügt sich selbst frech an und entweiht ein heiliges Wort, denn in ihm triumphirt nur die Eitelkeit.

Die moralische Pathologie des Ehrgefühls hingegen ist reich an mannichfaltigen krankhaften Genüssen, für welche die größte Klinik nicht ausreichen würde. Das Duell ist eine der unverschämtesten Entweihungen dieses edlen Gefühls, und die Freuden, welche es uns gewähren kann, sind durchaus unrein. Täglich haben wir die lächerlichsten Befriedigungen des Selbstgefühls, welches in einem unverschämten Incognito, unter dem Namen Ehrgefühl einherschreitet, vor Augen. Die falschen Freuden dieses Gefühls lassen sich zuweilen kaum von den Freuden der Eitelkeit unterscheiden, und um sie zu erkennen, muß man dieses unbestimmte Gefühl genau definiren. Es wird gebildet von dem unveränderlichen Element unseres Würdegefühls, welches unwandelbar durch die Jahrhunderte geht, und von dem bestehenden Reflex der öffentlichen Meinung, welche in jeder Generation wechselt. In diesem zweiten Element liegt die einzige Ursache seiner krankhaften Genüsse verborgen.

6. Kapitel.

Von den physiologischen Genüssen des Selbstgefühls.

Das in dem Spiegel unseres Bewußtseins reflektirte geistige Bild unseres Selbst's belebt eines der fürchterlichsten und vielförmigsten Gefühle, nämlich das Selbstgefühl. Das Gefühl unserer Würde kann nie, selbst in den höheren Graden nicht, unrein sein; während das Gefallen, welches beim Betrachten unseres Geistes in uns er steht, nur in den niedrigeren Graden unschuldig ist. Im Reiche des Herzens ist das Verdienst des Sieges immer begründet und unsere Freiheit macht uns für unsere Handlungen verantwortlich; aber in den Leistungen des Geistes hat das Glück einen größern Antheil als die natürliche Fähigkeit und wir können uns nicht einen gewissen Grad von Verdienst zueignen, ohne durch Anmaßung zu sündigen.

Ein Hauptunterschied zwischen dem Reflex unseres moralischen Bildes und unserer geistigen Gestalt besteht darin: daß das erstere sich nur ganz und unverrückt widerspiegeln kann, während die letztere uns die Flächen ihres Polygons nacheinander oder in tausend verschiedenen Combinationen darzubieten vermag. So zerstört der kleinste unserm Ehrgefühl beigebrachte Riß den Ausdruck unseres Würdegefühls, das nur Eines und untheilbar ist, vollständig; während wir uns freuen können, ausgezeichnete Musiker zu sein, auch wenn unser Bewußtsein im Uebrigen das Bild der gröbsten Unwissenheit widerspiegelt. Die Genüsse unseres Würdegefühls sind außerdem viel sensitiver als jene des Selbstgefühls, weil sie aus dem noch am Orte selbst sich abspiegelnden Bilde des Herzens fließen, wohingegen diese aus den kalten Regionen des Verstandes zum Herzen gelangen. Wer diesen Unterschied nicht auf den ersten Blick gewahr wird, darf nur die Genüsse vergleichen, welche man empfindet, wenn man sich rechtschaffen fühlt und wenn man sich für geistig sehr begabt hält. Der erstere Genuß ist warm und harmonisch, gehört ganz dem Herzen an; der letztere hingegen ist kälter und idealer, weil eine Mischung von Gefühl und Verstand.

Wie wir gesehen haben, läßt sich das Gefühl der eigenen Würde als eine ursprüngliche Kraft betrachten, welche uns antreibt, das Gute zu thun; im Gegensatze zum Selbstgefühl, das uns im Suchen nach dem Schönen und Wahren leitet und die eigentliche bewegende Kraft in der Maschine der Civilisation ist. Nur das Genie vermag einzig durch die Uebermacht des Geistes zu handeln, alle Andern werden aus verschiedenen Gründen, unter welchen die Befriedigung des Selbstgefühls obenan steht, zu Arbeitern an dem socialen Bau. Man denke sich nur einen Augenblick die ganze Menschheit des Selbstgefühls beraubt und sie würde nur noch eine Heerde in den Wäldern umherschweifender roher Thiere sein. Die Natur verknüpfte ihre höchsten Endzwecke mit einem großen Genusse, und wie sie der Geschlechtsfunktion den vollen Becher der Sinneslust verlieh, so verband sie mit der nothwendigen und unvermeidlichen Funktion der menschlichen Civilisation die unendlichen Freuden des Selbstgefühls. Das Vergnügen, welches der erste Mensch im Besiegen einer Schwierigkeit empfand, entschädigte ihn reichlich für die aufgewendete Mühe und lehrte ihn eine neue Freudenquelle kennen; und die Natur, haushälterisch und großmüthig zu gleicher Zeit, vertheilte Genuß und Mühe nach gleichem Maß, damit die Bewegung der Civilisation ununterbrochen und fortschreitend sei. Ohne diesen Kunstgriff würde sich der Mensch mit den heiteren Sinnesfreuden begnügt und die Kräfte, mit denen er versehen und deren er sich nicht ohne Anstrengung bedienen konnte, nie benutzt haben.

Der einfachste Genuß des Selbstgefühls besteht in der von uns ausgehenden und in uns endigenden Befriedigung desselben. Dieses elementare Vergnügen zeigt sich auch bei den Thieren und hat Theil an fast allen unsern Beschäftigungen, — von den leichtesten bis zu den schwersten. Das Kind, das auf der Erde liegend, mit den Händchen und Füßchen die ersten Bewegungen versucht, um zu einem ihm nahen Gegenstande zu gelangen, empfindet, wenn es denselben nach langen Anstrengungen ergreift, die erste und einfachste aller Freuden des Selbstgefühls, nämlich jene, erreicht zu haben, was es wollte. Alle elementarsten Verrichtungen, welche zu unserm Leben nothwendig sind, gewähren unserm Selbstgefühl im ersten Lebensalter eine Befriedigung, wenn wir uns auch jetzt gewiß nicht mehr erinnern können, mit welch' triumphirender Miene wir zum ersten Male den Löffel allein zum Munde führten oder welche hochselige Freude wir empfanden, als wir, in die Mitte des Zimmers gestellt, mit großer Anstrengung die Strecke von einigen Schritten durchlaufen konnten, um uns in den Schooß der Mutter zu stürzen, die uns dann lächelnd in ihre Arme drückte. Das Gehen war damals eine hoch mechanische Arbeit für uns und fiel uns schwer; das erste Gelingen schmeichelte deshalb unserm Selbstgefühl, welches nur in dem Besiegen einer Schwierigkeit seine Befriedigung findet.

Wie natürlich gestaltet sich das Vergnügen um so größer, je schwerer die Arbeit ist, und das Kind, welches den in die Luft geworfenen Federball mit seinem Netz zurückschlägt, empfindet ebenso einen Genuß des Selbstgefühls, wie der Schriftsteller, der ein Werk, das ihm viele Jahre Arbeit gekostet, mit dem hochseligen Wörtchen „Ende" abschließt, obschon diese Leute die gleiche Freude nicht in demselben Grade genießen.

Diese individuellen Freuden bilden, obgleich sie unbegrenzt sind, doch nur eine Hemisphäre in der Welt des Selbstgefühls, welches erst in dem Reflex des Beifalls Anderer seine vollständige Befriedigung findet. Das außerhalb unseres Ich's zurückgestrahlte Selbstgefühl bildet ein wahres secundäres Gefühl, welches in seinen physiologischen Graden mit dem Namen Beifallsliebe oder Wetteifer bezeichnet werden kann. Dieser aus dem Reflex des Selbstgefühls außerhalb unseres Ich's hervorgegangene neue Affect hat noch einen beschränkteren Umkreis, bei dessen Ueberschreitung er in Eitelkeit oder Ehrsucht ausartet. Der Mensch kann den unverschämtesten Stolz in sich verbergen, ohne deshalb strafbar zu sein: aber er wird lächerlich, sobald er nur einen Strahl davon unter der Form von Eitelkeit hindurchscheinen läßt, und das hat seinen Grund; denn im ersten Falle leidet Niemand, während im letztern das Selbstgefühl Anderer der Gefahr, beleidigt zu werden, ausgesetzt ist.

Das Maß der Beifallsliebe wird nicht sowohl von dem Verdienste der Handlung und also dem Grad der Schwierigkeit, welche man besiegt hat, bestimmt, als vielmehr von der Zahl derjenigen, die uns Beifall zollen und mehr noch von dem Werth des Lobes. Wir können nicht Gefallen an einer gleichgültigen und leichten Handlung finden, ohne in das Gebiet der lächerlichsten moralischen Pathologie zu treten; während wir dagegen, ohne zu wollen, gezogen werden, den Kelch des Lobes, wenn auch in keinem Verhältnisse zu unsern Verdiensten stehend, bis auf den Grund zu leeren. In diesem Falle, selbst wenn sich die Vernunft im Anfang sträubt, das nach Schmeichelei riechende Lob anzunehmen, machen wir mit einer wahrhaft bemitleidenswerthen Unbefangenheit herkulische Anstrengungen, um uns selbst zu überzeugen, daß wir uns, ohne es zu wissen, ein Lob verdienen können; welches sich immer auf so feine Art und Weise und in so wohlwollender Fassung darbietet. Es ist dieses ein so verschmitzter Schmuggler, daß er selbst einen Cato, der Schildwache stände, zu verführen wüßte, und möge dieser noch so genaue Signale von ihm haben und sogleich rufen: „Zurück! Schmeichelei kann nicht hindurch!" — Die Grenzaufseher, welche zu der erhabenen Fähigkeit gelangen, den verwegensten aller Schmuggler anzuhalten, verdienen eine goldene Medaille mit dem Titel „große Männer".

Das Selbstgefühl ist wohl das reizbarste Gefühl unseres Herzens, weshalb es sich sehr selten einer vollkommenen Gesundheit erfreut und sein Dasein fast immer in der Genesung von leicht intermittirenden Krankheiten zubringt. Da jedoch alle Menschen dieser Epidemie unterworfen sind, so verzeihen sie sich gegenseitig diese moralische Schwäche, indem sie dieselbe als eine traurige Nothwendigkeit betrachten, etwa wie die Erkältung im Winter. Ist es Einigen gegönnt, sich einige Augenblicke einer blühenden Gesundheit zu erfreuen, so sprechen sie zu Allen fortwährend von ihrer Demuth und Bescheidenheit und erkranken auf diese Weise auch noch an Hochmuth.

Die Freuden des Selbstgefühls gründen sich auf den Preiscourant des Verdienstes, eine jener Waaren, die bei jedem Windzug ihren Werth verändern, als ob sie den Schwankungen der unsichersten Bank der Welt folgten. Auch in dem Beifall, den wir unseren Handlungen zollen, halten wir uns fast immer an den Werth der ihnen auf dem Platze der öffentlichen Meinung beigemessen werden kann, weshalb wir auch in den meisten Fällen, und zwar durch Uebertreibung, große Böcke schießen. Haben wir nun gar die Lobeserhebungen Anderer zu genießen, dann verurtheilen wir die Vernunft, welcher unser bester Mäkler sein würde, zum Schweigen und erwählen den plumpen menschlichen Respect zum Vermittler. Befinden sich auf dem Markte nur schlechte Waaren, so können unsere, wenn auch nur sehr mittelmäßigen Erzeugnisse einen großen Werth erlangen; machen dagegen die größten Künstler in geschlossener Reihe Concurrenz, so müssen unsere Leistungen schon sehr ausgezeichnet sein, wenn sie den unsichern Blick der dummen Menge, die Lob kauft und verkauft, auch nur einen Augenblick fesseln sollen. Dieser Grund erklärt eine Unzahl kleiner und großer Mysterien im Leben der Individuen und der Völker. Man versteht z. B., warum ein Mensch, der groß dasteht, wegen einfacher Uebersättigung eines geistigen Vermögens zweiten Ranges, so eingebildet sein könne. Man begreift, warum ein Mensch von mittelmäßigen Fähigkeiten, einen philosophischen Stoicismus heuchelnd, sich von der Welt abschließen, oder sich in einem Kreise nichtiger Menschen großthun könne. Man begreift endlich, warum ein Lichtchen, in einem dunklen Jahrhundert erschienen, für eine Sonne gehalten werden könne. Es giebt jedoch auch Gestirne, die in einem Meere von Licht zu glänzen wissen.

Die physiologischen Freuden des Selbstgefühls und der Beifallsliebe werden mehr vom Manne als von der Frau, besser im erwachsenen als im Jünglings- und Greisen-Alter genossen. Sie gedeihen übrigens in allen Klimaten, in allen Ländern und zu allen Zeiten gut. Sie erheitern das Leben der Individuen, und den Hauptfactor in der Civilisation der Völker bildend, sind sie geeignet, unsern Nachkommen neue Genußquellen zu erschließen.

Die Physiognomie dieser Genüsse bietet nur wenige Züge, weil dieselben ruhig genug sind um sich nach und nach in unserm Innern zu verbreiten. In den meisten Fällen thun die Augen das Vergnügen kund, indem sie auf ungewöhnliche Weise glänzen, während die Lippen sich zu einem stummen Lächeln verziehen. Zuweilen erhält der Ausdruck durch Händereiben, durch Sprünge, durch Freuden-Ausrufe oder durch andere wunderliche Bewegungen eine vielseitigere Gestaltung. Ein Jeder kann das eigene Gedächtniß zu Rathe ziehen und wird sich dann wohl so manchen Bildes seiner eigenen Gallerie erinnern.

Wir alle besitzen in dieser Beziehung sehr reiche Pinakotheken, die wir aus Scham vor den Augen Profaner sorgfältig verschlossen halten; und darin thun wir gut, denn die lächerlichen und unschönen Bilder befinden sich dort in überwiegender Mehrzahl.

7. Kapitel.

Von den halbpathologischen Genüssen der Ruhmbegierde und des Ehrgeizes.

Die Abstufungen, in welchen das Selbstgefühl in Hochmuth übergeht und die Beifallsliebe sich in Sucht nach Lob verwandelt, sind unzählig, und wir gelangen durch sie aus der Welt des Guten in die Welt des Bösen, ohne es kaum zu bemerken. Unter allen diesen Formen thun sich jedoch zwei Riesengestalten hervor, die durch ihre gewaltige Größe die Bewunderung auf sich ziehen, obgleich sie das tragende Postament oft theilweise auf dem Boden der moralischen Pathologie ruht. Sie heißen Ruhmbegierde und Ehrgeiz und vermögen, das Herz eines einzigen Menschen erfüllend, oft die Geschicke der ganzen Menschheit zu wenden.

Der Ruhm, vielleicht eines der größten Worte und eines der geringfügigsten Dinge, ist der höchste Punkt, den die Beifallsliebe erklimmen kann und auf welchem dieses Gefühl, den höchsten

Grad erreichend, seine vollständige Befriedigung findet. Der von der Sucht nach ihm erfüllte Mensch wirft, kaum in die Welt getreten, einen lüsternen und durchdringenden Blick auf das reiche Netz der Straßen, welche den menschlichen Geist führen, und eine schnelle Prüfung mit sich anstellend, mißt er die eigene Kraft an der Höhe des Ziels und zeichnet sich einen Weg, der ihn zur Unsterblichkeit führe. Sehr wenige Glückliche durchmessen mit einem einzigen Blick den eigenen Geist, das Jahrhundert, in welchem sie geboren, und die Entfernung, die sie zu durchlaufen haben, und sich dann blindlings auf eine Straße werfend, welche die Natur vielleicht für sie geschaffen hatte, laufen sie mit telegraphischer Schnelligkeit an das ihrem Dasein vorgesteckte Ziel. Fast alle Diejenigen jedoch, welche das Recht haben, nach Ruhm zu trachten, laufen, in den Mittelpunkt gebracht, der alle Wege der Wissenschaften wie Strahlen in sich zusammenzieht, unsinnig hierhin und dorthin, und wissen nicht, auf welcher Seite sie den Schritt fortsetzen sollen. Mit dem Blick verschlingen sie alle Wege und in ihrem jugendlichen Eifer möchten sie sich auf alle zu gleicher Zeit stürzen oder sie alle der Reihe nach durchlaufen. Nicht selten thun sie einige Schritte auf einem Pfade und kehren dann, ungeduldig über dessen Beschwerden oder dessen Länge, wieder in den Mittelpunkt, von dem sie ausgegangen, zurück, in ihrer thörichten Wuth die Natur, weil sie ihnen kein Jahrhunderte langes Leben gewährte, verfluchend. Schließlich aber werden sie doch von dem erfolglosen Streben und dem langen Kampfe erschöpft und lenken, den für sie unerreichbaren Regionen einen letzten sehnsüchtigen Gruß zuwerfend, still und ruhig, nicht selten auch zufriedenen Herzens, in einen der Wege ein.

Die Ruhmbegierde kann nur einem Genie erlaubt sein; in dem Munde mittelmäßiger Menschen klingt sie wie ein Hohn oder eine Lästerung. Die Größe dieser Leidenschaft ist der Höhe des sie lenkenden Geistes angemessen, und auch wenn sie sich zum Fanatismus steigert, entflammt und verzehrt sie zwar den Menschen, der sie fühlt, erleuchtet aber die Menschheit. Oft schon erbot sich das Genie als freiwilliges Opfer auf dem Altar der menschlichen Civilisation, und sich selbst verbrennend, leuchtete es inmitten der Dunkelheit hell auf, um dann ganz zu erlöschen. Es zündete seinen eigenen Scheiterhaufen an; doch die Menschheit, erleuchtet von jener Augenblicks-Sonne, hatte einen Schritt gethan und war dann in der Erwartung eines neuen Opfers und eines neuen Lichtblitzes stehen geblieben.

Wir können es wohl sagen: die Haufen, welche die menschliche Familie bilden, sind blinde Herren, die im Finstern herumtappen und ihre Schritte nach den Dämmen messen, in welche sie Raum und Zeit ihres Daseins einschließen. Eine ganze Menschen-Generation ist eine Formel, in welcher alle Factoren eine gemeinsame Eigenschaft, eine und dieselbe Natur besitzen, nur von verschiedenem Werthe. Aber ein einziges Genie erscheint und die erstaunten Augen der Menge wenden sich, Licht und Wärme suchend, ihm zu; es erleuchtet ihre Schritte und zwingt sie mit der Peitsche, einen Augenblick zu laufen, um die verlorene Zeit einzubringen, und so lange es glänzt, laufen die Menschen ihm nach. Ist das Feuer erloschen, das Gestirn untergegangen, so hat sich die Formel geändert und die Menschheit wandelt auf anderen Wegen.

Die Freuden des Ruhms glänzen wie Sonnen, sind aber nur um hohen Preis zu erwerben. Kaum schreitet das Genie auf dem Wege, welchen es sich vorgezeichnet hat, vorwärts, so treten ihm tausend Feinde entgegen, um ihn in seiner kühnen Wanderung aufzuhalten. Vorurtheile, Neid, Haß, Unwissenheit bereiten ihm auf Schritt und Tritt Schwierigkeiten, doch er muß muthig kämpfen, siegen und weiter schreiten. Das ist noch nicht alles: er trachtet begierig nach Beifallsbezeugungen, nach Lorbeerkränzen, nach Triumphen, aber sehr oft muß er lange Strecken durchlaufen, ohne daß ein einziges Händeklatschen seine ermatteten Geister frisch belebe, ohne daß eine mitleidsvolle Hand ihn in dem harten Kampfe unterstütze oder ihm am äußersten Horizont den ihn erwartenden Preis weise. Er wandelt allein und still und fürchtet deshalb oft den Weg verfehlt zu haben oder in einer Sprache zu sprechen, die Andere nicht verstehen können. Dann hält er wohl unschlüssig an und frägt sich selbst, ob er wache oder träume, ob er denke oder phantasire; bis er, beruhigt von dem eigenen Bewußtsein, welches seinen Geist in der ganzen Größe widerstrahlt, Muth faßt und weiter schreitet. Nicht selten wird der Ruhmbegierde erst gegen das Ende der langen Wanderung Befriedigung gewährt; zuweilen auch legt der Ruhm seine Krone erst auf einen Leichnam oder auf die Gebeine eines Grabes, über welche sich schon die kalten Archäologen hermachen wollten, nieder. Ein dem Ruhm geweihtes Leben ist fast immer zu vergleichen mit einem in Hoffnung erglänzenden Hintergrunde, auf welchem sich hier und da ein welkes Lorbeerblatt abhebt.

Das Aufleuchten des Ruhms, und sei es auch nur für einen Augenblick, entfaltet jedoch so viel Licht, daß es die Dunkelheit eines jahrelangen kummervollen und elenden Daseins erleuchtet. Dann erhebt der Mensch sich über sich selbst und bringt das Herz fast für einen Augenblick auf die Höhe der erhabenen Regionen des Geistes, damit Alles an dem wunderbaren Schauspiel, das sich von dort aus betrachten läßt, seine Freude habe. Der zügelloseste Fieberwahnsinn reicht in jenem Augenblick nicht aus, die Freudenfülle auszudrücken, welche, auf allen Seiten austretend, in den armen Mitteln unseres Organismus nicht Zeichen genug zu ihrer Darstellung findet. Und doch begnügt sich das Genie fast nie mit der höchsten Vergötterung, sondern, geführt von der entfesselten Phantasie, träumt es von noch größerm Ruhm, von noch glänzendern Triumphen und zählt mit der Gier eines Wucherers die Schätze seines Geistes, um zu sehen, ob es noch größern Vortheil aus ihnen ziehen könne.

Wenn die Ruhmbegierde nur ein einziges dem Genie vorbehaltenes Gewand hat, so hält der Ehrgeiz in seinen Magazinen Kleider von jedem Maße aufbewahrt, die sich den verschiedenen Größen des menschlichen Gehirns anpassen. Diese Leidenschaft ist weniger erhaben als die erstere und ist lange nicht so rein, weil sie stets ein krankhaftes Element in sich birgt. Die Ruhmbegierde zielt auf die Unsterblichkeit und bemißt die eigene Größe, nicht die Kleinheit Anderer; der Ehrgeiz dagegen trachtet vor Allem danach, Andere zu überwinden, seien es nun Schafe oder Löwen. Die erstere Leidenschaft läßt sich darstellen durch das Bild Jemandes, der, von einer erhabenen Begeisterung hingerissen, den Himmel betrachtet, wohingegen die letztere durch einen Menschen dargestellt werden kann, der von Bergeshöhe herab lächelnd einer unten im Thal wogenden Volksmenge zuschaut, die er durch Hinabrollen eines Felsstückes erschrecken könnte.

Der ruhmbegierige Mensch wendet sich an die Wahrheit und giebt sich nur mit einem verdienten Preise zufrieden; der ehrgeizige Mensch dagegen bedient sich aller großen und kleinen Leidenschaften, der Vorurtheile und Gemeinheiten, um in die Höhe zu kommen und kümmert sich wenig darum, ob der Thron, von welchem herab er sich brüstet, auf Schmutz oder auf Marmor ruhe. Ein anderer wesentlicher Unterschied zwischen den Freuden der Ruhmbegierde und jenen des Ehrgeizes besteht darin, daß die ersteren auch in der Stille eines Zimmers in voller Reinheit genossen werden können, während die letzteren nur in dem Wirbel der Thätigkeit und des Befehls glänzen. Der Ehrgeizige sehnt sich nach Macht und in seine Freuden mischt sich immer das intellectuelle Vergnügen, die Wucht des eigenen Willens auf Andere auszuüben.

Der Ehrgeizige kann Gutes thun, wenn es ihm von Nutzen ist, doch nur selten erwirbt er sich darin irgend ein Verdienst. Gewöhnlich ist er ein wahrhaft einseitiger von sich eingenommener Mensch, der von einer einzigen Fähigkeit ganz beherrscht wird und für welche letztere alle übrigen Gaben nur Werkzeuge oder Waaren sind. Er ist mit derselben Gleichgültigkeit egoistisch und großmüthig, getreu in seinem Worte und eidbrüchig, abergläubisch und skeptisch, Henker und Wohlthäter. Wenn solch ein erhabener Narr sich auch oft ohne Verbrechen zu großer Höhe emporschwingt, so hat er doch deshalb nicht das geringste Verdienst, denn die öffentliche Meinung, welche ihn erhob, hatte ihm eben auferlegt das Gute zu thun. Jedenfalls entscheidet schon die Volkssprache, dieser mustergültige Richter in so vielen Fragen, für sich allein, daß der Ehrgeiz eine neutrale, auf der Grenze zwischen Gut und Böse stehende Leidenschaft ist, welcher noch immer ein anderes Wort beigefügt werden muß, um deren moralischen Werth zu bestimmen. Man spricht deshalb von einem edlen Ehrgeiz und von einem gemeinen Ehrgeiz. — Die Freuden des Ehrgeizes sind so intensiv, daß sie allein zur Befriedigung des moralischen Lebens eines Individuums ausreichen, indem sie alle anderen Genüsse vertreten. Doch ist diese Leidenschaft noch unersättlicher als die Ruhmbegierde und wird zur wahren Tollheit, zu einer Raserei, die sich erst im Grabe legt. Der Ehrgeizige vergeht vor Freude bei dem ersten Ehrenpreise, den er erlangt, doch bleibt er keinen Augenblick stehen, sondern um sich schauend um zu erfahren ob die Schatten nicht irgend einen Nebenbuhler verbergen, stürzt er in fliegender Eile dahin, — zuerst zu Fuß, dann zu Pferde, zuletzt mit Dampf. Seine Locomotive eilt mit größter Spannkraft jählings vorwärts, ja, nicht einmal das gewöhnliche Brennmaterial genügt, die unmäßige Kraft, deren sie bedarf, zu erzeugen. In den glühenden Ofen seines Dampfkessels wirft er ganze Generationen von Menschen, und in der beständigen Furcht, daß das Feuer erlöschen könnte, geht er sogar soweit, seine eigenen Gefühlsregungen, Freundschaft, Liebe, ja das eigene Würdegefühl hineinzuschleudern. Wenn ihm nur ein Auge bleibt, um sich an dem blitzähnlichen Laufe, in welchem er die Welt durchzieht, erfreuen zu können, steckt er auch das eigene Herz in Brand und zerstört dessen Ueberreste. Oft zerberstet seine Maschine und er wird mitten auf seiner verwegenen Reise zu Boden geschmettert. Zerfetzt und dem Tode nahe tappt er dann noch zwischen den Trümmern herum, um zu erspähen ob sein Name sich gerettet habe, und bis zum letzten Athemzuge wagt er noch von neuen Maschinen und neuen Läufen zu träumen. Wäre Napoleon Herr von ganz Europa geworden, er würde doch nicht zufrieden gestorben sein.

Ruhmbegierde und Ehrgeiz sind Leidenschaften, die mit der Vernunft erstehen und erst zusammen mit dem Leben untergehen. In der Jugendzeit glänzen sie in lebhafterem Licht, in den darauf folgenden Lebensaltern aber schlagen ihre Flammen hoch auf. Ihre Freuden sind fast nur dem Manne vorbehalten; gelangt jedoch die Frau einmal dahin ihrer würdig zu sein, so erhebt sie sich auf unsere Höhe. — In allen Ländern und zu allen Zeiten gab es Märtyrer der Ruhmbegierde und des Ehrgeizes.

Das Genie kann eine neue Bildung schaffen, ohne sich ihr jedoch zu fügen, während der Ehrgeiz unter dem Anprall der Interessen und der Eitelkeit, in dem stürmischen Gedränge der socialen Mittelpunkte immer heftiger wächst. In Paris und London wird diese Krankheit sicherlich verbreiteter sein als auf den Bergen der Schweiz oder in den Wäldern Amerika's.

8. Kapitel.

Von den zusammengesetzten Genüssen des Selbstgefühls; — Philosophie der Belohnungen.

Das Selbstgefühl ist so sinnig mit allen Genüssen verbunden, daß ich es in der moralischen Organisation mit dem Zellengewebe vergleichen möchte. Es hält aus diesem Grunde sehr schwer, dasselbe in der mühsamen Analyse der menschlichen Leidenschaften vollständig von den anderen Affecten zu trennen.

Die Sinnengenüsse bilden, wenn sie sich den Befriedigungen des Selbstgefühls zugesellen, sehr viele Spiele und Unterhaltungen. Höchst selten zählt ein Festmahl oder ein Ball unter seinen Theilnehmern keine zahlreiche Schaar von Varietäten des Selbstgefühls. Oft sogar wird durch das Fest lediglich einer Eitelkeit Genüge geleistet, um welche herum sich auf tausenderlei Weise große und kleine Anmaßungen und Hoffärtigkeiten in jeder Form und Farbe schaaren.

Die Freuden der edelsten Gefühle oder der Verstandes-Thätigkeiten, auch sie haben stets zum unzertrennlichen Begleiter das Selbstgefühl, welches ihnen wie ihr eigener Schatten überall hin folgt und welches sich in den unschuldigsten Fällen damit begnügt, uns mit unserm eigenen Beifall zu trösten. Die Nächstenliebe und die Liebe zur Wissenschaft im Zustande absoluter Reinheit sind in den Museen des Guten nicht einmal als sehr seltene Dinge bekannt, ja ich fürchte sogar, daß die Chemiker, welche jene zwei Elemente als einfache Körper erklärten, sich getäuscht haben. Dieser Scherz soll jedoch dem Cyniker kein feines Lächeln abgewinnen, denn er darf nicht als Mangel an moralischem Glauben ausgelegt werden. Der Mensch trägt die eigene mangelhafte und unvollkommene Natur immer in sich, und die Erbsünde läßt ihren üblen Geruch in verschiedenem Grade vernehmen, vom Galgen bis zur Wohlthätigkeitsanstalt. Wären wir vollkommen, so hätten wir nicht mehr nöthig nach der Seligkeit des Himmels zu trachten.

Einige zusammengesetzte Genüsse des Selbstgefühls, die sich zu einer sehr natürlichen Gruppe vereinigen lassen, sind die Belohnungen. Schließt man von diesen diejenigen aus, welche dem Eigenthumsgefühl und anderen weniger edlen Bedürfnissen Genüge leisten, so sind die übrigen alle mehr oder weniger reine Befriedigungen des Selbstgefühls. Von dem Individuum, das sich selbst einen Spaziergang verspricht, wenn es sein Pensum beendigen wird, bis zum Gesetzgeber der allen ihm Gehorsam Leistenden eine Belohnung aussetzt, die vielleicht gar nicht existirt, wendet der Mensch immer einen moralischen Kunstgriff an, um eine an sich übermäßig schwere Arbeit leicht oder möglich zu machen. Es scheint in diesem Falle, als erkennen wir selbst demüthigst unsere Schwäche und als bedienen wir uns ihrer um das Gute zu erreichen.

Kaum dem Mutterschooße entsprossen, wenn unser Ohr anfängt die Laute zu unterscheiden und der unsichere und verworrene Verstand in schattenhaften Umrissen zu denken beginnt, beschwichtigt die Mutter unsere leichten Thränen und sagt uns, daß wir uns schämen müßten; oder sie zeigt uns als Beispiel ein größeres Brüderchen, welches das Verdienst hat nicht zu heulen. In uns erstehen alsdann, ohne daß wir es recht wissen, die ersten Regungen des Selbstgefühls, und indem wir uns Gewalt anthun und ein wahres Opfer vollbringen, zeigen wir uns der Siegespalme würdig. Der unmäßige Ehrgeiz Alexander's begann vielleicht auf diese Weise schon in den Windeln einer Wiege Lebenszeichen von sich zu geben. Noch Kinder, müssen wir unsere Spiele und die sorglosen Freuden unserer Freiheit verlassen, um uns dem Arbeitstische, auf den wir kaum hinauflangen können, zu nähern; mit unseren zarten Händchen müssen wir das fürchterliche Instrument der Feder ergreifen, müssen wir ein Leben der Arbeit beginnen. Wir wollen von der auferlegten Mühe nichts wissen und fangen an zu weinen, aber in unserm Innern regt sich die mörderische Waffe des Selbstgefühls und die uns vorgehaltene Lockspeise findet in uns immer einen gierigen Hunger vor, der nie gestillt werden kann. Das Versprechen eines einzigen lobenden Wortes macht uns den Hals unter das Joch beugen, und wir gehen ganz in Seligkeit auf, wenn wir dann am Ende der vom Schweiße feuchten und vielleicht mit unseren Thränen benetzten Seite, auf welcher unsere unerfahrene Hand die ersten Schreibversuche machte, das Wörtchen „gut" geschrieben sehen. Von nun an gleicht das ganze System der Erziehung des Herzens und des Geistes einem kunstreichen Fischfang und erinnert an jene alte Geschichte von den mit Honig vermischten bitteren Arzneien, an den Angelhaken mit dem Köder. Nachdem wir ein Drittel des Lebens verbraucht haben, um Arbeiter in der socialen Fabrik werden zu können, lachen wir mitleidig bei der Erinnerung an den ungeheuern Werth, den wir einem Worte oder einer Belohnung beigelegt haben; aber ohne es zu wissen treiben wir mit uns selbst den lächerlichsten und blutigsten Scherz, denn die Angel hängt noch vor uns und der Fischer hat nur die Lockspeise vertauscht, um sie kunstreich unserm Geschmack und dem größeren Umfang unseres gierigen Rachens anzupassen. Zuerst war es die Mutter mit ihren Liebkosungen und ermunternden Worten, dann kam der Lehrer mit seinen Auszeichnungen oder Prämien, jetzt ist's die ganze Gesellschaft mit ihren Beifallsbezeugungen, ihren Diplomen, Bändern und Kronen; immer aber Fischer und Fische, Angel und Köder.

Ueber dieses Argument ließe sich ein ganzes Buch mit Bemerkungen schreiben, und allein die Analyse der Freuden, welche ein kleines Stückchen Band einem Menschen bereiten kann, verdiente lange, freilich unerfreuliche Seiten. Ich will nur noch bemerken, daß auch Menschen, welche den Werth der Lockspeise zu prüfen verstehen und über den Betrug lachen, sich mit derselben Leichtigkeit wie die Anderen von der verrätherischen Angel übertölpeln lassen, wenn diese sich ihnen in einem Augenblick der Zerstreutheit oder des Heißhungers darbietet. Glücklich diejenigen, welche in ihren ruhigen Gewässern zu leben wissen; denn sie können von Herzen lachen beim Anblick der wunderlichen Bewegungen und des plumpen Zappelns der gläubigen Fischlein, in die Luft gehalten von der Angelruthe des Fischers, der sich damit unterhält, sie ohne Aufhören hin- und herhüpfen zu lassen.

9. Kapitel.

Pathologie des Selbstgefühls; — Genüsse des Hochmuths.

Allemal, wenn wir unser im Bewußtsein zurückgestrahltes geistiges Bild mit übergroßem Behagen betrachten, empfinden wir ein unreines Vergnügen und werden hochmüthig.

Dieses neue Gefühl ist in seinen niedrigsten Graden kaum vom Selbstgefühl zu unterscheiden, weshalb es auch noch zu den edlen Affecten gerechnet werden kann, wenn sich die physiologische Natur desselben durch ein gutes Beiwort bestimmen oder wenn es sich „Stolz" nennen läßt, ein Wort, mit welchem man übrigens besser die größte Reaction des Gefühls der eigenen Würde bezeichnet.

Der hochmüthige Mensch hat über alle Berechtigung hinaus Gefallen an sich selbst und an seinen Werken, und sich zum eigenen Richter aufwerfend, hält er sich für groß, edelmüthig und erhaben. Bald betrachtet er das eigene moralische Bild im Ganzen und hält sich für einen höheren Menschen, bald verweilt er nur bei einer Fläche des Polygons und stellt sich als ausgezeichneter Künstler, begabter Redner oder göttlicher Poet hin. Das Vergnügen, welches er empfindet, kann die höchsten Grade erreichen und ist nur im moralischen Sinne pathologisch, weil es das Wahrheitsgefühl und die gesammte Menschheit beleidigt.

Der Hochmuth ist immer lächerlich und plump, weil er durch Vereinigung von Bedürftigkeit und großer Begierde Wahres und Falsches, Großes und Kleines zu einem abscheulichen moralischen Zerrbild zusammenstellt. Er erzeugt in uns die Empfindung eines Zwerges, der auf Stelzen geht, eines Schauspiel-Tyrannen, der auch hinter den Coulissen, wenn er seine Staaten verlassen hat, mit Sr. Majestät angeredet sein will. Wäre dieses Zerrbild nur ein Scherz, so könnte man sich herzlich darüber lustig machen; aber unser von einer angemaßten Obergewalt beleidigtes Selbstgefühl lehnt sich dagegen auf und leidet darunter. Ueberlegene Menschen vermögen allerdings zuweilen über den Hochmuth zu lachen, doch formen sie in diesem Falle das Bild in den Reichen des Geistes; denn wenn dasselbe zum Herzen gelangte, würde es diesem sicherlich einen Stich versetzen, und wäre es auch nur ein Nadelstich.

Die Freuden des Hochmuths können nur von einem in Vierundsechszigstel-Format zusammengefalteten Geist, — wie ein berühmter Italiener gesagt haben würde — gekostet werden, weil sie von einer Irrung des Verstandes ausgehen. Der Hochmüthige hat stets ein Fernglas vor seinen Augen, wenn er über sich und Andere urtheilt, jedoch mit dem Unterschiede, daß er es im ersteren Falle wie gewöhnlich hält, d. h. das Ocular dem Auge zugewendet, weshalb er das eigene Bild millionenmal vergrößert sieht; im zweiten Falle dagegen, ohne es zu bemerken, das Instrument umdreht, das Objektivglas an's Auge hält und Alles ganz klein sieht. Solch' ein glücklicher Mensch irrt sich nie, und Niemand kann ihn je überzeugen, daß er die Dinge verkehrt anschaut. Er vertheidigt seinen Irrthum mit der ganzen Hartnäckigkeit der Unwissenheit, denn der Gedanke, Andere groß und sich selbst klein zu sehen, ist ihm unerträglich, und er fährt fort das ihn unterhaltende schöne optische Spiel zu genießen. Glücklich er, der ohne Mühe die Lorbern pflücken kann, welche er in seinem Garten für sich selbst pflegt; glücklich er, der in seiner ganzen Unbefangenheit sich selbst Beifall klatschen kann. Aus seinem ruhigen Wohlgefallen vermögen ihn weder das Gelächter noch die Pfiffe der über solche Unverschämtheit erstaunten Menge zu reißen. Spott und Verachtung gelten ihm als vom Neid Mittelmäßiger gegen seinen Coloß geschleuderte Waffen, und mit ruchloser Profanation sich zu den nicht verstandenen Geistern zählend, hüllt er sich majestätisch in den Mantel einer großmüthigen Gnade oder doch wenigstens einer philosophischen Ergebung.

Doch selten erscheint der Hochmuth in so fabelhafter Größe, meistentheils ist er erbärmlich und plump. Alsdann läßt ab und zu die Wahrheit ihre Stimme vernehmen, so daß die blassen und einsamen Freuden stetig mit Aerger und Niedergeschlagenheit abwechseln. Aber ein hochmüthiger Mensch, auch wenn die Peitsche der Wahrheit ihn bis zur Erde beugt und das Gelächter einer Menge Volks ihn übermannt, giebt sich nie als ganz besiegt; sondern in sich gehend, kommt er immer wieder zu dem Satze: „ich bin ein großer Mensch.“

Die Freuden des Hochmuths haben alle eine sehr lächerliche Physiognomie und können nur von dem Pinsel eines Carricaturmalers würdig dargestellt werden. Der in seinem Hochmuth befriedigte Mensch trägt in seinen Zügen immer etwas Kümmerliches und Schwülstiges, er streckt und reckt sich mit außerordentlicher Muskelanstrengung, nur um wenige Linien an Höhe zu gewinnen, dafür aber auch gleichzeitig eine Spanne an Größe einzubüßen. Der Ausdruck dieser Freuden ist so charakteristisch, daß ich mich nicht mit dessen Beschreibung aufhalten will, sondern meine Leser auf die schönen Gestalten, die Engel und Lavater davon entworfen, sowie auf die umherstolzirenden oder häufiger noch in Carossen die Straßen unserer Städte durchfahrenden lebenden Exemplare verweisen möchte.

Diese Freuden sind allen Lebensaltern, allen Ländern und Zeiten eigen. Sie gedeihen jedoch kräftiger beim männlichen Geschlecht, im erwachsenen Alter und bei civilisirten Völkern.

Der Einfluß dieser erbärmlichen Genüsse ist sehr nachtheilig und erstreckt sich auf alle Geistes- und Herzenskräfte. Da dieselben ohne die Unwissenheit, ihre rechtmäßige Mutter, nicht existiren können, so hassen sie die Wissenschaft und setzen unserer Vervollkommnung sehr beschränkte Grenzen. Außerdem wird der

Hochmüthige, da er sich mit Schminke, Perrücke und Mantel bedeckt, in seinen Bewegungen gehindert, so daß er sich weder der Fröhlichkeit hingeben kann, ohne den Prunk der gekünstelten Falten zu gefährden, noch sich bücken kann um eine Blume zu pflücken oder einem Leidenden Beistand zu leisten, ohne das Geknarre des maschinenhaften Systems von Federn und Hebeln, in welches er sich wie in ein Futteral steckt, vernehmen zu lassen.

10. Kapitel.

Pathologie der Beifallsliebe; — Genüsse der Eitelkeit.

Der Hochmuth schließt sich im Zustande der Reinheit in sich selbst ein, doch leicht gelingt es ihm durch die zahlreichen Risse seiner Hülle zu dringen, und nachdem er sich in der ihn umgebenden Welt verbreitet hat, kehrt er in sein Papierhaus plumper und unförmlicher zurück um den Namen „Eitelkeit" anzunehmen, welche sich zum Hochmuth verhält, wie die Beifallsliebe zum Selbstgefühl. Es ist natürlich, daß, wer sich sehr hoch schätzt, auch Lobreden und Ehrenpreise verlangt.

Der reine Hochmuth ist in seiner Wesenheit höchst einfach, während die Eitelkeit, aus allen socialen Elementen zusammengesetzt, ein ganzes Arsenal von Formen darbietet, von denen die einen immer lächerlicher sind als die anderen. Diese finden sich in einem ungeheuren Museum ohne Ordnung aufeinander gehäuft; da ich jedoch genöthigt bin dasselbe auf wenigen Seiten zu durchlaufen, so muß ich jene moralischen Objekte in drei Klassen ordnen, nämlich in physische, moralische und intellektuelle Eitelkeiten.

Die außerhalb unseres Ich's reflektirte Liebe unseres physischen Bildes bildet die erste Form der Eitelkeit, welche nichts anderes ist als ein Bedürfniß, unsere Schönheit bewundert zu fühlen. Diese Leidenschaft ist sehr klein, aber doch anmaßend und launenhaft, und bildet fast ausschließlich eine Freudenquelle für das weibliche Geschlecht, welches sie wie einen Gott verehrt, weshalb ich, um ihre undurchdringlichen Geheimnisse enthüllen zu können, einen Augenblick lang Frau sein müßte. Wir wollen hoffen, daß es nicht an einer Solchen fehlen wird, die Muth genug hat, uns die moralischen Schätze der Freuden aufzudecken, welche — von der Toilette zum Ballfest, vom Studium der elegantesten Manier den Handschuh auf die Finger zu streifen, bis zu den großen Hülfsmitteln eines fabelhaft reservirten Blickes — von ihrem Geschlecht empfunden werden. Wenn ihr Geschlecht sie für die Profanation des Allerheiligsten züchtigen wollte, so möge sie nur in unsere Schaaren flüchten, wo man ihr gern ein sicheres Asyl bereiten wird.

Die physische Eitelkeit in ihren geringeren Graden und in ihrer harmlosesten Form ist die Ursache eines großen Theils jener verzeihlichen Sünden, deren wir uns fast täglich, ohne es zu wissen, schuldig machen. Wenn wir unsere Augen, unsere Haare, unsere Hosen loben hören, so empfinden wir stets ein gewisses Vergnügen, welches je nach dem Grad unserer moralischen Kleinheit variirt; obgleich wir mitunter selbst über das Lob oder Verdienst, welches unsere Eitelkeit sich zueignen möchte, lachen. Die Freude, welche wir in solchen Fällen empfinden, ist natürlich und fast ganz unschuldig, wenn uns das Lob von einer Person des andern Geschlechts gemacht wird; denn es ist einmal Naturgesetz, daß Mann und Frau sich gegenseitig zu gefallen suchen müssen, indem sie einander durch Verführung den Krieg erklären.

Die Schuld wächst um einen Grad, wenn wir selbst eine gewisse Kunst aufwenden, um uns schön und des Lobes, das wir aus Instinkt und Erfahrung unserm Herzen so werth gefunden haben, würdig zu machen. Die Natur übt jedoch in diesen Freuden, im Vergleich mit der Erziehung, einen sehr großen Einfluß aus, und die Befriedigungen der Eitelkeit beginnen schon in den ersten Jahren unseres Lebens uns zu erfreuen. Alle können bei Kindern den Unterschied, der in dieser Beziehung zwischen den beiden Geschlechtern existirt, beobachten. Der Knabe schreit, lärmt und spielt für sich, ohne sich meistentheils darum zu kümmern, ob man ihn beobachtet; das Mädchen hingegen, wenn es seine Puppe in Gegenwart anderer Personen ankleidet, wirft verstohlene Blicke, um zu sehen, ob es beobachtet wird, und verwendet eine gewisse Aufmerksamkeit darauf, ihren Bewegungen eine gewisse Eleganz zu verleihen. Diese ganz einfache, selbst den weniger aufmerksamen Beobachtern in die Augen fallende Thatsache entschleiert uns das Mysterium zweier Wesen, die moralische Formel der zwei Geschlechter.

Diese harmlosen Vergehen gewähren uns jedoch nur sehr schwache Genüsse; erst in ihren höheren Graden, wenn sie zu einer wahren Leidenschaft wird, bietet die Eitelkeit dem ihr Huldigenden größere Genüsse, welche schließlich für diesen zu einem wirklichen Bedürfnisse werden. Die Frau, eitel im wahrsten Sinne des Wortes, studirt sich selbst in allen ihren Bewegungen und in dem ganzen Aeußern ihrer Person und sucht aus den ihr von der Natur verliehenen Kapitalien die größten Vortheile zu ziehen, sowie mit allen Mitteln der Kunst etwaige Unvollkommenheiten zu verbergen. Von Natur zerstreut, gelingt es ihr doch mit dem Willen den schärfsten und beharrlichsten Beobachtungsgeist zu erwerben; ungeduldig und wankelmüthig, wie sie ist, widmet sie sich doch den langen Torturen der Toilette und sitzt stundenlang vor dem Spiegel, wo sie die Mimik, ja die Kunst, mit Eleganz die Lippen zu bewegen, lernt. Für die mühseligsten Opfer findet sie hundertfache Entschädigung, wenn sie, in den Conversationssaal tretend, Aller Augen auf sich gerichtet sieht und von Aller Mund Worte der Bewunderung und des Lobes vernimmt. Dann neigt sie schüchtern die Augen und wird roth. Doch ist es nicht die Scham, die ihr das Blut in die Wangen treibt, sondern die Freudenfülle, die sie überfluthet und die sie ganz in sich verbergen, allmählich ganz verschlucken muß, auf die Gefahr hin, davon erstickt zu werden. Dabei vergißt sie aber sich selbst keinen Augenblick; sondern langsam vorwärts schreitend, nach dem Stuhle hin, den ihr tausend Anbeter um die Wette anbieten, studirt sie die Bewegungen der Füße und des ganzen Körpers. Bei den Blicken, die sie um sich zu werfen wagt, erinnert sie sich der am Spiegel erlernten Bewegungen, — von dem schüchternen Neigen der Wimpern bis zu dem fürchterlichen Aufblitzen der Augen in ihrer ganzen Leidenschaft; — und in ihrer Großmuth vergißt sie Keinen von den Vielen, die ihr huldigen, sondern schenkt jedem, auch dem häßlichsten und ältesten ihrer Anbeter, einen Blick. Wenn ihre Augen unfreiwilliger Weise einen Augenblick länger als nöthig auf Jemandem ruhten, so gleicht sie das Versehen ihres Herzens schnell wieder aus und wendet dieselben den elenden Sterblichen zu, die schon lange Leben und Licht aus ihnen erwarteten. Mit einem einzigen Zucken ihrer Wimpern scheint sie dann diese für die grausame Vergessenheit zu entschädigen, indem sie einen Strahl voll Wohlwollen und Entschuldigung über sie ergießt. Nicht selten heuchelt sie dort, wo sie eine tiefere Wunde schlagen will, Gleichgültigkeit oder Geringschätzung; und das lange Abwenden ihrer ersehnten Augen mit den feurigsten und stürmischsten Blicken abwechselnd, gefällt sie sich darin, das an einem ihrer Winke hängende Opfer bald vor Freude erzittern, bald vor Schmerz erbleichen zu machen. Und wer kann wohl je alle Geheimnisse der machiavellischsten Politik, die ihre dunklen Künste in den Kabinetten schöner Frauen verbürgt, enthüllen? Kommt Euch je eine der Eitelkeit beschuldigte Frau zu Gesicht, die Ihr gern davon freisprechen möchtet, weil Ihr sie in prunkloser oder vielleicht auch vernachlässigter Toilette angetroffen, schauet sie nur von Kopf bis Fuß ordentlich an, denn kein Haar ist von selbst in Unordnung gerathen, keine Falte ihres Kleides ist zufällig. Vergesset nie, daß eine eitle Frau, und wäre sie auch gezwungen, bis in die Ewigkeit hinein allein zu leben, sich schon um ihrer selbst willen schön machen würde, ja sterbend würde sie sich vielleicht noch ein verführerisches und würdevolles Aussehen zu geben suchen.

Ist die Frau nun Meisterin in den Freuden der Eitelkeit, so steht ihr doch auch der Mann sehr oft ebenbürtig zur Seite, mit dem Unterschiede, daß sein Vergehen dann ein sehr viel größeres ist. Es ist wohl nichts Seltenes, daß der Mann, auf dem Wege einen Besuch zu machen und nachdem er schon an die Thür geklopft, sich noch einmal schnell den Schnurrbart dreht oder einen kleinen Spiegel flüchtig zu Rathe zieht, um zu sehen, ob das Haar noch jene künstlerische Fassung bewahrt, die ihm ein gehobenes Aussehen geben soll. Wie oft lacht nicht auch der Mann mehr als nöthig ist, nur um seine blendend weißen Zähne zu zeigen; wie oft läßt er nicht seine Hand mit erkünstelter Gleichgültigkeit auf dem Conversationstische ruhen, weil dieselbe schon so manches Mal die Bewunderung auf sich zog. Auch ein Mann, der die Genüsse des Ruhmes gekostet hat, vergißt nicht immer die bescheidenen Freuden der Eitelkeit, und sich in Kleidung und Gang einem übertriebenen Cynismus hingebend, lacht er von Herzen, wenn die Leute ihn betrachten und mit Fingern auf ihn zeigen. Große Männer haben oft nicht verschmäht, vor dem Spiegel die Unordnung der Haare oder den nachlässigen Knoten der Halsbinde zu studiren, und beim Zuknöpfen ihres Rockes sich in der Reihenfolge der Knöpfe absichtlich zu versehen.

Die moralische Eitelkeit tritt weniger bestimmt auf als die vorher erwähnte, ist aber an Freuden und Vergehen nicht weniger reich. In den niedrigeren Graden gefällt sich der Mensch nur auf übertriebene Weise an den Lobeserhebungen, die den Eigenschaften seines Herzens gezollt werden; in den höheren Graden dagegen übertreibt er das Verdienst seiner guten Handlungen oder thut diese, indem er sich zu einer wahren Gefühlsheuchelei versteigt, überhaupt nur des Lobes wegen. Jeder gute oder böse Affect kann seine Eitelkeiten haben, und obgleich es auf diesem Gebiete der Abstufungen, welche den Uebergang vom Guten zum Bösen bilden, unzähliche giebt, vermögen wir doch sehr gut die Grenzen zwischen Physiologie und Pathologie festzustellen. Ein Mensch, der im öffentlichen Lokale einem ihn anflehenden Bettler mit verstellter Gleichgültigkeit eine Silbermünze zuwirft und sich an dem Erstaunen, das seine ungewöhnliche Barmherzigkeit bei den übrigen Anwesenden hervorruft, erfreut, empfindet ein pathologisches Vergnügen. Eines gleichen Vergehens macht sich Derjenige schuldig, welcher auf seinem Tische alle vielleicht seit einem Monat erhaltenen Briefe liegen läßt, um glauben zu machen, daß er sie alle im Laufe des Tages erhalten habe. Auch ein Mensch, der mit Abscheu die Tödtung eines vielleicht für seinen eigenen Tisch bestimmten Huhnes flieht, sowie ein solcher, der nicht Graf genannt sein will und, gleichsam aus Mißachtung, sein eigenes Wappenschild am verächtlichsten Ort seines Hauses ausstellt, sind würdige Brüder der Erstgenannten.

Drei Formen der moralischen Eitelkeit sind die häufigsten. Die erste umfaßt alle abscheulichen und niedrigen Auswüchse des eigenen Würde- und des Ehrgefühls, sowie alle rhachitischen und unnatürlichen Zustände, welche aus der gestörten Entwickelung des Ehrgeizes entspringen; die zweite Form begreift alle Heucheleien der Wohlthätigkeit und der großmüthigen Gefühle in sich; während die dritte das Gefühl im Allgemeinen umfaßt und uns Gefallen daran empfinden läßt, für zart und empfindlich gehalten zu werden. Diese letztere Form der Eitelkeit zeigt sich häufiger bei Frauen, sowie bei einer lächerlichen Klasse Männer, die sich mit einem zarten Gefühl besaitet glauben, weil sie den Tabaksgeruch nicht ausstehen können und weil sie bleich und mager sind.

Die moralische Eitelkeit jedoch bleibt, unter welcher Gestalt sie auch immer auftreten möge, die widerwärtigste und lächerlichste. Sie ist stets niedrig und gemein und man kann so leicht keine Nachsicht mit ihr haben, weil sie das Gefühl dem niedrigsten Zwecke dienstbar macht und es dadurch schändet. Die physische Eitelkeit bringt uns durch ihre plumpe Naivetät wie eine wahre moralische Carricatur sehr oft zum Lachen, oder aber sie interessirt uns durch die Vollkommenheit ihrer künstlichen Mittel. Auf jeden Fall ist sie eine ungefährliche Leidenschaft, die sich Scepter oder Krone eines Königs anmaßt und die immer eine Harmonie aufweist zwischen der Erbärmlichkeit des Zweckes und der Unzulänglichkeit der Mittel. Die moralische Eitelkeit hingegen kann uns fast nie ein ungezwungenes und offenherziges Lachen abgewinnen, weil sie immer eine widernatürliche Form hat und eine wahre Entheiligung des Herzens ist, welche das Gefühl der menschlichen Würde in uns beleidigt.

Auch der Verstand hat seine besondere Eitelkeit, und jedes unseren intellectuellen Fähigkeiten gezollte unverhältnißmäßige Lob kann eine unreine Freude in uns erwecken. Sobald wir uns die Schmeichelei auf künstlichem Wege zu verschaffen suchen, sind wir Heuchler im Verstande wie wir es vorher im Herzen waren. Diese widernatürlichen Genüsse sind denen der moralischen Eitelkeit sehr ähnlich, sie sind vielleicht lauer aber nicht weniger unwürdig. Der gesunde Menschenverstand beurtheilt die Erbärmlichkeit dieser Genüsse auf den ersten Blick, indem er sie Anwandlungen der Hoffart, der Ehrsucht, des krankhaften Selbstgefühls nennt. Der Moralphilosoph klassificirt sie unverfroren in seiner Klinik; aber in sich gehend, stößt er fast immer auf eine lange Reihe ähnlicher kleiner Vergehen oder ähnlicher Gewissensbisse. Ein Mensch, der Verse machen kann und, — sich deshalb gleich für einen Dichter haltend, — die Ergüsse seiner Phantasie beständig in der Tasche trägt, um das erste Ohrenpaar, das sich höflicher Weise seinem Ruhmesdurst zur Verfügung stellt, zu langweilen, empfindet ganz gewiß krankhafte Freuden. Ein Schriftsteller, der sein letztes Werkchen unter einem Haufen Bücher auf seinem Tische vergraben liegen läßt, auf eine Weise, daß dasselbe wie durch Zufall nichts weiter als den Namen des Autors zeigt, empfindet ebenfalls eine unreine Freude, wenn Jemand so glücklich ist die kostbare Arbeit, welche sich mit so unbefangener Demuth zu verstecken schien, zu entdecken. Ein Studirender, der sein ganzes Zimmer mit englischen, griechischen oder spanischen Büchern verstellt, will Allen zeigen, daß er sie lesen kann. Mitunter läßt er wohl die Lampe bis Mittag noch auf seinem Studirtische stehen, um Jedem, der in sein Zimmer tritt, kund zu thun, daß er die ganze Nacht gewacht und über einem Stoße Bücher, die alle aufgeschlagen übereinander liegen und zwischen den Blättern unzählige Notizen auf Papier von jeder Farbe und jeder Größe eingeschaltet tragen, geschwitzt habe. Die Schriftsteller aller Dimensionen wollen mir verzeihen, wenn ich hier einige Nachtseiten ihrer Eitelkeitspolitik enthüllt habe; aber die Natur meines Buches machte eben die Anführung eines Beispieles nöthig. Wenn sie übrigens das eigene Bewußtsein zu Rathe ziehen, werden sie finden, daß ich mit Mäßigung vorgegangen bin und noch nicht die lächerlichsten und unglaublichsten ihrer eitlen Regungen aufgedeckt habe. Ich verzeihe ihnen inzwischen alle ihre krankhaften Freuden von ganzem Herzen, wenn sie ihre Vergehen nur mit ein wenig Salz aufwiegen. — Alle Freuden der Eitelkeit, die wir künstlich in drei Klassen getheilt haben, sind nur in ihrem Ursprung von einander verschieden und erwachsen alle aus der Befriedigung einer ausgearteten oder bis zu einem krankhaften Grad gesteigerten Beifallsliebe. Meistentheils vereinigen sie sich auf verschiedene Art und Weise bei einem und demselben Individuum, welches sich nur dann der Pflege eines bestimmten Zweiges hingibt, wenn es auf eine größere Ernte hofft. Alsdann opfert es zuweilen die beiden kleineren Sprößlinge derselben Pflanze, damit der Lieblingssprößling kräftiger gedeihe. Bei der schweren Wahl helfen uns unser Bewußtsein und die öffentliche Meinung entscheiden. Da die Pflanze der Eitelkeit von Dauer und großer Lebenskraft ist, so treibt sie beständig zarte Schößlinge, selbst an den kurzen Stümpfen, weshalb, wenn sie uns auch nur einen einzigen sehr hohen und geraden Stamm darbieten kann, dieser an der Erde von einer ganzen Familie Sproßen wie im Kreise umgeben ist. Eine Frau z. B., die nach einer Selbstprüfung gefunden hat, daß ihr Herz und ihr Geist sehr wenig versprechen, widmet sich ganz besonders der physischen Eitelkeit, um so mehr, als die Schönheit in ihrem Geschlecht von der sie umgebenden Welt höher geschätzt wird und sie sich bereits überzeugt hat, daß die Beifall zollende oder zischende Menge sie eher für eine reizvolle Bewegung des Leibes oder ein gekünsteltes Schaukeln eines übermüthigen, bald unter dem Kleide hervorguckenden, bald wieder darunter verschwindenden Füßchens belohnen wird, als für die köstlichsten Schätze des Geistes und des Herzens.

Die Eitelkeit ist in allen ihren Formen dem Herzen immer verhängnißvoll, indem sie dasselbe schwindsüchtig macht oder ertödtet. Eine Pflanze, die sich unter der Scheere des Gärtners biegt und formt, kann nie hoch und majestätisch emporwachsen, sondern rhachitisch und verunstaltet, trägt sie weder Blüthen noch Früchte. Eine Frau, die Allen gefallen will, kann Niemanden recht lieben, und wenn der Mann ihr Herz begehrt, weiß sie es nicht zu finden, weil sie es zerstückelt und allen ihren Verehrern — als wären es lauter Amseln — einen kleinen Bissen davon gegeben hat. Oft nimmt sie die Leere wahr und setzt an Stelle des kostbaren Eingeweides, das sie geschändet, ein künstliches Herz von Pappe, welches zuweilen kurzsichtige Männer zu täuschen vermag. Solche Herzen haben, wenn nichts anderes, so doch den Vortheil, daß sie Aufregungen zu widerstehen wissen und nie altern. Möge der gütige Himmel Euch von ihnen fern halten!

Die Freuden sind allen Lebensaltern eigen, jedoch kann die physische Eitelkeit natürlich nur in den Jugendjahren glänzen, wenn sie sonst nicht Gefahr laufen will, sogar von Kindern ausgelacht zu werden. Die anderen beiden Formen dagegen lassen sich besser im erwachsenen Alter betreiben. Die Civilisation kommt diesen Leidenschaften sehr zu Gunsten, denn wunderlich und launenhaft, wie sie sind, finden sie in den Modemagazinen stets neue Kleider, um eine Puppe zu maskiren, welche immer dieselbe bleibt. Uebrigens glaube ich, daß auch im Paradiese diese Vergehen an der Tagesordnung gewesen sein mußten und daß vielleicht auch am jüngsten Tage die Männer um den Vorrang der Sitze wetteifern, und die Frauen sich abmühen werden, zu gefallen.

Die Genüsse der Eitelkeit verbergen sich auf so künstliche Weise, daß ihre Physiognomie sehr wenig bekannt ist. Mitunter leuchten sie jedoch so hell auf, daß die Augen funkeln und die ganze Physiognomie davon widerstrahlt. Oft ist die Ausdehnung des Genusses verschieden und der eitle Mensch reibt sich, in sein eigenes Zimmer zurückgekehrt, die Hände, lacht vor seinem Spiegel und gibt sich, indem er springt, Geberden schneidet, spricht oder singt, der ausgelassensten Lustigkeit hin.

11. Kapitel.

Von den physiologischen Genüssen, welche die erste Person des Zeitworts „haben" bietet.

Obgleich einige Philosophen, die sich den Menschen nach ihrem Gehirn bilden, behaupten: daß das Eigenthumsgefühl nicht von Natur aus in uns liege, sondern vielmehr eine der traurigen Folgen der Civilisation sei, welche den Menschen den glücklichen Wäldern und der rohen Nahrung entriß, um ihn in die Brutstätten der Verderbtheit und in das sündliche Leben unserer Städte zu treiben, so bleibt es doch immer wahr, daß in allen Sprachen der Welt die Wörtchen mein und Dein einen ungeheuern Werth hatten, weshalb man wohl an Stelle einer Physiologie derselben eben so gut die Geschichte der Menschheit schreiben könnte. Ein kleines Kind, das kaum ein Dutzend Wörter kennt, ergreift das Naschwerk, welches ihm geschenkt worden, mit wahrer Hast und vertheidigt es, wenn Jemand thut als wolle er es ihm nehmen, mit der ganzen Kraft seiner zarten Aermchen, indem es weinend schreit: das ist mein. Ein König, der über Millionen von Menschen befiehlt, erhebt, wenn ihm einer seiner Nachbarn eine Spanne Gebiet wegnimmt, sofort das Kriegsgeschrei, und die eigenen Rechte mit einem Meere von Blut zurückerobernd, ruft er mit triumphirender Miene: das ist mein. Zwischen diesem Kinde und jenem Könige stehen alle Menschen, welche das Wort mein auf die größtmögliche Zahl von Gegenständen ausdehnen wollen, stehen die Gerichte, welche mit dem Verluste der Freiheit den bestrafen, der einen moralischen Fehler im Gebrauch der besitzanzeigenden Fürwörter begeht; stehen endlich die Mysterien, welche das fürchterliche Zeitwort haben in seiner Conjugation birgt. Man schaffe das Eigenthum ab und das gesellschaftliche Band wird zerrissen, man suche die Hirngespinste des Communismus zu verwirklichen und die Menschen, die sich lieben und achten, werden sich wie Wölfe um eine blutige Beute streiten. Glücklicherweise finden die phantastischen Träumereien der Philosophen nur bei einem geringen Bruchtheil des Volkes ein Echo, sie können aber weder die Naturgesetze umstoßen noch den Lauf der moralischen Welt um einen Schritt aufhalten. Wenn einige Wilde den Unterschied zwischen Nehmen und Rauben nicht kennen, wenn sie, ohne eigen Haus und Feld, in den Wäldern herumstreifen, so vertheidigen sie sich doch gegen den rohen Gefährten, der ihnen die Nahrung vor den Lippen wegschnappen will, so kennen sie doch immer die Wörtchen mein und Dein, besitzen also das Gefühl des Eigenthums. Sollte es wirklich eine Sprache geben, welche diese Wörtchen in ihrem Vokabelschatz nicht kennt, so fehlt dieses Gefühl deshalb noch nicht, sondern befindet sich nur in einem Zustande der Ungewißheit und Verwirrung. Vielleicht fühlt sogar der Hahn, der seinen Serail vor den Ansprüchen eines Rivalen vertheidigt, das mein und Dein, ohne weiter eine Vorstellung davon zu haben.

Das Eigenthumsgefühl drängt uns zum Suchen und tröstet uns durch das „Haben" für unsere Mühen. Der physiologische Affect wird jedoch erst befriedigt, wenn wir das Recht zum Besitze haben und vor der ganzen Welt diesen oder jenen Gegenstand unser nennen können. Dann drücken wir demselben mit diesem Wörtchen geistig so zu sagen ein unsichtbares Siegel auf, das ihn unseren Augen lieb und interessant macht. Es scheint, als ob sich auf dem Gegenstande, der unser ist, ein Merkmal unserer Individualität abzeichne, so daß derselbe einen Strahl unseres Ich's in uns reflectirt, der ihn verklärt und in einem glänzenden und lieblichen Lichte schimmern läßt. Wir können die Empfindung, welche uns der Anblick eines Gegenstandes, der nicht unser ist, gewährt, in unserm Innern sehr gut mit jener vergleichen, welche wir beim Anblick eines Gegenstandes haben, der uns gehört. Im ersteren Falle beschauen und begehren wir, im letzteren Falle hingegen betrachten und lieben wir, und die Empfindung ist, weil von einem Affect begleitet, beinahe warm.

Der einfachste Genuß, der uns aus diesem Gefühl ersprießt, besteht darin, solchen Gegenständen, die wir schon durch das Recht der Erbschaft besaßen, — vielleicht noch bevor dieses Gefühl überhaupt in uns erwachte, — unsere Aufmerksamkeit zuzuwenden. Wir finden dann Trost in unserm Reichthum und sind froh, einen schönen und kostbaren Gegenstand zu besitzen, je nachdem wir unsern beobachtenden Blick auf einen mehr oder weniger weiten Gesichtskreis ausdehnen. Die Freuden sind in diesem Falle sehr matt, weil ihnen keine Begierde vorausging und weil wir schon Besitzer waren, bevor noch unser Herz schlug. Die größten Freuden, die uns das Zeitwort haben bietet, sind diejenigen, welche, der natürlichsten und ursprünglichsten Ordnung der Dinge folgend, das Zeitwort suchen zur nothwendigen Einleitung haben; ihr Grad steht immer in direkter Beziehung zur Stärke der Begierde und nicht etwa zum Werth der Sache. Ein Bücherliebhaber, der nach jahrelangem ungeduldigem Suchen endlich Besitzer eines seltenen, seiner Bibliothek noch fehlenden Büchelchens wird, empfindet gewiß eine viel größere Freude als ein mächtiger Herrscher, der gähnend die Nachricht empfängt, daß die siegreichen Waffen seiner Generale seinem Reiche eine neue Provinz hinzugefügt haben. Nicht selten vereinigen sich die Genüsse des Selbstgefühls mit den Freuden dieses Affekts, und kein geringes Vergnügen ist es für uns, Freunden und Bekannten unsere Besitzungen oder kostbaren Sammlungen zeigen zu können.

Alle Gegenstände, die unser sind, können uns einige Freuden bereiten, welche in ihrer Natur sehr wenig von einander abweichen. Im Allgemeinen genießt man die vollständigste Freude des Besitzes beim Betrachten eines kleinen Gegenstandes, den man in den Händen halten und in der Tasche aufbewahren kann. In diesem Falle scheint das besitzanzeigende Fürwort um einen Grad zu steigen und ein Comparativ zu werden, und das Eigenthumsgefühl wird in einer seiner innersten moralischen Natur am meisten entsprechenden Weise befriedigt. Wenn ein Gegenstand zu groß ist, um von uns bewegt und transportirt werden zu können, mag er unser sein so lang er will, aber wir fühlen, daß er leicht seinen Besitzer ändern könne; wohingegen ein kleiner Gegenstand, der sich in der Hand verschließen läßt, so gut wie einen Theil von uns selbst ausmacht und wirklich unser ist. Ein reiches Kind, das von seinem Vater einen großen Garten zum Geschenk erhält, freut sich, drückt aber seine Freude in ruhiger Weise aus; wird es dagegen mit einem eleganten Kleinod beschenkt, so lacht und hüpft es wie ein Heimchen, und nachdem es das erhaltene Geschenk auf alle mögliche Weise gehandhabt hat, steckt es dasselbe triumphirend in die Tasche oder beeilt sich es zu verschließen. Man kann wohl sagen, daß die beweglichen Güter uns viel mehr gehören als die unbeweglichen; denn wenn die letzteren eine größere Freude gewähren, so entspringt dieselbe nicht aus dem reinen Eigenthumsgefühl, sondern aus der Hoffnung, in Zukunft andere Freuden des Besitzes zu genießen, welche uns unser Haus und Hof eintragen werden. Wer den Unterschied nicht erkennen sollte, der stelle sich vor, eine Camee und einen Weinberg zu besitzen und vergleiche die beiden Freudengefühle miteinander.

Es giebt jedoch ein Ding von ganz besonderer Art, welches dem Eigenthumsgefühl die höchsten Freuden gewährt, und wenn wir es wollüstig in unserer Hand hüpfen lassen, fühlen wir, daß es mehr als alles andere unser ist und daß das besitzanzeigende Fürwort in diesem Falle den Superlativ erreicht. Das Geld vereinigt in sich die idealen und stillen Freuden, welche uns die unbeweglichen Güter gewähren und die plastischen und lebhaften Genüsse der beweglichen Güter; es bleibt unveränderlich, wenn wir es im Schrank aufbewahren, verwandelt sich aber auf tausenderlei Weise, sobald wir es den stürmischen Bewegungen des Verkehrs, für welchen es geboren ist, übergeben und verschafft uns dann alle Arten von Genüssen, denen sich das Eigenthumsgefühl zugänglich zeigt. Es ist eine materielle Formel, welche die Elemente der beiden Lieblings-Zeitwörter des menschlichen Geschlechts, — des Habens und des Könnens — in sich zum Ausdruck bringt; es ist ein Wechsel, der immer — zu jeder Zeit und in jedem Lande — bei Sicht bezahlt wird; es ist ein Kleinod, das, vor unserer Phantasie leuchtend, in einem Nu das heftige Getriebe der Begierden erweckt.

Der Dienstmann, der ein außergewöhnliches Trinkgeld erhalten hat, läßt — die Hand in der Tasche — vergnügt die

Silbermünze hüpfen, welche zwischen drei oder vier Kupfergroschen schöner und heller klingt. Mit süßem Wohlgefallen horcht er auf das Geklingel des Silbers, das er sehr wohl von dem Geräusch des Kupfers zu unterscheiden weiß und fühlt das angenehme Gewicht in seiner Tasche, welches auf den Tastsinn wirkt, ohne ihn zu belästigen; mit der Phantasie aber mustert er die unzählige Schaar seiner Begierden, die schon seit so langer Zeit unbefriedigt geblieben. Allen mit triumphirender Miene zulächeld giebt er dem Einen seiner Gefährten einen freundschaftlichen Schlag, bringt den Andern durch einen Scherz zum Lachen und regt in Allen die Hoffnung an, bis diese schließlich aufgemuntert, stürmisch und schäkernd über ihn herfallen und ihn im Triumph erheben, so daß der arme Besitzer von all dem Wirrwarr und Geschrei betäubt wird und für einen Augenblick einen wahren Rausch des Besitzes empfindet. Suche er nur diesen seligen Augenblick möglichst zu verlängern; denn sobald die entfesselte Schaar seiner Begierden sich beruhigt und er denselben die armselige Münze gezeigt haben wird, welche ihren gefräßigen Hunger stillen sollte, wird er sich verlassen und ausgelacht sehen; und in das bittere Bewußtsein des eigenen Elends zurückfallend, wird er sich begnügen müssen, dem letzten seiner Soldaten ein Gläschen Branntwein zu bezahlen.

Der Bankier, der, in den letzten Tagen des Jahres über die mit Schweiß bedeckten Seiten seines Hauptbuches gebeugt, auf der Wage des Besitzes das Soll und Haben wiegt und, — bei den ersehnten letzten Ziffern angelangt — sieht, daß er eine Million gewonnen hat, wirft die Feder auf das Pult und findet, um sich schauend, das Zimmer zu eng, die Ausstattung seiner Wohnung zu einfach. Er sieht nicht und betastet nicht das Geld, aber in der Phantasie schwenkt er mit den Händen den kostbaren Beutel, der, von so schwerem Gewicht bis zum Platzen ausgespannt, zwischen den Maschen Strahlen hellsten Lichtes durchschimmern läßt; und auch er kommt seinen Begierden jubelnd und triumphirend entgegen. Aber die Schaar derselben ist noch größer und gieriger als vorher, und nachdem er seinen Beutel geleert hat, träumt er von neuen Plänen, verlangt er nach neuen Eroberungen, um noch glänzendere Siege auf den dunklen und reichen Zahlengefilden seiner Bücher zu erfechten.

Die Freuden, welche uns die in Scheiben geformten edlen Metalle gewähren, sind so vielseitig, daß sie eine lange Analyse erheischen würden. Sie umfassen einige Sinnesgenüsse beim Funkeln des Goldes und des Silbers, bei dem unschuldigen Spielen der Hand, die wiegt oder sich in einen Beutel Goldgulden versenkt, oder bei dem süßen Geklingel eines in den Schrank regnenden Haufens Sovereigns. Was die Gefühle betrifft, so sind sie alle zu dem Jubel des Besitzes geladen, und allen werden große Versprechungen gemacht. Sogar der kalte Verstand verschmäht es nicht, beim Funkeln des Goldes zu lächeln und träumt von großen Bibliotheken, von überseeischen Reisen, von Experimenten ohne Ende. Das Gold scheint der concentrirteste Extact zu sein, der uns unter dem kleinsten Volumen die Quintessenz aller Freuden zu bieten vermag, die Formel, welche alle möglichen Combinationen der Begierden in sich vereinigt. Ein Mensch, der den kostbarsten Edelstein besitzt, sieht nur den Gegenstand und hat nur seine Freude an ihm und über ihn; während der von einer Münze ausgehende und in uns zurückgeworfene Lichtstrahl sich bis in's Unendliche in der Außenwelt verlängert, so daß er wie zum Spiegel wird, in welchem wir alle Freuden sehen, wie sie lachend und tanzend uns zu ihrer Lustbarkeit einladen; und jenes Schauspiel moralischer Perspective verändert sich jeden Augenblick, entsprechend den Bewegungen, welche die Begierde dem Kaleidoskop unserer Phantasie aufprägt.

Die Freuden des Habens werden in allen Lebensaltern empfunden, glänzen aber im hellsten Lichte, wenn der Mensch die parabolische Curve hinabzusteigen beginnt. Im Jugendalter übersteigt in unserm Hauptbuche das Soll fast immer das Haben, im erwachsenen und im Greisen-Alter hingegen nimmt man ein umgekehrtes Verhältniß wahr. Gegen Ende unseres Lebensganges genügen kaum zehn Seiten, um die Posten des Habens zu fassen, während die Posten des Solls nur wenige, immer mit kümmerlichen und verworrenen Buchstaben verzeichnete

Zeilen einnehmen, bis dann der Tod kommt und barsch das Gleichgewicht herstellt, indem er alle Zahlen des Habens auf die Soll-Seite überträgt. Die Civilisation steigert den Werth des Zeitworts Haben und die Zahl der Genüsse, welche es uns gewährt, immer mehr, und der Communismus wird, je mehr die Menschheit altert, eine immer unsinnigere Utopie.

Die Frau besitzt weniger als der Mann und kann das Verb Haben in der Einzahl meistentheils nicht conjugiren; dasselbe beschränkt sich für sie eigentlich nur auf die erste Person der Mehrzahl. Sie ersetzt die Personen dieses für sie mangelhaften Verbes durch jene des Zeitwortes Sollen.

Der Einfluß dieser Freuden ist nur wohlthätig, wenn sie sich auf den ihnen zugewiesenen sehr eng begrenzten physiologischen Kreis beschränken und so als werthvolles Werkzeug der menschlichen Civilisation dienen. Eine unendliche Anzahl von Menschen studirt und arbeitet um zu haben, und solchergestalt hinterlassen diese Minirer ihren Nachkommen werthvolle Schätze von Entdeckungen und Erfindungen, die sie im Laufe ihrer langen und beharrlichen Nachforschungen zusammenhäuften.

Der Ausdruck dieser Freuden wird im Allgemeinen gekennzeichnet durch einen gierigen und festen Blick, der zu betrachten, und durch die Hand, die zu packen und festzuhalten scheint. Außer diesen beiden charakteristischen Zügen bietet derselbe keine besonderen Merkmale. Wenn es uns schon bei der Geburt gegeben ist, die erste Person des schrecklichen Zeitwortes auszusprechen, dann nimmt die Freude einen ruhigen und gelassenen Charakter an, weil sie sich allmählich in dem Maße verzehrt als die Vernunft sich hervorthut; und erst beim Vergleichen der verschiedenen Grade des Habens ist der Reiche zufrieden, sich im Comparativ oder Superlativ zu befinden und kann aus dem ruhigen Wohlgefallen des Besitzes einen Freudestrahl aufsteigen sehen, der sich über das ganze Leben verbreitet. Alsdann drücken wohl ein Lächeln unaussprechlichen Behagens, bedächtiges Reiben der Hände oder warmes und befriedigtes Zusammenkauern des ganzen Körpers das Vergnügen aus. Die höchsten Grade der Freude werden jedoch beim plötzlichen und unerwarteten Uebergang vom

Elend zum Reichthum empfunden, in welchem Falle das Vergnügen durch einen leichten Rausch, der zuweilen einen sehr bedenklichen Grad erreicht, zum Ausdruck kommen kann. Die Freude, durch ein Lotterieloos Millionär zu werden, ist eine der größten, die je empfunden werden können, denn alle nur möglichen Empfindungen der Wonne und Lust treten in hoffnungsschwangerem Zustande ganz plötzlich vor den Geist, und alle Begierden richten, in ihrer ganzen Masse — als ob sie durch eine kleine Thür den Eingang suchen wollten — vorwärts drängend, eine solche Verwirrung in allen unseren Kräften an, daß wir in einen Zustand wahrer Raserei verfallen. Unter sonst gleichen Umständen bereiten die Millionen weder dem Reichen noch dem Armen die größte Freude, sondern dem Wohlhabenden. Jedenfalls stürzt derjenige, der ganz plötzlich von so unermeßlicher Freude des Besitzes betroffen wird, über Hals und Kopf zu Verwandten und Freunden, um sich bei ihnen eines Theiles seiner Freude zu entladen; er singt und springt wie ein Narr, stößt alles um und begeht die größten Tollheiten. In manchen Fällen auch wird der Glückliche bestürzt oder verwirrt und kann kein Wort herausbringen. Glücklich, wer einmal in seinem Leben einen solchen Freudentaumel zu kosten bekommt, und sei es auch auf die Gefahr hin für einige Augenblicke lächerlich zu werden.

12. Kapitel.

Von den intensiven und pathologischen Genüssen des Eigenthumsgefühls.

Unter allen intensiven Freude-Empfindungen, welche das Eigenthumsgefühl darzubieten vermag, ist die Freude am „Sammeln" eine der gewöhnlichsten und ausgesprochensten; dieselbe kann so stark sein, daß sie zu einer wahren Sucht wird, welcher die Phrenologen das sogenannte Organ des Erwerbsinnes als Sitz zuwiesen.

Bei einigen Thieren treffen wir das Eigenthumsgefühl und die Lust zum Sammeln fast in Gestalt eines embrionalen Instinkts an. Jedermann weiß, daß die Elstern auch Gegenstände auflammeln und verstecken, die nicht zur Nahrung dienen: nun wohl, bei vielen Menschen trifft man die Liebe zum Sammeln genau in dem embrionalen Zustande an wie bei den Elstern; denn sie häufen auf ihren Tischen oder in ihren Schränken alle möglichen Gegenstände zusammen, ohne bei ihrem mühsamen Sammeln einen bestimmten Zweck im Auge zu haben. Und dieser Instinkt ist nicht etwa nur geistig beschränkten Personen eigen, sondern es giebt auch Menschen mit bedeutendem Verstande, die ihn besitzen und herzlich darüber lachen. Dieser Hang entwickelt sich schon von Kindesbeinen an und wechselt nur in Bezug auf die Gegenstände. Ich z. B. sammelte in meinen ersten Lebensjahren mit wahrer Hingebung die schönsten Kieselsteine unseres Hofes, ohne einen mineralogischen Zweck dabei zu verfolgen; später stellte ich in vielen Schachteln eine Anzahl von Insekten zusammen, ohne Entomolog zu sein; dann ging ich zu den Pflanzen über, welche ich massenweise zwischen den Blättern großartig angelegter Wortregister aufbewahrte. Noch später legte ich Sammlungen von alten Münzen, von Muscheln und chemischen Substanzen an. Jetzt bin ich Bücherliebhaber geworden und hoffe es noch für lange Zeit zu bleiben. Auch will ich nur gestehen, daß ich noch vor wenigen Jahren so kindisch war, mir bunte Bohnen zu sammeln und mich an deren Betrachtung zu ergötzen.

Wenn die Liebe zum Sammeln ein wirklicher Hang ist, so hat die Natur der Gegenstände nur sehr geringen Einfluß auf das Vergnügen, welches man beim Anhäufen einer Anzahl von Einheiten empfindet; der höchste Genuß liegt hier vielmehr in der Befriedigung eines wirklichen moralischen Bedürfnisses. In solchem Falle würde der fanatische Sammler selbst im Gefängnisse sicherlich das Mittel finden, seiner Leidenschaft zu fröhnen und etwa eine Sammlung von Brodkrümchen, von Spinnen, von Steinchen, die er in seiner Suppe gefunden, oder von Knochen anlegen. Doch gesellt sich der Sammel-Lust fast immer die besondere Zuneigung, welche wir den Gegenständen unseres Suchens und unserer Studien entgegenbringen, bei, wie man dies bei Malacologen, Botanikern, Numismatikern, Biblophilen und bei dem ganzen großen Troß unermüdlicher Specialisten beobachtet.

Der Genuß des Sammelns beginnt sein unbegrenztes Dasein mit dem Suchen des ersten Gegenstandes, welcher als grundlegende Einheit dient, und besteht in dem Gefallen am Finden. Die erste Münze, in einen leeren Schrank gelegt, beginnt diesen zu beleben, gleich wie das erste Buch, das sich einsam in einem geräumigen Bücherregal herumstößt, mit Ungeduld anderer Brüder zu seiner Gesellschaft erwartet. Bis hier jedoch steht der Genuß nur in Aussicht und beschränkt sich lediglich auf große Hoffnungen. Der eigentliche Genuß des Sammelns stellt sich erst dann ein, wenn sich zu der grundlegenden Einheit eine zweite gesellt hat. Von jenem Augenblicke an vermehrt sich die Anzahl und der Sammler wird jedesmal, wenn er seiner Sammlung einen neuen Gegenstand einverleibt, von Lust ergriffen und blickt mit immer größerem Wohlgefallen auf den Anfang und die lange Reihenfolge; allmählich wächst die Anzahl der Einheiten ins Endlose, so daß er sich zur angenehmen Nothwendigkeit gezwungen sieht, zu classificiren, zu numeriren, zu katalogisiren und Kästchen und Schachteln anzuschaffen. Dann genießt er eine Welt von Wonne, und jedes Ding mit Ehrfurcht in die Hand nehmend, beschaut und betrachtet, putzt und liebkost er es immer wieder, und es dann zuletzt auf den von der höchst ordnungsliebenden Natur seines Gehirns bestimmten Platz zurücksetzend, lächelt er mit unaussprechlichem Wohlgefallen. Machet Euch nicht über ihn lustig, wenn die Gegenstände seiner Verehrung Spinnen, Eidechsen oder trockene Pflanzen sind, er ist ein glücklicher Mensch und muß geachtet werden. Fern vom Geräusche der Welt sieht er in seinen Sammlungen die kostbare Frucht seines langen Suchens dargestellt, erblickt er vor sich das Museum seiner Erinnerungen und seiner schönsten Freuden. Die Schnecke, welche er zärtlich in Händen hält, war das lange ersehnte Geschenk eines großmüthigen Freundes; die Spinne, welche er mit Begeisterung betrachtet, war der Gegenstand einer seiner Abhandlungen, die ihm ein akademisches Diplom einbrachte; die trockene Pflanze, welche er sanft im Lichte schwenkt, wurde auf einer langen Gebirgs-Wanderung von ihm gepflückt und erinnert ihn vielleicht an die Genüsse eines Spazierganges, den er mit einem fernen oder jetzt schon dahingeschiedenen Freunde gemacht hat. Seine Studien haben sich so innig mit seinen Sammlungen verwoben, daß jeder Gegenstand ihm ein Freund ist, der zu ihm spricht ohne Hülfe der Stimme; eine geheimnißvolle Sprache, die nur er allein versteht. Wie oft vergißt nicht der geduldige Sammler, wenn eine Beleidigung seines Ehrgeizes ihn erbittert oder ein Unglücksfall ihn schmerzlich berührt hat, die eigene Trübsal und gewinnt Aufheiterung, indem er einem Besucher seine Schätze zeigt; sich ganz einer unbefangenen Gesprächigkeit hingebend, erzählt er dann die endlosen Schicksale seiner Sammlung, die unschuldigen Kunstgriffe und mühsamen Anstrengungen, welche ihm zu einer seltenen Medaille oder zu einem werthvollen Manuscripte verhalfen. Wie oft wandelt er nicht in Stunden der Entmuthigung zwischen seinen Schätzen auf und ab, um, zerstreut ein Kästchen öffnend, längere Zeit bei einem Gegenstande, der ihn an vergangene glückliche Tage und an vergessenen Ruhm erinnert, zu verweilen; dann entschlüpft ihm wohl ein Lächeln und der Gedanke, seine Sammlung, — das Ziel seiner Wünsche, den Traum seines Lebens — zu vervollständigen, erfüllt ihn wieder mit Freude auf die Zukunft. Ehret, wiederhole ich Euch, einen solchen Menschen, denn er ist unschuldig und glücklich, und ich, der ich mich vielleicht übermüthiger Weise vermessen habe, die Physiologie des Genusses zu schreiben, sage Euch, daß seine Freude physiologisch ist.

Alle Gegenstände können gesammelt werden, ohne daß derjenige, welcher die Sammlung mit unermüdlichem Eifer anlegt, eines Vergehens zu zeihen ist. Viele frivole Reiche machen ihre Häuser zum Stapelplatz von unnützen Sachen und Spielereien, so daß dieselben Kurzwaaren-Magazinen gleichsehen, oder häufen in ihren Treibhäusern die häßlichsten Pflanzen der Welt auf, blos weil dieselben aus China oder Australien kommen, weil sie sehr viel kosten und weil der Gärtner gesagt hat, daß ein Herr von Stand es nicht ohne sie thun könne. Doch kommen solche nichtssagende Liebhabereien der Industrie und dem Handel immer zu gute und thun Keinem etwas zu Leide. Die ganze Pathologie der Sammellust knüpft sich fast nur an einen einzigen Gegenstand, der nicht unschuldiger Weise aufgehäuft werden kann und ohne daß der betreffende leidenschaftliche Sammler von der öffentlichen Meinung, welche ein eigenes Wort — Geizhals — für ihn geschaffen hat, verurtheilt werde.

Münzen im Interesse der Wissenschaft zu sammeln ist moralisch unanfechtbar. Der Geizhals aber giebt modernen Münzen den Vorzug und bemißt den moralischen Werth seiner Sammlung nach den Courszetteln der Börse. Er liebt besonders die doppelten Goldstücke, zieht Gold dem Silber vor und versteckt sein numismatisches Kabinet vor den Augen Profaner, sich eben hierin von allen anderen Sammlern unterscheidend. — Doch hat er in dieser Beziehung nicht so ganz Unrecht, denn keine andere Sammlung kann einen so großen Troß von Dilettanten aufweisen, wie diese. Man darf sogar sagen, daß seine Objekte eine allgemeine Spezialität bilden und daß eine Sammlung von geprägtem Gold und Silber Jedermann sehr wohl gefällt. Der einzige Unterschied besteht nur darin: daß der Geizhals den Lauf des Geldes in seinen Schränken hemmt und dasselbe lieber in Ruhe liegen sieht, während alle Anderen das Geld gern in Bewegung setzen und sich an den schönen Spielen moralischer Optik, welche es in seinem blitzenden und stürmischen Laufe vorführt, erfreuen: und fürwahr, das rollende Gold bietet uns die schönsten Zauberspiele. Zuerst erscheint es am unbegrenzten Horizont der Hoffnung wie ein glänzender Punkt, der an den äußersten Enden des fernen Himmels schwebt. Angefleht von unserm heißen Sehnen, nähert es sich uns zuweilen, und allmählich immer größer werdend, hält es endlich dicht vor unseren Augen, um uns mit einem Meere von Licht zu überschütten. Geblendet von einer solchen Lichtsonne, greifen wir dann blindlings mit den Händen in die uns überfluthende leuchtende Masse und schleudern Ströme von Funken ringsumher.

Sobald wir aus der Gold-Trunkenheit wieder zu uns gekommen sind, wünschen wir uns des beweglichen Elementes zu versichern, aber dasselbe entfernt sich von uns mit einer Rückwärtsbewegung und kehrt, immer kleiner werdend, wieder an die äußerste Grenze des Horizontes zurück, wo es ewig strahlt wie der Polarstern, der in unseren Ländern nie untergeht und allen Menschen, die noch keinen bessern Compaß zu finden gewußt haben, auf ihren Reisen als Führer dient. Das moralische Leben des Goldes wie das eines einzelnen Dukaten in unserer Tasche läßt sich, im Ganzen genommen, durch ein Schauspiel der Phantasmagorie zur Darstellung bringen. Zuerst unbestimmt und unbedeutend, wird die Begierde nach Besitz bald groß und größer; zärtlich halten wir die Münze einen Augenblick lang zwischen den Fingern, aber sie entfernt sich und verläßt uns, um in andere Taschen zu laufen, die sie schon mit Ungeduld erwarten, denen sie jedoch bald ein neuer Lauf entreißen wird.

Nur der Geizhals hemmt den Lauf dieses flatterhaftesten und beweglichsten aller Elemente, indem er es wie zur Züchtigung für die langen Wanderungen und optischen Spiele, in denen es sich bisher so wohlgefiel, in seine festen Schränke verschließt. Dieses Bild ist weder übertrieben noch falsch; denn der Geizhals empfindet in seiner Freude des Besitzes wirklich eine wahre Genugthuung darin, eine Bewegung zu hemmen, ein ungezähmtes wildes Thier in einen Käfig zu sperren. Für ihn ist das Geld belebt, weshalb er mit demselben lange und mysteriöse Gespräche führt, weshalb er es innig und zärtlich liebt wie einen Freund, wie eine Geliebte, und es als den Gott der Kraft und Macht verehrt.

Die Moralisten und Dichter aller Völker und aller Zeiten haben im „Geiz" eine reiche Quelle der Inspiration gefunden; doch haben sie ihn noch nicht erschöpft, weil er eine Leidenschaft ist, die, wenn sie die höchsten Grade erreicht, alle moralischen und intellectuellen Elemente des Menschen in sich verschmelzt und dem Philosophen die zarteste und mühsamste Analyse, dem Dichter die wunderlichsten und lächerlichsten Formen darbietet. Der Geizhals in der ganzen Idealität seiner Vollkommenheit ist froh einen

Altar gefunden zu haben, dem er sich ausschließlich weihen kann; ist glücklich, unter seinen erstarrten Gefühlen noch ein Pflänzchen gefunden zu haben, das er pflegen und zu üppigem Wachsthum treiben kann; ist selig, eine Leidenschaft in sich entdeckt zu haben, welche ihm die lebhaften Regungen der jugendlichen Affecte gewährt. In seiner ungestümen Freude findet er jedes Opfer leicht, wenn er damit nur der von ihm verehrten Gottheit Weihrauch streut; und wenn er einen Trödler träfe, dem er sein erbärmliches und schäbiges Herz verkaufen könnte, würde er es für einen Groschen hergeben, nur um dem kostbaren Stamm seiner Sammlung ein neues Stück hinzufügen zu können.

Um nicht Gesagtes zu wiederholen, werde ich hier auf keine Einzelheiten eingehen, sondern mich darauf beschränken, die Natur der krankhaften Freuden des Geizes durch eine allgemeine Formel darzustellen.

Der Geizhals ist immer alt; und wenn er wirklich noch dunkle Haare und ein frisches Aussehen hat, ist es ein sehr seltenes, ohne jede Gabe des Gefühls geborenes Ungeheuer. Er hat bereits alle Sonnen der Jugend nacheinander untergehen sehen und kann sich mit den fahlen Freuden, die noch in mattem Lichte an seinem dunklen Horizonte schimmern, nicht zufrieden geben. Er wird deshalb geizig, und die zerstreuten Fragmente seiner moralischen Ruinen zusammensuchend, wirft er sie in einen Tiegel, um ein Postament für den in seinen finstern Höhlen entdeckten neuen Gott daraus zu schmelzen. Der Götze, den er anbetet, ist kalt und stumm; aber er ruht auf einer noch warmen Unterlage, welche ihm Leben und Wärme ertheilt. Es ist das bis zur Tollheit gesteigerte und von der Fluth des Opfers wie dem Ungestüm des Affects genährte Eigenthumsgefühl; es ist ein mit Purpur bekleidetes und am Ofen erwärmtes Skelett. Die grimmige Zähigkeit des hohen Alters, die aus ihren eisernen Krallen nichts mehr fahren läßt was sie einmal gepackt hat, paart sich mit dem Ungestüm der Leidenschaft und dem Feuer der jugendlichen Begierde. Dieses Gestirn ist die letzte Sonne, welche die letzten Tage des Lebens erleuchtet; es geht erst mit dem Leben selbst unter und glänzt immer um so heller, je näher es dem Erlöschen ist. Der Mensch, der bis dahin an seinem Horizont so viele Gestirne gesehen hatte, sieht jetzt nur noch eine einzige Sonne, und er war vorher in dem Cultus seiner Genüsse Polytheist, so wird er nunmehr reiner und einfacher Deist.

Den Freuden des Geizes wird im Allgemeinen mehr vom Manne als von der Frau gehuldigt. Ob die Alten eine größere oder geringere Anzahl von Geizhälsen hatten als unser heutiges Geschlecht, weiß ich nicht zu sagen. Der Handel begünstigt den Genuß dieser krankhaften Freuden und man kann mit Sicherheit behaupten, daß die Juden, welche seit langen Jahrhunderten gezwungen waren, den Handel als ihren einzigen Erwerbszweig anzusehen, diesem Umstande die traditionelle Beschuldigung verdanken, welche übrigens auch sehr wahr ist; obgleich viele rühmliche Ausnahmen denjenigen, der geneigt ist, auf eine zu geringe Anzahl von Fällen ein Gesetz zu gründen, das Gegentheil glauben machen könnten.

Der Einfluß dieser Freuden ist äußerst schlecht; die edelsten Gefühle ersterben in dem eisigkalten Klima, in welchem der Geiz, die nördlichste Pflanze, die man kennt (vielleicht mit Ausnahme des Egoismus, dessen würdiger Bruder er ist), so gut gedeiht.

Seine Physiognomie ist ruhig und mitunter kommt er durch ein eisiges Lächeln oder schneidendes Grinsen zum Ausdruck. Die Mimik des Geizhalses beschränkt sich sonst fast ganz auf das Auge, welches sich an den goldenen Strahlen beseligt, und auf die Hand, welche aufmerksam die Metallstücke befühlt.

13. Kapitel.

Von den pathologischen Freuden, welche aus einem Fehler der moralischen Grammatik beim Gebrauch der besitzanzeigenden Fürwörter entspringen.

Ein Mensch, der sich des Vergehens der Fälschung moralischer Unterschriften schuldig macht, indem er das Wörtchen mein an Stelle aller andern besitzanzeigenden Fürwörter setzt, ist ein

Dieb, und das Eigenthumsgefühl, welches in dem rechtmäßigen Besitzer direct beleidigt worden, beunruhigt sich durch Rückwirkung auch im Bewußtsein der ganzen Menschheit, welche ihn eines Verbrechens beschuldigt.

Wird der Diebstahl aus reinem Eigennutz begangen, so muß der Mensch mit dem Pflichtgefühl und anderen mehr oder weniger edlen Affecten kämpfen, weshalb der Sieg des Bösen über das Gute nicht von der geringsten Befriedigung begleitet wird. Die Freude des Besitzens und des Gelingens wird in diesem Falle von der Gewalt, welche man den gebieterischen Bedürfnissen der edlen Gefühle anthun muß, aufgewogen oder gar überwältigt; das Resultat ist also Gleichgültigkeit oder Reue. Erst nach einer langen Laufbahn auf dem Wege des Lasters gelingt es der Erfahrung des Bösen, sich der Stimme des Guten, die immer zitternder und schwächer wird, zu verschließen, und der Dieb fängt an, sich des Besitzes einer Sache zu freuen, die nicht sein ist, indem er ein natürliches, von den Gesetzbüchern aller civilisirten Völker gutgeheißenes Gefühl durch den niederträchtigsten Mißbrauch befriedigt.

In manchen seltenen Fällen gereicht jedoch der Diebstahl schon bei den ersten Versuchen zum Vergnügen, weil er ein pathologisches Bedürfniß befriedigt, welches aus einem in uns liegenden und von unserm Willen gebieterisch Bewegung und Nahrung verlangenden primitiven krankhaften Gefühl hervorgeht. Dann vergreift sich der Mensch wohl schon in den Kinderjahren an den Spielsachen seiner Brüder und an den Büchern seiner Mitschüler, und von seinen Erziehern überrascht, erschrickt er wohl, ohne sich aber zu bessern; im Gegentheil wird er nur noch listiger und gibt sich mit noch größerer Vorsicht dem gefährlichen Mißbrauch der besitzanzeigenden Fürwörter hin. Doch muß der von Natur diebische Mensch immer mit den guten Gefühlen, welche — im embryonalen Zustande wenigstens — in jedem Menschen vorhanden sind, unterhandeln; weshalb er meistentheils damit anfängt, Gegenstände von ganz geringem Werthe zu entwenden, um so die Gewissensbisse auf das geringste Maß zu beschränken. Später gewährt er seinem sündhaften Begehren größere Befriedigung und stiehlt Eßwaaren, Spielsachen, Bücher, Utensilien, Schmucksachen, bis er, auf der Stufenleiter der gewöhnlichen Gegenstände nicht mehr weiter könnend, Alles mit Vergnügen nimmt, was ihm unter die Finger kommt; zuletzt findet er sich dem Gelde gegenüber, dem einzigen Gegenstande, den er bis dahin noch respectirt hatte. Es scheint, als ob die kleinste Münze mehr Besitzrecht in sich repräsentire, als jeder andere werthvolle Gegenstand; weshalb denn auch das Geld für sich allein Neulingen im Stehlen ein jungfräuliches Feld begehrlichen Forschens bietet, welches noch den primitiven Kampf des Guten mit dem Bösen erheischt, der sich fürchterlicher und blutiger erneuert. Es ist dieses auch wohl der Grund, weshalb schon viele mit dem Hang zum Stehlen geborene Menschen nicht die höchste Rangstufe in ihrem Stande zu erreichen vermochten und das Geld respectirten, sich aber sonst Gegenstände jeder Art zueigneten. Gewöhnlich hemmt jedoch dieser Damm den ungestümen Drang nur einen kurzen Augenblick, und ist er einmal durchbrochen, dann schreitet die Diebeslust mit Riesenschritten vorwärts und geht soweit als es die Kurzsichtigkeit der Gerichte und die Kunst der Dietriche erlauben.

Das elementare Vergnügen eines jeden aus Hang begangenen Diebstahls besteht in der widerrechtlichen Befriedigung des Eigenthumsgefühls und des primitiven Dranges, durch List einen vertheidigten und bewahrten Gegenstand an sich zu bringen. Das Wesentliche der Lust am Stehlen ist ein boshaftes Wohlgefallen, eine niedrige Handlung vollführen und einen Gegner, der sein Eigenthum mit wachsamem Auge behütet, hintergehen zu können. Eben deshalb ist das Vergnügen um so größer, je schwerer der Diebstahl auszuführen ist und je beharrlicher und geheimnißvoller die Berückung war, welche uns zu unrechtmäßigen Besitzern des Eigenthums Anderer machte. Der kunstgeübte Dieb ist nur dann befriedigt, wenn er durch einen staunenswerthen Kunstgriff, der des geschicktesten Charlatans würdig, am hellen lichten Tage und inmitten der zahlreichsten Menschenmenge, einen Gegenstand aus der Tasche eines Andern entwendet und sein Opfer ruhig und sich noch in seinem Rechte als Besitzer glaubend weiterziehen sieht. Dieses einfache Vergnügen kann als Typus dienen für die stärksten Freudeempfindungen der Diebe, welche vom Selbstgefühl, von der Kampflust oder dem Blutdurst weiter ergänzt werden.

Die Manie zu stehlen kann sich, so lange sie auf die Theorie beschränkt bleibt, wie Alle wissen, mit den edelsten Gefühlen vereinigen; sie wird erst dann ein Vergehen, wenn sie in die Praxis übergeht. Ich kenne einen jungen Arzt, der ein großes Gefallen daran findet, seinen Freunden Taschentücher, Bücher, Uhren u. s. w. aus der Tasche zu entwenden und dann, nachdem er einige Augenblicke das unschuldige Vergnügen gekostet hat, seine Opfer in Bestürzung zu sehen, herzlich lachend zu ihnen eilt, um die Sachen zurück zu erstatten. Das hindert ihn jedoch nicht, einer der redlichsten und großmüthigsten Menschen zu sein, die mir je vor Augen gekommen sind.

Die Diebeslust ist glücklicherweise eine sporadische Krankheit, die nie einen epidemischen Charakter annimmt und die hier und dort bei beiden Geschlechtern und in allen Ländern ohne Regel und Maß vorkommt. Die Civilisation kann wohl die Zahl der handwerksmäßigen Diebe vermehren, doch hat sie keinen Einfluß auf die Statistik der Dilettanten dieser Kunst, welche spontan erscheinen und sich aus sich selbst heraus entwickeln, um dann freilich mitunter einen sehr gefährlichen Grad von Vollkommenheit zu erlangen.

Wenn die Gegenwart Anderer den Dieb nicht hindert, seine Freude auszudrücken, dann lacht er aufrichtig, oder lächelt, oder reibt sich die Hände; immer aber zeigt seine Physiognomie einen boshaften Zug, der den krankhaften Charakter seiner Freude verräth. Oft spottet er noch über die beraubte Person, als wenn sie zugegen wäre und macht so vor seinen Augen einen Vorfall lächerlich, der ehrlichen Menschen zuwider sein muß, indem er das Gefühl des Guten in ihnen beleidigt.

14. Kapitel.

Von den Genüssen, welche aus der Liebe zu Sachen entspringen.

Die Liebe zu Sachen ist ein Gefühl erster Person, welches sich jenen des Du's zu nähern beginnt, indem es einen sehr natürlichen Uebergang vom Egoismus zum Wohlwollen bildet. In diesem Affect sind nur wir allein thätig, und wenn wir das Bild des uns theuern Gegenstandes betrachten, haben wir lediglich unsere Freude an einem Gemälde, welchem wir selbst Leben gegeben haben.

Die Liebe, welche wir zu unbelebten Gegenständen hegen, entspringt immer aus deren moralischen Werthe und also aus der mehr oder weniger direkten Befriedigung eines Gefühls oder geistigen Vermögens. Der durch seine physischen Eigenschaften interessanteste Körper kann unsere Sinne fesseln, so lange es die Umstände erlauben; aber wir vermögen ihn nicht zu lieben, so lange er uns nicht erregt und so lange die Empfindung keine höhere Kraft des Geistes oder des Herzens in thätige Mitleidenschaft gezogen hat.

Die Musterung der reichhaltigsten und interessantesten Sammlungen unserer Museen und Pinakotheken kann uns ungemein Unterhaltung gewähren, ohne daß wir deshalb die mit so großem Vergnügen betrachteten Mineralien oder Gemälde lieben. Wenn wir lebhaftes Verlangen nach einem Gegenstande hegen und dann hoch erfreut sind, ihn zu besitzen, können wir wohl geneigt sein, ihn zu lieben, aber wir lieben ihn noch nicht, und das Vergnügen, welches wir empfinden, entspringt lediglich aus der Befriedigung des Eigenthumsgefühls. Das Kind vertheidigt seine Spielsachen und seine Näschereien energisch vor den Ansprüchen seiner Geschwister, aber damit ist noch immer nicht gesagt, daß es dieselben liebt.

Die Freuden, welche aus dem Eigenthumsgefühl und aus der Liebe zu Sachen entspringen, haben große Aehnlichkeit miteinander, sind aber keineswegs die gleichen, wie uns denn auch eine feine Selbst-Beobachtung den geringen Unterschied leicht erkennen lassen wird. Man vergleiche zu diesem Zwecke nur die Freude, welche wir empfinden, wenn wir eine uns geschenkte Goldmünze in der Hand halten, und wenn wir einen Groschen betrachten, der einst einer geliebten Person angehörte und den wir wie eine Reliquie bewahren. Im ersten Falle bemißt sich die Intensität der Freude nach dem Werthe der Münze und dem finanziellen Stand unserer Börse, im letzten Falle hingegen ist der Werth des Objektes ein ausschließlich moralischer, und der armselige Groschen ist für uns ein wahrer Schatz, weil er in unserm Herzen das Bild der geliebten Person widerspiegelt. Außerdem können sich natürlich diese beiden Freudeempfindungen auch verschmelzen und wir können einen Gegenstand lieben, weil er unser ist und weil er zugleich eine liebe Erinnerung in uns erweckt.

Die Liebe zu Sachen ist nie ein primitives Gefühl und ihr besonderer Charakter geht nur aus der verschiedenen Art und Weise hervor, mit welcher sie sich in uns abspiegelt. Die Gegenstände sind in diesem Falle wie Spiegel, in denen die verschiedensten Bilder des Hasses und der Liebe, des Zornes und des Mitleids, der Verachtung und des Glaubens zurückstrahlen können. Bei Betrachtung eines Gegenstandes verweilen wir meistentheils nicht bei dessen physischen Eigenschaften, sondern bei dem moralischen Bilde, welches sich aus denselben abhebt, und wenn uns dieses theuer ist, so geschieht es wohl auch, daß wir den Gegenstand selbst, als die Ursache unserer Freude, indirekt zu lieben beginnen.

Manchmal verweilen wir jedoch mit dem Geiste zwischen dem Gegenstande und dem sich in demselben abspiegelnden Gefühl, und voller Wonne zwischen den Grenzen der idealen und der materiellen Welt hin- und herschwankend, genießen wir einen gemischten Affect, eine unbestimmte Empfindung, wie wir solche schon bei Gelegenheit der Lustempfindungen des Gesichtssinnes kennen gelernt haben. — Eine der einfachsten Ursachen, welche uns einen Gegenstand lieb und werth macht, ist die, denselben immer gesehen oder jahrelang in der Nähe gehabt zu haben. Ohne es recht zu wissen, werden wir in diesem Falle durch seinen Anblick dunkel an die Vergangenheit erinnert, als ob unsere Freuden, unsere Schmerzen, unsere Worte, indem sie sich beständig in ihm abspiegelten, unser Bild darauf geprägt hätten. In der That lieben wir unser Wohnhaus, unsere Stühle, unsern Arbeitstisch u. s. w., weil sie unsere unzertrennlichen Lebensgefährten waren. Die innerlichen Empfindungen, welche uns dieser Affect gewährt, sind so ruhig und gelinde, daß sie oft gar nicht vom Geiste erfaßt werden und der Genuß tritt fast immer nur auf negative Weise hervor, erst nachdem uns die Erfahrung des Schmerzes eine neue Freudenquelle hat gewahr werden lassen. So haben wir uns vielleicht seit zehn Jahren auf einen und denselben Stuhl gesetzt, ohne etwas anderes in ihm gesehen zu haben als Holz, Leder und Werch. Wenn wir nun aber durch irgend einen Umstand auf ihn verzichten müssen, so finden wir plötzlich, daß er uns lieb ist, und fast zu Thränen gerührt erinnern wir uns der ganzen moralischen Geschichte des armen abgenutzten Möbels. Können wir ihn noch zu dem unsrigen machen, dann ersteht der todte Körper zu neuem Leben, und uns freudig auf ihn setzend, geben wir, lächelnd und in alten Erinnerungen schwelgend, unserer Liebe Ausdruck. Von jenem Augenblicke an wird der Stuhl unser Freund, den wir immer mehr lieb gewinnen, je mehr wir an ihn denken. Es scheint, als ob der Liebesstrahl dadurch, daß er sich unzählige Male in unserm Herzen abspiegelt, den Gegenständen immer mehr Lebenswärme verleihe und so unsere Zuneigung zu ihnen auf einen höheren Grad steigere. In der That können wir uns von einem Gegenstande, den wir jahrelang in unserer Nähe gesehen haben, ohne daß er ein einziges Mal ein moralisches Bild in uns erweckte, leicht trennen, während ein unansehnliches Steinchen in einer einzigen Stunde unsere vollste Zuneigung gewinnen und uns lieb und werth werden kann. — Alle Gegenstände scheinen die Empfänglichkeit zu besitzen, auf ihrer Oberfläche so zu sagen durch ein photographisches Bild unsere Gefühle zur Darstellung zu bringen, so daß wir, wenn wir sie unter einem gewissen Gesichtspunkte betrachten, die Geschichte unseres Herzens darauf lesen können. Für Viele sind diese Bilder todte Schriftzeichen und sie sind nicht im Stande, die Freudens- oder Leidensgeschichte, welche auf einem alten Stuhle oder einer verwelkten Blume in Versalbuchstaben geschrieben steht, zu lesen. Doch ist es noch immer kein Beweis von Gefühlsstumpfheit, wenn wir unsere Geschichte aus den uns umgebenden Gegenständen nicht herauszulesen verstehen; denn viele edle Menschen, welche sich ihren Mitbrüdern widmen, sind unfähig die sie umgebenden Gegenstände zu lieben, während sehr viele Egoisten alle blassen Strahlen ihres Herzens nur den ihnen angehörenden Sachen zuwenden und einen Tisch oder Stuhl liebevoll zu behandeln verstehen, aber theilnahmlos an Leidenden vorübergehen, um ihre Hände durch das Herausziehen aus den warmen Taschen nicht zu erkälten.

Damit ein Gegenstand den photographischen Abdruck eines Gefühls bewahre, muß das moralische Bild gewöhnlich sehr lebhaft sein oder sich oft auf dem Gegenstande abspiegeln. So darf z. B. ein Gegenstand nur den Mund unserer Geliebten berühren, um sogleich das theuerste Bild in uns zu reflectiren; während die matte Figur unserer täglichen Beschäftigungen sich tausendmal einem Stuhle mittheilen muß, ehe sich diesem ein moralisches Bild aufprägt, das nicht mehr wegzuwischen ist. Im ersten Falle hat die Intensität des Lichts eine längere Einwirkung unnöthig gemacht. Immerhin bedarf es zur Gestaltung des Bildes der Aufmerksamkeit des Herzens, sonst kann der leidenschaftliche Affect seine glühendsten Strahlen ausströmen, ohne daß die Gegenstände davon einen einzigen in sich aufnehmen. Unter unseren Hausmöbeln ist wohl das Bett dasjenige, auf welchem man die interessanteste Geschichte lesen müßte. Dort wird man geboren, dort stirbt man und dort überträgt man den Nachkommen die Erbschaft des Lebens; dort leiden und genießen, sinnen und lieben wir, dort bringen wir wenigstens ein Drittel unseres Lebens zu. Und doch ist das Bett einer der prosaischsten Gegenstände, auf welchem wenig oder nichts zu lesen steht. Diese mysteriöse Thatsache erklärt sich jedoch sogleich, wenn man bedenkt, daß die Aufmerksamkeit im Bette eine sehr geringe ist, und daß der größte Theil der darin zugebrachten Zeit dem zeitweiligen Tod unseres Bewußtseins gehört, so daß uns zwar die moralischen Bilder einen hellen Lichtstrahl zusenden können, der jedoch sofort von der tiefsten Dunkelheit verschlungen wird. Außerdem verändert sich das Bett in seinen Einzelheiten alle Augenblicke und die weichen Theile, welche das Wesentliche desselben ausmachen, tragen die sich darauf abzeichnenden moralischen Bilder in die Wäsche. Auf dieselbe Weise wie das Bild des Daguerreotyps nur auf der dünnen Schicht des Silberfirnisses haften bleibt, dringt auch das moralische Bild des Gefühls keine Linie tief in die Gegenstände ein, so daß man die Lebensdenkmale der Individuen und der Völker nur mit neuem Firniß versehen darf, um die Geschichte, welche das Herz dort zu lesen verstand, verschwinden zu lassen. Nur der Geist vermag mit seinem scharfen und schneidenden Blick die dickste Tünche zu durchdringen und die moralische Geschichte eines Gegenstandes bis auf die letzten Atome heraus zu schälen. Wenn wir auf diese Weise einen Gegenstand ansehen, können wir wohl dessen Geschichte lesen; aber das Herz bleibt dabei ruhig, weil es nur die Sprache der Affecte kennt, welche sich lediglich dem Firnisse der Gegenstände aufprägt.

Eine zweite Art unserer Liebe zu Gegenständen gründet sich auf die Betrachtung des Bildes Anderer, welches in Ihnen sich abspiegelt. Diesem Affect gehören die unzähligen Freuden, welche uns die sogenannten „Andenken" gewähren, an. Haarbüschel, Briefe, Bänder erinnern uns an das Herzklopfen der Liebe; Marmor- oder Mauer-Fragmente rufen die Verehrung für irgend einen großen Mann in uns wach; Photographien zeigen uns, zugleich mit dem moralischen Bilde, auch die Züge desjenigen, der uns theuer war. Alle socialen Gefühle können, mit einem Worte, ihr Bild auf die Gegenstände werfen, und der Affect kann in solchen Fällen einen außerordentlichen Grad erreichen und uns dann die größten Genüsse bereiten. Die Unfähigkeit, die Bilder auf Gegenständen zu lesen, zeigt sich fast immer in Begleitung des Egoismus und der Trivialität des Herzens, und wenn es dem Menschen erlaubt ist, über Jemand zu spotten, der sich mit Thränen in den Augen von einem Stuhle trennt, so kann man gewiß auch keine Sympathie empfinden für denjenigen, der in den Erinnerungen des Herzens keine Silbe zu lesen versteht. Hierüber noch ausführlicher zu sprechen, würde heißen, eine Geschichte aller Freuden des Gefühls zu schreiben.

Auch die in den Gegenständen reflectirten Bilder des Schmerzes können sie uns lieb machen und uns Genuß verschaffen. Eine Hand voll Erde, von dem Grabe unserer Mutter, oder ein mit theurem Blute benetztes Taschentuch können wahre Reliquien für uns sein.

Der Verstand vermag ebenfalls den Gegenständen photographische Bilder aufzuprägen, doch muß der von ihm ausgehende Lichtstrahl immer erst das warme Heim des Herzens berühren, um erwärmt zu werden. Der Gelehrte verehrt seine Bücher, der Numismatiker liebt innig seine Münzen, der Malacolog könnte sich nicht ohne Schmerz von seinen Muscheln trennen; aber die Bücher, Münzen und Muscheln reflektiren zugleich mit dem Strahl des Verstandes, der an der Arbeit sein Gefallen hat, auch die Liebe zur Wissenschaft, welche ein wirkliches Gefühl ist. Eine bloße Empfindung oder ein reiner Gedanke sind für sich nicht allein im Stande, einem Gegenstande ein den Augen des Herzens sichtbares Bild aufzudrücken; und selbst wenn uns das zurückgestrahlte Bild als ein rein sinnliches oder intellectuelles erscheint, ist es doch immer der Affect, welcher es mit einem schwachen Strahle erhellt und der photographischen Darstellung einer Erinnerung oder einer Hoffnung Form und Leben giebt.

Mit einem Worte, man kann sagen, daß alle Gegenstände, die wir lieben, Versteinerungen eines Gefühls sind, welches in denselben etwa wie ein verborgener Wärmestoff, den wir durch unsern Willen freilassen und wahrnehmbar machen können, steckt. Die uns theuren Gegenstände sind körperliche Zeichen, welche sich der Unvollkommenheit unseres Geistes und unseres Herzens anpassen; sie sind Verstofflichungen des Gefühls, aus denen wir den Affect und den Genuß entbinden können. Mitunter sind sie sogar Behältnisse, in welche wir ein in unbestimmter Form von uns ausgehendes und nach einem Stützpunkte suchendes Gefühl lenken. Ein Gefangener z. B., der lange Jahre in seiner Zelle zubringt, ergießt seine Gefühle auf die ihn umgebenden Sachen, so daß die Wände, Steine und Balken sich mit einem köstlichen Duft des Herzens erfüllen, welcher nur von dem armen Einsiedler empfunden werden kann; weshalb derselbe denn auch jene Sachen, die ihm allein mit dem Echo seiner Worte antworten können, innig liebt.

Die Liebe zu Sachen ist gewöhnlich so ruhig und zart, daß sie mehr von der Frau als von dem ältern Manne empfunden wird. Die erstere strahlt ein an Affect wärmeres Licht aus, welches sich leicht jedem Dinge zuwendet, während der letztere eine längere und interessantere Geschichte auf den Gegenständen zu lesen vermag. In kalten Ländern und bei civilisirten Völkern müssen diese Freuden auserlesener sein.

Der mäßige Genuß dieser Freuden disponirt den Menschen zur Analyse und zur Empfänglichkeit der sanften und zarten Affecte; der Mißbrauch der Liebe zu Sachen dagegen leistet dem Emporkeimen oder der weiteren Entwickelung des Egoismus Vorschub.

Die Pathologie dieser Freuden besteht zum größten Theile in deren Uebertreibung, welche immer ein sicheres Symptom von Egoismus ist. Der egoistische Mensch beschränkt sich, da er doch nun einmal sein Herz nicht herausreißen kann, darauf, leblose Gegenstände zu lieben, weil diese sein Bild vortrefflich reflektiren, weil diese nie verrathen und im Stiche lassen, und weil diese weder Anspruch auf Dankbarkeit erheben, noch das geringste Opfer verlangen. Sie sind bequeme Wesen, welche man ohne Furcht und ohne Bedenken zärtlich lieben kann. Der Greis, der schon von Natur immer etwas egoistisch ist, liebt oft Sachen mehr als Menschen. Die Zuneigung zu Gegenständen, welche sündhafte Gefühle in uns erwecken, ist stets pathologisch.

Wie natürlich ist die Physiognomie dieser Freuden immer verschieden, je nach der Natur des Gefühls, welches die Gegenstände in uns reflektiren; es kann dieselbe also auch durch Bewunderung, wie durch Thränen der Rührung und durch zärtliche Liebkosungen zum Ausdruck kommen.

15. Kapitel.

Von den Freuden, welche uns die Liebe zu Thieren gewährt.

Die **unbelebten** Gegenstände können uns die Bilder unseres Geistes und unseres Herzens nur in der Form verändert und plastischer gestaltet zurückgeben; ist das Wesen aber, welches wir vor uns haben, belebt, dann gelangt der Strahl wärmer und fühlbarer zu uns und wir empfinden den ersten socialen Affect, in welchem jedoch noch das Element der ersten Person in außerordentlicher Weise vorherrscht.

Die uns am wenigsten verwandten Thiere, wie die Insekten, Mollusken, Reptilien und Fische interessiren uns mehr als die warmblütigen Thiere, können aber nur selten einen besondern Affect in uns erwecken. Wir richten den Ausfluß unseres Herzens auf sie, doch sie können ihn nicht fühlen, so daß er noch kalt oder durch die Berührung eines lebenden Körpers eben etwas lau angehaucht zu uns zurückkehrt. In den wenigen Fällen, in welchen wir auf ein niederes Thier moralisch einwirken können, geschieht dieses nur durch die Furcht, weshalb der Affect, — obgleich wir uns wohl auf diese Weise zu dem gedachten Wesen in Beziehung zu setzen vermögen, — fast ebenso in uns zurückkehrt, wie er von unserm Herzen ausging. In einigen Ausnahmefällen ist es dem Menschen wohl gelungen, wirkliche Zuneigung zu einer Ameise, einem Fische oder einer Schildkröte zu fassen; doch wird sich hier der Affect sehr wenig von jenem unterschieden haben, den wir für einen unbelebten Gegenstand zu hegen vermögen.

Ein Thier kann man nur dann mit einem halb-socialen Affect lieben, wenn es durch irgend welche Verwandtschaftsbande an uns geknüpft ist, und wären es auch nur jene des „warmen Blutes.“ Alsdann suchen unsere Augen unwillkürlich jene des vor uns sich befindenden Thieres und der Strahl unseres Herzens kann mit einem neuen — nicht von uns herrührenden — Elemente vermischt zu uns zurückkehren. Auch wenn ein Vögelchen oder ein Kaninchen, welches wir liebkosen, unsere Stimme nicht versteht und uns nicht liebt, finden wir doch das Zuneigungsgefühl, das uns an die lebenden Wesen kettet, befriedigt und genießen eine Freude. Wenn nun gar das Thier den Klang unserer Stimme erkennt, wenn es aus eigenem Antriebe uns anschaut, dann fühlen wir uns verstanden und genießen zum ersten Male eine wahre Freude des „Sympathie-Gefühls". Wir sind immer der thätigere Theil; aber der geringe Antheil, den ein anderes Wesen an unserm Gefühle nimmt, verleiht der Freude einen ganz neuen Charakter, der die kalten Genüsse des Ich's von den warmen des Du's unterscheidet. Je mehr sich die wechselseitigen Beziehungen des Affects vervielfachen, um so größer wird die Freude, bis wir bei den Hausthieren den Austausch der Affecte zu einer Art Liebesgespräch gedeihen sehen. Der Hund dankt uns für unsere Fürsorge damit, daß er unsere Hände leckt und uns auf den Schoß springt und giebt uns auch sonst auf tausenderlei Weise zu erkennen, daß er uns zugethan ist und freut sich, uns zu sehen: das Pferd wiehert vor Freude, wenn es unsere Stimme vernimmt. Bei diesem Austausche der Affecte können wir jedoch nicht auf ein vollständiges Gleichgewicht, und noch weniger auf Dankbarkeit Anspruch machen, und sind deshalb auch meistentheils schon zufrieden gestellt, wenn uns für einen Erguß des Gefühls ein Bischen Zuneigung geboten wird, — glücklich, auf irgend eine Weise einen Ausfluß unseres Herzens in Thätigkeit setzen zu können. Wir können aus diesem Grunde auch den Kanarienvogel lieben, der uns aus bloßer Hoffnung auf die gewohnte Näscherei mit seinem Gesange begrüßt; und streicheln auch zärtlich die Katze, obgleich dieselbe fähig ist, uns morgen zu verlassen, wenn ihr unser Heim nicht mehr behagt. In jedem Falle wächst jedoch die Freude immer unmäßiger, je größere Zuneigung unser Freund uns zollt, welche letztere in einigen seltenen Fällen auch wohl die unsrige übertrifft, so daß es dann geschehen kann, daß wir z. B. unserm Pferde oder Hunde zu Dank verpflichtet werden.

Der wesentliche Genuß, welcher so zu sagen das Gerippe aller aus der Liebe zu Thieren entspringenden Freuden bildet, ist die Sympathie, welche uns an alle lebenden Wesen kettet, ist die Regung des einfachsten „socialen Gefühls", wenn anders es erlaubt ist, dieses Wort hier zu gebrauchen und einen Hund oder eine Katze als „zweite Person" zu betrachten. Es geschieht lediglich aus diesem Grunde, daß wir, bei Mangel an besseren Korrespondenten, zu Vögeln, Hunden und Pferden sprechen und unsere Freuden und Leiden vor ihnen ausschütten; ebenso etwa wie ein Soldat, aus Mangel an einem Krystallspiegel, sich begnügt, sein Bild in einer Schüssel Wasser zu betrachten. Wir haben immer das Bedürfniß, unser moralisches und intellectuelles Bild zurückgestrahlt zu sehen, sei es nun, daß wir — hinter Schloß und Riegel sitzend, — zu einer Spinne sprechen, sei es daß wir, frei und glücklich, — unser Inneres am Busen eines uns innig liebenden Weibes ausschütten können.

Die Liebe zu Thieren in ihrer ganzen Reinheit kann — sowohl positiv als negativ — auf tausenderlei Weise ihre Befriedigung finden. An einem und demselben Sperling können wir z. B. unsere Freude haben, indem wir ihn liebkosen, ohne ihn zu kennen, indem wir ihm die sorgfältige Pflege einer Liebesgefangenschaft zu Theil werden lassen, oder ihn aus den Krallen eines Falken befreien. In diesem Gefühl zeigen sich bereits die ersten Spuren des Egoismus, der als unerbittliches Schattenbild selbst die großmüthigsten Regungen des Herzens stets begleitet. Ein Mann, der Vögel liebt, aber mehr als sie selbst das Vergnügen, welches sie ihm bereiten, sperrt sie zärtlich in einen Käfig, während die zartbesaitete Frau, die mit weniger Egoismus zu lieben versteht, ihre Liebe zu Thieren oft dadurch bethätigt, daß sie denselben die Freiheit schenkt.

Diese Freuden sind jedoch fast nie ganz rein, sondern vermischen sich mit jenen des Besitzes und der Sammelliebe, sowie mit den vielförmigen Freude-Empfindungen des Selbstgefühls. Der Gesichts-, der Gehörs- und der Tastsinn sind ebenfalls stark dabei betheiligt, und unter sonst gleichen Umständen lieben wir die Nachtigall mehr als den Sperling, den eleganten englischen

Hund mehr als den häßlichen Schäferhund. Die Freude hat außerdem einen sehr verschiedenen aber unbestimmbaren Charakter, je nach der Gattung, welcher das Thier angehört. Alle kaltblütigen Thiere interessiren uns, aber selten werden wir ihnen zugethan; nur wenn sie sehr klein sind, vermögen wir ihnen ein zärtliches Mitempfinden zuzuwenden, das jedoch immer gedämpft ist. Im Allgemeinen ist unsere Zuneigung zu diesen unseren fernen Verwandten sehr lau und differirt nur wenig, je nachdem sie sich einer Eidechse oder einem Fische, einem Seidenwurm oder einem Frosche zuwendet. Die Vögel interessiren uns wegen ihres warmen und bewegungsvollen Lebens lebhaft, und unsere Zuneigung zu ihnen läßt sich im Allgemeinen — jedoch nur in geringem Grade — mit der Liebe vergleichen, welche wir zu Kindern hegen. Oft, wenn wir vor uns einen muntern und unruhigen Sperling hüpfen sehen, folgen wir demselben in seinen schnellen Bewegungen mit zärtlichem Blicke, und uns in der Phantasie so zu sagen in jenes kleine lebenswarme Körperchen hineinversetzend, suchen wir uns eine Vorstellung von dem Ich jenes niedlichen, anmuthigen und lustigen Geschöpfchens zu bilden. Die Zuneigung zu den höheren Säugethieren ist, je nach den einzelnen Arten, sehr verschieden, weil die Entwickelung ihrer Verstandeskraft auch ihre moralische Individualität mehr markirt; sie ist fast immer weniger lebhaft, aber inniger als jene zu Vögeln. Hier ist es fast nie die Schönheit, welche uns zuerst fesselt, sondern die intelligente Erwiderung auf unsere Fürsorge. Der häßlichste Pudel kann uns eine lebhaftere Zuneigung abgewinnen als ein zierlicher aber dummer Stubenhund.

Der Liebe zu Thieren können sich alle jene Elemente beimischen, die dazu beitragen, uns unbelebte Gegenstände lieb und werth zu machen, da sie sich sehr gut auch in belebten Wesen abspiegeln können. So hat z. B. der Eine große Sympathie für alle Kanarienvögel, weil ihn in den Kinderjahren ein solcher Vogel mit seinem Gesange erfreute und er nunmehr bei ihrem Anblick sich des Hauses, darin er geboren, und seiner Mutter erinnert. Ein Anderer kann keinen Frosch ohne Vergnügen sehen, weil er Hunderte dieser Thiere auf dem Altar der Physiologie, —

seiner Lieblingswissenschaft, — geopfert hat. Noch ein Anderer endlich sieht nie einen Seidenwurm an, ohne ihn im Geiste zärtlich zu begrüßen, weil er alle seine Reichthümer der kostbaren chinesischen Raupe verdankt.

Die Liebe zu Thieren ist gewöhnlich sehr hinfällig und läßt uns nur schwache oder negative Freuden empfinden, welche wir leicht höheren Interessen zum Opfer bringen. Dieses Gefühl verhindert uns gewiß nicht, Fleischesser zu sein*) und jährlich Millionen von Seidenwürmern zu tödten, um uns den Luxus der Seide zu verschaffen. — In manchen Fällen steigert sich jedoch dieses Gefühl zu einer wahren Leidenschaft und bereitet uns dann die größten Freuden. Es ist wohl nichts Seltenes, Personen anzutreffen, deren liebste Lebensbeschäftigung es ist, sich mit einem Hunde abzugeben oder täglich mit voller Hingebung für die Bedürfnisse einer kleinen Haus-Menagerie zu sorgen.

Diese Freuden können in jedem Lebensalter, von beiden Geschlechtern und in allen Ländern empfunden werden, aber nicht alle Menschen sind ihnen zugänglich. Viele haben nie auch nur die schwächste Zuneigung für den intelligentesten und anhänglichsten Hund empfunden und haben alle Thiere stets nur als unbelebte Wesen betrachtet, ohne deshalb ein unempfindliches Herz für die Leiden ihrer Mitmenschen zu besitzen. Sie betrachten nur die Menschen allein als ihre Verwandten, und über ihre Gattung hinaus sehen sie nichts als Vieh, das man frißt, als wilde Thiere, die man tödtet, als Würmer, die man zertritt, und als Thiere, die man leben läßt. Die Frau hingegen dehnt den Gesichtskreis ihrer Affecte im Allgemeinen bis an die äußersten Grenzen der lebenden Natur aus, und nicht selten rettet sie mit mitleidiger Fürsorge eine Fliege aus einem Spinngewebe, um ihr die Freiheit zu schenken. In jenem Augenblicke vollbringt sie ein wahres Heldenopfer, weil sie ihr armes Geschöpfchen schon

*) Es ist allerdings richtig, daß sich viele Menschen durch dieses Gefühl nicht in ihrer Gaumenlust beirren lassen, aber Tausende von Vegetarianern beweisen das Gegentheil: und Niemand kann ihnen einen Vorwurf deshalb machen, da sie nur einen „Genuß" daraus ziehen und physisch dabei besser gedeihen als ihre (fleischessenden) Mitbrüder. — Der Uebers.

liebte; und indem sie es in seinem Fluge mit zärtlichen Blicken begleitet, sendet sie ihm vielleicht die herzlichsten Glückwünsche nach. Der ältere Mensch liebt im Allgemeinen die Thiere mehr als der jüngere, dessen Herz schon von den Affecten, die er seinen Mitbrüdern zuwendet, vollständig in Anspruch genommen wird.

Zu den gewöhnlichen Streitfragen, die alltäglich aufgeworfen werden, gehört auch jene, ob die Liebe zu Thieren ein Symptom von gutem Herzen oder von Egoismus sei. Einige sind versessen auf die Meinung, daß wer seinen Hund liebt, auch ein gefühlvolles und edles Herz besitze; während Andere — vielleicht mit einem Grinsen an den Kanarienvogel und die Katze grimmiger und hartherziger alter Weiber denkend — behaupten, daß die Liebe zu Thieren ein Zeichen von Egoismus sei. Der Grund, warum Gegner und Vertheidiger sich hier so schroff gegenüber stehen, ist der, daß die Einen wie die Anderen zwei sehr verschiedenen Varietäten, welche dieses Gefühl darbietet, mit einander verwechseln. Zartfühlende und edelmüthige Menschen können Zuneigung zu Thieren hegen; aber die eigentlichen Affecte ihren Mitbrüdern zuwendend, gewähren sie den entfernten Verwandten meistentheils nur eine liebreiche Protection und empfinden die höchsten Genüsse dieses Gefühls darin, die Thiere gegen Mißhandlungen zu schützen. Andere hingegen, Egoisten wegen ihres Alters oder von Natur, scheuen vor Affecten, welche das unerträgliche Opfer der Dankbarkeit erfordern, zurück und widmen den Ausfluß ihres Herzens einem Hunde, einer Katze oder einem Kanarienvogel, die sie zuletzt bis zum Wahnsinn lieben. Zu dieser zweiten Klasse von Thierliebhabern gehören die grimmigsten alten Jungfern, die unausstehlichsten Junggesellen mit Perrücke und Tabaksdose und andere excentrische Individuen, die sich von Hunden und Katzen küssen und belecken lassen und die edelsten Handlungen des Gefühls, welche nur den Menschen reservirt bleiben sollten, den Thieren preisgeben. Diese leidenschaftlichen Thier-Verehrer lieben in der That auf egoistische Weise; und während sie ihren eigenen Hund auf weichen Federn schlafen lassen und die Katze auf ihrem Schoße liebkosen, tödten sie mit größten Wuth eine arme Fliege oder sehen mit der größten

Gleichgültigkeit ein Rind unter dem Schlachtbeile fallen; denn sie können auch grausam sein gegen Thiere, die nicht gerade ihrer Stuben-Menagerie angehören. Zwischen Jenen, deren Zuneigung zu Thieren physiologisch, und Diesen, deren Liebe pathologisch ist, steht eine große Anzahl Solcher, die gemischte Freude-Empfindungen genießen, indem sie ein einzelnes Thier ganz besonders lieben und viele andere unschuldige Thiere bis zum Tode hassen. In einigen seltenen Fällen ist das Herz so überreich an Liebe, daß es mit der gleichen Großmuth das menschliche Geschlecht und das ganze Thierreich umfaßt, so daß dann wohl die Hand, welche die eifrigste Fürsorge an einem Hunde oder an einer Katze verschwendet, sich auch freigebig einem armen Leidenden entgegenstreckt. — Die Physiognomie der Genüsse dieses Affects trägt keinen besondern Charakter; weil die Zuneigung und die Liebe zu Thieren in jeder Form zum Ausdruck kommen können. Man kann lächeln und lachen, sprechen und singen, sich die Hände reiben und springen. Eines der gewöhnlichsten Merkmale sind die Liebkosungen. Der Kuß ist nur dann physiologisch, wenn er Thieren gewährt wird, die ihn nicht erwiedern können, wie z. B. die Vögel. In diesem Falle giebt es wohl nichts Reizenderes, als zwei frische rosige Lippen, die mit dem Schnabel eines Kanarienvogels scherzen. In allen anderen Fällen ist der Kuß krankhaft und ich möchte jede Frau, die ihren für andere Lippen bestimmten Mund der unappetitlichen Zunge eines Hundes preisgiebt, in die Acht erklären. Möge sie verdammt sein, nie einen Kuß von Thieren ihrer eigenen Gattung zu erhalten.

Die Pathologie dieser Genüsse besteht fast ganz in deren Uebertreibung oder in der Entwürdigung des Affects an widerlichen Thieren, die Abscheu oder Furcht erregen. Ein Mensch, der es über sich gewinnt eine Kröte oder einen Wolf zu lieben, empfindet ganz gewiß krankhafte Genüsse; weil er Anderen seine Freuden nicht offenbaren kann, ohne deren Mißfallen zu erregen. Mag der Naturforscher einen Molch bewundern so lange es ihm gefällt, mag der Philosoph schwärmerisch eine große Schnecke betrachten; der gewöhnliche Mensch kann diese Wesen nicht lieben, ohne das Schönheitsgefühl in einem krankhaften Zustande zu haben.

16. Kapitel.

Von den Genüssen des Wohlwollens.

Beginnend mit der Liebe zu uns selbst, d. h. mit dem reinsten Gefühl erster Person, sind wir allmählich zu anderen Affecten übergegangen, die sich immer mehr mit einem außer uns liegenden moralischen Elemente vermischten; so gelangten wir, nachdem wir das endlose und geheimnißvolle Gebiet der Eigenliebe im Fluge durchschritten hatten, zu den Genüssen, welche aus der Liebe zu Sachen und Thieren entspringen, in denen sich der Antheil der ersten Person noch in außerordentlicher Weise geltend machte. Jetzt befinden wir uns in der natürlichen Reihenfolge vor der Liebe zu unseres Gleichen und sehen uns den unermeßlichen Horizont der wirklichen Affecte erschlossen, in welchem die köstlichsten Leidenschaften unseres Lebens und die erhabensten Freuden des Herzens erglänzen. Hier regt sich das Gefühl wärmer und stürmischer, und die Feder, die, geführt von dem unerbittlichen und kalten Verstande, ruhig und sicher schreiben möchte, schwankt in der Hand, weil die Harmonien des Herzens vor Freude erzittern machen und mit einer heiligen Scheu erfüllen. Wenn wir bei der Zergliederung dieser Freuden das Messer in der Hand zittert und wenn das Herz in mir mehr spricht als der Verstand, so entschuldige das Alter, in welchem ich schreibe; ich verspreche Euch dafür, daß wenn ich einst — mit grauen Haaren und mit Runzeln auf der Stirn — das Gefühl analysiren werde, meine Hand sicher und unerschrocken das Secirmesser in die Fibern des Herzens stoßen und mein Schnitt gerade und tief laufen wird. Wehe, wenn der Jüngling die moralische Anatomie des Herzens ohne zu zittern und ohne sich einen Schweißtropfen von der mit solcher Arbeit beschäftigten Stirn zu trocknen, auszuführen verstände!

Da der Mensch darauf angewiesen ist, in Gesellschaft zu leben, so bedurfte er nothwendigerweise eines Bandes, das ihn an seine Mitbrüder kettete, und die Natur gewährte ihm ein primitives Gefühl, das in ihm ersteht und mit ihm stirbt, und das, wenn auch von den heftigsten Stürmen der Leidenschaften mitunter getrübt, doch immer wieder am Himmel strahlt, sobald die Gemüthsruhe die Wolken, welche den Horizont des Herzens verfinsterten, zerstreut hat. Dieses Gefühl vereinigt fast alle Menschen mittelst eines mysteriösen telegraphischen Fadens zu einem einzigen Körper, zu einem einzigen Individuum, so daß der geringste von einem Glied der socialen Maschine verspürte Stoß sich auf die ganze Menschheit fortpflanzt. Die Meere und Berge scheinen die Kette, welche die Menschen von einem Ende der Erde zum andern verbindet, hier und dort zu zertheilen, und die Gehässigkeiten der Völker und Könige zerreißen oft gewaltsam das Band der Affecte; aber der von einem leidenden oder jubelnden, von einem sich aufrichtenden oder sinkenden Volke ausgehende Strom verbreitet sich, wenn er nicht mit telegraphischer Schnelligkeit den zerrissenen oder getrennten Fäden entlang laufen kann, doch ruhig und langsam auf der Oberfläche der Erde und verschmelzt sich mit dem immer lebendigen Strom, den die in ihre unzähligen Colonien getheilte menschliche Familie auf allen Seiten erzeugt.

Zuweilen brauchte ein Funke, ausgegangen von einem Genie in einem fernen Punkte Asiens, viele Jahrhunderte, um seinen Stoß der ganzen Menschheit mitzutheilen; aber kein Strom ging je verloren, und in dem moralischen Leben, das sich durch Geburt und Erziehung auf uns vererbt, verweben sich noch auf geheimnißvolle Weise die Eroberungen Alexander's, der Fall des Römischen Reiches und die Züge der Kreuzfahrer. Die vor nun fast zwei Jahrtausenden von Bethlehem ausgegangene Bewegung verbreitet sich noch immer in den äußersten Regionen Australiens und verschmelzt sich auf mysteriöse Weise mit den Schwingungen, die ihren Ausgang von Mekka nahmen. Sei es in heftigen Stößen oder in unmerklichen Strömungen, jede Bewegung theilt sich der ganzen Menschheit mit und das mysteriöse Aufeinander-

Stoßen und Aneinander-Reiben von tausend Bewegungen, die von jedem Punkte der bewohnten Erde ausgehen, bilden das moralische Leben der menschlichen Familie. Aus den großen Mittelpunkten der Civilisation, wo Schaaren von Arbeitern der socialen Maschine in beständiger Thätigkeit sind, gehen die Funken unaufhörlich ab, und indem sie sich durch das Netz der Eisenbahnen und Telegraphen verbreiten, treiben sie die Völker Europa's und Amerika's zu einem bewegten und stürmischen Leben an; nach den fernen Colonien aber gelangen die von den Stätten der Civilisation ausgehenden Ströme nur kraftlos und träge, so daß sie weder Funken noch Stöße erzeugen. Allmählich wächst jedoch die Kraft des Stromes und vervielfachen sich die telegraphischen Leitungsfäden des Gedankens, so daß wir wohl in nicht gar zu ferner Zeit vom Mittelpunkt Europa's die Wilden Patagonien's und Mikronesiens mit uns den gleichen Pulsschlag des Lebens werden fühlen lassen können.

Immerhin knüpft ein Gefühl den Menschen sympathisch an den Menschen. So unbestimmt und dunkel wie es ist, bildet dieses Gefühl doch den Hintergrund für die ungestümsten Leidenschaften, welche verschiedene Individuen aneinander fesseln, und selten zeigt es sich in seiner ganzen Einfachheit und ohne daß das Herz ein lebhafteres Bild darin verflochten hat. Zwei Menschen, die beim Zusammentreffen in einem Walde das Vergnügen empfinden sich einander zu nähern, befriedigen das einfachste aller Gefühle zweier Personen, welches man „Gesellschaftsgefühl" nennen könnte. Doch selten existirt diese Freude für sich allein, weil die diesem Gefühl ertheilte Bewegung fast immer andere Affecte in Mitthätigkeit zieht, die es dann zurückdrängen oder beleben. Wenn z. B. die beiden sich begegnenden Menschen einander Furcht einflößen, so verdunkelt das Selbstgefühl sogleich die Freude des gegenseitigen Erblickens und sie gehen einander aus dem Wege oder setzen sich zur Wehre. Wenn die beiden Menschen hingegen eine und dieselbe Sprache sprechen, so geben sie sich einander zu verstehen und verbinden mit der Befriedigung des socialen Gefühls auch die geistige Freude des Gedankenaustausches.

Dieses primitive Gefühl kann sowohl passiv als activ auf verschiedene Weise befriedigt werden.

Das sociale Gefühl findet seine Befriedigung jedesmal, wenn wir mit einem andern Menschen gemeinschaftlichen Antheil an etwas haben, sei es, daß wir zusammen mit einem Unbekannten einen und denselben Gegenstand einfach besehen, sei es, daß wir uns in Gemeinschaft von Tausenden von Personen befinden, die alle demselben Schauspiele beiwohnen. Der mysteriöse Antheil, den dieses Gefühl an allen unsern Freuden nimmt, wird in umschließenden Sinne durch das Wort „Gesellschaft" ausgedrückt, doch läßt er sich sehr schwer definiren. Auf dieselbe Weise wie sich wohl in allen Körpern etwas „Ungreifbares" verborgen befindet; mischt sich auch in fast alle unsere Freuden das sociale Gefühl als unentbehrliches Element; denn selbst in sehr vielen individuellen Freuden leben und genießen wir, ohne es zu wollen, zusammen mit einem außer uns befindlichen Bilde. Der vollständige Egoist mag sich isoliren so viel er will, er bleibt doch immer ein Glied der Menschheit, mit welcher er leidet und genießt; der Mensch als Individuum kann nur physisch existiren, aber nicht moralisch, denn der wirkliche und wahre Mensch, der physiologische Mensch ist social und lebt zusammen mit der menschlichen Familie, auch wenn er sich in der tiefsten Einöde von ihr absondern möchte.

Ein Mensch, der einen Mitbruder in seiner Nähe hat, gegen den er sonst keinen Haß im Herzen trägt, fühlt denselben auch ohne ihn anzusehen und steht mit ihm, ohne es zu wissen, moralisch in Verbindung. Setzen wir den Fall, ein, mit Ausnahme des Geschmackssinnes aller Sinne beraubter Mensch könnte wissen, daß er sich mit anderen Personen bei Tische befindet, er würde deren Anwesenheit fühlen und sich über ihre Gesellschaft freuen. Die Freude, welche er empfinden würde, ist einfach und rein und entspringt lediglich aus einer passiven Befriedigung des socialen Gefühls. Er sieht und hört die neben ihm Sitzenden nicht, aber er weiß, daß er sich mitten unter Wesen seiner Gattung befindet und ist darüber erfreut. Dieser Affect ist jedoch so zart, daß er von den leisesten Regungen der Leidenschaft modificirt wird.

So darf der arme Blinde und Taubstumme nur einen Augenblick an sein Mißgeschick denken und sogleich hebt der Schmerz das Vergnügen, welches er empfand, auf, und anstatt seine Tischgenossen zu lieben, beneidet oder haßt er sie.

Das sociale Gefühl hat nur einen unsichern und unbestimmten Charakter, wenn es sich im gewöhnlichen Kraftzustande erhält; aber es nimmt eine bestimmte Form an, sobald es in den Thätigkeitszustand übergeht. In diesem Uebergang offenbart es den besondern Charakter aller Affecte zweiter Person, denen es als Grundlage dient und die es alle darstellt in den Grundgesetzen, welche es beherrschen. Der Egoist und der Hochmüthige können mit Ungestüm und Leidenschaft handeln, um ihre Lieblingsgenüsse zu befriedigen, aber sie reflectiren immer den Zweck der Handlung in sich selbst; während derjenige, welcher mit irgend einem Affect einem Mitbruder zugethan ist, die Befriedigung des eigenen Gefühls außer sich setzt und an der Freude Anderer sein Vergnügen hat, wobei er einen noch größeren Genuß empfindet, wenn er selbst direkt die Freude in dem Andern erweckt.

Zwischen den passiven und activen Freude-Empfindungen des socialen Gefühls stehen einige gemischte Genüsse, welche einen natürlichen Uebergang von den einen zu den anderen bilden. Die am deutlichsten hervortretende Form derselben besteht in dem Mitgenießen und Mitleiden der Freuden und Schmerzen, die nicht unser sind. Es scheint auf den ersten Blick, als müßte das Mitgenießen des Glückes Anderer eine selbstsüchtigere Freude sein, als jene, welche man im Bemitleiden empfindet, aber gerade das Gegentheil ist der Fall. Hier mischt sich als furchtbarer Faktor die Eigenliebe ein, welche, die natürliche Ordnung der Dinge umkehrend, uns oft unter den Freuden Anderer leiden und über das Weh Anderer freuen läßt; so daß, wenn wir eine Freude genießen sollen, die nicht unser ist, das sociale Gefühl wärmer sein muß, um die Regung der Eigenliebe zu verdrängen; während, wenn wir einen Mitmenschen leiden sehen, das tückische Gefühl des Ich's, das sich überall eindrängt, vollständig befriedigt ist und das sociale Gefühl, obgleich sehr schwach, eine Freude genießt, die, so lange sie in der Theorie bleibt, nicht das geringste Opfer kostet. Der Mensch, der sich mit seinem Mitmenschen freut, muß die eigene Individualität fast ganz in den Hintergrund treten lassen und muß sich dem Andern gleich- oder gar unterstellen; während ein Mensch, der bemitleidet, sich immer — auch ohne zu wollen — über den leidenden Mitbruder stellt und von der Höhe herab auf diesen ein Gefühl regnen läßt, das aus dem eigenen Herzen wie eine „erhabene Gunst" strömt. Wenn er sich bückt, um dem Leidenden beizustehen, bethätigt sich der Affect, und das Mitleid, das immer theoretisch ist, überläßt den Platz der Wohlthätigkeit.

Das Mitleid ist von allen jenen menschlichen Affecten, die sich an das Bewußtsein Anderer richten, der allgemeinste und gewöhnlichste, weil er sich auf unsere sociale Natur gründet und nicht in uns fehlen kann, ohne daß unser Herz der gräßlichsten und widerlichsten moralischen Pathologie verfällt. Auch einem Egoisten, der nie eine gute Handlung vollführt hat ohne sich selbst dafür zu belohnen, können beim Anblick eines Leidenen Thränen in die Augen treten. Dieser Affect bietet uns in seinen weniger edlen Formen Genüsse, die fast von jeder Traurigkeit frei sind und fast immer eine Färbung des befriedigten Selbstgefühls tragen; wenn er dagegen einem großmüthigen Herzen entspringt, so bereitet er eine der unaussprechlichsten, mit einem sanften Leid vermischte Freude. Dieser Genuß wird in dem ganzen reinen Ideal seiner Vollkommenheit empfunden, wenn das Mitleid von einer Person in unserer Lectüre oder einem Schauspieler auf der Bühne erweckt wird. Alsdann kann uns die Unmöglichkeit, dem armen Leidenden beizustehen, vor unserm Gewissen nicht des Egoismus beschuldigen und wir geben uns ohne Gewissensbisse einem wahren Freudenrausche hin, welcher die Genüsse des Egoismus und der Großmüthigkeit in sich vereinigt.

Das auf passive Weise befriedigte sociale Gefühl bietet keine besondere Physiognomie dar und zeigt sich selten in seiner ganzen Reinheit, weshalb wir auf unserm Lebenswege wohl kaum ein Beispiel zu beobachten Gelegenheit haben. Die einzige bestimmte Form, welche es uns darbietet, ist das Mitleid; doch ist dieses, streng genommen, ein gemischter Affect, eine wahre Neigung, aus dem Gebiete der Theorie in jenes der That überzugehen. Die Genüsse, welche es uns bereitet, thun sich immer durch die Züge eines sanften Weh's kund, die sich zuweilen mit einem Zeichen des Vergnügens verschmelzen. Im Allgemeinen correspondiren die Gesichtszüge mit dem Ausdruck des leidenden Menschen, wie es schon die Etymologie des Wortes sagt. In seiner idealen Vollkommenheit hat das Mitleid eine unbeschreibliche Physiognomie, welche tiefe Rührung verräth und welche mit wenigen Linien und kaum merklichen Bewegungen die Großmuth eines Menschen auszudrücken vermag.

17. Kapitel.

Von den Genüssen, welche aus dem sich bethätigenden socialen Gefühl entspringen; — Freuden der Gastfreundschaft, der Wohlthätigkeit und des Opfers.

Einige Philosophen unterscheiden die allgemeine Menschenliebe von dem Gefühl des Wohlwollens; doch sind dieses in Wirklichkeit nur zwei Formen eines und desselben Affects, der auf zweierlei verschiedene Art seine Befriedigung finden und der in der bloßen Befähigung und in wirklicher Thätigkeit existiren kann. —

Wenn wir uns über das Zusammensein mit anderen Menschen freuen, genießt das sociale Gefühl die Ausflüsse, welche von dem Herzen eines Jeden ausgehen, nimmt sie auf und verweilt in Ruhe.

Sobald jedoch der Affect einen gewissen Grad erreicht, fühlen wir ein wahres Bedürfniß, den Anderen die Schätze unseres Herzens zu öffnen, indem wir ihnen so zu sagen die Kraft zeigen, welches sich in uns bereit findet, ihre Bedürfnisse zu befriedigen und ihnen auf irgend eine Weise Vergnügen zu bereiten. Dieses Bedürfniß bildet für sich allein die ganze Philosophie der

Höflichkeitsbezeigungen, mit denen wir Anderen unsere Zuneigung erkennen zu geben suchen. Hierher gehören die Grüße, die Liebkosungen, die Küsse und der ganze ungeheure Apparat der Höflichkeits- und Gefälligkeitsbezeigungen mit seiner unendlichen Mannichfaltigkeit physiologischer und pathologischer Formen. Der erste Akt angenehmer Ueberraschung, den ein Mensch beim Zusammentreffen im Urwalde mit einem seines Gleichen that, war der erste Gruß; in gleicher Weise wie der Händedruck so alt sein muß wie die Menschheit. Wenn die beiden Menschen, die sich begegneten, ihren Weg zusammen fortsetzten, wird Einer von ihnen, sobald sie eine dornige Pflanze am Weiterschreiten hinderte, dieselbe mit eigenen Händen beseitigt haben, damit der Gefährte unverwundet hindurch könne; und dieser, welcher den Höflichkeitsakt verstand, wird Jenem mit einem Lächeln gedankt haben. Es war dieses der erste und einfachste Höflichkeits-Austausch zwischen zwei Menschen, welcher dem Einen das Vergnügen verschaffte, das sociale Gefühl praktisch zu befriedigen, und dem Andern die Freude bereitete, seine Dankbarkeit zu bezeigen.

Die Gastfreundschaft ist eine vollständigere Art der Befriedigung des socialen Gefühls, die mit dem Menschen entstehen mußte, sobald er sich in Familie vereinigte. Sie läßt uns den unbekannten Pilger unter unser Dach aufnehmen und treibt uns, die eilfertigsten Bemühungen an ihm zu verschwenden, um ihm unser Wohlwollen zu bezeigen. Es ist ein vom Menschen dem Menschen, ohne Rücksicht auf Geschlecht, Alter oder Verwandtschaftsbande, erwiesener Dienst; wie denn auch die Gastfreundschaft bei wilden Völkern ursprünglich und aufrichtig ist und bei diesen die Wohlthätigkeit und die Menschenliebe in allen ihren Formen, in welche sich das eine Gefühl zertheilte, vertritt. Diese Form der Bethätigung des socialen Gefühls erhielt sich auch noch viele Jahrhunderte der Civilisation hindurch, und wenn wir, in einem einsamen Landhause wohnend, unsere Thür dem vom Unwetter überraschten Wanderer öffnen, üben wir die Gastfreundschaft in ihrer ursprünglichen Form aus und genießen eine Freude, wie sie unsere ersten Vorfahren, als sie auf der Hochebene Asiens die menschliche Familie gründeten, empfunden haben mußten. In den großen Städten schicken wir den Armen, der an unsere Thüre klopft, mit einer Münze oder einem Fluche fort; aber wir sind deshalb nicht weniger mitleidig, denn es ist die primitive Gastfreundschaft, die uns getrieben hat, Hospitäler, Asyle und alle sonstigen Wohlthätigkeits-Anstalten zu gründen.

Die Gastfreundschaft ist eine sehr umfassende Formel, die eingehender analysirt zu werden verdient, weil sie die allgemeine Menschenliebe auf tausenderlei Weise praktisch zum Ausdruck kommen läßt.

Der Gruß in allen seinen Formen ist immer ein kurzes Ausdrucksmittel, mit welchem wir das Vergnügen, eine Person zu sehen, bekunden. Ich weiß sehr wohl, daß man auch den Hut zieht vor Personen, die man haßt und verachtet; aber dieser Gruß ist pathologisch und ich spreche nur von jenem, der dazu dient, die sociale Freude zweier sich begegnenden Menschen auszudrücken. Die einfachste Form dieses Freude-Ausdrucks ist ein mit irgend einem Theile des Körpers, aber am meisten mit der Hand, gegebenes Zeichen, welchem sich in den zusammengesetzten Formen mehr oder weniger innige Worte und Umarmungen zugesellen. Jedenfalls schätzt Derjenige, welcher den Gruß empfängt, wenn dieser sonst aufrichtig ist, stets in einem Augenblicke dessen Werth ab, indem er ihn als einen Wechsel betrachtet, dessen Summe oder Unterschrift ihm das Maß des Affects, welches er zu erwarten hat, darstellt.

Nach dem Gruße nähert sich der Mensch dem Menschen und fragt ihn nach seinen Schicksalen, und ihm mit wohlwollendem und aufmerksamem Blicke folgend, lächelt und weint er mit ihm. In der Unterhaltung zweier Menschen, die sich vorher noch nicht gekannt hatten, liegt eine ganze Welt wonniger Freuden für das Herz, die alle aus dem socialen Gefühl allein entspringen können, denn die Beiden sind nur durch das entfernteste Band menschlicher Verwandtschaft aneinander gefesselt. Und doch liest der Sprechende in den Augen des Andern, der ihn anhört, seine eigene Geschichte, so daß er, sich verstanden sehend, lächelt oder weniger schmerzvoll weint; der Schweigende hingegen hat den Genuß, seinen Affect erkannt zu sehen, und den Wechselfällen der

Erzählung mit sichtbarer Theilnahme folgend, spricht er mit den Augen und bildet so mit dem Gefährten einen harmonischen Accord, der alle Augenblicke die Zusammenstellungen der einzelnen Noten und das Zeitmaß ändert, der aber immer das ihn vernehmende Herz mit Wonne erfüllt. Bald wechselt der stürmische Fluß einer leidenschaftlichen Rede mit langsamen und schwankenden Worten ab, bald sind's tiefe Seufzer oder lebhaftes Gelächter, welche die Ruhe einer fesselnden Erzählung unterbrechen; und immer folgt das treue Auge des Zuhörenden den Lippen des Sprechenden, und bald aufgeregt und beweglich, bald langsam und ruhig, bald vor Freude leuchtend, bald von einer Thräne verschleiert, aber immer unzertrennlicher Begleiter in Freude und Schmerz, ergießt es die Regungen eines mit uns fühlenden Herzens. Wie oft drückten sich nicht zwei Menschen, die sich vorher noch nie sahen, — voll von Gefühl, — beim ersten Begegnen warm die Hand und verstanden sich! Wie oft gossen nicht zwei Menschen mit einem einzigen Worte ihre Herzen in einen unaussprechlichen Gefühlsrausch zusammen, gleich zwei heftigen Strömen, die zuerst einsam in ihrem felsigen Bette laufend, sich bei der Bewegung beruhigten und langsam in die stille Tiefe eines Sees glitten! Wie oft blieben nicht vier menschliche Augen, die sich bis dahin noch nie getroffen hatten, fest aufeinander geheftet, um durch einen Schleier von Thränen hindurch gegenseitig die Geschichte des Herzens zu lesen und sich in stiller Wonne Ströme von Gefühlen zuzusenden! Wenn mir erlaubt wäre, die Freuden zweier Menschen, welche das sociale Gefühl durch die Vermittelung des Wortes befriedigen, durch eine der physischen Welt entnommene Formel zu veranschaulichen, so würde ich — die unaussprechliche Wonne jener Augenblicke entheiligend — sagen, daß sie gegenseitige moralische Elektricitätsströme verschiedener Natur austauschen und daß die Freude aus der Gleichgewichts-Herstellung zweier entgegengesetzter sich suchenden und vermischenden Elemente entspringt.

Wenn Einer der beiden mit einander sprechenden Menschen von Schmerz bedrückt ist und durch die Worte des Andern gestärkt wird, so empfängt er eine moralische Unterstützung, ein

Almosen in Worten, den man „Trost“ nennt. Die Freude-Empfindungen desjenigen, welcher durch tröstlichen Zuspruch das sociale Gefühl in Bewegung setzt, können sehr verschiedener Natur und Intensität sein. Ein Egoist, der, ohne den Schmerz des Gefährten mitzufühlen, nur um der Pflicht zu genügen, ein kaltes und nothdürftiges Wort hinwirft, das ihm kein Opfer kostet, kann nur eine ganz schwache Freude empfinden, weil er durchaus kein Bedürfniß des Herzens befriedigt. Ein großmüthiger Mensch hingegen, der, von einer traurigen Erzählung tief gerührt, dem leidenden Mitbruder kräftig die Hand drückt und ihm mit bewegter, aber fester Stimme zuruft „hoffe“, empfindet eine unendliche Freude; weil er in jenem Augenblicke sich selbst verspricht, alle seine Kräfte zur Tröstung des Betrübten anzuwenden und diesen mit einem einzigen Worte die ganze Großmuth seines Herzens fühlen läßt. Oft schon genügt ein einziges Wort oder ein stummer Händedruck, um einen tiefen Seufzer zu lindern und zwei Menschen, die sich vorher nie gekannt hatten, zu Freunden zu machen.

Wenn ein Mensch, der unter einem gastlichen Dache, — sei es in der Hütte eines Wilden oder im Palaste eines Fürsten, — Aufnahme gefunden, durch Erzählung seiner Schicksale zu erkennen giebt, daß er unter einem Schmerze oder einem Bedürfnisse leidet, so bethätigt der wohlwollende Wirth, indem er den Schmerz lindert oder das Bedürfniß befriedigt, sein eigenes sociales Gefühl auf die vollständigste Weise. Der Mensch, welcher einem verwundeten Mitbruder einen Dorn aus dem Fleische zog, welcher ihn gegen die Angriffe eines wilden Thieres vertheidigte oder ihm zu essen gab, wenn er hungrig war, übte die ersten wohlthätigen Handlungen aus und kostete zum ersten Male die reinsten und intensivsten Freuden des sich bethätigenden socialen Gefühls, oder mit anderen Worten: empfand den Genuß der Barmherzigkeit. Dieser Genuß ist einer der höchsten und edelsten und bemißt sich nach der Freude des Menschen, dem unsere Wohlthätigkeit gilt, sowie nach den Anstrengungen, die wir machen müssen um ihm zu helfen. In der verschiedenen Art und Weise, wie sich die beiden Elemente vereinigen, liegt das ganze Geheimniß von dem moralischen Werthe der guten Handlungen, dessen Abstufungen bis in's Unendliche gehen. Auf dem Nullpunkte dieses Verdienst-Thermometers und zugleich dem Ausgangspunkte des Genusses haben wir den Egoisten, der zufällig durch eine ganz einfache Handlung eine große Wohlthat ausübt und erfreut ist, sich auf so billige Weise große Dankbarkeit erworben zu haben und sich einen Wohlthäter nennen zu können. Hier bietet das Vergnügen kaum eine ganz leichte sociale Färbung dar und wird fast gänzlich von der Befriedigung der Affecte einer Person erfüllt. Vom Nullpunkte aufwärts steigend finden wir zunächst alle jene gewöhnlichen Freuden der Wohlthätigkeit, die durch große Anstrengung und mit kleinem Opfer erworben werden und denen sich immer eine mehr oder weniger große Dosis Eigenliebe beigesellt. Steigen wir noch höher, so vermindert sich die Eigenliebe und das sociale Gefühl begnügt sich mit dem Lohne der Dankbarkeit; bis wir endlich in den höchsten Regionen der moralischen Stufenleiter einen völlig reinen Genuß vorfinden, der sich ganz nach der Größe des Opfers bemißt und der in seinen idealisch vollkommenen Formen nicht die geringste Belohnung, — ja nicht einmal unsern Beifall beansprucht. Zu solcher Höhe steigen nur sehr wenige Menschen empor; aber ihr Gefühl verbreitet eine solche Lichtfülle rings umher, daß die ganze Menschheit davon erleuchtet wird und sich freut einige Engel in ihrer Mitte zu haben, welche deren durch so viele Ungeheuer des Egoismus und der Gemeinheit erniedrigte Würde erheben.

Die Analyse der Opferfreuden bietet große Schwierigkeiten und macht die Hand des zergliedernden Physiologen oft schwanken, denn während er über der mißlichen Arbeit schwitzt, gellt ihm das cynische Spottgelächter des Egoisten in's Ohr, der ihm zuraunt, daß sich der Mensch mit dem Opfer durchaus kein Verdienst erwerbe und daß er das Gute nur thue, um ein größeres Vergnügen zu genießen und weil er dieses wegen besonderer Gehirnorganisation anderen Genüssen vorzieht. Der Physiolog lasse sich durch dieses Gelächter und diese Spitzfindigkeiten nicht ablenken, sondern fahre ruhig in seiner Arbeit fort; denn er wird zwischen den zuckenden Fibern des menschlichen Herzens den Trost finden, daß die Wahrheit auch gut, und daß die Philosophie keine Feindin der Moral ist.

Ein Mensch, der sich dem Wohle Anderer opfert, empfindet gewiß ein unendliches Vergnügen, aber dasselbe war nicht der Zweck seines Handelns; er bestieg vielmehr ein schmerzensreiches Golgatha bevor er einen Genuß erreichte, der ihm gleichsam nur als Lohn für den schweren Sieg verliehen wurde. Fühlte er sein Herz zum Gefühl des Mitleides angeregt und war er im Begriff sich mit einer erhabenen Unklugheit in den Abgrund zu stürzen, so sah er sich den Weg vom Egoismus versperrt, dem fürchterlichsten der Riesen, der ihm mit verächtlichem Grinsen und mit der Miene eines zornigen Hofmeisters durch einen Wink die Unermeßlichkeit der Tiefe zeigte und vor seinen Augen die Liebe zum Leben aufblitzen ließ. Das machte ihn schwankend, er blieb stehen und weinte; er fühlte die menschliche Schwäche und die Gefährlichkeit des Kampfes, und vielleicht unter einem namenlosen Schmerze zuckend, erflehte er vom Himmel die Wiederholung des Wunders von David's Sieg über Goliath. Ja, er warf den Riesen zu Boden und trat ihn mit Füßen; aber der Kampf war bitter und hart; und wenn er dann, holdselig lächelnd, seine Hand dem Leidenden hinstreckte, wischte er sich noch schnell vorher den Schweiß von der müden Stirne und stillte das Blut, das aus seinen Wunden träufelte, um weder seinem Mitmenschen die Last der Dankbarkeit aufzubürden, noch sich selbst einen Preis zu ertheilen, der ihn erniedrigt haben würde. Wenn in jenem Augenblicke ein unsichtbarer Engel einen lindernden Balsam auf seine Wunden legte, wenn er in jenem Augenblicke einen der erhabensten Genüsse kostete, er hatte den Lohn nicht gesucht; aber er verdiente ihn, weil er verstanden hatte dem Menschen die Ereignisse des langen und blutigen Kampfes heldenmüthig zu verschweigen; wer ihn gelobt hätte, dem würde er mit edelmüthiger Unbefangenheit zur Antwort gegeben haben: „es war meine Pflicht.“ — Wenn es wahr ist, daß edle Menschen das Gute nur thun, um sich einen Genuß zu verschaffen, so wäre nur zu wünschen, daß alle Menschen sich darauf legten, diese Genüsse zu suchen und wir würden das Paradies auf Erden haben. Die wenigen Auserwählten mögen unterdessen in ihren Kämpfen fortfahren; denn sie haben die hohe Aufgabe, aus dem trostlosen Schlamme der Menschheit einige Edelsteine hervorleuchten zu lassen. Die Mittelmäßigen mögen nicht den Muth sinken lassen oder auf diese Freude verzichten; denn es giebt Opfer von jedem Maße, die sich den verschiedenen Größen des menschlichen Herzens anpassen, und wenn sie auch nicht lächeln können im Märtyrerthum des Lebens, so wird es ihnen doch immer möglich sein, zum Nutzen eines Mitmenschen eine Stunde Schlaf zu opfern oder die Stimme der Eigenliebe für einige Augenblicke zum Schweigen zu bringen.

Die Opferfreuden gehören zu den größten Genüssen des Gefühls. Sie läutern die edelsten Affecte und laden zu ihrer Lustbarkeit als erstes das Würdegefühl, welches frohlockt und sich zur vollständigsten Apotheose erhebt. Alle verschiedenen Formen des socialen Gefühls, die wir später kennen lernen werden, sind opferfähig, wie denn das Opfer immer der reinste und erhabenste Ausdruck eines großen Affects ist. Man kann wohl sagen, daß im Reiche des Herzens das Opfer, wenn nicht der größte, so doch einer der größten Genüsse ist, welche in manchen Fällen eine Höhe erreicht, die Bewunderung und Ehrfurcht einflößt. Ein Mensch, der es fertig bringt, sich selbst auf dem Altar eines Gefühls als Sühnopfer darzubringen, zeigt uns das erhabenste Schauspiel der moralischen Welt. Wir haben da in einem einzigen Augenblicke die ganze Geschichte des menschlichen Herzens vor uns, — und fast als hätten wir gleichzeitig auch ein Mikroskop und ein Teloskop vor unseren Augen, messen wir unsere Kleinheit und die Ausdehnung unseres Gesichtskreises. Ohne zu wollen nehmen wir an einem fürchterlichen Kampfe theil, in welchem wir wohl den Sieg des Guten über das Böse wünschen, in welchem wir aber doch wegen der Kraft des Feindes, der mit unserm Schützling kämpft, entsetzliche Angst haben. Wir sehen wie unser Würdegefühl mit dem Egoismus streitet; und wenn es zum heftigen Kampfe kommt und der Todesstreich nahe ist, um über den Ausgang zu entscheiden, — dann wenden wir geistig den Blick von dem Schauspiele ab, das uns erschreckt und bezaubert, und nur zitternd vor Hoffnung und vor Furcht lenken wir die Augen auf das blutige Gefilde zurück, um zu sehen, wer gesiegt hat. Der Sieg des Gefühls über den Egoismus ist das erhabenste aller moralischen Schauspiele, und auf dem Schauplatze der menschlichen Ereignisse zollt ihm bewegt die ganze Menschheit Beifall. Der gellende Pfiff des Cynikers verliert sich inmitten jenes ungestümen Beifallsklatschens, und die menschliche Würde schreibt einen neuen Namen in ihr an Seiten reiches und an Worten armes Buch.

Das sociale Gefühl bethätigt sich auf tausenderlei Weise, vom einfachen Händedruck bis zum Märtyrerthum; da es aber stets erhaben und edel ist, so erhebt es sich mit seinen Freuden und macht uns immer würdiger, nach größeren Genüssen zu trachten. Unter seinen Schätzen hat es Kupfer-, Silber- und Goldmünzen für alle Taschen und alle Schränke. Fast täglich geben wir das kleine Geld dieser Freuden aus, indem wir mit anderen Menschen sprechen oder uns sonst mit ihnen beschäftigen und oft bringen wir es durch irgend eine wohlthätige Handlung auch bis zur Silbermünze. Die seltensten und erhabensten Freuden des Opfers dagegen werden nur von Wenigen gekostet und finden ihre Darstellung in den Goldmünzen. Dem moralischen Werthe nach bilden die unterste Stufe die Gesellschaftsgenüsse, dann folgen die Genüsse der Trostspendung, der Wohlthätigkeit und des Opfers.

Die Frau genießt die socialen Freuden ohne Zweifel viel mehr als der Mann; weil die Natur ihr zur Entschädigung für das kleinere Gehirn ein größeres Herz verlieh und sie durch die mühseligen Pflichten der Mutterschaft, die sie ihr auferlegte, den erhabenen Freuden des Opfers weihte. Höchst selten vermag der Mann die höheren Grade der vorher erwähnten Stufenleiter zu erreichen, ohne einen ungeheuren, mit leichter Eigenliebe angefüllten Ballon mit sich zu ziehen. Er opfert sich oft, aber er will auch, daß der Holzstoß, der ihn verbrennt, eine helle und große Flamme rings umher verbreite. Die Frau hingegen vermag in der Stille und Dunkelheit die erhabensten Opfer zu vollziehen und unverdrossen die moralischen Qualen eines von beständigem Kummer erfüllten Lebens zu ertragen, ohne zu seufzen und ohne stolz zu werden.

In allen Lebensaltern gewährt uns das sociale Gefühl Genüsse. Das kleine Kind hört oft beim Anblick eines lebenden Wesens zu weinen auf, und der Greis im Sterbebett tröstet sich, wenn er das Zimmer voll von weinenden Verwandten und Freunden sieht. Das Alter der erhabensten Opfer ist immer die Jugendzeit.

Den civilisirten Völkern muß das sociale Gefühl lebhaftere Genüsse gewähren, weil diese mehr Gelegenheit haben, es in Thätigkeit zu sehen.

Der größte Unterschied der Genüsse ergiebt sich aus der moralischen Organisation, wie diese von den verschiedenen Graden des Egoismus und des Affects gestaltet wird. Manche Egoisten empfinden nur die ganz schwachen Genüsse des gesellschaftlichen Beisammenseins mit anderen Menschen, während Andere ihr ganzes Leben der Wohlthätigkeit und dem Opfer widmen.

Die Freuden des sich bethätigenden Wohlwollens haben meistentheils eine ruhige und heitere Physiognomie; nur selten kommen sie durch Lachen und lebhafte Gedanken zum Ausdruck. Zuweilen möchte das Vergnügen auf allen Seiten hervorbrechen, aber mit heldenmüthiger Heuchelei verbergen wir es, um dem Menschen, welchem wir helfen, zu zeigen, daß unsere Handlung ganz ungezwungen ist und keinen Kampf und Sieg erforderte. Die Opferfreuden haben mitunter eine unbeschreibliche engelgleiche Physiognomie. Verschiedene große Künstler brachten den himmlischen Blick des Märtyrers in Marmor oder auf Leinwand zum Ausdruck, und ein Jeder von uns wird sich wohl erinnern, schon ein Bild gesehen zu haben, das sich ihm in's Herz prägte, um sich nicht mehr daraus zu verwischen.

Der Genuß dieser Freuden verleiht, wenn er zur Gewohnheit wird, unserm Antlitz ein eigenes Gepräge, welches man bei manchen Personen in deutlichen Zeichen liest, so daß man dieselben gleich auf den ersten Blick für wohlthätig und großmüthig hält. Ein Freudestrahl kann im Allgemeinen sowohl auf den häßlichsten wie auf den schönsten Gesichtern erglänzen; doch giebt es Individuen, welche absolut kein anderes als ein cynisches und boshaftes Lächeln hervorbringen können, und welche ihr Vergnügen, wenn ein sonderbarer Zufall ihnen Gelegenheit giebt, eine gute Handlung zu vollziehen, immer auf widerwärtige Weise ausdrücken.

Das sociale Gefühl kann nie pathologisch sein, denn wenn es seine Natur ändert, hört es eben auf, zu existiren. Doch kann es sich zuweilen mit unreinen Affecten verbinden und uns dann krankhafte Freuden bereiten. Der Mensch ist social in der Wüste wie in den bevölkerten Straßen der Städte, im Studirzimmer wie in den Räumen einer Wohlthätigkeits-Anstalt. Und so können sich denn auch der Wüstling und der Verbrecher der Gesellschaft ihrer Genossen freuen.

Die Wohlthätigkeit eines eitlen Menschen, die Höflichkeitsbezeigungen eines Niederträchtigen und die Schmeicheleien eines Verräthers sind Heucheleien des Gefühls; aber der Genuß entspringt nur aus der Befriedigung eines edlen Affects. Verschiedene derartige Gefühlsheucheleien haben sich mit den Generationen auf uns und unsere Sprache fortgeerbt, so daß selbst oft der großmüthigste und offenherzigste Mensch durch gewisse Phrasen seiner Sprache, ohne es zu wissen, an die Schlechtigkeit seiner Väter erinnert.

18. Kapitel.

Von den Genüssen der Freundschaft.

Das sociale Gefühl, welches uns zu allen Menschen ohne Unterschied hinzieht, wenn sonst die anderen physischen und moralischen Bedingungen identisch sind, gewährt uns sehr verschiedene Genüsse, je nachdem der Mensch, mit welchem wir in Berührung kommen, uns mehr oder weniger sympathisch ist. Ohne uns darüber Rechenschaft geben zu können, empfinden wir sehr oft beim bloßen Anblick eines Mitmenschen ein lebhaftes und ungewöhnliches Vergnügen; wir finden ihn schön und liebenswürdig und werden von einer geheimnißvollen Macht getrieben, ihm unsere Zuneigung kund zu thun und uns ihm zu nähern. Meistentheils entsteht die Sympathie gleichzeitig in zwei Menschen, die sich mit ihren Blicken ihr moralisches Bild zugesendet haben und erfreut sind, sich gegenseitig verstanden zu sehen. Das Vergnügen, welches in dem Einen der Anblick des Andern erweckt, läßt alsdann in Beiden das Bedürfniß entstehen, sich oft zu sehen, sich zu suchen, sich zu sprechen, und — sie werden Freunde. —

Das sociale Gefühl, das immer im Zustande des Vermögens in uns existirt, kann sich ganz plötzlich beleben, uns einen Genuß verschaffen, und dann wieder in seiner gewöhnlichen Ruhestand zurückkehren. So z. B. wenn unser Ohr, während wir in tiefes Nachdenken versunken sind und uns an einem Naturschauspiele ergötzen, von der klagenden Stimme eines Bettlers verletzt wird. Das durch die Empfindung des Ohres angeregte sociale Gefühl läßt unsere Hand nach der Börse greifen, und während wir dem Bettler ein Geldstück überreichen, lesen wir auf seinem Gesichte Dankbarkeit und Freude und empfinden ein Vergnügen. Einen Augenblick nachher ist der Freudenfunke in uns erloschen, und wir befinden uns, unsern Spaziergang fortsetzend, in keinem moralischen Verhältnisse mehr zu dem Menschen, dem wir soeben geholfen haben. Wenn wir aber am andern Tage beim Vorübergehen an dem gleichen Orte wieder die klagende Stimme des Bettlers hören und wieder zur Börse greifen, thun wir einen Schritt nach einem Affecte, und der Freudenfunke, den wir empfinden, fängt an ein Strom zu werden; und selbst nach einiger Zeit, obgleich entfernt von dem Bettler, können wir noch mit Vergnügen an ihn zurückdenken. Andererseits, wenn dieses kein bloßer Händler ist, der Thränen und Klagen verkauft, um sein Brod ohne Mühe zu verdienen, wenn er ein fühlendes Herz hat und beim Betasten Eurer Münze erkennt, daß dieselbe von Herzen kommt und sich von anderen unterscheidet, die kalt sind vom Hauche der Eitelkeit, wird er auch an Euch mit Vergnügen denken und Euch, sobald Ihr ihm zu Gesicht kommt, mit einem Lächeln begrüßen, das Ihr zu lesen und zu deuten verstehen müsset. So flüchtig und zart auch Eure Beziehungen zu einander sein mögen, wenn sie längere Zeit hindurch keine Unterbrechung erleiden, könnt Ihr vielleicht noch einmal zwei Freunde werden.

Die Sympathie und die Wohlthätigkeit sind die beiden ursprünglichen Quellen der Freundschaft, welche man in ihrer Wesenheit als den Austausch zweier sehr lebhafter socialer Gefühle definiren kann. Wenn zwei Menschen aus irgend welchem Grunde gegenseitig oft Funken socialer Freude austauschen, bilden diese mit der Zeit einen ununterbrochenen Strom, eine wahre Atmosphäre, die zwei Existenzen in sich einschließt. Alsdann empfindet der liebende Mensch, wenigstens zum Theil, ein doppeltes Leben; und das Bild des Freundes in seinem Herzen aufbewahrend, fühlt er die Schläge eines andern Herzens, dem er die Regungen des seinigen mittheilt.

Die gewöhnliche Sucht, auf eine Einheit zurückzuführen, was vielheitlich ist, vereinfachen zu wollen, was zusammengesetzt ist, ließ die Philosophen, welche dem Freundschaftsgefühl eine einzige Ursache zu Grunde legen wollten, die Frage auf verschiedene Weise lösen. Einige behaupten, daß es zur Begründung einer Freundschaft einer gleichen moralischen Natur bedürfe; Andere hingegen meinen, daß der Gegensatz der Charaktere die Freundschaft begünstige; noch Andere, — vielleicht sorgfältigere Beobachter als die Ersteren, — lehren uns, daß ein Freund die Ergänzung des andern sei und daß die Eigenschaften Beider, zusammen genommen, eine einheitliche harmonische Natur, ein mehr oder weniger vollkommenes Ganzes bilden. Es genügt jedoch schon die oberflächlichste Beobachtung der uns umgebenden Gesellschaft, um uns zu zeigen, daß die Freundschaft aus sehr verschiedenen Quellen hervorgehen kann und daß sie, raumbegierig, auf ausgedehntem Gebiet frei umherstreift, um ihre Herrlichkeiten mit vollen Händen unter die gleichartigsten und ungleichartigsten Menschen zu streuen.

Natürlich können nicht alle Menschen befreundet miteinander sein, obgleich sie wohl alle bieder und mit zartem Fühlen begabt sein können. Zwei Menschen müssen, um sich Freundschaft einzuflößen, wenigstens bis zu einem gewissen Punkte im Alter, wie im Fühlen und Denken übereinstimmen. Die erstere Bedingung ist jedoch die unerläßlichste; denn die Zeit wirkt so verändernd auf uns ein, daß wir uns fast nicht mehr wiedererkennen würden, wenn wir die Exemplare unseres Ich's als Kind, als Jüngling, als Erwachsener und als Greis vor uns hätten. Ein Mensch, der feurig auf dem Rosse der Phantasie dahin reitet, die Blumen zerstampfend, welche er überall auf seinem Wege antrifft, kann wohl einen zärtlichen Gruß dem Greise zuwerfen, der zu Fuß und hinkend den Hügel absteigt und mit der Spitze seines Stockes, zwischen den dürren Blättern, die sein schwankender Schritt ab und zu zerknistert, begierig nach einem grünen Hälmchen sucht; aber er hat keine Zeit, stehen zu bleiben, um Jenem die Hand zu drücken, und außerdem würden sich die beiden Reisenden auch nicht verstehen. Jedes Alter hat seine eigene Sprache, seine eigenen Wege, seinen eigenen Himmel. Zwischen Individuen von zu ungleichem Alter ist Freundschaft unmöglich; und wenn man diesen Namen gebraucht, um den Affect zu bezeichnen, welcher den Greis an den Jüngling, das Kind an den Erwachsenen fesselt, so begeht man einen logischen Fehler. Das lebhafteste Gefühl kann diese verschiedenen Wesen vereinigen, aber es beruht im Grunde nur auf Verehrung, Dankbarkeit oder Achtung; und wenn Ihr es schließlich durchaus mit dem Namen Freundschaft belegen wollt, so möchte ich Euch doch sagen, daß der Austausch der Affecte in diesem Falle mittelst des Fernrohrs geschieht. Der Greis und der Jüngling betrachten sich gegenseitig unter einem Gesichtspunkte, welcher der Perspective angehört; der Freund hingegen sieht den Freund neben sich, hält ihn bei der Hand oder drückt ihn an die Brust. Auch wenn der Eine sich entfernt, sein moralisches Bild bleibt auf dem verlassenen Platze, und der Andere betrachtet es mit einem Blicke, den man nur belebten Gegenständen zuwendet und fühlt jene Wärme daraus strahlen, wie sie nur von belebten und geliebten Gegenständen ausgeht. Dieses ist der Affect, welcher um zwei Menschen das heilige Band der Freundschaft schlingt.

Wie das Alter, so kann auch der übermäßige moralische oder geistige Abstand der gegenseitigen Annäherung zweier Menschen zum Freundschaftsbunde ein unüberwindliches Hinderniß entgegenstellen. Doch ist die Schwierigkeit hier geringer. Bald kann der bezaubernde Blick des Genies einen Menschen, der sich fern in der Menge verloren fand, allmählich an sich heranziehen; bald übt der duftende Ausfluß eines zarten Herzens seine Anziehungskraft auf einen Cyniker aus, der einsam auf verlassenen Wegen wandelte. Dieses ist sogar eine der vollkommensten und bewunderungswürdigsten Formen der Freundschaft. Ein edelmüthiger Mensch, der sich seines Edelmuthes nicht bewußt ist, sieht in der Finsterniß des Lebens von fern eine helle und blendende Leuchte erglänzen. In seiner Begierde nach Licht, und angezogen von dem Glanze des Genies, nähert er sich: neidlos bewundernd, jubelt er, sich ohne Mühe erleuchtet zu fühlen; denn jenes klare Licht dringt in die Regionen seines Geistes, und indem es seinem aufmerksamen Blicke tausend unbekannte Schätze enthüllt, erfüllt es ihn mit größerem Stolze auf sich selbst. Er empfängt jedoch nicht nur, sondern schenkt auch mit freigebiger Hand die Reichthümer seines Herzens. Die Leuchte des Geistes, so hell sie auch erglänzt, hat eine kalte Flamme, und der Mensch, welcher sie im Raume hin und her bewegt, um die Schritte der Menschheit zu erleuchten, leidet fast immer unter der strengsten Kälte. Er saugt also mit unendlichem Wohlgefallen die Wärme ein, welche unaufhörlich aus einem edlen Herzen strömt, und wird so, während er leuchtet, erwärmt. — Die Freundschaft in ihrer erhabensten Gestalt ist der Bund des Verstandes-Genies mit dem Genie des Herzens. Doch bedarf es zu diesem Freundschaftsbunde eines Menschen, der so groß im Gefühl ist, daß er das Verstandes-Genie begreife und nicht beneide, und eines Menschen, der so groß im Geiste ist, daß er das Herz achten könne, ohne zu lächeln.

Zuweilen aber entspringt die Freundschaft auch aus dem Einklang zweier dem gleichen Ziele zugewendeten sehr lebhaften

Neigungen. Ein Mensch wählt sich, nachdem er lange über das Lebensräthsel nachgedacht, einen Weg, und schwitzt, das Auge fest auf einen Gegenstand geheftet, über die Arbeit, die er sich als Lebenszweck gesetzt hat. Mitten auf dem Wege stößt er mit Jemandem zusammen und findet einen Menschen, der sich demselben Ziele zuwendet. Beide sind edelmüthig, sie können einander nicht beneiden, sie drücken sich also die Hand und werden Freunde. Die gemeinschaftliche Arbeit, die Verwandtschaft der Meinungen, der gemeinsame Dienst unter derselben Fahne sind lauter Ursachen, welche eine Freundschaft hervorzurufen vermögen und welche sich alle zu einer einzigen Klasse vereinigen lassen.

Auch aus dem Gegensatze zweier verschiedenen Charaktere kann zuweilen Freundschaft entspringen. Ein heftiger, aber edelmüthiger Mensch z. B. findet in dem friedliebenden und langmüthigen Freunde ein Individuum, an dem er auf unschuldige Weise seinen Zorn auslassen kann. Ein tadelsüchtiger und leidenschaftlicher Mensch, Liebhaber von Diskussionen und Polemiken, aber unversöhnlicher Feind jeden Widerspruchs, findet in einem nachgiebigen Freunde eine unerschöpfliche Freudenquelle. Ein großmüthiger Mensch endlich findet in einem egoistischen Freunde eine Leere, die er ausfüllen, oder einen Altar, auf welchem er seinen Weihrauch, der schon seit langer Zeit ungebraucht in der Schatzkammer seines Herzens blieb, anzünden kann. Wer da allen Ursachen nachforschen wollte, welche in zwei Menschen das Freundschaftsgefühl erwecken können, müßte lange und gründlich das menschliche Herz studiren; und wenn er auch seine Forschungen in einem hundertbändigen Werke niederschriebe, würde er sich doch nicht rühmen können, eine vollständige Geschichte dieses Gefühls gegeben zu haben. Alle Bücher, welche über das menschliche Herz handeln, seien es nun kleine Schriften oder Foliobände, seien es elementare Darstellungen oder wissenschaftliche Abhandlungen, Skizzen oder lange Beschreibungen, sind immer nur unregelmäßige und eckige Steinchen aus einem unermeßlichen Mosaik, von welchem bis jetzt noch Niemand eine vollständige Zeichnung gegeben hat. — Meine kurzen Bemerkungen über den Ursprung der Freundschaft abschließend, erwähne ich nur noch, daß die erste Hauptbedingung zum Zustandekommen eines Freundschaftsverhältnisses die ist, daß die beiden Menschen sich verstehen. Es ist nicht nöthig, daß die Art und Weise des Fühlens und Denkens in Beiden die gleiche ist; aber über den integrirenden Theil, welcher den Rahmen der moralischen Meinungen bildet, müssen die beiden Freunde allerdings einig sein. Mögen sie sich stundenlang über die gewagtesten Theorien, welche die größten Ideen in ihren Grundfesten zu erschüttern drohen, streiten, schließlich müssen sie sich dennoch immer die Hand drücken und sich sagen können: „wir sind doch immer rechtschaffene Menschen." Mögen sie einander die bittersten Vorwürfe machen und sich gegenseitig beleidigen, schließlich müssen sie sich immer sagen können: „wir lieben uns doch, und unser Verhältniß fürchtet kein Ungewitter."

Auch wenn die Freundschaft aus gleichen Ursachen hervorgegangen ist, kann sie doch, je nach der wechselseitigen Größe der beiden Menschen, welche sie empfinden, sehr verschiedener Natur sein. Die Erhabenheit des Geistes ist viel weniger als der Edelmuth des Herzens geeignet, ein Freundschaftsverhältniß groß zu gestalten; und wenn nicht auf beiden Seiten, so muß doch immer auf einer Seite ein Herz sein, das edel in einem Meere von Affecten schlägt, ohne je einen Augenblick ohnmächtig zu werden. Zwischen zwei großen Menschen ohne Herz ist Freundschaft unmöglich; zwischen zwei edelmüthigen Menschen hingegen kann dieses Gefühl zu heller Flamme emporlodern. Immerhin ist die Freundschaft in allen ihren Graden und in jeder Gestalt ein edles und hohes Gefühl, welches, obgleich in dem Munde Vieler alle Augenblicke entweiht, seine zarten Freuden nicht Allen zu Theil werden lassen kann. Schlechte und gemeine Menschen können keine Freunde haben. Egoisten haben ebenfalls fast nie Freunde, nur wenn die Größe ihres Geistes die Kleinheit ihres Herzens so zu sagen entschuldigen läßt, gelingt es ihnen vielleicht, deren zu finden. In solchen Fällen können die Phantasmagorien der Einbildungskraft und die Lichtspiele des Geistes die Ausflüsse des Herzens ersetzen, so daß Freundschaft noch möglich ist.

Die unzähligen Genüsse, welche uns dieser Affect gewährt, sind, obgleich sie einen besonderen Charakter tragen, allen wohlwollenden Gefühlen gemein. Der Hauptgenuß, der gleich einer Atmosphäre alle kleineren Genüsse in sich einschließt, ist der Trost, sich nicht verlassen auf dieser Erde zu fühlen, sondern doppelt zu empfinden und doppelt zu leben. Von dem Augenblicke an, in welchem zwei Menschen sich die Hand als Freunde gedrückt haben, kann keiner von ihnen die geringste Bewegung thun, ohne daß dieselbe sich in dem Herzen des Andern reflectire, der an ihr Theil nimmt, als wäre es seine eigene; sie leben so ein gemeinsames Leben und athmen, ohne es zu wissen, die Ausflüsse eines zweifachen Bewußtseins. Diese Gemeinschaftlichkeit der Gedanken und Gefühle verleiht den gleichgültigsten Handlungen einen besonderen Reiz und macht jede Beschäftigung angenehm, wenn der Freund an derselben theilnimmt. Die Freundschaft bedeckt in diesem Falle, möchte ich sagen, — den Maler machend, — alle Gegenstände mit einem glänzenden Firnisse, in welchem die Freunde ihr Bild reflectirt nebeneinander sehen. Aus dieser Quelle entspringen alle jenen kleinen Freuden der Freundschaft, die so zu sagen das tägliche Brod derselben bilden. Sie breiten einen besonderen Reiz über unsere Lebenstage und machen uns die kleinen Erbärmlichkeiten des Lebens erträglicher. Vom ersten Gähnen, mit welchem man beim Erwachen das Vorgefühl eines trüben Tages hat, bis zum letzten schlaffen Ausstrecken der Glieder, mit welchem man einen langweiligen und bedeutungslosen Tag beschließt, ist die Freundschaft immer bereit uns zu trösten, zu zerstreuen und zu unterhalten. Bald weckt sie uns aus trübem Nachdenken durch eine unangenehme aber liebenswürdige Ohrfeige; bald zerstreut sie uns durch ein langes und lebhaftes Geplauder; bald befiehlt sie uns, wie eine Mutter und Lehrerin, zu lachen und zu gehen. Und wer kann wohl je alle kostbaren Dinge aufzählen, welche zwei Freunde auf dem Wege finden, wenn sie inmitten der Atmosphäre warmer Gefühle, welche sie umgiebt und sie von der Welt isolirt, vereint durch's Leben wandern? Wer kann wohl je die unaussprechliche Wonne einer sich bis in die Nacht hinziehenden unversiegbaren Unterhaltung am traulichen Herde beschreiben, — wenn man, ohne eine Diskussion zu beabsichtigen, die ganze Welt des Herzens und der Erinnerungen Revue passiren läßt, — wenn man seufzt und lacht und das Gespräch tausendmal abbricht, um sich zu trennen und dann tausendmal wieder aufnimmt?

Wenn ich mich fähig gefühlt hätte, statt eines kleinen Bandes ein Werk in mehreren Bänden über die Physiologie der Genüsse zu schreiben, so würde ich einen Band, — und vielleicht den dicksten, — den Genüssen der Freundschaft gewidmet haben, und die Feder hätte im Suchen nach Worten gewiß nicht angehalten; denn ich muß gestehen, auch auf die Gefahr hin, frivol oder schwatzhaft zu erscheinen, die Freundschaft hat mich im Laufe meines Lebens mit so vielen Schätzen überhäuft, daß ich nicht mehr hätte wünschen können. Theure Freunde, ich sende Euch hier meinen herzlichsten Gruß. Eure Liebe war eine der schönsten Blumen, die ich auf meinem Lebenswege gefunden; erhaltet sie mir, ich bitte Euch! Eure Freundschaft wird der Polarstern meines Lebens sein, der mich immer den richtigen Weg ehrlichen Ruhmes führen wird, sie wird die Stimme sein, die mich im Kampfe aufrecht erhalten soll. Wenn ich mich immer bis zum letzten Tage meines Lebens eines Händedrucks von Euch würdig erhalten kann, werde ich sagen können, nicht umsonst gelebt zu haben.

Die kleinen Freuden der Freundschaft sind durchaus nicht nur den köstlichen Augenblicken des Zusammenseins „zu Zweien" vorbehalten, sondern machen sich auch inmitten der Menge und unter den anscheinend ungünstigsten Umständen geltend. Zwei Freunde befinden sich z. B. an einer großen Festtafel, wo der Zufall oder die Etikette sie getrennt und von einander entfernt hat. Das Klingen der Gläser und Plaudern der Gäste macht es ihnen vielleicht unmöglich, einige Worte miteinander auszutauschen; aber ein einziger Blick genügt, um sie für die Langeweile einer vorgeschriebenen Heiterkeit zu entschädigen, und sie empfinden eine unaussprechliche Freude, wenn ihre Augen sich unaufgefordert treffen, wenn ein und dasselbe — in Beiden zu gleicher Zeit entstandene — Bedürfniß sie treibt, sich zu suchen, um ein kritisches oder beifälliges Lächeln, ein Zeichen des Vergnügens oder einen Seufzer der Langeweile auszutauschen. Der telegraphische Verkehr zweier Menschen, die sich in Gesellschaft Fremder mit einem Blicke verstehen, ist Quelle einer reinen und aufleuchtenden Freude. Das gleiche Denken und Fühlen in demselben Augenblicke, das gegenseitige Sich-Zunicken und -Anlächeln, — alles dieses erfüllt oft zwei Menschen, die sich gut verstehen und sich lieben, mit Wonne. Oft sprechen zwei alte Freunde nur noch in Zeichen oder in abgerissenen und kurzen Worten miteinander; aber es liegt mehr Aesthetik in dieser Unordnung, als in sehr vielen Reden, die ausdrucksvoll sein möchten, weil sie nach den strengen Regeln der Rhetorik abgefaßt wurden. Ein einziges Wort, von einem Freunde inmitten einer langen Pause hingeworfen und begleitet von tiefen Seufzern oder mysteriösen Geberden, verdiente zuweilen viele Seiten der Geschichte.

Die großen Freuden der Freundschaft bilden einige der kostbarsten Edelsteine der Herzensschätze und sind so überreich an Wonne, daß wer so glücklich war, auch nur eine einzige zu kosten, schon ergriffen wird, wenn er sie sich in's Gedächtniß zurückruft. Man stelle sich nur einen Menschen vor, der seinen in fernen Landen weilenden Busenfreund, auf dessen Rückkehr er lange Jahre gewartet hat, ganz plötzlich gesund, froh und warmen Herzens erscheinen sieht. Die nie vergessenen schmerzlichen Empfindungen des letzten Abschiedsgrußes und alle Erinnerungen und Nachklänge der Vergangenheit tauchen in jenem Augenblicke auf und verschmelzen sich mit dem ungestümen Freudenrausche, der unerwartet das Herz überfluthet. Die Augen suchen sich zu treffen und sich anzuschauen, aber ein Thränenflor bedeckt den Horizont mit einem warmen Nebel. Die Lippen versuchen zu sprechen, aber sie kommen nur bis zu einem erhabenen Freundschaftskusse. Man seufzt, man lacht, man weint; man bringt allmählich abgebrochene Worte, kurze sinnlose Sätze heraus, aber was thuts? jene seligen Augenblicke werden erfüllt von dem erhabensten Freudenrausche. Wer unfähig ist, so zu lieben und einen solchen Freudenrausch zu empfinden, darf denselben deshalb noch nicht für unmöglich oder mein Bild für übertrieben halten.

Dasselbe ist sogar unvollständig, ist nichts als eine dürftige Stütze eines großen erhabenen Gemäldes.

Eine andere der größeren Freuden, an denen das heilige Gefühl der Freundschaft überreich ist, ist der Trost, den es dem Unglück verleiht, den man aber, philosophisch betrachtet, nur als negativen Genuß bezeichnen kann. Wir befinden uns z. B. in einem der vielen Ungewiteer, welche das Meer des Lebens beunruhigen; und nachdem wir lange hin- und hergeworfen worden und lange dem heftigen Anprall der Wogen widerstanden haben, stößt unser zerbrechliches Schifflein endlich an eine Klippe und zerschellt. Wir haben Schiffbruch gelitten. Ganz gleich woher der Wind kam oder welches der Wind war, der unsere Masten zerbrach, unsere Segel zerriß. War es der Neid der Menschen oder die Grausamkeit des Schicksals? War es der Mangel an Glauben oder der Mißbrauch des Lebens? ganz gleich! Wir sind mißtrauisch gegen das Leben; wir können den tiefen Schmerz, der uns durch Mark und Bein geht und unsere Haare zu Berge sträubt, nicht ertragen. Gequält und gefoltert, möchten wir vom Meere verschlungen werden, das uns gleichsam als Spielball seiner Kräfte auf seinen Wellen herumtanzen läßt und uns bald an dem Fels der Verzweiflung zu zerschellen droht, bald mit grausamem Erbarmen wieder von ihm entfernt. Und wer ist's dann, der unter Euren Schmähungen und Flüchen, die den Himmel über Euch zusammenstürzen machen würden, wenn er nicht ruhig und geduldig wäre wie alles Ewige, — wer ist's, der sich Euch mitleidsvoll nähert, um, — mit Euren schwachen Kräften ringend, die sich gegen das Leben wie gegen den Tod empören, Euch in das Rettungsschiff zu setzen und Euch an das Ufer zu bringen? Wer ist's, der Euch wieder trocknet und erwärmt? Wer ist's, dem es gelingt, Euch in einen Schlaf zu bringen, in welchem die letzten Regungen Eurer Qualen und Leiden erlöschen sollen? Es ist Euer Freund, der das Ungewitter nicht hat beschwichtigen und den Winden die Flügel nicht hat beschneiden können und der Euch besorgt auf dem Schiffchen eines Gefühls, das nie scheitert, gefolgt ist; es ist der Freund, der jetzt aufmerksam oder geduldig den Kopf über Euch beugt, um Euren Athem zu belauschen und jede Eurer Bewegungen, jeden Eurer Seufzer auszulegen; und kaum öffnet Ihr, gestärkt durch einen wohlthätigen Schlaf, wieder dem Lichte die Augen, so ist's der Freund, der eingedenk der Schmähungen, mit welchen Ihr seinen Heldenmuth im Undank der Verzweiflung vergolten habt, Euch zuerst anlächelt und Euch seine Liebe zeigt; und indem er Euren Kopf mit zärtlicher Hand aufrichtet, gebietet er auch Euch ein Lächeln, gebietet er auch Euch die Freude. Ihr könnt dann vielleicht weinen, und die warmen Thränen vermischen sich mit jenen des Freundes, der, vor Freude und Hoffnung Euch so nahe der Rettung zu sehen, mit Euch weint. Er würde dann sein Blut, sein Leben hingeben, um Euch von Euren Qualen zu erlösen, und edelmüthig bietet er Euch die Schätze seines Herzens an, um Euch für die verlorenen Freuden zu entschädigen. Könnt Ihr dann noch das Leben zurückweisen dem Schutzgeiste, der Euch tröstet? Sehet Ihr ihn denn nicht Euer Glück als Almosen fordern? Der Freund zittert vor Furcht bei dem Gedanken, daß er vielleicht nicht Alles anbieten kann, was sein Herz in einer erhabenen Regung Euch doch so gern geben möchte. Ihr könnt nicht widerstehen; gerührt von solchem Edelmuth, vergesset Ihr Eure Schmerzen, um das erhabene Schauspiel vor Euch zu bewundern; und Eure Verzweiflung bereuend, werfet Ihr Euch weinend, — aber weinend vor Freude, — dem Freunde in die Arme und erklärt Euch geheilt und glücklich. Beseligt von demselben Gefühle, erhebet Ihr Beide dann eine Freudenhymne, die in keiner Sprache einen Namen hat, die aber immer einer der erhabensten moralischen Hochgenüsse ist, welche dem Menschen beschieden sind.

Die Freuden der Freundschaft machen den Menschen unempfänglich für viele rohe Genüsse und erziehen, indem sie den moralischen Geschmack läutern, die edelsten Gaben des Geistes und des Herzens. Sie können ausreichen, uns das Leben lieb zu machen, weshalb sie denn auch sehr oft von Entmuthigungen heilen und zum Schaffen und Wirken anregen. Durch sie wurde schon so mancher werthvolle Arbeiter der socialen Maschine gerettet, der sonst in Egoismus und Gleichgültigkeit untergegangen wäre. So lange man noch einen Freund hat, wird man nicht am Leben verzweifeln, wird man nie ganz die Achtung vor sich selbst verlieren. Man muß immer noch eine gesunde Herzensfaser haben, um das edle Gefühl der Freundschaft empfinden zu können. Wenn uns alle Menschen gleichgültig geworden sind und wir den Werth dieser Gleichgültigkeit nach dem Nutzen bemessen, den wir daraus ziehen, dann erst können wir unser Herz begraben, weil es todt, — unwiderruflich todt ist. Kein menschliches Wunder könnte es wiederauferstehen lassen.

Die kleinen Freuden der Freundschaft können auch das Leben des Kindes erfreuen, aber ihre höchsten Genüsse bietet die Freundschaft nur dem Jüngling, dem Erwachsenen und dem Greise. Die wärmste und edelste Freundschaft wird im Allgemeinen im Frühling des Lebens empfunden; aber wie man ein edles Herz bis in's höchste Alter hinein bewahren kann, so kann man auch die zartesten und erhabensten Freuden dieses Gefühls bis zum hohen Greisenalter genießen.

Die Frau hat von den Schätzen der Freundschaft bedeutend weniger Genuß als der Mann, weil die fürchterliche Leidenschaft der Liebe, welche in ihr das ganze Herz beherrscht, sie meistentheils verhindert, eine Freundin innig zu lieben. Der Himmel bewahre mich jedoch davor, eine treue und innige Freundschaft zwischen zwei jungen und schönen Frauen für unmöglich zu halten; aber die Wahrheit verpflichtet mich zu sagen, daß dieser Fall sehr selten ist und um so mehr Achtung verdient, wenn man das Glück hat, ihn zu beachten.

Die Freundschaft ist in allen Ländern und zu allen Zeiten möglich. Die Civilisation kann sie wohl mit glänzendem Zierrath ausschmücken und die Zahl der kleineren Freuden, die dieses Gefühl bietet, vermehren; aber sie kann keinen Einfluß auf die größeren und erhabeneren Genüsse der Freundschaft ausüben, welche sich auf den Edelmuth des Herzens gründen und nicht auf die Cultur des Geistes.

Die Physiognomie dieser Genüsse bildet alle jene Bilder, die man in Museum der socialen Freuden beobachtet, jedoch in lebhafteren Farben. Um den sie kennzeichnenden besondern Charakter anzudeuten, möchte ich sagen, daß sie die Ruhe in der Leidenschaft ist. Die Freundschaft ist vielleicht dasjenige der socialen Gefühle, das sich am meisten den Phänomen des Geistes nähert und das, obgleich es einen außergewöhnlichen Grad der Stärke erreichen kann, doch immer eine gewisse heitere Ruhe und eine gesetzte und würdige Haltung darbietet. Das kann auch nicht anders sein, da dieses Gefühl in der Ordnung der Natur von reinem Luxus ist, gerade so wie der Geruchssinn ein reiner Luxus unter den Sinnen. Man kann der Freundschaftsgenüsse sehr würdig sein und doch durch die Schuld des Zufalls das ganze Leben hindurch ohne sie bleiben. Die Fürsten sind in dieser Beziehung zu bedauern, denn höchst selten können sie unter dem Schwarm ihrer Schmeichler einen wirklichen Freund finden. Dieses ist eine allbekannte Wahrheit. Die gewöhnlichsten Zeichen, mit denen man einem Freunde die Freude, ihn zu sehen, bekundet, sind die Umarmung, der Kuß und der Händedruck.

Das letztere Zeichen ist meiner Ansicht nach das natürlichste und drückt mehr als jedes andere das Freundschaftsgefühl aus. Mit dem Händedruck kann man die ganze Stärke der Liebe zu erkennen geben und gleichzeitig verläßt man nicht die Grenzen einer würdigen Ruhe. Der Kuß ist für die Freundschaft zu sinnlich und ich möchte ihn nur für außerordentliche Fälle reservirt wissen. Wenn er zu einer kalten und gewohnheitsmäßigen Formel wird, welche denselben Werth wie ein Gruß haben soll, nimmt er für mich eine krankhafte Physiognomie an. Ich kann den Kuß nur verstehen, wenn er warm, leidenschaftlich, nicht überlegt ist. In allen anderen Fällen sehe ich in ihm nur ein lächerliches Nasengeplänkel und fühle die feuchte Berührung der Lippen, die mich anwidert.

Die Genüsse der Freundschaft können nie pathologisch sein, weil dieses Gefühl eines der wenigen ist, die nie erkranken. Schlechte und gemeine Menschen, sowie alle sonstigen mehr oder weniger ekelhaften Zweifüßler, welche in den Sümpfen der Gesellschaft herum waten, können sich untereinander lieben; aber unsere Sprache hat sich bis jetzt noch nicht die Mühe genommen, ein besonderes Wort zur Bezeichnung dieser Affecte zu erfinden. Sicher ist nur, daß man für sie das heilige Wort „Freundschaft" nicht entweihen darf. In manchen seltenen Fällen kann der verächtlichste Mensch eine edle und heftige Neigung für einen andern Menschen empfinden; doch müssen diese Fälle noch gehörig untersucht werden, um die Frage zu entscheiden, ob es wirklich das Freundschaftsgefühl ist, das eine noch gesunde Faser des Herzens erzittern läßt, oder ob der Effect anderer Natur sei und einen andern Namen verdiene. Hier wie in vielen andern Fällen überlassen wir die schwierige Entscheidung den Nachkommen.

Es ist wohl unnöthig zu bemerken, daß sehr viele Menschen, die da sagen, daß sie einen Freund hätten, nie die geringste Regung der Freundschaft empfunden haben. Sie grüßen Viele und drücken Vielen die Hand, aber damit können sie aus einem Menschen noch keinen Freund machen, eben so wenig wie sie mit einem Worte ein Gefühl in's Leben rufen können. Wenn ihnen diese Illusion ein unschuldiges Vergnügen verschafft, so mögen sie nur fortfahren sich zu täuschen, von meiner Seite sollen sie darin nicht gestört werden. Aber mögen sie nur auch immer glücklich und zufrieden sein, denn wenn sie je einmal ein schweres Unglück treffen sollte, so würden sie die Schaar ihrer Freunde sich in einen Haufen Leute umwandeln sehen, die — den Hut abnehmen und die Hand drücken.

19. Kapitel.

Von den Freuden der Liebe.

Die gewaltigste und wärmste Regung, welche in der heißen Zone des Herzens ersteht und von dem glänzendsten und feurigsten Strahl des Lebenssommers beleuchtet wird, ist jenes Gefühl, das im wahrsten Sinne des Wortes „Liebe" genannt wurde, als ob alle anderen Gefühle diesen Namen nicht verdienten.

Mag dieses Gefühl nun vulkanisch zum Ausbruch kommen, oder mag es langsam und warm wie ein Wohlgeruch dem menschlichen Herzen entströmen, es wird zu einer solchen treibenden Kraft, daß die zarte menschliche Maschine unter seinem Einflusse schnaubt und erzittert, als ob sie jeden Augenblick auseinander platzen müßte. Einfach und ursprünglich, wie alle gewaltigen Kräfte der Natur, scheint die Liebe doch aus den Elementen aller menschlichen Herzensregungen gebildet zu sein; denn sie offenbart zu gleicher Zeit die große Heftigkeit eines primitiven Affects und die bunte Pracht der glänzendsten und prunkendsten Gefühlsformen. Die Natur zeigte sich entschieden zu parteiisch für dieses Gefühl. Nur ihm gewährte sie großmüthig die Lust der Sinne, die Heftigkeit der Leidenschaft und die glänzenden Zierden des Geistes. Die schönsten Blumen des Herzensgartens, die kostbarsten Juwelen des Verstandes, die berauschendsten Düfte der Sinne sollten diesem Gefühle zum Opfer dargebracht werden. Kein anderes umfaßt in dieser Weise das dreifache Reich der menschlichen Natur. Ja, sogar die entgegengesetztesten Elemente, von denen man annehmen sollte, daß sie ewig im Widerstreit miteinander seien, vereinigten sich in der Liebe zu harmonischem Zusammenwirken. In dem Cultus, den die menschliche Natur der Liebe darbringt, vereinigen sich die sinnlichsten Genüsse mit den zartesten Regungen des Gefühls, verbrüdern sich die unerträglichen Anforderungen des gröbsten Egoismus mit den edelsten Wallungen des Herzens, die heißen Tropenwinde der Gefühle mit dem kalten Hauch der Eiszone des Geistes. Und der unumschränkte Herrscher, der so viele verschiedene Elemente unter seiner Obergewalt vereinigt, ist ein unerbittlicher Despot, der den blindesten Gehorsam fordert und mit dem Blitze eines Blickes die grausamsten Opfer befiehlt.

Von den Freuden der Liebe auf wenigen Seiten sprechen zu wollen, ist in der That ein tollkühnes oder lächerliches Unternehmen. Ich will hier jedoch nur einige Andeutungen über die physische Geographie einer ungeheuren Welt geben, die eine Geschichte in hundert Bänden verdiente. Ich werde Euch nur den Punkt im Raume weisen, in welchem diese Sonne lebt, werde

Euch den Weg zeichnen, den sie durchläuft und Euch die Trabanten zeigen, welche sie in ihrem Laufe begleiten. Ich werde Euch eine Welt durch das Teleskop zeigen; aber ich kann Euch nicht in jene Himmelsregionen versetzen, ich kann Eure Fußsohlen nicht das glühende Zittern jenes brennenden Bodens fühlen lassen. Und wenn ich Euch auch wirklich eine ausführliche Analyse jener Sonne geben und Euch die Elemente, aus denen sie besteht, unter das Mikroskop bringen wollte, mein Leben würde zu dieser Arbeit doch sicherlich nicht ausreichen. Bedenket nur, daß von der Schöpfung an bis jetzt alle Künstler, alle Dichter, alle Philosophen ungeheure Schätze aus den unerschöpflichen Minen der Liebe zogen und in jene fruchtbare Sonne doch nur einige Linien tief eingedrungen sind; und wenn es einmal scheinen möchte, daß die Metallader erschöpft sei, öffnet Euch der Meißel eines Genies gleich wieder tausend neue Gänge moralischer Schätze.

Wenn Ihr glaubt, daß meine Reticenzen nur ein Kunstmittel seien, um meine Unfähigkeit zu maskiren, so fraget nur eine liebende Frau, ob sie in den unzähligen Romanen und anderen Büchern, die sie gelesen, die Geschichte der Liebe gefunden habe. Sie wird Euch lächelnd antworten, daß die Bücher hier und da manchen Edelstein aufgelesen, manchen vulkanischen Funken entwendet haben, daß aber die Geschichte des Gefühls, welches ihr das Herz zernagt und welches ihr Leben in Genuß oder Schmerz verzehrt, noch nicht geschrieben wurde und vielleicht nie geschrieben werden wird. Ihr könnet lange Jahre der gewissenhaftesten und aufmerksamsten Beobachtung widmen, Ihr könnet Menschen und Bücher studiren, und wenn Ihr Euch daran macht die gefundenen Schätze zu enthüllen, wird Euch die schlichteste Frau noch eine Lection geben und Euch über Eure unwissende Vermessenheit erröthen machen können. Ich möchte wahrlich nicht diese Scham ausstehen und ziehe deshalb vor zu schweigen. Mein Buch soll jedoch nicht darunter leiden.

Die Frauen, welche mein Buch lesen, werden mich der Unwissenheit, aber nicht der Anmaßung beschuldigen können. Die Lectionen, die ich von ihnen noch zu erhalten hoffe, werden mich von dem ersteren Fehler befreien können und werden mich vielleicht eines Tages eine Monographie versuchen lassen; aber sie würden mich gewiß nicht von dem zweiten Fehler befreien.

Obgleich die Zahl der Formen, über welche die Liebe verfügt, unendlich ist, kann das Messer des Philosophen doch die Kleider zerreißen, das Fleisch zerschneiden und ein Skelett nackt legen; und dieses ist nichts anderes, als das Bedürfniß der beiden Geschlechter, sich einander zu nähern, um einem neuen Individuum das Leben zu geben. Die Betheiligung des Gefühls in diesem Phänomen findet durch das Liebesgefühl statt, welches jedoch einen so hohen Grad der Kraft zu erreichen vermag, daß es den letzten Zweck vergessen läßt. Es ist dieses der Grund, warum Viele nicht zugeben wollen, daß der wesentliche und nothwendige Endzweck der Liebe die Geschlechtsvereinigung sei, und vielleicht glauben, daß die Definition dieses Gefühls, wie ich sie gegeben habe, geeignet sei, dasselbe herabzuwürdigen. Wie bei den meisten Vorurtheilen, so läßt auch hier die Leidenschaft, welche mehr dabei betheiligt ist als der Verstand, einen Fehler begehen. Die Wahrheit kann nie etwas herabwürdigen, auf das sie ihr Siegel drückt. Die Geschlechtsvereinigung ist keine rohe oder schlechte Handlung, sie ist nothwendiges Naturgesetz, sie ist eines der schönsten Phänomene des Lebens, und nur der Mensch kann sie durch Schändung der Moral verunstalten und herabwürdigen, wie er dieses auch mit dem Schönsten und Heiligsten thun kann. Man kann lieben, und heftig lieben, rein platonisch, ohne auch nur an die geschlechtliche Umarmung zu denken und selbst ohne die Wissenschaft des Guten und des Bösen zu kennen; aber in der natürlichen Ordnung der Dinge beruht diese Leidenschaft immer auf dem Grundgedanken des Geschlechts und der Zeugung. Man kann nur eine Person des andern Geschlechts lieben und nur im Alter der Fruchtbarkeit, was wohl zur Genüge die nothwendige Ursache dieses Gefühls beweist.

Aus dem Stamme einer und derselben Pflanze kann der geschickte Gärtner sowohl einen fruchttragenden Schößling ziehen, wie einen solchen, der sein Leben in den Blüthen und Blättern erschöpft. Jeder Zweig hat jedoch, mag er sich nun blos mit

Laub und Blüthen schmücken, oder mag er samentragend sein, immer denselben Ursprung und gehört immer zu derselben Pflanze. Und ganz so ist's auch mit der Liebe. In der natürlichsten Reihenfolge giebt uns dieses Gefühl die Blätter in seinen keuschesten Freuden, die Blüthen in den gemischten Genüssen, die der Leser leicht wird errathen können, und erfreut uns mit den Früchten, wenn es unter einem geeigneten Klima seine vollständige Entwickelung erreicht. Wie ein Baum hoch und kräftig wachsen kann, ohne Blüthen und Früchte zu geben, so kann auch die Liebe das Leben zweier Menschen mit Freude erfüllen, ohne daß diese je miteinander die Sinnesgenüsse kosteten; aber es ist deshalb nicht weniger wahr, daß wie die Natur dem Baume auferlegte sich durch den Samen fortzupflanzen, sie auch das Feuer der Liebe anzündete, damit es neuen Generationen das warme Leben ertheile. Dieser Vergleich kann uns auch noch einen Schritt weiter führen. Gleich wie sich das Leben eines Pflänzchens verlängert, wenn man es verhindert Blüthen oder Früchte zu tragen, währt auch das Leben der Liebe viel länger, wenn sie sich begnügt, uns die immergrünen Blätter der platonischen Freuden zu spenden. Sobald die Pflanze ihren Samen gegeben hat, sobald die Liebe ihre Früchte getragen hat, ist der Endzweck der Natur erreicht; und wenn das Leben noch fortdauert, hat man es der gütigen Vorsehung zu verdanken.

Nachstehend gebe ich die Eintheilung des Museums, in welchem sich die Genüsse der Liebe classificirt befinden; beachtet aber wohl, daß ich Euch nur die Topographie desselben gebe und Euch nur wenige der darin befindlichen Gegenstände namhaft mache. Von der Beschreibung dieser letzteren sehe ich ganz ab.

In dem ersten Kämmerchen, so zu sagen dem Vorzimmer des Museums, befinden sich alle warmen Hoffnungen und ungewissen Vorgefühle der ersten Augenblicke, in welchen das Herz anfängt stärker zu schlagen; und eine unbestimmte Bangigkeit, welche sich aus der Herzgegend erhebt, läßt uns lange und häufige Seufzer thun. Das Zimmer ist mit Tapeten von grüner Farbe, die jedoch hier und da einen aschgrauen oder ungewissen

Farbenton tragen, ausgeschmückt. Die beständigen Luftzüge Derjenigen, die hindurchgehen, zusammen mit der natürlichen Wärme des Luftkreises, verursachen schnelle Temperaturveränderungen, die bald frösteln, bald schwitzen machen.

Diesem Vorzimmer folgen verschiedene andere Zimmer, in denen die Luftzüge sich weniger fühlbar machen und die Temperatur wärmer und gleichmäßiger ist. Hier giebt es unzählige Arten von Seufzern, die immer tiefer und ruhiger werden; und ab und zu sieht man auch wohl ein unbestimmtes Lächeln. Ich spreche nicht von den trockenen Blumen, von den Handschuhknöpfen und von den anderen unzähligen Dingen, die man in geeigneten Kästchen mit religiöser Sorgfalt aufbewahrt sieht. In den letzten Zimmern dieser ersten Abtheilung steigt die Temperatur dermaßen, daß man sie nicht mehr blos warm nennen kann. Hier findet man verschiedene Arten des Händedrucks, sowie unzählige Bilder feuriger Blicke und ungewisser Wonneschauer. Die Bibliothek dieser ersten Abtheilung enthält Hunderte von Bänden einsamer Betrachtungen und schüchterner Briefe. Beim Besuch dieses ersten Theils des Museums ist man immer allein; denn wenn man auch spricht oder die Hand drückt, verkehrt man doch immer nur aus großer Entfernung mit dem geliebten Wesen, von dem uns immer noch eine Kluft trennt.

Die zweite Abtheilung des Museums nimmt den Mittelpunkt des Gebäudes ein und trägt auf ihrer Thüre als Ueberschrift die erste thätige oder leidende Person eines Zeitwortes, das in der Grammatik zu den regelmäßigen Verben gehört, in der moralischen Welt aber das unregelmäßigste Zeitwort ist, welches man kennt. Der Neugierige bemerkt sogleich beim Eintritt in diesen Theil des Museums, daß er sich in einem andern Klima befindet. Hier giebt es nicht mehr kalte und warme Luftströmungen, die gegen einander kämpfen, sondern eine leise zitternde und duftende Atmosphäre, die man für flüssig halten könnte, — so drückt und schwellt sie das Herz. Hier befinden wir uns unter dem Aequator, und die berauschendsten Düfte der Tropen-Blumen und -Gewürze machen uns schwindelich und trunken. Hier ist's, wo man stets mit einem andern Wesen zusammen wandelt; hier ist's, wo die Trunkenheit der Sinne und das stürmische Schlagen des Herzens alle Nerven in solche Wollustpein versetzen, daß sie von der geringsten Berührung gereizt und die Gefühle von der geringsten sie bewegenden Welle entfesselt werden. Das Rauschen eines Seidenkleides entzückt das Ohr mehr als die lieblichste Melodie, und der sammtweiche Ton eines Liebeswortes vermag das Herz in wahre Zuckungen zu versetzen. Die Zimmer dieser zweiten Abtheilung sind unzählig und an Größe, Form und Verzierungen verschieden. Es giebt einige, die ganz mit Sammt ausgeschlagen sind und in denen beständige Weihrauchfeuer die Atmosphäre mit Wohlgerüchen erfüllen. Das Licht ist hier so ungewiß und dunstig und die Luft so heiß und weich, daß man kaum athmen kann. Hier seufzt und schluchzt man, aber man spricht nicht. — In anderen Zimmern dagegen ist die Luft weniger heiß und die größte Heiterkeit herrscht dort vor. In noch anderen Zimmern endlich herrscht die vollständigste Ruhe und die Luft wird von den leichten Winden des Geistes erfrischt. Dort spricht man lange von Vergangenheit und Zukunft und ruht lesend und studirend von den heftigen Gemüthsbewegungen der anderswo gehörten stürmischen Musik, oder von dem Mißbrauch der warmen Liebes-Dampfbäder aus.

Es giebt nun noch einige für Waffenübungen bestimmte Zimmer, wo der Mann angreift und die Frau sich vertheidigt und wo man die Zeit in den lieblichsten Kampfesspielen zubringt. Oft entbrennt der Kampf so lebhaft, daß die Gegner sich verwunden; aber die Wunden werden immer wieder von einem süßen Balsam geheilt, der, auf sie geträufelt, ein neues und unbekanntes Wonnegefühl erzeugt. In dieser ganzen zweiten Abtheilung des Museums kann man nicht allein, aber auch nicht zu mehr als zweien leben. Die Geräusche der Welt können bis dorthin dringen, aber sie lenken die glücklichen Sterblichen, die hier das Leben zubringen, nie von ihren Beschäftigungen ab. Mit dieser Abtheilung ist auch ein kleines Hospital verbunden, in welches man sich im Krankheitsfalle zurückzieht und wo die Arzneien süß und lecker sind; und die Behandlungsweise des

Arztes, welcher auch den Krankenwärter macht, ist so liebevoll, daß man das Leiden fast wünschen möchte und den Kranken beneidet. Eine sonderbare Erscheinung dieses Hospitals ist die, daß der Arzt, um seinen Kranken zu heilen, selbst der gleichen Krankheit verfallen muß, so daß Arzt und Kranker zusammen leiden und zusammen gesund werden. Den letzten Theil des Museums bilden einige mit bescheidener Eleganz ausgestattete Räume, wo die fast immer gleichmäßige Temperatur nie die Grenzen einer gelinden Wärme überschreitet. Hier sieht man alle ruhigen und sanften Genüsse der Liebesfreundschaft; hier bringt man das Leben bald allein, bald in Gesellschaft zu, aber immer ruhig und gemessen. Die Wände der Zimmer sind alle mit schönen Drucken und Gemälden ausgeschmückt, welche die dort Wohnenden zum öftern Anschauen einladen. Im Mittelpunkte des Museums schauten sich die beiden glücklichen Sterblichen, ohne zu ermüden, unausgesetzt an; hier hingegen blicken sie öfters um sich herum oder betrachten ihr Bild im Spiegel.

Den Anhang des Museums bildet ein archäologisches Kabinet, in welchem man unzählige mehr oder weniger interessante Liebesmedaillen wahrnimmt, die alle den historischen Zeiten angehören. Dort wird der Ofen eingeheizt, und da das Lokal außerdem sehr feucht ist, so ist den Besuchern desselben anzurathen sich mit einem dicken Mantel zu versehen. Dort sieht man viele lächelnde Pärchen die kostbaren Sammlungen aufmerksam mit dem Augenglas betrachten, und zwischen einer Prise Tabak und der andern wird die Geschichte jener Reliquien erläutert. Das Zischeln, das man beständig in diesem Kabinet vernimmt, ist unglaublich und findet seine Erklärung in dem Alter der Besucher. Zuweilen sind jedoch einige derselben allein und dann meistens schweigsam, sie bleiben alsdann lange vor einem mit Staub bedeckten Haarbüschel oder vor einem alten Bilde stehen. In diesem Theil des Museums giebt es sehr viele Genüsse, die zu den traurigen gehören.

Wenn Ihr in einem kurzen Abrisse dieses Liebes-Museums aus dem 17. Jahrhundert nicht viel Gefühl gefunden habt, so vergesset nicht, daß ich Euch nur die Topographie des Gebäudes gegeben und Euch nur wenige Zeilen aus dem Cataloge vorgelesen habe, der auch ohne jede Anmerkung einen dicken Band bilden würde.

Ihr werdet indessen erfahren haben, wenn Ihr es nicht etwa schon wisset, daß die Liebe unter den Affecten zweiter Person das alleregoistischste ist, daß sie sich aber in manchen Fällen zum erhabensten Edelmuth und zur vollständigsten Selbstverleugnung steigern kann. Wer sich zu solcher Höhe emporschwingt, empfindet eine namenlose Pein der Wonne und des Schmerzes; doch wird es fast immer nur eine Frau sein.

Die Freuden der Liebe sind so reich an Wonne und Entzücken, daß sie sehr oft ein ganzes Dasein verschönen und einem Leben den festen Halt geben können. Wenn sie rein sind, erheben sie die edelsten Gefühle, welche dann ihren Tribut an Freuden einem einzigen Gott darbringen. Doch läßt sich ihr Einfluß durchaus nicht auf allgemeine Weise bestimmen, weil derselbe, je nach der Art wie sich dieses so vielgestaltige Gefühl zeigt, tausendfach variirt. Gewöhnlich aber führen sie zum Egoismus, weil sie uns so lieb sind, daß der bloße Gedanke, ihrer beraubt zu werden, uns in Furcht versetzt und wir dann oft unsern Schatz mit wahrer Wuth vertheidigen. So geschieht es denn auch mitunter, daß der Mensch, ohne gerade schlecht zu sein, die Grenzen der Pflicht überschreitet und, getrieben von einer wahren Sucht, die heiligsten Gefühle mit Füßen tritt, weil sie ihn in seinem rasenden Rennen auf dem feurigen Rosse der Leidenschaft straucheln machen. Hier treten wir jedoch schon in das Gebiet der Pathologie.

Die Liebe theilt mehr als alle anderen Gefühle ihre Schätze auf ungleiche Weise aus, indem sie sich, je nach einer Menge verschiedener Umstände, bald verschwenderisch, bald geizig zeigt. Vom größten Einflusse auf diese Verschiedenheit ist jedoch das Geschlecht. Nur die Frau kann die höchsten Grade dieser Genüsse erreichen, nur sie kann auch die grausamsten Qualen der Liebe ertragen. Diese Leidenschaft ist ihr erster und fast immer auch ihr letzter Abgott, dem sie den Weihrauch der anderen geringeren Affecte opfert. Die Welt ihrer zartesten und heftigsten

Empfindungen, das verwirrte Mysterium ihrer Affecte, — Alles geht von diesem Mittelpunkte aus und kehrt dort zurück. Sie frägt sich selbst fast nie nach dem Zwecke des Daseins; denn sie findet, daß die Liebe genügen würde, ein jahrhundertelanges Leben auszufüllen.

Die Furchterzitterungen des Schamgefühls, die strengen Gesetze der öffentlichen Meinung, das häusliche Leben der Familie setzen ihrer Neigung zur Liebe auf allen Wegen Hindernisse entgegen; aber das übermächtige Bedürfniß überwindet Alles; und zuerst schüchtern, dann zögernd, zuletzt vertrauend und entschlossen, stürzt sie sich den Abhang der Leidenschaft hinunter, um sich mit heftigster Gluth dem ersten Bedürfnisse des Herzens hinzugeben. Es ist ein rührendes und zugleich überraschendes Schauspiel, das der schwachen und sklavischen Frau, die stark und gebieterisch wird, wenn sie vom heiligen Feuer der Liebe entflammt ist. In der Gefühls-Ueberspanntheit, in den erhabenen Thorheiten und in den tollkühnen Herzens-Utopien einer Frau sieht man jeden Augenblick eine riesenhafte Kraft, die sich aus einem schwachen und zusammengesetzten Maschinchen entfaltet; und während man jeden Augenblick ihre Existenz befürchtet, sieht man sie immer wieder ungestümer und stärker sich zu neuem Fluge und zu neuen gefährlicheren und kühneren Versuchen moralischer Gymnastik erheben. Wer eine liebende Frau gekannt und ihre Liebe begriffen hat, kann und darf ein Wesen, das durch den Genius des Herzens mit dem stärkeren Geschlecht auf gleicher Höhe zu stehen verdient, nicht mißachten. Dem Manne das Scepter, der Frau die Krone; aber Beide Herrscher, welche sich das Reich zweier Welten mit gleichen Rechten theilen. Keiner der Erste, Keiner der Zweite; der Eine ist König des Verstandes, die Andere ist Königin des Gefühls; dem Einen die nördliche, dem Andern die südliche Hemisphäre.

Man liebt nur im Alter der Fruchtbarkeit. Die Freuden, welche das Liebesgefühl vor dem vierzehnten und nach dem fünfzigsten Lebensjahre gewähren kann, sind in unseren Ländern bleiche Schatten oder Phantasiespiele. Die prächtigsten und wohlriechendsten Blumen der Liebe werden im Jugendalter gepflückt, wenn man sich mit jungfräulichem Herzen und noch unverdorbenen Gefühlsschätzen der ersten Leidenschaft hingiebt.

Man liebt in allen Ländern und in allen Zeiten; aber ich glaube, daß die Civilisation diese Freuden mit vielem schönen Schmuckwerk versieht, welches den Hintergrund des Gemäldes gewiß nicht verdirbt. Wenn ich von den Grad-Unterschieden in den Gefülsgenüssen sprach, habe ich fast immer unterlassen des Einflusses zu erwähnen, den die verschiedenen socialen Verhältnisse auf diese Genüsse ausüben. Es wäre aber auch eine langweilige und unnütze Wiederholung gewesen, da die Stufen der socialen Leiter verschiedene Civilisationsgrade darstellen.

Alle können in ihrem Leben angenehme Augenblicke mit einer andern Person des Geschlechts zubringen, aber nicht Alle können lieben. Um dieses Gefühl in seiner ganzen physiologischen Vollkommenheit zu empfinden, muß man ein gewisses Material von Kraft und Feuer im Herzen haben, welches eben nicht Alle besitzen. Um die größeren Freuden desselben zu genießen, muß man es in großen Dosen auf einmal nehmen. Die Frau und manche große Liebhaber trinken den Liebeskelch fast immer in einem einzigen Zuge aus, so daß sie sich nur einmal im Leben berauschen können; und wenn sie doch noch einmal lieben, so ergießen sie eben nur auf irgend ein Wesen die auf dem Boden des Kelches verbliebenen letzten Liebestropfen. Andere hingegen sind so knauserig von Natur, daß sie immer nur nippen und in kleinen Zügen trinken; so daß sie durch Theilung der einen Gabe in unendlich kleine Dosen die Liebe homöopathisch nehmen, was ebenso viel ist, als wenn sie sie gar nicht nehmen. Diese Liebeswucherer sagen, daß sie so und so oft verliebt gewesen seien, und in den staubigen Archiven ihrer Erinnerungen bewahren sie ganze Packete duftender Briefchen und Schächtelchen mit Haaren und trockenen Blumen. Sie haben jedoch, glaubt es mir, nie geliebt. Die Natur gewährt uns bei Geburt nur eine einzige Schale dies Nektars, und um sich zu berauschen, muß man sie in einem Zuge leeren. Es giebt Menschen, die so thun, als ob sie beständig und in großen Zügen daraus trinken; entweder heucheln sie oder sie verdünnen betrügerisch den heiligen Saft mit Wasser. Ich spreche hier immer von der gewöhnlichen Sorte Menschen. Es giebt auch Genien oder Ungeheuer des Herzens, die mehrere Male und immer leidenschaftlicher zu lieben verstehen.

Die Physiognomie der Liebesfreuden bietet unzählige Bilder dar, die ich nicht beschreiben kann. Fast alle Bilder der Freundschaftsgenüsse können in das Museum der Liebe versetzt werden; nur müssen die Farben lebhafter, glühender sein. Ihr Alle werdet wissen, wie geschickt ein Künstler mit wenigen hellen und dunklen Farbenspielen einen Tropenhimmel oder einen Himmel Sibiriens darzustellen versteht. Nun wohl, thuet das Gleiche mit den Freuden der Freundschaft und der Liebe und Ihr werdet zwei ähnliche Bilder haben. Zeichnet dieselben Figuren, aber gebet den Ersteren einen grauen und kalten Horizont mit weißlichen fadenförmigen Wolken, setzet Tannen und Schneeberge hin, so daß man beim Anblick des Gemäldes mit jenem Wohlgefallen lächeln kann, das man empfindet, wenn man, sich in einen Mantel hüllend, noch die Kälte fühlt, aber hofft sie zu besiegen. Gebet dem Gemälde der Liebe hingegen einen überseeischen und goldfarbigen Horizont, wo die Sonnenstrahlen die Bläue des Himmels so zu sagen tränken und durchsichtig machen; bringet auch einige Wolken an wen Ihr wollt, aber dichte und glänzend weiße, die sich majestätisch und rund erheben; vergesset endlich nicht die Palmen, die Bananen und die tropischen Pflanzen, und breitet ein verschwenderisches Licht über alle Gegenstände.

Auch die Liebe hat ihr Krankenhaus und ihre Kranken, doch entspringt das kranke Element, welches sie zwingt sich zu Bette zu legen, fast nie in ihr selbst, sondern wird ihr von einem andern unreinen Gefühl durch Ansteckung mitgetheilt. Ein Mensch z. B., der sich in ein *physisches* oder *moralisches* Ungeheuer des andern Geschlechts verliebte, würde krankhafte Genüsse empfinden und darthun, daß das Gefühl des Schönen und des Guten in ihm an einer Krankheit leidet..

Das Uebermaß kann die Liebesfreuden nie krankhaft machen. Wenn dieses Element sich erhebt und sich die Gefühle der Pflicht und der Würde als unzertrennliche Bundesgenossen erhält, kann es die unermeßlichsten Höhen ersteigen und dabei nur an Größe und Schönheit gewinnen. Unglücklicherweise haben die menschlichen Leidenschaften, wenn sie sich mit der Schnelligkeit des Blitzes in die Himmelsregionen schwingen, das Leben einer Rakete. Sie erheben sich, das für lange Jahre bestimmte Brennmaterial in einem Augenblick verbrennend; und es in Pulver verwandelnd, durchfurchen sie leuchtend die Atmosphäre, um dann in einem Meere von Licht unterzugehen. Es ist Geschmacksache: Viele ziehen das stille Licht des Mondes dem schwelgerischen Lichte der Sonne vor. Sie verbrennen das Material ihres Lebens in gelindem Feuer und ihr Thermometer zeigt stets auf „gemäßigt". Für Andere reichen die Thermometer nicht mehr aus; sie brauchen Pyrometer und auch diese schmelzen oft in der glühenden Flamme ihres Lebens, welche sich in einem Augenblicke verzehrt. Ich wiederhole es, es ist eine Frage des Geschmacks, eine Sache der freien Wahl . . . Glaubet Ihr es? . . . Kann vielleicht das elektrische Licht eine bescheidene und räucherige Kerzenflamme werden? kann also der Satellit eines Planeten, der von einem zweimal reflectirten Lichte lebt, eine Sonne werden?

20. Kapitel.

Von den Freuden der Mutter- und Vaterliebe.

Vom ersten Augenblicke, in welchem die Frau, die Bewegung eines andern Lebens in sich fühlend, sich ihrer Mutterschaft freut, bis zum letzten Augenblicke, in welchem sie sterbend sich tröstet, ihr Bett von einem Kranze eigener Kinder umgeben zu sehen, die alle um sie weinen, sammelt die Frau auf ihrem Wege als Mutter unzählige Freuden, die sie durch ihre Leiden und ihre großen Opfer wohl verdient hat.

Die Natur hat die Frau vor der Menschheit beurtheilt, als sie ihr bei Anvertrauung des schweren Mutteramts ein Gefühl eingab, das, zu jedem Opfer bereit, kein einziges verlangt, das, erhabener Verschwender von Affecten, nicht die Vergeltung eines einzigen beansprucht, das, muthig bis zum Heroismus und zur Tollkühnheit, nicht unter dem eisigen Hauche der Undankbarkeit oder der drückenden Schraube der Gleichgültigkeit erlischt. Unstreitig das erste aller Gefühle, ist die Mutterliebe, das am wenigsten egoistische, dasjenige, welches viel giebt und wenig empfängt und welches die Freude nur nach der Größe der Wohlthat und nicht nach der Größe der Vergeltung bemißt. Die Künstler, Dichter und Philosophen haben über die Liebe und die Freundschaft lachen und scherzen können, über die Mutterliebe nie. Es ist soviel Leidenshoheit und Amtsthätigkeit in diesem Gefühle, daß jedes cynische Lächeln oder jeder noch so unschuldige Schmerz eine Entweihung, ein Frevel sein würde. Ein Mensch, den ein frühreifer Verstand oder eine traurige Erfahrung gegen menschliches Mißgeschick unempfindlich gemacht hat, kann doch noch seine Wimpern von einer Thräne befeuchtet fühlen, wenn er an seine entfernte oder todte Mutter denkt, wenn er sich der letzten Worte ihres letzten Grußes erinnert... Einer unserer größten Schriftsteller, der im Wechsel der politischen Ereignisse etwas von seinem Rufe verlor, aber dem die Verleumdung doch kein einziges Blatt aus dem unsterblichen Lorbeerkranze nehmen konnte, den er sich mit seinen Werken auf die Stirn gedrückt, hat geschrieben: „Unglücklich derjenige, welcher nicht an seine Mutter denken kann!", und mit diesen Worten hat er genug gesagt, um die Mutterliebe auf ihre Höhe zu erheben und deren Heiligkeit zu kennzeichnen.

Der Mann wird physisch durch die Lust weniger Augenblicke Vater; die Frau hingegen erwirbt sich das Mutterrecht nicht nur durch die flüchtigen Augenblicke des Sinnengenusses, sondern auch durch eine lange Kette von Gefahren und Schmerzen. Sie erwirbt sich das Recht zu lieben und zu leiden, indem sie einen an Leiden reichen Lohn bezahlt; sie verdient sich die Opferpalme durch das Opfer, den Märtyrerkranz durch die

Marter. Welch' verehrungswürdiges und heiliges Mysterium! Wir sehen hier den Schmerz und die Freude zu einem heiligen Bunde vereinigt, umschlungen von einem nothwendigen Bande gemeinschaftlicher Existenz; und aus ihrer Verbindung sehen wir ein moralisches Bild von solcher Vollkommenheit und Schönheit hervorgehen, daß wir den Schmerz nicht verwünschen können; denn der Schmerz ist hier so groß wie der Genuß, und indem er seinen Trauermantel über das Standbild der Freude wirft, steigert er nur noch dessen ästhetische Vollkommenheit und läßt dessen ideale Formen mehr hervortreten. Je mehr die Frau leidet um sich Mutter nennen zu können, desto stolzer wird sie auf diesen Namen und desto mehr genießt sie in ihrem erhabenen Amte; je größer und zahlreicher die Schmerzen sind, welche sie aussteht, desto mehr liebt sie ihr Kind und desto mehr kostet sie die Mutterfreuden. Ein erhabener Contrast, den wir nicht verstehen, aber den wir fühlen, und der uns tröstet der menschlichen Familie anzugehören. In der öffentlichen Meinung hat immer nur der Mann das Wort, und sich ertheilt er Lob, Ruhm und Vorrechte; die Frau aber leidet, kämpft und betet. Was thut's ihr, wenn der Mann, nachdem er die ersten Liebesblüthen gekostet hat, sie wie eine welke Blume verschmäht und ihr sogar die Berechtigung abspricht, auf der Stufenleiter der lebenden Wesen an seiner Seite zu sitzen? Was thut's ihr, wenn sie eine Stufe tiefer stehen und den anmaßenden Fuß des „Herrn" auf dem Nacken fühlen muß? Sie hat für sich die erhabenen Freuden des Opfers, sie kann Muter sein; und nachdem sie einem neuen Wesen das Leben gegeben, nachdem sie es neun Monate lang mit ihrem Blute genährt hat, trägt sie es auf ihren Armen und nennt es ihr Kind! Es liegt in diesen paar Worten eine tiefe geheimnißvolle Wonne, welche jedoch nur die Frau allein zu erfassen vermag. Es ist nicht meine Absicht, hier alle Freuden der Mutterliebe zu schildern oder auch nur anzuführen; ich will nur einige Linien ziehen, um eine Vorstellung von den Verhältnissen des Bildes und seiner Schönheit zu geben. Sie lassen sich jedenfalls, — die Mütter wollen mir diese Entweihung verzeihen, — in drei größere Klassen theilen.

Die ersten Freuden des Mutterstandes beginnen mit der Empfängniß und endigen mit dem Aufhören des Säugens. In diesem Zeitabschnitt verbindet sich der Liebesgenuß, — noch warm und in seiner ganzen Kraft, — mit den Freuden eines neuen Gefühls, das wie der Sprößling eines neuen Baumes schnell und üppig wächst. Die so großmüthige Frau konnte sich mit dem egoistischen Liebesgenusse und der Lust der geschlechtlichen Umarmung nicht begnügen, und sieht einen ihrer würdigen Affect hervorsprossen, in welchem sie alle unerschöpflichen Kräfte des Großmuths und des Opfers üben kann. Sie wird Mutter! Der Augenblick, in welchem sie sich dieses Wort wiederholt, ist wonnevoll. Nachdem sie diese angenehme Entdeckung gemacht hat, fühlt sie das Bedürfniß, dieselbe einem Andern mitzutheilen, der bis dahin nur Geliebter und Gatte war, der aber jetzt Vater wird, rechtmäßiger Beschützer des neuen Geschöpfes, welches die neue Mutter schon, ohne es zu kennen, innig liebt. Wie gereichen nicht von jenem seligen Augenblicke an alle Opfer zur Wonne, welche für den erwarteten Unbekannten gethan werden; wie entzücken nicht alle Pläne, welche für ihn entworfen werden; wie erhebend sind nicht alle jene kleinen Sorgen, jene Befürchtungen, Hoffnungen und Berechnungen! Endlich hat das neue Wesen unter den von einer geheimnißvollen und grausamen Natur der Mutter auferlegten Schmerzen das Licht der Welt erblickt; es lebt und ist gesund, und Alles läßt hoffen, daß der Tod es nicht sobald hinwegraffen werde. Das von der übermächtigen Freude, trotz der Qual jener Augenblicke, der Mutter entlockte wonnige Lächeln ist unbeschreiblich. Jetzt ist die Frau wirklich Mutter, rechtmäßige und glückliche Mutter. Ja, die Mutter ist immer rechtmäßig. Wenn sie in jenen feierlichen Augenblicken, — aus welchem Grunde es auch sei, — über diesen Titel erröthet, so vergeht sie sich. Mag sie in der Folge für sich und ihr Kind fürchten; aber in jenem Augenblicke lache und weine sie, juble und jauchze sie, küsse und liebkose sie das Geschöpf, dem sie das Leben gegeben und das mit dem ersten Weinen schon die Muttermilch von ihr verlangt. Die Frau kann schuldig sein, weil sie geliebt hat; aber nie weil sie Mutter ist.

Das heilige Amt, zu welchem sie berufen, wäscht jede Schuld rein, verwischt jede Schande; und sie hat das heilige Recht, den neuen Erdenbürger der ganzen menschlichen Gesellschaft als ihr Kind zu zeigen.

Ich möchte die edlen Frauen, welche mein Buch mit ihrer Lectüre beehren, nicht erröthen machen; aber sie müssen doch gestehen, daß das Säugen, wenn es nicht durch eine Krankheit schmerzhaft gemacht wird, an lebhaften Freuden immer sehr reich ist. Der Genuß besteht hier aus einem sinnlichen Element, welches sich in ein vom Gefühl gegebenes großes Gewand hüllt, so daß die Sinnesfreude edel und zart und die Wonne des Affects plastischer und wärmer wird. Ich möchte sagen, daß man im Säugen den Genuß eines sinnlichen und zarten Kusses empfindet, an welchem man mit langer Aufmerksamkeit hängt, um die zwischen den Lippen sich entfesselnden Wollustwellen alle zu kosten. Mit diesen Worten gebe ich nur eine dürftige Skizze eines farbenreichen und lebensvollen Gemäldes; aber ich kann mich hier in der That nicht länger aufhalten, ohne den engen Kreis, den ich mir gezogen habe, zu überschreiten.

Ich würde gar nicht mehr fertig werden, wenn ich alle kleinen Freuden der ersten Periode des Mutterstandes aufzählen müßte. Jede Bemühung, jede Liebkosung, jede dem Kinde gewährte kleine Aufmerksamkeit ist für die junge Mutter eine neue Freude. Sie denkt nur an ihr Kind, lebt nur für dieses, spricht nur von ihm und vergißt wohl mitunter gar, daß sie Gattin ist, daß sie auch ihr Recht auf Genuß hat.

Wie sind nicht alle Entdeckungen, welche die junge Mutter in ihren fortgesetzten Beobachtungen jeden Augenblick an ihrem kleinen Geschöpfchen macht, so köstlich! Ja, sie wird beharrliche und wissenschaftliche Beobachterin, sie analysirt sehr fein, aber nicht ebenso genau. Sie sieht immer durch das Augenglas der Liebe, welches ihr alles vergrößert; und mit einer erhabenen Unbefangenheit freut sie sich unendlich über das Schöne und Edle, das sie in den die Geistesdämmerung ab und zu erhellenden Lichtblitzen entdeckt. Es hat seiner Mutter zugelächelt, hat zu weinen aufgehört, als sie sich der Wiege naht, hat eine Silbe gelallt, welche von der Mutter mit der gierigen Unwissenheit eines fanatischen Sprachforschers ausgelegt wurde. Es horchte lange aufmerksam auf die Musik einer Drehorgel, zerriß hastig die Blätter eines Buches; es wird gewiß ein zweiter Rossini, ein großer Gelehrter werden. Wie viele köstliche Irrthümer, wie viele Täuschungen! Wenn die Weissagungen der Mütter sich erfüllen müßten, würde die menschliche Gesellschaft aus lauter großen Leuten bestehen.

Die zweite Periode des Mutterstandes beginnt mit der Entwöhnung des Kindes und reicht bis zu dem Zeitpunkte, in welchem es der Schule zur Erziehung anvertraut wird. Im Verlaufe dieser Periode sieht man die aufopfernde Liebe in ganz natürlicher Ordnung etwas lauer, und das Interesse lebhafter werden. Der physischen Natur ist Genüge geleistet; das Individuum ist geboren, ist soweit gediehen, daß es sich allein Nahrung suchen kann. — Vorher war es in der Mutter das Thier und der Mensch, jetzt ist es nur mehr der moralische Mensch. Wenn nun auch die Freuden weniger warm und stürmisch sind, so sind sie deshalb doch nicht weniger lebhaft und zahlreich. Die Entdeckungen, welche die Mutter täglich an ihrem Kinde macht — gleich einem reisenden Geographen in unbekannten Erdstrichen — sind köstlich. Das Kind ist für seine Mutter in der That eine neue Welt, in welcher diese alle Augenblicke neue Länder, neue Flüsse, neue Berge entdeckt, und auf welche sie die stolzesten Luftschlösser baut; und diese Welt ist so lebendig, so warm und so klein, daß die Mutter sie immer und immer wieder in ihre Arme schließt und mit Liebkosungen und Küssen bestürmt. Wenn ein Mensch im Alter der Vernunft sich der Gluth eines einzigen Mutterkusses erinnern könnte, würde er sich gewiß nie die geringste Ungerechtigkeit gegen seine Mutter zu schulden kommen lassen.

Nachdem die Mutter dem Kinde das physische Leben gegeben, ertheilt sie ihm auch das moralische Leben, indem sie die ersten Keime der moralischen, religiösen und geistigen Erziehung in seine Seele pflanzt. Wie viel würde sich hierüber wohl sagen lassen, wenn man die Freuden alle aufzählen, das Lächeln,

Schelten und Ermahnen schildern wollte! Aber auch hier ist der Raum zu eng und wir müssen weiterziehen. Eine ganze Bibliothek würde nicht ausreichen, die Geschichte aller menschlichen Freuden zu umfassen! Jede Handlung, von der kleinsten bis zur größten, von der erhabensten bis zur niedrigsten, kann unter besonderen Umständen Quelle des Genusses sein. Entschuldiget also, wenn ich ausgedehnte Gebiete oft nur auf einem schmalen Pfade schnell durchziehe und mich nur hier und da flüchtig aufhalte.

In der letzten Periode ihrer Freuden vertraut die Mutter ihr Kind, da sie der geistigen Erziehung derselben nicht mehr gewachsen ist, Anderen an, folgt ihm jedoch immer noch mit der heftigen Neugierde des Affects. Die Freuden der Belohnung, welche vielleicht schon lange vorher begonnen hatten, werden in dieser letzten Periode des Mutterstandes viel lebhafter, und oft empfindet die Mutter das höchste Glück, wenn sie ihr Kind sich einen Lorbeerkranz verdienen und ihn zu ihren Füßen niederlegen sieht. Diese Genüsse variiren dem Grade nach auf außerordentliche Weise; denn die Mutter kann sich ebenso über die gewöhnliche Biederkeit, wie über die glänzendsten Auszeichnungen ihres Kindes freuen. Sie lächelt wohlgefällig, wenn sie ihre Tochter als ein Muster von Tugend loben hört, und kostet einen Freudenrausch, wenn sie ihrem Sohne glänzenden Beifall zollen sieht.

Wenn nun auch die Mutter das Glück und den Ruhm ihrer Kinder wie eine ihr selbst gewordene Auszeichnung genießt, so beansprucht sie doch fast nie den Lohn der Dankbarkeit. Immer großmüthigen Herzens, sieht sie das gute Gedeihen ihrer Kinder als die glänzendste Belohnung an. Sie hat der Gesellschaft neue tugendhafte Mütter, ehrliche Bürger und große Männer gegeben: sie ist befriedigt. Wenn der gemeinste Egoismus die edelmüthigste Aufopferung mit Gleichgültigkeit oder Vernachlässigung erwidert; wenn die Mutter, nachdem sie ihr Leben den Kindern gewidmet, nachdem sie ihr ganzes Glück und ihre Zukunft in sie gelegt hat, sich eines Tages verlassen und allein sieht, wird sie über die Unvollkommenheit des menschlichen Herzens seufzen, aber sie wird nicht verdammen. Sie folgt ihren Kindern auf dem

Meere des Lebens immer mit zärtlichem Blicke, sie liebt sie immer und ist stets bereit ihnen zu helfen, wenn das Mißgeschick sie des Beistandes oder des Mitleids bedürftig macht. Das Mutterherz ist das einzige Kapital des Gefühls, das nie Bankerott macht und auf welches man immer mit Sicherheit zählen kann. Auch wenn es von der gröbsten Undankbarkeit mißhandelt, vom Hohn, von der Bosheit, kurz von Allem, was ein menschliches Herz niederdrücken kann, gemartert worden ist, erhebt es sich doch immer wieder und schlägt immer wieder warm und großmüthig. Nur die Mutter vermag in einem Augenblicke sich über die Kränkungen des Selbstgefühls, über die gebieterischen Anforderungen der edleren Gefühle, über die größten Enttäuschungen der Hoffnung hinwegzusetzen und ihrem sündigen Kinde ohne Groll aus der Noth zu helfen oder ihm Trost zu spenden. Sobald es nur weint oder leidet, eilt die Mutter besorgt herbei, um die Thränen zu trocknen und um zu trösten; da sie ja, auch wenn ihr in der Herzensqual die Kraft zu sprechen ausginge, noch immer die Kraft zu leiden und zu lieben besitzt. Wenn Ihr eine glückliche Mutter kennet, betrachtet jenes köstliche und berauschende Schauspiel; wenn Ihr eine unglückliche Mutter kennet, verehret sie wie eine Heilige.

Eine Mutter, die von einer zahlreichen Familie umkränzt ist, genießt oft alle Freuden des Mutterstandes zu gleicher Zeit. Während sie hoffnungsvoll ein neues Leben unter dem Herzen trägt, hält sie vielleicht ein kaum entwöhntes Kind auf dem Schooße, und die zärtlichen Augen auf einen Tisch richtend, um welchen herum größere Knaben und Mädchen mit Arbeit beschäftigt sitzen, denkt sie auch an den fernen Sohn, der im jugendlichen Alter vielleicht schon Ruhm und Ehre erntet. Es giebt Mütter, die im Schooße ihrer Familie keinen König auf dem Throne beneiden und die, glückselig in ihrem Heim, Alle mit harmloser Neugierde fragen, warum wohl das Leben von Manchen angeklagt und verwünscht werde. Glücklich jene Frauen! Mögen sie ihr Glück ungetrübt genießen! mögen sie nie erfahren, was für giftiges Gewürm das Familienglück zu zerstören sucht und welche Schmerzen sich oft in den Mysterien der Liebe verbergen.

Auch der Vater liebt sein Kind und findet in der Liebe zu demselben eine überreiche Freudenquelle; aber sehr selten, ja man kann wohl sagen fast nie, wird er es wie eine Mutter lieben. Hierin liegt durchaus nichts, was Staunen erregen könnte, Die Affecte sind, naturgemäß, um so mächtiger und genußreicher, je wichtiger die Funktion ist, zu der sie in Beziehung stehen. Der Frau übertrug die Natur, das Leben des Kindes zu beschützen, und ihr verlieh sie die Mutterliebe. Der Mann sollte die Frau in dem heiligen Amte unterstützen, sollte fast allein dem Kinde eine sociale Individualität ertheilen; aber alles dieses war secundär und zufällig und bedurfte nicht mehr eines Mutterherzens. In den Vaterfreuden könnet Ihr viel Leidenschaft, eine große Feinheit, die zartesten Zierden des Gefühls und des Verstandes gewahren; aber Ihr werdet in ihnen nie jene immer glühende Lava finden, welche beständig in dem Vulkan des Mutterherzens siedet. Hier zeigt sich die Gewalt eines unwiderstehlichen natürlichen Bedürfnisses; während dort das Gefühl fast schon zum moralischen Luxus des Herzens gehört, dessen die Generationen nicht nothwendigerweise bedürfen. Die Mutterliebe beobachtet man bei fast allen Thieren; die Vaterliebe hingegen gewahrt man, als ein seltenes und rührendes Phänomen, nur bei sehr wenigen.

Ausgenommen die mit der Mutterschaft allein verknüpften Sinnesfreuden, können alle moralischen Freuden von den Eltern getheilt werden. Versetzet die gleichen Genüsse aus dem warmen Klima des Frauenherzens in die gemäßigte Zone des Mannesherzens, und ihr werdet den Unterschied zwischen diesen in der Wesenheit identischen, aber im Grade und in der Form verschiedenen Empfindungen haben. Es ist, mit einem Worte gesagt, dieselbe Pflanze, aber gediehen unter verschiedenem Himmel.

Die Mutter- und Vaterfreuden vermögen, indem sie in den genießenden Individuen neue Pflichten wachrufen, das Würdegefühl und die anderen edlen Gefühle zu erheben. Der durch die Geburt eines Kindes erworbene moralische Titel trieb schon so manchen Mann, sein Leben zu ändern; denn er erfuhr zum ersten Male, daß die Zukunft nicht mehr ihm allein gehörte, daß er ein hohes

Ziel zu erreichen habe, nämlich jenes, ein sociales Individuum und einen tugendhaften und glücklichen Bürger aus dem Kinde zu machen, das die Natur ihm geschenkt hatte. Auch die Frau, die nach ihrem Eintritt in die Ehe noch eine zeitlang die harmlose Flüchtigkeit ihres ersten Lebensalters bewahren kann, beginnt ein ernstes Wesen anzunehmen, sobald sie Mutter wird. Oft sieht man dann in ihrer Haltung eine neue einstudirte Gesetztheit, die sich mit Mühe auf einem noch beweglichen und lebhaften Hintergrunde darstellt. Es ist köstlich und rührend anzuschauen.

Diese edlen Freuden erheitern nicht nur manche Stunde des Lebens, sondern breiten auch eine köstliche Wonne über unsere Lebenstage und lassen uns das Mißgeschick mit größerer Ruhe tragen. Es sind Genüsse, die, weil fast immer durch Arbeit und Opfer erworben, ihr Licht auch auf alle edleren Gefühle ergießen und den Menschen mit Selbstzufriedenheit erfüllen. Der bloße Gedanke, seinen Kindern Wohlthaten erweisen zu können und für deren Glück verantwortlich zu sein, gewährt einem edelmüthigen Menschen Aufmunterung und Trost und vermag fast immer von Kummer und Verzweiflung zu heilen. Schon manche Unglücklichen hielten bei dem Gedanken an ihre Kinder am Rande des Abgrundes an, in welchen sich hinabzustürzen sie bereits im Begriffe waren. Sie fanden, daß Sterbenwollen ein Egoismus, Leben eine heilige Pflicht sei und konnten dann später ihre Reue und ihren großmüthigen Entschluß fast immer segnen.

Die Civilisation kann diese Freuden auf einen höhern Grad der Feinheit erheben, aber nicht deren Hintergrund ändern, der, wie alle Hauptkräfte, den Lauf der Jahrhunderte und der Generationen unverändert durchschreiten muß. Bei einigen wilden Völkern erlöschen die Freuden des Mutterstandes fast gänzlich mit dem Aufhören des Säugens, und die moralische Idee der Vaterschaft ist kaum vorhanden. Ich möchte behaupten, daß diese, wie alle anderen Freuden, welche aus den verschiedenen Familienaffecten entspringen, in den nördlichen Ländern Europa's lebhafter und zarter seien.

Krankhafte Freuden können uns auch diese edlen Gefühle gewähren. Ein Vater, der in seinem Kinde die ersten Keime einer sündigen Leidenschaft bewundert und dieselbe pflegt, empfindet sicherlich eine krankhafte Freude. Ebenso eine Mutter, welche, die Vorrechte des Gefühls mißbrauchend, ihrem Kinde mit allen möglichen Kunstmitteln Abneigung gegen Alle einflößt, um die Schätze jenes kleinen Herzens für sich allein zu bewahren. Hier, wie in vielen anderen Fällen, die sich noch anführen ließen, entspringt die Krankhaftigkeit der Freude nie aus der Vater- oder Mutterliebe, sondern aus einem andern Gefühle, das sich nicht im Zustande vollkommener Gesundheit befindet und das, an dem Genuß theilnehmend, demselben seine Krankheit mittheilt. Die edlen Gefühle an und für sich können nie erkranken, es sei denn, daß sie entarten und Namen und Natur ändern.

21. Kapitel.

Von den Freuden, welche aus der Kindes-, Geschwister- und Verwandtenliebe entspringen.

Die Kinder, welche alle von dem Herzen der Mutter und des Vaters ausgehenden Liebesstrahlen in sich aufnehmen, müssen natürlich ein Lebenszeichen von sich geben und dieses Uebermaß von Gefühl mit einer Herzensregung erwidern. So großmüthig nun aber auch das Herz eines Kindes sein mag, wird es doch selten eben so viel Licht ausstrahlen, wie es empfängt und der Strahl, der glühend und leuchtend zu ihm gelangt, kehrt an seinen Ausgangsort lau und matt zurück. Ich weiß sehr wohl, daß in manchen Fällen die Kinder ihren Eltern die Liebe hundertfältig vergelten; aber diese Erscheinungen sind, wie einige andere, die wir im Laufe unserer Untersuchungen in den Museen des Herzens gefunden haben, sehr selten. Im Allgemeinen lieben Vater und Mutter ihre Kinder mit der größten Innigkeit und erfahren von diesen nur eine laue Erwiderung; die Eltern sind immer „großmüthig", ja oft in unklugem Uebermaße; während die Kinder „abgemessen", mitunter „ökonomisch" und nicht selten „knauserig" sind. Das darf Niemanden erschrecken, Niemanden pessimistisch machen oder in Verzweiflung bringen. Es waltet hier ein Naturgesetz, das seinen Grund in sich hat. Das Leben der Generationen mußte auf jeden Fall fortbestehen und wurde deshalb einem vielvermögenden und nothwendigen Affecte, wie dieses die Vater- und Mutterliebe ist, anvertraut. Wenn die Individuen zum physischen Leben geboren und zum moralischen Leben erzogen sind, haben die Eltern der Natur gegenüber ihren Lebenszweck erfüllt und das Leben der Menschheit besteht auch ohne die Kindesliebe fort. Die Kindesliebe existirt jedoch und kann stark, heftig, der größten Opfer fähig sein; und doch bleibt sie immer nur ein Luxusgefühl, nothwendig zur moralischen Aesthetik, aber nichts weiter. Leugnet die Theorie, wenn Ihr wollt, aber erkennet die Thatsache an. Man sagt immer, daß die Kinder verpflichtet sind, ihre Eltern zu lieben, und dieses Gesetz findet sich in allen Gesetzbüchern der Welt. Man spricht aber fast nie von Pflicht, wenn es sich um die Liebe der Eltern zu den Kindern handelt, und man vergißt fast immer, sie als ein Gebot hinzustellen. Das ist ganz natürlich; denn es wäre ebenso, als wenn man dem Menschen anbefohlen hätte, zu athmen.

Trotz alledem dürfen wir jedoch nicht den Muth verlieren. Wir sind mit sehr vielen moralischen Luxusfähigkeiten begabt, die deshalb nicht aufhören, weniger edel und erhaben zu sein. Ist die Musik zum physischen Leben auch nicht nothwendig, so bleibt sie deshalb doch eine göttliche Kunst, welche verschwenderisch die künstlichsten Genüsse ausstreut. So ist es auch mit der Kindesliebe. Obgleich zum moralischen Leben der Generationen nicht unentbehrlich, ist sie doch eines der zartesten und lieblichsten Gefühle, das die menschliche Würde eben deshalb zur höchsten Höhe emporhebt, weil es sich nicht auf die Gesetze der lebenden Materie gründet, sondern weil es den Fuß in die mysteriösen Regionen des Schönen, des Wahren, des Guten setzt. Wenn wir nun auch unseren Eltern die Liebe nicht mit dem gleichen

Maße messen können, wie sie uns, so bleibt uns doch immer noch der Trost, sie so viel wir können und müssen zu lieben. Man strebt immer nach der Vollkommenheit, auch wenn man sicher ist, sie nicht erreichen zu können; nun wohl, man muß Vater und Mutter lieben, soweit es menschenmöglich ist, auch wenn man weiß, daß man seine Schuld nie ganz wird bezahlen können. Haben wir einmal selbst Kinder, so können wir unsere Schuld gewiß zum Theil abtragen, indem wir diesen gegenüber zu Gläubigern werden.

Wenn Vater und Mutter auf der gleichen Stufe moralischer Vollkommenheit stehen und wir für sie dasselbe Maß von Pflichten haben, so können wir sie mit gleicher Stärke, aber nie in der gleichen Art und Weise lieben. Die Liebe zur Mutter ist immer wärmer, vertrauender und — möchte ich sagen — mehr durchdrungen von jener Sinnlichkeit des Herzens, die man wohl begreifen aber nicht definiren kann. Die Liebe zum Vater hingegen ist idealer, erhabener und mehr von Ehrfurcht und Dankbarkeit erfüllt. Man liebt die Mutter immer mit der heitern und mittheilsamen Unbefangenheit des Kinderherzens, den Vater hingegen mit der Ruhe und Vorsichtigkeit des Manneshérzens.

Wer seine Mutter nicht gekannt hat, kann sich kaum die süßen Freuden desjenigen vorstellen, der eine Mutter besitzt, der sie liebt, der als Kind oder als Erwachsener in ihrer Nähe weilt. Wenn Euch nicht ein barbarischer Gebrauch der Civilisation in den ersten Tagen Eures Lebens aus dem Schooße Eurer Familie verbannt hat, müsset Ihr Euch Eurer Mutter erinnern als des ersten lebenden Wesens, das Euch half und küßte. Wenn Ihr beim Durchgehen Eurer Erinnerungen die unbestimmten und nebelhaften Gestalten, welche an dem entferntesten Horizonte umherstreifen, zu erkennen suchet, müsset Ihr Euch so mancher Scene entsinnen, in welcher der Schatten Eurer Mutter hervortritt; müsset Ihr Euch so manchen Schmerzes erinnern, der beim Erscheinen jenes tröstenden Engels aufhörte, so mancher Freude, die Ihr in ihren Armen oder auf ihrem Schooße empfunden. Wenn Ihr sonst an Geist und Herz gesund und nicht ehrlos seid, müsset Ihr Euch Dieses oder Jenes in's Gedächtniß rufen können; und dann, Euch mehr der Gegenwart nähernd, müsset Ihr die Bilder Eurer Erinnerungen deutlicher lesen, müsset Ihr das Zucken der an Euch vorüberziehenden Schatten wärmer fühlen, müsset Ihr Eure Mutter sehen, wie sie Euch auf ihrem Schooße in dem Alphabete die Elemente der erhabensten und gefährlichsten Wissenschaften lehrte, müsset Ihr vielleicht noch ihre zärtliche Hand fühlen, wie sie über die zarten Locken Eures Köpfchens glitt. Und erinnert Ihr Euch noch nicht der Belohnungen, die sie Euch mit solcher Nachsicht zu theil werden ließ, der Lieder, mit denen sie Euch in den Schlaf wiegte, der gymnastischen Uebungen, in denen sie Euch gehen lehrte?

Wenn Ihr ein schwaches Gedächtniß und ein hartes Herz habt, machet einen Sprung vorwärts; wenn Ihr kurzsichtig seid, lasset die kleinen Freuden bei Seite, gedenket nur der großen. Entsinnt Ihr Euch nicht irgend eines Unfalls, der Euch zum Weinen und zur Verzweiflung brachte? irgend eines schrecklichen Ungewitters, das mit einem Schlage aufhörte, wenn Euer Schutzengel erschien? Ich fühle noch die warmen Küsse, die meine Mutter mir auf die Wangen drückte, ich höre noch ihre sanften und tröstenden Worte, ja ich glaube noch das unbeschreibliche Lächeln zu sehen, mit welchem sie mir Heiterkeit gebot und mich unter meinen Thränen lachen machte. Und damit sind meine Erinnerungen keineswegs zu Ende. Die feierliche Stille der Kirche, die nächtlichen Furchterzitterungen, die Neckereien und Schläge meiner Altersgenossen, alle meine Leiden und Freuden erinnern mich auch an meine Mutter wie an einen Engel; die, nachdem sie mir das Leben gegeben, mich zu den edelsten Gefühlen anregte; die, nachdem sie mich sprechen, lesen, schreiben gelehrt, nachdem sie mir so zu sagen die Instrumente in die Hand gegeben, die mich zum Arbeiter der socialen Fabrik machen sollten, mir den Weg zum Ruhm zeigte und mir sagte, daß der beste Liebesbeweis, den ich ihr geben könnte, ein ehrlich verdienter Lorbeerkranz sei . . . Lasset mich indessen die Feder niederlegen und meine Rede abbrechen; denn statt in meiner „Physiologie des Genusses“ fortzufahren, würde ich Euch sonst ein Fragment meiner eigenen Geschichte geben.

Vergesset nicht Euren Vater. Ihr werdet ihn lieben, dessen bin ich gewiß. Auch er hat an Eurer Wiege gewacht, auch er hat an Euren Spielen theilgenommen. Er muß in das Gemälde Eurer Kindeserinnerungen treten und solltet Ihr Euch auch auf nichts anderes besinnen können, als daß er jeden Tag zur gewohnten Stunde in den Schooß der Familie zurückkehrte, welche ohne ihn eine Leere darbot und das wohl fühlte. Ihr müsset Euch entsinnen, daß er Euch zuweilen barsch von Euren Spielen oder aus den Armen der Mutter riß, um Euch an sein bärtiges Gesicht zu ziehen; und aus späterer Zeit müsset Ihr noch der strengen Lectionen, der gerechten Ermahnungen und Züchtigungen eingedenk sein .... Armer Vater! — Ihr müsset ihn lieben und verehren; er hat vielleicht sein ganzes Leben hindurch gearbeitet, um Euch die leichten Freuden eines bequemen und gemächlichen Daseins zu schaffen; er ist geizig gegen sich gewesen, um freigebig gegen Euch zu sein; und auch wenn dieses nicht der Fall wäre, er hat Euch doch das Leben und den Namen gegeben, und Ihr müsset das erstere benutzen, um den letzteren zu ehren; denn nichts verklärt das hohe Alter eines Vaters mit hellerem Glanze, als der Ruhm seiner Kinder. Die Mutter kann wohl einen auf der gewöhnlichen Stufe stehenden Sohn bis zur Tollheit lieben und kann jedenfalls immer zufrieden sein, wenn er ein gutes Herz hat; aber der Mann erfreut sich nur dann vollständig seiner Vaterschaft, wenn er auf den Namen „Vater" stolz sein kann und wenn er, am Arme seines Sohnes gehend, die Augenlider von Thränen des Trostes feucht werden fühlt bei den Lobeserhebungen, die diesem gezollt werden.

Alle Freuden der Kindesliebe lassen sich, so zahlreich sie auch sind, in zwei größere Klassen theilen. Die ersteren sind fast passiv, liegen im Bereiche Aller und reduciren sich auf die einfache Genugthuung, Vater und Mutter zu lieben, sie gesund und zufrieden zu sehen. Die Freude entspringt hier lediglich aus der einfachen Befriedigung eines Gefühls und wird ohne Mühe und Opfer erreicht. Die erhabeneren und edleren Freuden dieses Gefühls gewährt die Bethätigung der Kindesliebe, welche sich auf jede Weise auszudrücken und die sie erfüllende

Kraft kundzugeben sucht. Hierher gehören alle Freuden der Geschenke, der angenehmen Ueberraschungen, der großmüthigen Hilfeleistungen, der Opfer. Diese Zeilen enthalten wenige Worte; aber sie deuten auf eine ganze Welt zarter und edler Freuden hin, die für sich allein ein Dasein verschönen und erheitern können. Nachstehend lasse ich einige Beispiele aus dem Leben folgen.

Wir befinden uns, gezwungen von den Verhältnissen des Lebens, von unseren Eltern durch ein weites Stück Erde getrennt. Wir sind mitten im Winter; der Kalender zeigt einen Festtag für unsere Familie an, einen Tag, den wir bisher stets in deren Schooße verlebt haben. Ist's der Hochzeitstag unserer Eltern? ist's der Geburtstag unserer Mutter? oder der Namenstag unseres Vaters? was es auch sein mag, es ist immer ein Festtag des Herzens. Niemand erwartet Euch; Ihr seid viele, viele Meilen von Eurer Heimath entfernt; der Winter ist rauh. Aber Ihr habt schon lange einen kühnen Streich ausgesonnen, und vor Freude erbebend bei dem Gedanken an die Ueberraschung, die Ihr machen werdet, verlasset Ihr Eure Studien, Eure Geschäfte, Eure Freunde und begebt Euch auf die Reise. Ihr habt die Zeit berechnet, Alles richtig errathen, und wenn Eure Lieben gerade im Begriffe sind, sich zu Tische zu setzen, an die Leere denkend, die Ihr lasset, stürzet Ihr in das Zimmer, umarmt Euren Vater, Eure Mutter . . . .

Ein anderes Mal habt Ihr Euch durch Eure Fähigkeit ein Ordensband verdient; Euer Vater weiß nichts davon und Ihr, in opferfreudiger Ungeduld ausharrend, stecket es erst an seinem Geburts- oder Namenstage in's Knopfloch, wenn Ihr frühmorgens in sein Zimmer eilt, um ihm Gutenmorgen zu wünschen . . .

Ein Glücksstreich oder mühevolle Arbeit und Sparsamkeit haben Euch erlaubt, eine ansehnliche Summe zusammenzubringen. Beim Herannahen des Herbstes kündigt Ihr Eurer Mutter, die großen Genuß am Reisen findet, an, daß Ihr sie in Beschlag nehmt und daß sie mit Euch da oder dorthin reisen müsse . . .

Ihr seid in einem fremden Lande, seid allein unter Menschen, die Euch nicht kennen, Euch nicht verstehen. Verzagt und niedergeschlagen wegen des langen und unerklärlichen Schweigens der Eurigen, gehet Ihr aus Gewohnheit auf die Post, aber nicht mehr mit der Hoffnung, dort einen Brief vorzufinden ... Mit verstellter Gleichgültigkeit und schlecht zurückgehaltener Betrübniß waget Ihr eine Frage ... Die Antwort lautet bejahend, der Brief ist vorhanden; Ihr habt ihn geöffnet, habt ihn schon verschlungen. Er ist von Eurer Mutter, ... sie zeigt Euch an, daß Ihr sie bald in Euren Armen empfangen könnet. Um Euch wiederzusehen, hat sie eine beschwerliche Reise zu Euch unternommen ...

Doch nicht alle Freuden dieses Gefühls schwellen zu Knalleffecten oder stürmischen und convulsivischen Genüssen an. Es giebt ruhige und stille, auch schwermüthige Freuden; es giebt deren von jeder Art und für jedes Herz. Ihr Alle, die Ihr mein Buch leset, seid entweder Kinder, oder habet diese Freuden genossen und müsset sie kennen; oder das Geschick hat Euch ihrer beraubt, und dann werdet Ihr deren Werth noch nach der Leere schätzen können, die Ihr im Herzen empfinden müsset.

Im Allgemeinen liebt der Sohn mehr die Mutter; während die Tochter ihre Zuneigung mehr dem Vater schenkt. Es liegt hierin etwas Geheimnißvolles, das ich an diesem Orte unerklärt lasse, das aber gleichwohl der eingehendsten Analyse würdig ist. Es müssen sich hier kostbare Schätze für die Geschichte des menschlichen Herzens entdecken lassen. Wenn ich zwei erhabene Bilder der Freuden der Kindesliebe in zwei Gemälden darstellen zu lassen hätte, würde ich dem Maler sagen, in dem einen Gemälde einen Sohn darzustellen, der, erfüllt von dem heiligen Feuer des Ruhms, seiner ihm andächtig zuhörenden Mutter eines seiner noch nicht veröffentlichten Werke vorliest; in dem andern Gemälde hingegen einen alten Vater, der sich auf den Arm seiner ihn lächelnd betrachtenden Tochter stützt.

Die Geschwister, welche ihr Leben denselben Eltern verdanken, lieben sich untereinander fast immer mit einem Gefühle, das, obgleich weder von Natur nothwendig wie die Mutterliebe, noch durch moralisches Gesetz nothwendig wie die Kindesliebe, doch seine stillen Freuden und seine edlen Regungen hat. Man kann wohl sagen, daß die Geschwister meistentheils geborene Freunde sind, welche gemeinsame Schätze in Erinnerungen, in Leiden und in Freuden haben, so daß sie in einer gemeinschaftlichen moralischen Atmosphäre leben. Ihre Liebe erhält außerdem ein charakteristisches Gepräge von der Idee der gleichen Abstammung, der „Idee des Geblüts“, welche ihnen, indem sie sie zu Mitgliedern einer und derselben Gefühlsakademie macht, zum großen Theile die Empfänglichkeit für dieselben Ereignisse giebt. Dieses Blutsband ist jedoch, wir müssen es der Wahrheit wegen sagen, mehr eine „Idee“ als ein „Gefühl“; denn wenn die Geschwister, verhängnißvoller Umstände wegen, von einander getrennt sind oder sich nicht kennen, können sie sich von ganzem Herzen verachten oder hassen, oder doch einander gleichgültig bleiben, ohne daß sie je die „Stimme des Bluts“ an die gleiche Abstammung mahnt. Die wenigen Ausnahmen, welche man hier und da wahrnimmt, stoßen die allgemeine Regel nicht um.

Was mehr als alles andere die Geschwisterliebe und deren Freuden belebt, ist, wie bei der Freundschaft, eine gewisse Verwandtschaft im Denken und Fühlen, welche sich hier oft durch die von einer gemeinschaftlichen Abstammung bedingte gleichartige innere Verfassung bekundet. Im Uebrigen machen sich alle, die Freuden der Freundschaft beeinflussenden physischen und moralischen Elemente in gleicher Weise auch auf die Freuden der Geschwisterliebe geltend, welche, wenn sie aus den engen Grenzen der Pflicht heraustritt, eine wahre Freundschaft zwischen den von denselben Eltern geborenen Individuen ist.

Der Bruder kann den Bruder, die Schwester kann die Schwester innig lieben; aber die Geschwisterliebe in ihrer idealen Vollkommenheit zeigt sich fast immer zwischen Bruder und Schwester.

Die Brüder können schon von Natur einem moralischen Luxusgefühl nicht so viele Herzensschätze widmen; außerdem wählen sie im Leben meistentheils verschiedene Wege und sehen sich selten. Die Schwestern wetteifern natürlich in der Liebe zu einander, wenn sonst nicht der Altersunterschied die gemeinsamen Geschicke durch einen langen Lauf von Jahren trennt; und wenn sie auch lange Jahre in schönster Harmonie miteinander lebten, kommt doch einmal der Tag, an welchem die ersehnte Ehe sie trennt. Bruder und Schwester hingegen werden schon von Natur so zu sagen als Freunde geboren. Der Bruder findet in der Schwester ein willfähriges Wesen, das sich seinem Uebergewicht fügt; einen Engel, der stets bereit ist, ihm Hilfe und Trost zu spenden. Andererseits kann er sich in dem Verkehr mit der Schwester, da hier die Eigenliebe in keiner Weise mit im Spiele ist, mit geringen Opfern die Freuden zarter Ueberraschungen und Geschenke bereiten. Der Bruder findet außerdem in der Schwester immer den gefälligsten Freund, der seinen endlosen Jeremiaden unbedeutender Unfälle mit großmüthiger Geduld zuhört, und seine größten Schmerzen mitempfindet. Die Schwester ihrerseits findet schon von frühester Kindheit an in dem Bruder ein Wesen, das sie liebt und dem sie alle jene kleinen Sorgen zuwenden kann, welche die Frau aus Bedürfniß doch irgend einem Abgott widmen muß. Der Bruder ist ihr oft, bis zu einem gewissen Alter, das liebste Wesen, das dann gar bald durch einen Andern ersetzt werden wird, ohne jedoch je ganz vergessen zu werden.

Die Geschwisterliebe kann ihre Freuden in allen Lebensaltern ertheilen; doch oft läßt sie uns erst nach den Jugendstürmen die zarteren Freuden genießen. Im Mannes- oder Greisenalter hat uns der Tod fast immer der Mutter und des Vaters, und vielleicht auch eines Freundes beraubt. Die Regungen der Liebe sind erloschen und von dem großen Holzstoße bleiben nur noch wenige warme Ueberreste. Dann flüchten wir wohl in die Arme eines Bruders oder einer Schwester, und uns mit der ganzen Gier der Habsucht an sie klammernd, fühlen wir noch ein warmes und edles Herz an dem unsern schlagen. Das köstliche Fragment einer Familie, bestehend aus einem Bruder, der sein Lebensbrod mit der Schwester theilt, welche letztere ihm ihre volle Liebe und Pflege zuwendet, ist ein kleines Heim, welches die zartesten und edelsten Freuden in sich schließen kann; ebenso kann der öftere Besuch, den ein von tausend Sorgen in Anspruch genommener Bruder seiner von ihm getrennten

Schwester macht, ein wonniges Licht über die Lebenstage breiten. Die „Idee des Geblüts" sammelt, nachdem sie im Schooße der Familie die berechtigten und nothwendigen Glieder vereinigt hat, um dieselben herum einige andere, welche sich Verwandte nennen und welche sich, indem sie diesen mehr oder weniger fern bleiben, mit dem Haufen der unbekannten Menschen vermischen. Das Zuneigungsgefühl, welches die Verwandten untereinander verbindet, reducirt sich, wenn es nicht von der Achtung, der Dankbarkeit, der Freundschaft oder irgend einem andern Sympathiegefühle belebt wird, fast immer auf ein Pflichtgefühl oder auf ein schwaches Band, welches der geringste Streit oder der Eigennutz zerreißen kann. Wenn man jedoch einen Menschen achtet und liebt, weil er Achtung und Liebe verdient, bekommen diese Gefühle durch die Idee der Verwandtschaft eine lebhaftere und wärmere Färbung, und die aus der Befriedigung eines socialen Gefühls entspringenden Freuden erhalten ein charakteristisches Gepräge. An Stelle langer Auseinandersetzungen und unzähliger Beispiele gebe ich hier einige Skizzen.

Die Liebe zwischen Großvater und Enkel ist eines der ehrwürdigsten Familiengefühle. Der Greis wird an das Kind durch die Kette eines Zwischengefühls gebunden, welches als Knoten und als Leiter dient; und drei Generationen verschmelzen sich in einer und derselben Familie, wo die Atmosphäre, welche man athmet, von der Vater=, Mutter= und Kindesliebe gebildet wird. Es ist dieses in der That eine der schönsten Zusammenstellungen, eine der künstlerischsten Gruppen, welche die Gefühle, sich ineinanderschlingend, zu bilden vermögen.

Onkel und Neffe, welche sich die Hand reichen, bilden eine andere köstliche Gruppe. Hier ist es der Austausch der Dankbarkeit, des Großmuths, der Verehrung, welche, sich untereinander mit der Verwandtschaftsliebe verbindend, eines der schönsten Bilder darstellen.

In weiterer Entfernung vom Schooße der Familie sieht man andere Gruppen, gebildet von den Vettern, den Schwägern und Schwägerinnen, den Schwiegersöhnen und Schwiegertöchtern, sowie von allen jenen Personen, welche mit mehr oder weniger

Recht zu einer und derselben Familie gehören. Das Zuneigungsgefühl ist hier im Allgemeinen immer lau, und die Freuden, welche es gewährt, entspringen oft aus der Befriedigung eines andern lebhaften Gefühls. Zwei Vettern z. B. können oft, wie wohl Allen bekannt sein wird, durch das lebhafteste Freundschaftsgefühl oder durch ein anderes noch wärmeres Gefühl miteinander verbunden sein; aber die Freuden, welche in diesem Falle empfunden werden, entspringen sicherlich nicht aus dem Verwandtschaftsbande.

Immerhin verschmelzen sich alle von den verschiedenen Verwandtschaftsgefühlen ausgehenden mehr oder weniger warmen Ausflüsse, indem sie sich zusammen erheben, zu einer einzigen wonnevollen Atmosphäre, welche das Familiengefühl ausmacht; ein harmonisches Concert, in welchem so und so viele Instrumente erklingen. So oft Verwandte sich zusammen verbinden, senden sie sich gegenseitig den Ausfluß ihrer Zuneigungsgefühle zu und haben den Genuß, sich in Familie zu fühlen. Natürlich ist in diesen Fällen die Abwesenheit jeden Grolles und jeden Hasses unerläßlich. Diese Affecte sind alle sehr zart und schwach und werden vom leisesten Luftzug getrübt, vom geringsten Stoße zerrissen. — Es giebt Familienfestlichkeiten, bei denen die Familie wirklich vollständig ist und die Angehörigen in auf- und absteigender Linie alle anwesend sind. In solchen Fällen empfindet man, auch ohne das Vorhandensein zarter und inniger Liebesgefühle, einen großen Genuß beim Betrachten der schönen Harmonie, welche so viele Personen in einen einzigen Knoten zusammenknüpft; und das Herz Aller erzittert in der reinsten und unbefangendsten Freude.

Die Familienfreuden sind wie das Brod und das Wasser, welche uns täglich zum Lebensunterhalt dienen. Wenn wir sie genießen, wissen wir sie oft nicht zu schätzen; aber ihr Fehlen berührt uns ungemein schmerzlich und läßt uns ihren großen Werth empfinden. Ihr Alle, die Ihr ein warmes Heim habt, in welchem Ihr Euch vor den Unbilden der Welt schützen könnet, lästert nicht die Vorsehung und werfet Euch nicht den Utopien eines ungerechten Pessimismus in die Arme. Wisset das

Glück, das Euch so nahe liegt, zu genießen und vergesset vor Allem jene kleinen Sorgen und mikroskopischen Widerwärtigkeiten, die Euch vielleicht das ruhigste und beneidenswertheste Leben unerträglich machen. Wisset zu lieben und Euch Liebe zu erwerben. In der Welt der Familie habt Ihr unerschöpfliche Schätze, Pflichten, die Ihr erfüllen, Rechte, die Ihr ausüben müsset, unendliche Freuden für die edelsten Gefühle. Hier ist wohl so recht das alte Sprichwort am Platze: „Man darf nicht weit gehen, um das zu suchen, was uns nahe liegt.

Außer diesen verschiedenen Formen des primitiven socialen Gefühls, die ich flüchtig skizzirt habe, giebt es noch andere weniger bestimmte, welche jedoch erwähnt werden müssen, weil sie Quellen besonderer Genüsse sein können.

Der Mensch kann oft durch ein einziges vom Alter gegebenes Merkmal unser Interesse fesseln. Kleine Kinder z. B. flößen fast Allen eine gewisse Sympathie ein, und es gewährt uns oft ein großes Vergnügen, sie zu hätscheln, zu liebkosen, zu streicheln. Der Anblick eines so kleinen, so schwachen, so holden Geschöpfes scheint ganz plötzlich so viele Ideen und Empfindungen in uns wachzurufen, daß wir einen wahren moralischen Kitzel fühlen. Vielleicht flößen uns auch die Ungewißheit der Zukunft jenes kleinen Wesens, sowie die Vermuthungen, welche wir, ohne zu wollen, anstellen, einiges Interesse ein. Thatsache ist jedoch, daß die kleinen Kinder uns unter verschiedenen Umständen die lebhaftesten Freuden gewähren.

Der jugendliche Mensch interessirt uns, auch ohne jeden auf das Geschlecht bezüglichen Gedanken, durch seine Schönheit und durch die Kraft, welche ihm aus allen Poren der Haut zu strömen scheint. Die primitive Zuneigung, welche er uns einflößt, ist die natürliche Sympathie für das beste Exemplar des homo sapiens. Das feurige Blitzen der Augen, die Leichtigkeit und Lebhaftigkeit der Bewegungen sind Elemente, welche man an einem Menschen bewundert; welche aber auch unabhängig von dem Typus der Schönheit, den sie darstellen, Vergnügen gewähren können. Die Idee des Schönen ist ein Verstandesproduct, und in der warmen Sympathie, welche uns oft ein jugendlicher Mensch einflößt, spricht meistentheils nur das Herz.

Der Greis ist, wenn ihn sonst nicht physische und moralische Fehler verunstalten, immer ehrwürdig und sein Anblick kann uns eine warme Sympathie und lebhaftes Vergnügen gewähren. In ihm ehrt man mit heiliger Scheu die Allgewalt der Zeit und den schwachen Widerstand des Lebens; in ihm bewundert man eine lebende Formel, welche die theuersten und schrecklichsten Elemente verbindet, — das Leben und den Tod. Der Greis ist so zu sagen ein Denkmal aus lebender Materie, vor welchem wir Ehrfurcht wie vor einem Grabe empfinden — und welches uns gleichzeitig jene warme Sympathie einflößt, wie sie in uns ersteht, wenn wir uns einem andern Menschen nahe fühlen. Das ungewisse Licht, welches noch in den Augen eines Greises zittert und der silberweiße Reflex seiner Haare haben stets eine solche Anziehungskraft auf mich ausgeübt, daß ich mich versucht fühle, vor jedem dieser Menschen-Denkmale, die mir auf der Straße begegnen, den Hut abzunehmen. Alle Dichter haben dieses gefühlt, alle Moralisten und Gesetzgeber habes es gelehrt. Der biedere Greis ist etwas Heiliges.

Von den Freuden der Mutterliebe an habe ich nicht mehr von dem Einflusse gesprochen, den die verschiedenen Gefühlsgenüsse auf das Leben haben können; ebenso habe ich nichts über deren Physiognomie und deren Ausartungen gesagt. Es hieße doch immer nur dieselben Dinge wiederholen, und da mich schon die Natur meines Thema's zwingt, oft in diesen Fehler zu fallen, ist es recht und billig, daß ich ihn doch wenigstens einmal einsehe und ihn zu vermeiden suche. Wenn man sich einmal eine klare und richtige Vorstellung von den Freuden des primitiven socialen Gefühls gebildet hat, ist es nicht schwer, die Genüsse zu begreifen, welche uns alle menschlichen Liebesgefühle gewähren können. Es sind immer dieselben Freuden, zu lieben oder geliebt zu werden, Gutes zu thun oder Gutes von Anderen zu genießen, mit dem Unterschiede, daß ein jedes Gefühl ihnen einen besondern Charakter verleiht, ihnen so zu sagen einen Specialstempel aufdrückt, um die Quelle des Products erkennen zu lassen. So kann man

z. B. den gleichen Beistand einem Unbekannten, einem Freunde, einem Geliebten, einer Mutter, einem Bruder leisten. In jedem dieser Fälle ist die Freude, welche man empfindet, die, eine gute Handlung auszuüben; aber das Gefühl wird in den verschiedenen Fällen dem Genusse einen besondern Charakter verleihen, indem es ihn der Natur und dem Grade nach modificirt. Die Freude wird in jedem Falle beinahe durch die gleiche Physiognomie zum Ausdruck kommen; aber das Gefühl wird seinen Pinsel darüber streichen, um dem Gemälde eine besondere Färbung zu geben.

Bevor ich dieses Kapitel schließe, muß ich mich noch gegen eine Anklage schützen. Ihr könntet mir vielleicht vorwerfen, die Freuden der Ehe übergangen zu haben und könntet mich der Bosheit oder der Zerstreutheit beschuldigen. Ich bitte Euch um Entschuldigung, in diesem Augenblicke bin ich weder boshaft noch zerstreut. Ich habe immer geglaubt, daß die Ehe in den wenigen Fällen, in denen sie nicht auf einen Vertrag oder auf ein gemeines Geldgeschäft hinausläuft, immer die Liebe im Friedenszustande ist, weshalb man die Geschichte ihrer Freuden in dem Kapitel suchen muß, welches von diesem Gefühle handelt. Leset also mit großer Aufmerksamkeit das Kapitel über die Liebe, sowie auch jene über die Freundschaft und den Egoismus, und Ihr werdet darin in Bruchstücken die Beschreibung der Freuden der Ehe finden. Vervollständigen werde ich die Geschichte dieses bürgerlichen und religiösen Vertrags, dieser nothwendigen und gesetzmäßigen Krankheit des Herzens erst mit meiner „Physiologie des Schmerzes".*)

*) Dieses Werk ist kürzlich erschienen.

22. Kapitel.

Von den aus dem Gefühl der Achtung entspringenden Freuden.

Eines der zartesten und erhabensten Gefühle, welches den köstlichen Garten des Herzens mit Blumen schmückt, ist die Achtung vor großen Menschen, die sich durch ihr edles Gefühl oder ihren reichen Verstand über die Menge erheben. Dieses Gefühl nimmt, je nach den Fällen, verschiedene Namen an, ist aber immer groß und edel und gewährt dem ihm zugänglichen Menschen viele zarten Freuden.

In den niedrigsten Graden dieses Gefühls überschreitet man nie die Grenze einer kühlen Bewunderung, und der Genuß wird erzeugt von dem Gefühl des Wahren, des Großen oder des Guten, welches, in einem anderen Individuum befriedigt, alsdann in uns reflectirt wird. Wenn wir eine gute Handlung thun, befriedigen wir das Gefühl direct in uns selbst und empfinden einen Genuß, dessen Entstehung und Ursache wir in uns allein haben; wenn wir dagegen Zuschauer einer edlen Handlung sind, strahlt das Gefühl in unserm Bewußtsein zurück, und indem es einen Genuß erzeugt, läßt es gleichzeitig einen reflectirten Lichtstrahl erglänzen, welcher von der Bewunderung gebildet ist. Dieses moralische Phänomen vollzieht sich in den gewöhnlichen Fällen auf physiologische Weise in jedem Individuum, und nur auf pathologischem Grunde verhindert die Eigenliebe oder die Eitelkeit, indem sie den Spiegel unseres Bewußtseins anhaucht, daß das dort anlangende Licht der guten und edlen Handlungen in seiner ganzen Reinheit zurückstrahle, so daß es uns vielmehr einen Strahl des Neides oder des Hasses zurücksendet; oft auch hört der Spiegel auf, zu wirken und wirft nur die Gleichgültigkeit zurück, welche sich, gegenüber den aus der Bewunderung entspringenden edlen Gefühlen, mit der schwarzen Farbe vergleichen läßt.

Der von unserm Bewußtsein zurückgeworfene Strahl ist, je nach der Natur des dort anlangenden Lichtes und je nachdem sich dieses dort mehr oder weniger oft abwirft, verschieden. Ein Mensch z. B., der uns nur ein einziges Mal das Bild einer großen intellectuellen Handlung zusendet, flößt uns Bewunderung ein, welche sich ganz plötzlich bis zur Verehrung oder Vergötterung steigern kann, wenn der Lichtstrahl, der unser Bewußtsein getroffen, sehr lebhaft und feurig war. Im Allgemeinen jedoch strömt die Achtung vor Handlungen von hoher Wahrheit oder Schönheit, oder um mit anderen Worten zu sprechen, vor den „Verstandesproducten" ein Licht aus, das zwar sehr lebhaft sein kann, aber doch immer mehr oder weniger kalt ist. Das mildeste Licht hingegen, welches eine „gute" Handlung um sich herum verbreitet, gelangt warm zu unserm Bewußtsein und regt sogleich unser Herz sympathisch an, welches alsdann mit der Bewunderung oder Achtung auch die „Liebe" zollt.

Jedenfalls ist dieses Gefühl in allen seinen Formen stets edel; weil bei ihm der Egoismus immer von der Großmuth besiegt und das fürchterliche Wort „Ich" von dem nebenbuhlerischen „Du" hinweggedrängt werden muß. Wenn man bewundert, erkennt man immer irgend eine Ueberlegenheit an, zeigt man sich unterwürfig, thut man der Eitelkeit Gewalt an, damit sie das Bekenntniß einer Niederlage unterschreibe.

Da jedoch der Egoismus ein zur moralischen Organisation aller Individuen nothwendiges Element ist, nur daß diese ihn in verschiedenen Proportionen besitzen, so ist es natürlich, daß er immer mehr oder weniger mit dem Gefühl der Achtung kämpft und demselben einen größeren oder geringeren Theil Freuden zugesteht. Es gibt Menschen von einem fabelhaften Hochmuth, die noch nie Jemand geachtet oder verehrt haben und welche, wenn die Wahrheit sie bei der Kehle packt, mit den Lippen wohl ein Zeichen der Bewunderung abgeben, dasselbe jedoch mit dem Herzen sogleich wieder zu schanden machen; ja, welche geblendet von einem Meere von Licht, das doch immerhin einen Strahl der Achtung in ihrem Bewußtsein — und möge dieses vom Hochmuth auch noch so sehr verdunkelt werden — reflectiren müßte, die

Augen schließen, um nicht zu sehen. Für diese ist die Freude des Bewunderns und Verehrens ein todter Buchstabe. Viele Andere können nur große Menschen achten, die durch ein weites Stück Erde von ihnen getrennt sind, oder, noch besser, durch die Kluft, welche den Tod vom Leben scheidet. Die Entfernten und Verstorbenen fürchten sie nicht; denn sie beschränken ihre ehrgeizigen Träume auf sehr enge Grenzen, welche einerseits von einer kleinen Provinz oder vielleicht nur einem Oertchen, und andererseits von dem Zeitatom eines Menschenlebens bezeichnet werden. Sie vermögen jedoch nicht die geringste sich ihnen nähernde Ueberlegenheit zu ertragen, und während sie vielleicht einen Cäsar, einen Newton oder Humboldt verehren und vergöttern, schnauben sie grimmig, sobald sie nur den scharfen und unerträglichen Geruch, der von einem akademischen Titel, oder einem ihnen unter die Nase kommenden Ordensbande ausgeht, wittern.

Zu unserm Troste jedoch giebt es auch auserlesene Menschen, die, ohne groß zu sein, doch das Große zu bewundern verstehen und die, ohne daß sie im Herzensleben je die gewöhnliche Grenze der Güte und der Pflicht zu überschreiten vermochten, beim Beiwohnen einer edlen und großmüthigen Handlung vor Rührung weinen können. Es giebt ferner andere große Menschen, die, noch verdienstlicher als jene, die allergrößten zu achten verstehen und die, ohne nach dem Vorrang zu trachten, sich begnügen, als Planeten oder Trabanten einer erleuchtenden Sonne zu figuriren. Allen diesen sind die aus dem Gefühl der Achtung in allen Formen entspringenden unzähligen Freuden gewährt, welche sich in zwei große Klassen theilen lassen.

Die Bewunderung, die man großen Menschen zollt, welche die Erde nicht mehr mit ihrem Lichte erhellen, kann ein wahrer Cultus werden; aber der Verstand trägt hier mehr als das Herz zur Erzeugung des Genusses bei. Diese Freude gewährt in gleicher Weise die Achtung vor Zeitgenossen von großem Geiste, oder auch die Verehrung eines Menschen, in welchem man das biedere und würdige Greisenalter hochschätzt. Alle Freuden in diesen und ähnlichen Fällen lassen sich zu einer Klasse vereinigen und lassen sich vergleichen mit dem friedlichen und zitternden Nordlichte, welches erhellt aber nicht erwärmt. (Die modernen Physiker wollen mir verzeihen; ich spreche hier von jener Wärme, die sich unserer Haut fühlbar macht).

Die anderen Freuden hingegen sind wärmer und lebhafter und lassen sich mit dem Sonnenlichte vergleichen. Hier ist der große Mensch unter uns, und das Licht, welches er ringsumher verbreitet, macht uns erbeben und seufzen. Wir sind einem jener erhabenen Menschen nahe, welche die von so vielen gewöhnlichen und schwachen Menschen gering geschätzte Ehre der Menschheit retten; wir hören seine Stimme und saugen gierig das seinen feurigen Augen entströmende helle Licht ein. Wer die Seligkeit eines solchen Augenblicks nicht gekostet hat, kann sie sich dennoch vorstellen, wenn er sonst Geist und Herz besitzt und wenn er auch nur ein einziges Mal nach Ruhm getrachtet hat. Ich füge keine anderen Worte hinzu; weil ich fürchte, eine der edelsten und größten Freuden, welche dem Menschen gewährt sind, einem der kostbarsten Edelsteine des Herzensschatzes zu entweihen.

Zu dieser zweiten Klasse gehören auch die nonnenhaften Empfindungen, welche man kostet, wenn man Augenzeuge einer edlen und großmüthigen Handlung ist, oder wenn man eines jener herrlichen Bilder der moralischen Welt betrachtet, welche den kostbarsten Theil des Herzens-Museums bilden. Diese Freuden sind je nach dem Verdienste der Handlung graduell verschieden, aber sie sind immer warm; und selbst in den niedrigsten Graden erreichen sie noch jene mysteriöse Wärme, wie man sie empfindet, wenn man die Hand in ein bewohntes Nest steckt.

Es giebt wenige Auserwählte, die in der Erhabenheit ihres Herzens und in den unglaublichen Anforderungen ihres edlen Gefühls nach den höchsten Graden des Opfers trachten, sich nicht damit zufrieden gebend, der Pflicht zu genügen, welche für sie nur eine unwiderstehliche Nothwendigkeit des Lebens ist und weder Erörterungen noch Bedenken zuläßt. Sie müssen in der beklemmenden Atmosphäre des Egoismus leben, die ihnen immer und überall hin folgt, ganz gleich, ob sie sich in den Wirbel eines bewegten und thätigen Lebens stürzen, oder sich in das

Heiligthum der Familie zurückziehen. Oft eilen sie vertrauensvoll einem Menschen entgegen, der als „gut“ beurtheilt wurde, aber fast immer ziehen sie sich entmuthigt wieder zurück, weil sie nichts als die Erfüllung der „Pflicht“ finden; und die Pflicht bildet für diese Wesen die unübersteigliche Grenze, welche sie vom Laster trennt, aber macht noch nicht die „Tugend“ aus. In dem unerquicklichen Dasein, welches sie in dieser gemeinen Welt führen, empfinden diese Auserwählten, diese an Erhabenheit Erkrankten ab und zu lebhafte Freuden, wenn sie einer großen und edlen Handlung beiwohnen oder die Geschichte einer solchen hören oder lesen. Diese armen Blumen, die ihren zarten Kelch unter dem rauhen Klima des allgemeinen Egoismus fast immer geschlossen halten müssen, öffnen zitternd ihre duftenden Blätter, sobald nur ein glänzender Strahl sie beleuchtet, sobald ein Thautropfen eines edlen Gefühls auf sie fällt; aber nicht ohne sich züchtig gleich wieder zu schließen, nachdem sie den Strahl oder Tropfen, der sie stärkte und erfrischte, in sich aufgenommen haben. Ich hoffe, daß einer oder der andere jener Auserwählten diese Seiten lesen und wenigstens sagen wird, daß, wenn ich auch nicht eine der süßesten und zartesten Freuden des Herzens zu beschreiben verstanden habe, ich sie doch errathen und gefühlt habe.

Wie alle Gefühle, so kann uns auch die Achtung unendliche Genüsse verschaffen, welche, je nach der Art und Weise, wie diese zum Ausdruck kommt, untereinander sehr verschieden sind. Alle Sinne und alle moralischen Fähigkeiten können als Mittel zur Erweckung der Freude dienen. Der bloße Anblick eines werthvollen Autographen kann vor Freude und Verehrung erbeben machen; ein Blinder kann beim Betasten eines Gegenstandes, der einem von ihm verehrten großen Mann angehörte, vor Freude weinen. Wer die Messe gehört hat, die Rossini für sein Grab bestimmte, wird gewiß einen Genuß empfunden haben, in welchem noch mehr als das Ohr das Gefühl der Verehrung in schwermüthigem Entzücken schwamm. Aehnliche Genüsse wird auch derjenige empfinden, der zum ersten Male die Selbstbiographie eines großen Menschen liest. Mitunter erhält auch die Freude eines andern Gefühls eine leichte Färbung von der Achtung.

Hier kann man wohl sagen, daß, wie die Zeit mit ihrem Hauche alle Gegenstände theurer macht, so auch die Verehrung allen menschlichen Affecten, indem sie mit ihrem zarten Pinsel über dieselben fährt, einen mysteriösen und feierlichen Anstrich giebt, welcher deren Freuden erhabener gestaltet. So kann man z. B. seinem Wohlthäter die lebhafteste Dankbarkeit zollen; aber wenn dieser wegen eines würdigen Alters und wegen Verdienst des Geistes oder Herzens verehrungswürdig ist, werden wir nur mit zitternder Freude ihn grüßen und ihm die Hand küssen.

Die Verehrung einer greisen Mutter oder eines großen Mannes, der alt und hinfällig, noch einen Strahl lebhaften Lichtes aus seinen Augen sendet, läßt uns die Freude dieses Gefühls in ihrer ganzen idealen Reinheit empfinden.

Der Genuß dieser Freuden läutert alle edlen Gefühle, dämpft den Hochmuth oder erhebt die Eitelkeit auf den Grad eines edlen Ehrgeizes; und wenn er auch für sich allein uns nicht zu großen Menschen machen kann, so macht er uns doch würdig, solche zu verstehen. Oft schon genügte die Verehrung eines Genies, um das Leben einem edlen Ziele zuzuwenden und sich Ruhm und Ehre zu erwerben.

Wie wir bereits gesehen haben, sind nicht Alle für diese Freuden empfänglich und empfindet ein Jeder sie in sehr verschiedenem Grade. Mancher würde unempfindlich bleiben, selbst wenn man ihn in eine feierliche Versammlung führte, in welcher die großen Sonnen der Menschheit erglänzten; während Andere vor Freuden erbleichen würden, wenn sie einen Autographen Goethe's oder Napoleon's in der Hand hielten.

Die Frau genießt diese edlen Freuden ohne Zweifel mehr als der Mann. Sie sind lebhafter im Jugendalter, bei den civilisirten Völkern und namentlich bei den Nationen des Nordens. Ich würde die Frage, ob die Alten mehr als wir die großen Männer zu verehren verstanden haben, nicht mit Gewißheit beantworten können; aber ich neige zu der Ansicht, daß die Civilisation auch in diesem Falle zur Vermehrung der Freuden beigetragen habe.

Die Physiognomie dieser Freuden ist, je nachdem man den Verstand oder das Herz bewundert, verschieden. Im ersten Falle ist das Gesicht meistens gesetzt, die Augen sind aufmerksam und unbeweglich und die Züge drücken Ehrerbietung und Erstaunen aus. Je nach den verschiedenen Umständen gesellen sich dann noch Ausrufungen, das Zusammenfalten der Hände und abwechselnde Bewegungen des Kopfes von rechts nach links oder von oben nach unten hinzu. Bewundert man hingegen eine edle Handlung, dann ist die Physiognomie lebhafter, beweglicher und breitet sich zu einem anhaltenden und strahlenden Lächeln aus. Bei den höchsten Graden des Genusses füllen sich die Augen mit Thränen; und in diesen Fällen ist das Weinen immer sanft und wonnig, höchst selten geht es in Schluchzen über. Wer auch nur einmal als Augenzeuge einer edlen Handlung Thränen vergossen hat, wird wohl fast nie einer niedrigen und schlechten Handlung fähig sein.

In allen Fällen jedoch ist die Physiognomie sehr verschieden je nach der Art und Weise, wie wir zur Verehrung oder Achtung bewegt werden. Man kann z. B. Humboldt auf mannichfache Weise huldigen; aber das Gesicht würde einen sehr verschiedenen Ausdruck annehmen, je nachdem man von ihm sprechen hörte, oder seinen „Kosmos" läse, oder ihn selbst vor Augen hätte.

Die Pathologie dieser Freuden hat ein sehr beschränktes Gebiet, weil dieses Gefühl an und für sich immer edel und groß ist und nur erkranken kann, wenn es auf unwürdige Weise preisgegeben wird. Aber auch dann ist es nur der Verstand, der irrt, nie das Gefühl. Man kann die Achtung mißbrauchen, indem man sie an Personen oder Handlungen verschwendet, die ihrer unwürdig sind, oder indem man das dem Verdienste gebührende Maß überschreitet. Manche Individuen stehen alle Augenblicke mit offenem Maule und gefalteten Händen da und bewundern alles das, was sie nicht einmal zu begreifen vermögen. Meistentheils sind diese lächerlichen Geschöpfe unfähig, zu achten und zu verehren, weshalb sie also nur schwache und unbestimmte Freuden genießen können.

Auf die widerwärtigste Weise wird das Gefühl der Achtung von jenen gemeinen und bösen Menschen geschändet, welche die Kühnheit des Verbrechens oder die Schamlosigkeit des Lasters bewundern. Oft schon wurde der Egoismus eines Missethäters, der beim Besteigen des Richtplatzes in ein höhnisches Gelächter ausbrach, von gemeinen Menschen bewundert, die, in der Menge versteckt, sich hätten entsetzen und hätten Reue empfinden müssen.

23. Kapitel.

Von den Freuden der Vaterlandsliebe.

Die Natur, welche ihre Reichthümer nicht gleichmäßig über die ganze Erdoberfläche vertheilt hatte, wollte, daß die menschliche Familie sich nicht auf einem einzigen Punkte derselben anhäufte, auf die Gefahr hin, sich zu Grunde zu richten. Sie erreichte diesen Zweck auf bewunderungswürdige Weise, indem sie den vielen Schätzen des menschlichen Herzens noch die Vaterlandsliebe zugesellte, welche den Lappen an seine Eisberge und Robben, den nackten Afrikaner an seine glühenden Wüsten und Tiger fesselte. Und das genügte noch nicht: die Vaterlandsliebe sollte noch einen höheren Zweck haben, nämlich den, die verschiedenen Völker auf lange Zeit durch Feuergrenzen von einander abzusondern und die einen gegen die anderen mit Wuth zu entfesseln, wenn der Ehrgeiz eines Einzelnen oder das Interesse Vieler einen Haufen Menschen die Grenzen des eigenen Landes verlassen und jene eines andern überschreiten ließ. Die Vaterlandsliebe ist ein Gefühl, das in den größten Fragen der Menschheit als Hauptfaktor hervortritt und das, die beiden Welten des Guten und des Bösen umfassend, zu den edelsten Handlungen, wie zu den grausamsten Verbrechen treiben kann. Lasset Euch nicht erschrecken: in diesem zweiten Falle ist das Gefühl von einer heftigen Krankheit ergriffen.

Wenn es jedoch für den Verstand eine „absolute Wahrheit" und eine „nützliche Wahrheit" giebt, für das Herz giebt es nur eine einzige und heilige Wahrheit; und hier sind wir im Reiche des Herzens. Auch hier werde ich jedoch nur wenige Worte brauchen, welche eine ganze Welt von Freuden schildern sollen. Wer die Freuden kennt, dem werden meine Worte genügen; wer dieselben nicht kennt, dem würde auch ein dicker Band nichts nützen; denn wie Ihr wissen werdet, giebt es Viele, für welche die Vaterlandsliebe ein todter Buchstabe ist. Diese Menschen möchten in einem Lande geboren sein, wo man am meisten genießt und am wenigsten leidet, und würden sich mit derselben Gleichgültigkeit Franzosen, Engländer, Italiener oder Türken nennen, ohne zu fühlen, welche Kluft zwischen diesen Wörtern liegt.

Auch Diejenigen, welche eine lebhafte Vaterlandsliebe im Herzen tragen, können unter Umständen lange Jahre und vielleicht das ganze Leben zubringen, ohne eine einzige Freude zu empfinden, und das Dasein jenes Gefühls vielleicht erst nach einer langen Reihe bitterer und ununterbrochener Schmerzen bemerken. Kleine Freuden werden fast immer in solchen Fällen genossen; aber sie kommen nicht recht zum Bewußtsein, weil ihre Milde in einem Meere von Bitterkeit verschwindet.

Zu den kleinen Freuden der Vaterlandsliebe gehören jene Genüsse, welche man empfindet, wenn man Beschreibungen der heroischen Thaten oder sonstigen ruhmreichen Auszeichnungen des Vaterlandes liest, wenn man in fremdem Lande sein Vaterland loben hört oder einem Landsmanne die Hand drückt, oder zwischen barbarischen und ungewohnten Lauten einige Worte der Muttersprache hört. Auch gehören alle jene Genüsse hierher, welche man empfindet, wenn man einem Fremden die Schönheiten des eigenen Vaterlandes zeigt, und unzählige andere.

Die großen Freuden dieses Gefühls werden durch Opfer bedingt, und wer nicht fähig ist, sein eigenstes Selbst auf erhabene Weise zu veräußern, muß nicht nur auf ihren Genuß verzichten, sondern auch darauf, sie zu verstehen.

Wir haben schon in vielen anderen Fällen gesehen, daß man die größeren Freuden nur durch den Muth des Kampfes oder durch den Muth der Geduld, — der nicht weniger heroisch ist als der erstere, — erwerben kann. Hier haben wir ein glänzendes Beispiel dieser Wahrheit. Wer da glaubt, daß ein Mensch, der reich geboren, ebensoviel Genuß aus seinen Schätzen zieht, wie ein anderer, der im Schweiße seines Angesichts zu Reichthum gelangt, ist auf dem Holzwege und kennt nicht einmal die erste Schale, welche das menschliche Herz umhüllt. Wer genießen will, der arbeite! Den Genuß findet man nur sehr selten am Wege, ebenso selten wie einen Thaler auf der Straße; in allen übrigen Fällen muß man ihn erobern, erkaufen mit der Mühe und oft mit dem Schmerze. Sehr Viele sind nicht glücklich, weil sie nicht die Kraft und den Muth haben, es zu sein.

24. Kapitel.

Von den Freuden, welche aus der Befriedigung des religiösen Gefühls entspringen.

Ich habe lange geschwankt, ehe ich mich entschloß, dieses Kapitel zu schreiben; denn einerseits trieb mich das Bedürfniß, mein Werk zu vollenden, ohne eine riesengroße Lücke darin zu lassen, und andererseits blieb die Feder doch zweifelhaft und unsicher auf dem Papier, wenn ich an die Zartheit des Gegenstandes dachte; der unzugänglich für eine genaue und eingehende Analyse, eher skizzirt als beschrieben werden mußte, damit ich errathen zu lassen hätte, ohne zu erörtern und zu erklären. Der Kampf dieser verschiedenen Kräfte hat mich die Diagonallinie nehmen lassen, die nur zu oft mit einer geometrischen Formel den Weg bezeichnet, den man beim Behandeln der höchsten philosophischen Fragen einschlagen muß. Die gerade Linie existirt im Geiste der Mathematiker, wurde aber noch von Niemanden in der physischen und moralischen Welt gesehen, und das unerbittliche Mikroskop der Analyse zeigt dem Auge des oberflächlichsten Beobachters den Irrthum. Jedenfalls dürfen die gewöhnlichen Ungläubigen, die einen Glauben verloren, den sie vielleicht nie hatten, oder die, wenn sie ihn hatten, ihn aus erbärmlicher Selbstgefälligkeit oder schlecht verstandenem Interesse mit Füßen treten wollten, sich nicht schmeicheln, auf diesen wenigen Seiten Stoff zum Scherze oder zum Spotte zu finden; denn ich habe nur für Menschen geschrieben, die ein Herz besitzen.

Der Mensch, welcher, nachdem er mit einem lüsternen und aufmerksamen Blicke die ihn umgebende Welt bewundert und nachdem er die Augen mit sympathischen Wohlwollen auf sich selbst gelenkt hatte, einen Augenblick lächelte, aber sich nicht ganz befriedigt fühlte, und, den Himmel anschauend, noch etwas Erhabeneres suchte, — empfand das erste Bedürfniß des religiösen Gefühls, welches einfach und rein in ihm erstand und nach einem Stützpunkte, einem Spiegel, in dem es zurückstrahlen könnte, suchte. Wenn eine geheimnißvolle Stimme, in ihm selbst erschallend oder aus der Höhe kommend, sein Sehnen stillte, wenn seiner Frage eine Antwort ertheilt wurde, empfand er eine ganz einfache religiöse Freude, in welcher keine anderen physischen oder moralischen Elemente mitwirkten. Heutzutage fühlt eine Frau, wenn sie von den tausend Ungewißheiten der irdischen Freuden entmuthigt oder von tiefen Schmerzen heimgesucht wird, ein lebhaftes Bedürfniß, nach dem Gottestempel zu eilen, und dort, knieend auf dem kalten Marmor vor dem Altar, bei dem matten Licht weniger Kerzen und dem verworrenen Gemurmel einiger Gläubigen, betet und beichtet sie und erhebt sie ihre Seele zu dem Herrn. Bewegt, bebend, erfüllt von einer lebhaften Freude, verläßt die arme Frau alsdann den Tempel und empfindet in jenem Augenblicke einen der vollständigsten Genüsse, in welchem unzählige Elemente der moralischen und intellectuellen Welt mitwirken. Zwischen diesen zwei Beispielen, die ich hier angeführt habe, — und es sind die beiden Extreme, — befinden sich alle mehr oder weniger vollständigen oder unbestimmten Genüsse des religiösen Gefühls.

So sehr nun auch diese Genüsse untereinander verschieden sind, haben sie doch immer ein gemeinsames Element, eine einzige Farbe, welche ihre nahe Verwandtschaft bekundet und welche von dem religiösen Gefühl gegeben wird. Diese einzige Farbe, bald ganz blaß und kaum sichtbar, bald intensiv, deutet das verschiedene Verhältniß an, in welchem die Religion zur Erzeugung der Freude mitwirkt; aber sie ist immer und nothwendigerweise vorhanden, und die Philosophen, welche das religiöse Gefühl erklären wollten, indem sie einen Accord anderer schon bekannter moralischer Elemente daraus machten, waren entweder unfähig, dessen charakteristische Farbe zu sehen, oder sie wollten sie nicht sehen. Das religiöse Gefühl ist eine ursprüngliche, angeborene Kraft, nothwendig zur physiologischen Constitution eines civilisirten Menschen, — eine Kraft, welche unabhängig vom Bedürfnisse, zu glauben, zu hoffen und zu genießen, existirt. Die Sinne und der Verstand verbinden sich bei diesen Genüssen auf verschiedene Weise und variiren deren Form und Intensität bis in's Unendliche; aber der Hauptvorgang, ich wiederhole es immer und immer wieder, ist das Sehnen eines Gefühls, ist der unbestimmte und wonnige Ausfluß eines Affects, der fühlt und nicht urtheilt. Der Verstand kann die Wahrheit der Religion erweisen, aber er kann dem Mangel des Gefühls, in dessen Maße allein das Geheimniß des Genusses verborgen liegt, nicht abhelfen.

Von allen Sinnen hat einzig und allein der Geschmackssinn keinen Einfluß auf die Religionsfreuden. Ich möchte sagen, daß der Tastsinn in manchen seltenen Fällen mit dem Gefühl eine ganz einfache Verbindung eingehen kann. Die Kühle, welche man beim Eintritt in ein Kirchen-Souterrain oder beim Knieen auf dem eisigen Marmor des Tempels empfindet, gesellt zu dem moralischen Beben des hoffenden und fürchtenden Herzens und des glaubenden Geistes die Schauer des Sinnes. Der Geruchssinn hat geringen Theil an diesen Freuden; es läßt sich jedoch nicht bestreiten, daß manche Gerüche nur in der Kirche, inmitten einer andächtigen und betenden Menge, physiologisch angenehm duften. — In dem Antheil, den die Sinne an der Belebung und Ausschmückung der religiösen Freuden nehmen, giebt es einen ungeheuren Sprung von den drei bereits angeführten zu den anderen zwei Sinnen. Der Gesichtssinn wirkt mit einer gewissen Reihe von Empfindungen, die sich jedoch fast alle auf die Gegensätze des Lichts und auf die Großartigkeit der Bilder beziehen, in großem Maßstabe mit. Es wird Allen bekannt sein, wie sehr das ungewisse und dämmernde Abendlicht dazu beiträgt, religiöse Sammlung einzuflößen, namentlich wenn es in der Kirche, unterbrochen von einem matten Kerzenlicht, ringherum phantastische Schatten wirft. Die kühnen Wölbungen, die gigantischen Säulen und alle die von Menschenhand geschaffenen großen Werke der Kunst geben uns außerdem wahre Schauer einer feierlichen und mysteriösen Freude, welche zuweilen furchterregend werden kann. Die Wirkungen des Lichts und des Schattens, zusammen mit den Kunstwerken der Architectur und den Spielen des Zufalls bilden bewunderungswürdige Combinationen, welche uns in manchen Fällen zur erhabenen Begeisterung hinreißen, in einen wahren religiösen Fieberwahnsinn versetzen können.

Der Mondstrahl, welcher, durch die bemalten Fensterscheiben tretend, mit den Schnecken einer Säule sein Spiel treibt und, durch die dunkle Atmosphäre des großen Kirchthurmes dringend, ein vom Zahne der Zeit zernagtes Grabmal trifft, kann den Menschen, der, mit dem Kopfe an den kalten Marmor einer Säule gelehnt, über die undurchdringlichen Geheimnisse Gottes nachdenkt, in banger Wonne erzittern machen.

Derjenige Sinn, welcher jedoch ohne Zweifel am meisten dazu beiträgt die Freuden der Religion mit einem schmuckvollen Rahmen zu verzieren, ist der Gehörssinn; und das ist ganz natürlich, weil dieser Sinn, wie wir schon gesehen haben, in directestem Verkehr mit den Herzensregionen steht, während der Gesichtssinn seine Nachrichten zuerst in die Werkstätte der Gedanken sendet. Von den Geräuschen haben namentlich die unbestimmten und undeutlichen, oder auch jene, welche mit der

Stille abwechseln und plötzlich aufhören, oder ganz allmählich sich verlieren, einen Einfluß auf diese Genüsse. Es sei hier nur an das Widerhallen des Schrittes unter den Wölbungen einer Kirche und an das Gemurmel der Betenden erinnert. Zwischen den Geräuschen und den eigentlichen musikalischen Tönen steht das Glockengeläute in allen seinen verschiedenen Klangfarben, welches von allen Dichtern besungen wurde, welches die Phantasie aller großen Menschen anregte und zu allen Zeiten die Aufmerksamkeit der gewöhnlichsten Ohren fesselte. — Die lebhaftesten Genüsse, welche das Ohr des religiösen Menschen erfreuen, gewährt die Musik, die durch ihre geistige Tiefe und die Kunst einiger besonderer Instrumente das religiöse Gefühl einer sich in demselben Glauben und demselben Gebet unificirenden Menge Volks belebt und erhebt. Die Orgel ist ohne Zweifel am geeignetsten dazu, ihre Harmonie in der Kirche ertönen zu lassen; aber die großen Genien der Kunst verstanden neue Welten religiöser Musik zu schaffen, die sicherlich nichts von ihrer Erhabenheit einbüßt, auch wenn sie von einem Orchester in dem glänzenden Raume eines Theaters ausgeführt wird.

Bei allen zusammengesetzten Freuden, welche die Verschmelzung einer Empfindung mit dem religiösen Gefühl erzeugt, wirkt dieses in verschiedenen Proportionen mit. Zuweilen wird es, weil schwach, von der Intensität der Sinnesempfindung fast übertroffen, so daß man dann einen wahren sinnlichen Genuß hat, der nur eine leichte religiöse Färbung darbietet. Bei den erhabensten Freuden zeigt sich jedoch das Gefühl als unumschränkter Herrscher und bekleidet sich dann nur mit einem prächtigen Mantel, um sich majestätischer in die Regionen des Schönen und Großen zu erheben. Das Auge betrachtet alsdann nicht die Schatten der Säulen und Bogen und das leise Zittern der heiligen Flammen, das Ohr verweilt nicht bei den durch den Gottestempel brausenden tiefen Tönen; aber das Gefühl erbebt zwischen den Harmonien der Farben und der Töne und bleibt ohne Form, schwebend in der Atmosphäre des Bewußtseins. Wer auch nur ein einziges Mal in seinem Leben die Feierlichkeit solcher Augenblicke empfunden hat, kann sagen, eine der größten

Herzensfreuden genossen zu haben. — Alle Affecte können sich mit dem religiösen Gefühl verbinden und der Natur wie der Form nach tausend erhabene Zusammenstellungen bilden; ich werde hier jedoch nur einige derselben anführen und es dem Leser überlassen, sich unzählige andere vorzustellen.

Die Liebe zum Menschen in jeder Gestalt verdient vielleicht mehr als jedes andere Gefühl mit den Genüssen der Religion Hand in Hand zu gehen und erhebt, wenn man ihr den zu individuellen Charakter nimmt, der die Erhabenheit in manchen Fällen abschwächen könnte, diese auf einen Grad der Vollkommenheit, welcher den Menschen mit Selbstzufriedenheit erfüllen muß. Ich empfinde bei Berührung dieses Arguments ein unendliches Wohlgefallen, mir einen ungeheuren Horizont geöffnet zu sehen und möchte ihn mit dem Fluge des Adlers und dem Schritte der Ameise durcheilen, um seine Weite zu messen und seine Grenzen zu bestimmen. Ich fühle mich jedoch augenblicklich nur im Stande, einen Zipfel des heiligen Vorhangs aufzuheben und meine Leser aufzufordern, einen Blick dorthin zu werfen. Die verschiedene Harmonie, welche aus dem Einklang der Religion und Moral erwächst, mißt mit einem genauen Maße die Vollkommenheit der Gottesverehrung, zeichnet die Naturgeschichte aller Religionen und läßt das Geheimniß errathen, welches die Zukunft der Menschheit umhüllt. Möge inzwischen Derjenige, der diese Seite liest, sich selbst sagen können: „ich bin ein religiöser Mensch, weil ich moralisch bin; ich bin ein rechtschaffener Mensch, weil ich religiös bin."

Ein Mensch, der im Bette seiner moralischen Krankheit sich aufrichtet und, nachdem er über die Unvollkommenheit der menschlichen Dinge geweint hat und vielleicht auch über sie in Verzweiflung gerathen ist, es noch zum Beten und Hoffen bringt, empfindet ein wahres Bedürfniß, Gott zu bezeigen, daß er ihn verstanden hat; empfindet eine wahre beängstigende Nothwendigkeit zu „antworten", weil er fühlt, daß Jemand zu ihm „gesprochen" hat. Er schmückt alsdann die Altäre mit Blumen, er befleißigt sich der kirchlichen Ceremonien, er nimmt seine Börse und schenkt sie dem Armen. Auf diese und ähnliche Weise antwortet er Gott, der zu ihm gesprochen hat; aber er thut dies nie so gut, wie wenn er einem armen Leidenden hilft, wie wenn er dem, der ihn beleidigt hat, verzeiht. Das Geklingel des Beutels, der in der Kirche Almosen für die Armen fordert, ist der erhabenste Ausdruck hierfür, gleichwie der Wohlgeruch der Tugend der schönste Weihrauch auf den Altären der Religion ist. Eben deshalb ist ja die Religion Christi die heiligste der Religionen, weil sie uns lehrt, daß „Barmherzigkeit" „Religion" ist. In dieser Definition liegt die ganze Hoheit unseres Gottesverehrung, liegt der große Sprung, den das Evangelium die Menschheit zur Vollkommenheit machen ließ.

Alle secundären Affecte, welche aus besonderen Modifikationen des socialen Gefühls entspringen, können sich ebenfalls in bewunderungswürdigem Einklang mit den Freuden der Religion vereinigen. Der Freund, der, dem Freunde Trost zusprechend, ihm den Himmel zeigt und ihn an die ewige Belohnung erinnert, erweckt eine gemischte Freude, welche aus der Verbindung zweier Gefühle, — des Religions- und des Freundschaftsgefühls entspringt. Die Mutter, die ihr Kind in den Gottestempel führt und, ihm die Händchen zum Gebete faltend, auf seinem Gesichtchen die Scham der Unwissenheit und das Zittern eines unbestimmten Gefühls liest, lächelt mit einer Freude, die keinen Namen hat und die in ihr aus zwei der edelsten Gefühle des menschlichen Herzens entspringt. Diese beiden Beispiele mögen genügen; nach ihnen wird der Leser sich unzählige andere bilden können.

Die Vaterlandsliebe in Verbindung mit dem religiösen Gefühl kann die lebhaftesten Freuden erwecken und uns zur edelsten Begeisterung hinreißen. Die Weltgeschichte zeigt uns viele Fälle dieser Art. In unserer Zeit geschieht es wohl selten, daß die Menschen diese Freuden kosten; — doch überlassen wir den Nachkommen die schwierige Entscheidung!

Die Hoffnung ist eine unzertrennliche Gefährtin dieser Freuden, ist der Ring, welcher die Gegenwart und die Zukunft verbindet, ist eine schmale aber feste Brücke, welche über die Kluft zwischen dem Glauben und der Vernunft führt. Kaum öffnen wir der Wahrheit unsere Augen, so sehen wir den äußersten Horizont unserer Wünsche durch die Brücke des Glaubens mit uns verbunden. Später läßt die Zeit oft die Steine jenes Gebäudes nach einander einstürzen, so daß wir zwischen der Gegenwart und der Zukunft eine schreckliche Leere finden, die wir nicht ausfüllen können. Aber dann bleibt zwischen den Trümmern der Brücke des Glaubens noch immer ein dünner Faden, der die Seele des Gebäudes war. Es ist der Faden der Hoffnung, der telegraphische Leiter des Verlangens, der Wegweiser des Lebens. Der Rost der Vernunft nagt an ihm, das Wasser des Egoismus verdünnt ihn, aber er zerreißt nie . . . Zuweilen zerreißt ihn der Selbstmörder mit Gewalt; aber im letzten Dämmerlichte des erlöschenden Bewußtseins sieht er dann noch, wie eine vorsorgliche und mitleidige Hand die beiden Enden des Fadens wieder vereinigt . . . .

Der Verstand hat ebenfalls einen sehr großen Antheil in den religiösen Freuden und wirkt besonders mit dem Glauben mit. Ebenso wird allen dem Zwecke der Religion zugewendeten Verstandesthätigkeiten ein besonderer Reiz verliehen, welcher immer aus der Befriedigung eines Gefühls hervorgeht. Die Freuden, welche man beim Lesen heilger Bücher, beim Ausarbeiten religiöser Schriften, beim Ausüben der theologischen Dialektik empfindet, gehören zu dieser Klasse von Genüssen, die ich nur habe andeuten wollen.

Wenn ich alle religiösen Freuden in eine allgemeine Formel zusammenfassen müßte, würde ich sagen, daß sie ein Gemälde darstellen, in welchem die Leinwand von der Befriedigung des religiösen Gefühls gebildet wird; die Hauptfiguren werden von verschiedenen Gruppen der menschlichen Affecte dargestellt; die Wirkungen des Hellen und Dunkeln werden vom Geiste gegeben und der mehr oder weniger schöne Rahmen wird von den tausend Verschlingungen der Sinnesgenüsse geschmückt. Die Grundfarbe ist immer der reine, oder von der Farbe der Hoffnung modificirte Glaube. Dieses Bild ist vielleicht nicht ganz entsprechend, aber wenn der Hauptfehler nur die Dunkelheit ist, ziehe ich es nicht zurück; denn es soll eben etwas Ungeordnetes und Unbestimmtes darstellen, — eine herrliche Landschaft, wie sie sich in der Morgendämmerung bei dichtem Nebel zeigt.

Die religiösen Freuden üben einen sehr großen Einfluß auf die moralischen Fähigkeiten des Menschen und auf die Geschicke seines Lebens aus; aber ich überlasse Anderen die Erörterung dieses zarten Arguments, das jedenfalls nicht auf wenigen Seiten erschöpfend behandelt werden kann. Ich vermeide so durch Schweigen einen Fehler, den ich auf andere Weise nicht gut zu umgehen verstände, nämlich den, zuviel zu sagen und doch nichts Rechtes.

Jedenfalls aber behaupte ich, ohne Furcht mich zu irren, daß diese Freuden von der Frau im Allgemeinen mehr genossen werden als vom Manne; und ebenso gewiß ist es wohl, daß sie im Greisenalter und in der Kindheit lebhafter empfunden werden.

Die Frage, ob unsere Väter die religiösen Freuden mehr genossen als wir, lasse ich unentschieden; ebenso jene, in welchen Ländern der Welt sie lebhafter sind, ob bei den civilisirten Völkern oder bei den Wilden. Ich weiß in diesem Augenblicke nicht die Wage zu finden, deren ich mich in den anderen Fällen zur ungefähren Abwägung des Genusses bedient habe.

Die Physiognomie der religiösen Freuden bietet sehr interessante Bilder dar, welche verschiedene Künstler in ihren Meisterwerken — sei es auf der Leinwand oder in Marmor, oder auch auf dem Papier — zu verewigen wußten. Ein Gemälde und eine Statue sind Denkmäler, wie nicht minder ein Buch. Die schönsten Bilder bieten die Verzückung des Menschen, der zum Himmel strebt und die heilige Rührung des Betenden, der vor Hoffnung und Freude weint. Die Seufzer, die Schauer, die abgebrochenen Worte, die himmelwärts gerichteten Blicke und die Gelassenheit in den Geberden bilden die hauptsächlichen Elemente dieser Physiognomie. Entspringt die religiöse Freude aus der Linderung eines Schmerzes, dann bietet sie das erhabenste Bild der Zufriedenheit, des Trostes, der süßesten Wonne dar, welches mit wohlthätiger Hand die Spuren des erlöschenden Schmerzes verwischt.

Im Leben der Individuen spielt die Religion eine sehr verschiedene Rolle. Für Einige ist sie ein todter Buchstabe, für Viele ist sie nur eines der letzten Ziele, eine der letzten Hilfsquellen, zu der sie ihre Zuflucht nehmen, wenn die Fundgruben der leichten irdischen Freuden erschöpft sind. Doch immer erhaben und großmüthig, verzeiht sie dem der sie vergißt und wirft Keinem Schlechtigkeiten vor, der in den Tagen des Schmerzes Hilfe und Trost erflehend zu ihr eilt, nachdem er sie lange in den Tagen der Freude verkannt und verschmäht hat. Sie hält ihre großmüthigen Arme immer offen; und, unbegrenzt in ihrer Gnade, drückt sie den Schuldigen wie den Unschuldigen an ihre Brust. Die unerschöpflichen Schätze ihrer Freuden sind jedoch nur von den wenigen Auserwählten vollständig gekannt, welche sie stets als unzertrennliche Lebensgefährtin hatten und welche, unter ihrer Obhut lebend, Zeit genug hatten, die Edelsteine, die ihren prächtigen Königsmantel schmücken, nacheinander zu bewundern. Diese Auserwählten führen ein ruhiges Leben in Schmerz und Freude und sterben mit vollem Vertrauen auf die Zukunft.

Das religiöse Gefühl kann, da es in seiner Reinheit edel und erhaben ist, nie aus sich selbst pathologische Genüsse ertheilen; wohl aber kann es uns krankhafte Freuden genießen lassen, wenn es sich mit mehr oder weniger fremdartigen Elementen verbindet. Nachstehend folgen einige Beispiele solcher Freuden.

Ein Priester, der beim Auslegen des Evangeliums der Eleganz seines Stiles mehr Aufmerksamkeit schenkt, als dem Geiste des Gotteswortes, das er verkündet, und sich freut bewundert zu werden, empfindet einen krankhaften Genuß. Ein Frömmler, der als Vater oder als socialer Mensch seine Pflichten vergißt, um mit seinen unmoralischen Geschenken die Kirche luxuriös auszuschmücken, ist ein Sünder. Ein Mensch, der einzig und allein an das ewige Leben denkt, welches ihn im Gebete nur an sein eigenes Ich erinnert, begeht eine Sünde, und für ihn ist die Religion lediglich die „Vergötterung des Egoismus"; ebenso empfindet der Indianer, der sich seinem Gotte zum Opfer bringt, eine sicherlich krankhafte Freude.

25. Kapitel.

Von den Freuden, welche aus der Kampfesliebe entspringen.

Der Stoff, welcher den moralischen Hintergrund des Menschen ausmacht, bietet einen solchen Wirrwarr von sich durchkreuzenden Fäden und Verschlingungen, daß es uns meistentheils unmöglich wird festzustellen, ob eine der vielen Figuren, welche ihn zieren, aus einem einzigen sich über sich selbst biegenden Faden gebildet sei, oder ob sie aus der Verflechtung verschiedener Elemente hervorgehe. Die geduldigste und feinste Hand schwitzt oft vergeblich über der schwierigen Arbeit — und was noch schlimmer ist, — ruht zuweilen aus in der Befriedigung, getrennt und analysirt zu haben, wenn sie blos zerschnitten und zerstört hat. Auch hier läßt sich nicht ein System anwenden und ein Weg allein verfolgen; denn bald sehen wir eine der großartigsten und verworrensten moralischen Figuren nur aus einem einzigen sich auf tausenderlei Weise in sich selbst reflectirenden elementaren Faden gebildet, bald sehen wir einen einzelnen mikroskopischen Knoten geformt aus der Kreuzung von hundert in Ursprung und Natur verschiedenen Linien. So vermag z. B. der Philosoph, der sich vornimmt, die den Menschen zum Kampfe anregende Macht zu studiren, nicht sogleich festzustellen, ob diese nur ein Wirkungsmoment eines andern Vermögens sei, oder eine primitive Kraft, welche ihren eigenen Grund in sich hat. Da ich hier jedoch nicht die natürlichen Grenzlinien zwischen den verschiedenen Regionen des Geistes und des Herzens zu ziehen, sondern nur die verschiedenen Arten der Freude nach einer allgemeinen Anordnung zu beschreiben habe, so betrachte ich die Kampfesliebe als eine ursprüngliche Kraft, die ihre eigenen Bedürfnisse und somit auch ihre eigenen Genüsse hat.

Der Mensch kann gegen alle Kräfte kämpfen, die ihm einen Widerstand bieten; er kann mit den Muskeln gegen Muskeln, mit dem Gefühl gegen das Gefühl, mit dem Gedanken gegen den Gedanken kämpfen. Er kann der Natur, dem Menschen und sich selbst den Krieg erklären und kann in jedem Falle, wenn er die Siegespalme pflückt, eine der intensivsten Freuden empfinden. Der Kampf der Affecte und Ideen ist ein fast reines geistiges Phänomen, und die daraus entspringenden Freuden müssen mit jenen, welche die Ausübung des Willens gewährt, zusammen studirt werden. Hier habe ich nur von jenen Genüssen zu sprechen, welche aus der „moralischen Thätigkeit" der Muskelkräfte entspringen.

Dieser Ausdruck könnte vielleicht als ein Paradoxon oder ein Wortspiel erscheinen, und fühle ich mich genöthigt ihn zu rechtfertigen. Die Muskelthätigkeit kann für sich allein durch das Besiegen eines Widerstandes einige Genüsse gewähren; aber diese betreffen alsdann den Tastsinn, und das Gefühl empfindet dabei in keiner Weise eine Befriedigung. In vielen anderen Fällen ersteht jedoch das Bedürfniß zu kämpfen ganz ursprünglich in uns und die Muskeln dienen nur als Werkzeug zur Thätigkeit; weshalb die Freude fast ausschließlich eine moralische ist, d. h. aus der Befriedigung einer Kraft entspringt, welche dem Reiche der Gefühle angehört. Oft sind die Muskeln von übermäßiger Anstrengung entkräftet und lassen uns einen Schmerz empfinden; aber die Kampfsucht ist noch nicht befriedigt und wir fahren fort, wüthend und mit Vergnügen zu kämpfen. Der Tastsinn ist beleidigt, aber das Gefühl empfindet einen Genuß, der den Schmerz übersteigt.

Die Kampfesliebe entfaltet sich meistentheils erst nach der Thätigkeit eines andern Gefühls, welches sie belebt. Der friedfertigste Mensch z. B., wenn er unversehens von einem Spitzbuben überfallen wird, der seinen Eigenschaften als physischer Mensch oder als Besitzer mit Gewalt eine Veränderung beibringen will, vertheidigt sich zuerst und kämpft dann mit wahrer Wuth, indem er eine moralische Kraft in sich findet, die er nie gekannt hat. Wenn die Liebe zum Leben und zum Besitze in diesem Falle dermaßen beleidigt wird, daß der Kampf schmerzhaft ist, dann unterliegt der kleine Genuß dem großen Schmerze und wird nicht gefühlt; während die Siegesgewißheit und ein feuriger Muth den Schmerz mit einem großen Genusse ausstoßen und den Kampf im höchsten Grade angenehm machen können. Es giebt übrigens auch ganz einfache Fälle, in denen der Schmerz den Genuß nicht im geringsten Grade abschwächt und in denen man eine reine Freude empfindet, welche lediglich aus der Kampfesliebe entspringt. Ein Beispiel hierfür ist die unschuldige Belustigung zweier Freunde, die ihre Muskeln üben, indem sie miteinander ringen. Die Befriedigung des Muskelsinnes und des Selbstgefühls kann den Genuß steigern; aber seine innerste, seine charakteristische Natur entspringt aus der Befriedigung der Kampfesliebe.

Wenn diese Freuden auch fast immer von der Befriedigung anderer Gefühle, und besonders von den Genüssen des Selbstgefühls begleitet werden, so hören sie deshalb doch nicht auf für sich selbst zu existiren. Wer diese Wahrheit nicht zugeben will, sei nur daran erinnert, daß man in so manchen Augenblicken des Lebens ein wahres unbestimmtes Bedürfniß empfindet zu kämpfen, einen Widerstand zu besiegen, sich von zwei starken Armen gepreßt zu fühlen, um sich dann von ihnen zu befreien. In solchen Fällen würden wir sicherlich mit Vergnügen ringen, auch wenn wir den Kürzeren ziehen sollten.

Wir müssen hier das Beispiel einer Kraft vor Augen haben, welche anderen höheren Fähigkeiten als Werkzeug dient; weshalb sie, obgleich immer dieselbe bleibend, doch, je nach der sie leitenden Hand, sehr verschiedene Formen darbietet. Die expansive Dampfkraft ist immer dieselbe und variirt nur dem Grade nach; aber sie kann unter der Hand des friedliebenden Ackerbauers dessen Felder pflügen, und kann unter der Hand des Soldaten dem Feinde Todesgeschosse zuschleudern; sie kann die Maschinen einer großen Fabrik in Bewegung setzen, und kann die unruhigen Wellen eines brausenden Meeres bezwingen. Die Art und Weise, wie die Kraft verwendet wird, ist von solcher Bedeutung, daß sie die ganze Aufmerksamkeit auf sich lenkt und die Kraft selbst vergessen läßt, welche, bescheiden und verborgen, den moralischen Kern zu dem Anschein nach untereinander sehr verschiedenen

Phänomenen bildet. — Die Kampfesliebe zeigt sich sehr selten in ihrer ganzen Einfachheit und Reinheit, sondern geht vielmehr unzählige secundäre Verbindungen ein, in denen sie dann eines der Hauptelemente ausmacht; oder sie gesellt sich auch als secundäres Element Freuden von sehr verschiedener Natur bei. Die Jagd, die gymnastischen Uebungen und der Krieg sind die bedeutendsten Formeln, in welche sie als Hauptfaktor des Genusses tritt. Der Erwerbstrieb, der Ehrgeiz und die Uebung der Muskeln sind die Elemente, welche mit diesem Gefühle andere zahlreiche physiologische Combinationen bilden.

Diese Freuden, wenn sie innerhalb der physiologischen Grenzen genossen werden, stärken den Willen und kräftigen die Muskeln. Ich möchte noch hinzufügen, daß sie die Feigheit sowie alle niedrigen Neigungen verdrängen, dagegen den Muth und alle edlen Gaben des Herzens zu erheben geeignet sind.

Der größte Unterschied im Genießen dieser Freuden wird von der individuellen Organisation bestimmt. Meistentheils haben die starken Menschen eine heftigere Kampfbegierde als jene armen Sterblichen, denen die Natur an Stelle fleischiger und röthlich schimmernder Muskeln nur zarte und bleiche Faden verlieh. Es giebt jedoch auch zahlreiche Ausnahmen, und nicht selten ist die widerlichste Feigheit Begleiterin großer Fleischmassen, während die Kampfesliebe in zarten und schwächlichen Individuen im Grade einer wahren Leidenschaft existirt.

Die Frau, das Kind und der Greis kosten diese Genüsse viel weniger als der Mann und der Jüngling, welche, im Vollgefühl des Lebens, gierig nach einer ihnen widerstehenden Kraft suchen. In den weniger civilisirten Ländern ist der Muth eine nothwendigere Tugend und eine großmüthigere Freudenspenderin. In den großen Centren der Civilisation verläuft das Leben oft ohne das geringste Bedürfniß den Muth zu bethätigen oder die Muskeln anzustrengen.

Unsere Väter haben mehr als wir gekämpft und mehr als wir im Kampfe gejubelt.

Diese Freuden haben eine charakteristische Physiognomie, die sehr verlockend wirkt. Selbst die kleinmüthige Frau, die vielleicht schon beim bloßen Gedanken, eine Maus zu sehen, vor Furcht zittert, hat ihr Gefallen an der majestätischen Kraft, welche den Herkules Canova's oder die berühmte Statue des Fechters beseelt. Der Muth gefällt sogar den Feigen, und sie bewundern ihn in Anderen, auch wenn sie ihn, um ihre Feigheit zu entschuldigen, zu verspotten scheinen. Und in der That bietet der Anblick des edlen physischen Kampfes ein Bild, das belebt und ermuthigt. Die Entwicklung der Muskelkraft in allen ihren Formen, das Funkeln der erregten Augen, die energischen Zusammenziehung der Gesichtsmuskeln und mehr noch das heftige Zusammenpressen der Lippen, — als wollten sie eine Kraft zurückhalten, die hervorzubrechen droht, — erwecken die Vorstellung eines übervollen Lebens, einer thätigen und siegreichen Macht. Der Kampf ist immer eine der Lieblingsbelustigungen kriegerischer Völker gewesen, wird aber sicherlich auch bei uns nicht vernachlässigt.

Die Pathologie dieser Freuden ist unermeßlich und bietet uns eine, — wegen der Anzahl der Kranken, sowie wegen der moralischen Größe Einiger derselben, — sehr interessante Klinik. Ich erinnere hier nur an die Genüsse des römischen Circus, der Stiergefechte, der Hahnenkämpfe, sowie an einige grausame Genüsse des Jägers und an die vielen bizarren Zerstörungsbelustigungen.

Das schreckliche Kriegsspiel ist, obgleich es uns sehr viel Weh und Leid bringt, doch auch eine Quelle sehr lebhafter Freuden, welche ich hier nicht classificire, sondern unbestimmt auf der Grenzlinie zwischen Physiologie und Pathologie lasse. Ich habe hier meinen festen Glauben und meine ruhige Ueberzeugung; aber ich ziehe vor zu schweigen. Der Jüngling hat, auch wenn er durch einen langen und beschwerlichen Kampf zur Wahrheit gelangt ist, nicht immer das Recht dieselbe zu verkünden und sich selbst voreilig einen Ehrenpreis zu decretiren. Er muß die kostbare Wahrheit im Heiligthum seines Geistes aufbewahren, muß sie mit tiefem und ruhigem Nachdenken ziehen und zur Reife bringen und muß ihr die Verehrung widmen, welche ihr als einem der heiligsten menschlichen Dinge zukommt. Erst nach langen Jahren hat er das Recht, den Menschen das Geheimniß seiner Entdeckung zu enthüllen und ihnen zu sagen: „Diese Wahrheit ist echt und gut, ich habe sie beim hellen Strahl der jugendlichen Phantasie gefunden, aber ich habe sie im Laufe der Jahre geklärt und befestigt, — sie ist ein . . .“

26. Kapitel.

Von den Freuden, welche aus dem Rechts- und dem Pflichtgefühl entspringen.

Die bisher behandelten mannichfachen Freuden sahen wir aus der Befriedigung eines Gefühls entspringen, welches sich an uns oder an Andere richtete, aber welches immer ein lebendes oder ein eingebildetes Wesen als Reflexionsobject hatte. Jetzt aber befinden wir uns jenen mysteriösen Gefühlen gegenüber, die sich an eine Vorstellung oder an ein unveränderliches moralisches Bild wenden, welches wir mit unserer Organisation erhalten, welchem wir durch Bethätigung des gesitteten Lebens huldigen und von dessen Existenz uns unser Bewußtsein unterrichtet. Bis hier war alles klar, und wenn einige Objecte ohne Farbe waren oder nur im Dämmerlichte erschienen, so hatten sie doch sichtbare Grenzen, welche ihre Individualität bestimmten. Wir hatten ein Gefühl unter Augen, welches sich an uns oder an einen andern Menschen richtete und welches, sobald es eine moralische Oberfläche fand, die es reflectirte, einen Genuß erzeugte. Man sah den Ausgangspunkt des Strahls und den Ort, an welchen dieser zurückgeworfen wurde, um dorthin zurückzukehren, von wo er ausgegangen war. Jetzt hingegen sehen wir eine Kraft, welche wirklich und nothwendig existirt, aber welche, in uns entsprungen, sich an eine unseren Nachforschungen unzugängliche unbekannte Region richtet, die wir wohl „fühlen“ aber nicht „sehen“

und wo ein Wort geschrieben steht, das mit einem sehr mangelhaften stenographischen Zeichen eine ganze Welt moralischer Phänomene darstellt. Wir fühlen eine Kraft, welche uns zum Gerechten, zum Schönen, zum Wahren treibt; aber wenn wir diese Begriffe definiren wollen, wenn wir deren Grenzen zeichnen, deren Gründe erforschen wollen, verlieren wir uns in den Gebieten der Metaphysik, wo der Mensch, um eine wirklich vorhandene Thatsache zu erklären, sich unhaltbare Theorien ersinnt, und, sich tausendmal in dem verwirrten Netze der Dialektik verwickelnd, sich selbst und Andere, die ihn zu verstehen glauben, täuscht. Glücklicherweise wo die Vernunft erliegt, hilft das Herz ab, und nie ist es schwankend. Die Philosophen gaben tausend Definitionen von „Recht" und „Unrecht" und schrieben Hunderte von Büchern, um die Grenzen dieser zwei Welten zu bestimmen; aber das Herz „fühlte", ohne zu untersuchen und zu zweifeln, immer was recht und was unrecht war und pflanzte sein wahlfähiges Empfindungsvermögen, welches das Gute vom Bösen unterscheidet, unverändert die Jahrhunderte hindurch fort. Wehe, wenn es nicht so wäre! Wenn die Vernunft allein die geographische Karte der moralischen Welt zu zeichnen gehabt hätte, würden deren Grenzen vom Eigennutz verwischt worden sein, und der Mensch würde „erlaubt" genannt haben alles was gut ist.

Um mich nicht von meinem Gegenstande zu entfernen, will ich vorläufig nichts anderes hinzufügen und beschränke mich darauf zu sagen, daß das Wahre, das Schöne, das Gute und das Gerechte Begriffe sind, welche im Herzen einen sich ihnen zuwendenden Affect haben; Vorstellungen, welche man nicht beleidigen kann, ohne das mit ihnen sich verschmelzende und mit ihnen ein Ganzes ausmachende Gefühl zu verwunden. In den Freuden des Wahren und des Schönen hat der Verstand einen größeren Antheil als das Herz, weshalb dieselben in der Abtheilung der geistigen Genüsse zu behandeln sein werden; wohingegen die aus den Gefühlen des Guten und Gerechten entspringenden Freuden an dieser Stelle skizzirt werden müssen. Man verzeihe mir indessen die Ungewißheit meiner Linien und die Blässe meiner

Farben, wegen der Feinheit des Bildes und wegen des idealen Gegenstandes, den ich darzustellen habe.

Wir Alle fühlen, was gerecht und was gut ist und empfinden ein Bedürfniß, gerecht zu handeln und das Gute zu thun. So oft wir eine gute oder gerechte That üben, empfinden wir einen Genuß, welcher dann von der Befriedigung des Selbstgefühls und von der Freude, einen Sieg davongetragen zu haben, noch belebt wird. Dieselben Gefühle können befriedigt werden, wenn man gerechten und guten Handlungen beiwohnt oder wenn man von ihnen auf irgend eine Weise Kenntniß erhält.

Das Rechtsgefühl wird in seiner ganzen Einfachheit befriedigt, wenn wir einen Act der Gerechtigkeit ausüben, ohne daß uns derselbe ein Opfer kostet. Alsdann giebt es keinen Kampf, giebt es keine Genugthuung des Selbstgefühls, sondern eine einfache und reine Befriedigung eines Gefühls, das wie alle anderen seine eigenen Bedürfnisse hat. Der Richter spricht den Angeklagten, wenn er ihn unschuldig findet, frei, meistentheils ohne das kleinste Opfer zu bringen; aber er empfindet ein lebhaftes Vergnügen. Doch sehr selten wird die Freude von diesem Gefühle allein erzeugt, da sie sich mit außergewöhnlicher Schnelligkeit im Reiche der Affecte verbreitet. In unserm Falle z. B., einem der einfachsten, die man anführen kann, zeigt sich als integrirender Bestandtheil der Freude auch die Befriedigung des socialen Gefühls, oder mit anderen Worten — der Nächstenliebe. Wenn wir auf einsamer Straße Jemanden von Spitzbuben überfallen antreffen und ihn mit eigener Gefahr befreien, empfinden wir eine große Freude, in welcher wenigstens vier Gefühle befriedigt sind: das Rechtsgefühl, die Kampfesliebe, das sociale Gefühl und das Selbstgefühl.

Das Pflichtgefühl ist vielleicht nur eine Modification des Rechtsgefühls. Jedenfalls aber ist auch dessen Befriedigung fast immer von einer Freude begleitet. Beim Ueben der Gerechtigkeit kann man sehr oft die Palme ohne Mühe pflücken, während die Ausübung der Pflicht immer die Entfaltung einer Kraft in sich schließt, immer einen Kampf erheischt. Ein Mensch, der das Gute thut, indem er so zu sagen von einer unwiderstehlichen

Kraft dazu angetrieben wird, kämpft nicht und pflückt mühelose Lorbeeren; aber solche Menschen sind sehr selten, und sehr selten sind die guten Handlungen, die ohne irgendwelche Mühe geübt werden können. In jedem übrigen Falle ist das Gute vor uns, aber immer auf einem hohen Felsen ruhend. Wir schauen mit wohlgefälliger Begierde nach dem hohen Ziel unseres Wege, aber die Beine wanken langsam und träge, und der Schritt würde sich schneller den Abhang hinunter bewegen. Zuweilen genügt es, daß sich die ernste Stimme der Pflicht vernehmen lasse, damit das Schwanken aufhöre und wir schnell und leicht auf den steilen Fels laufen. Aber oft werden wir — schwach wie wir sind und schon geneigt in das freundliche Thal hinabzusteigen, wo Alles lächelt, — von gefälligen und liebkosenden Händen mit aller Gewalt hinabgezogen, von tausend süßen Stimmen hinabgerufen. Das ist der Augenblick, in welchem die Pflicht in eigener Person erscheinen und mit ihrem ruhigen aber unerbittlichen Blick unsere Verführer in die Flucht jagen muß. Das ist der Augenblick, in welchem sie uns ihre starke und biedere Hand reichen muß, um uns auf dem beschwerlichen Wege zu unterstützen. Nach einer langen und mühseligen Wanderung auf dem Gipfel angelangt, sind wir oft so abgemattet, daß wir nicht einmal das Labsal der Ruhe empfinden, und unsere Fußsohlen, verwundet von dem Gestrüpp und den Dornen, nicht die Frische des weichen und thauigen Grases fühlen, welches auf den Höhen der Tugend wächst. Nein, die Pflicht ist keine großmüthige Freudenspenderin, aber ihre angenehmen und ruhigen Erquickungen sind unaussprechlich, und ich habe schon mit anderen Worten davon gesprochen, als ich die Freuden des Opfers beschrieb. Ich habe dieselbe Idee wiederholt, aber ich bereue es nicht; es ist eine Idee, die „niederschmettert“ und „aufrichtet“, die „belebt“ und „tröstet“ und über die man lange nachsinnen muß. Und dann kann man ja die Wahrheit nie nutzlos handhaben; sie läßt uns immer eine neue Seitenfläche ihres herrlichen Polygons entdecken.

Die Wortverwirrung und die Ungewißheit der Ausdrücke, in die man so leicht fällt, wenn man von den geheimnißvollsten

Regionen des menschlichen Herzens spricht, beweisen klar und deutlich, wie alle unsere Wörter, die Zeichen unserer Ideen, höchst unvollkommene Mittel sind, welche nur einen oberflächlichen Charakter eines untheilbaren Objectes andeuten und einige künstliche Linien inmitten einer Atmosphäre ziehen, die deshalb nicht weniger frei und weniger unsichtbar circulirt. Die Philosophen und Synonymiker erklären Euch mit beharrlicher Eilfertigkeit den genauen Unterschied zwischen „Gerechtigkeit", „Güte" und „Pflicht"; aber Ihr selbst könnet Euch überzeugen, daß sie eine Welt aus Papiermaché bauen. Was gerecht ist, ist auch gut, was Pflicht ist, ist auch Gerechtigkeit; und das, was man thun muß, ist das, was gerecht und gut ist. Aber sehet Ihr nicht den ewigen Weltenkreis? das unermeßliche Himmelsgewölbe, das nirgends anfängt und nirgends aufhört? Studiret den Kreis, denn ich sage Euch, daß seine moralische Geometrie die Geschichte der Welt umfaßt.

Die Freuden der Gerechtigkeit und der Pflicht üben den wohlthätigsten Einfluß auf die Glückseligkeit des Lebens und bereiten uns, indem sie uns in der Gegenwart beruhigen und befriedigen, eine glückliche Zukunft. Sie fehlen selbst nicht im sorgenvollsten Dasein, denn immer und überall kann der Mensch einen Akt der Gerechtigkeit üben und eine Pflicht erfüllen. Wer größere Glücks-, Verstandes- und Herzens-Reichthümer besitzt, hat auch größere Pflichten zu erfüllen; aber alle Menschen müssen, sofern sie nur eine moralische Individualität haben, gerecht und gut sein und müssen sich also des Genusses dieser erhabenen Freuden würdig machen. Ein Eingehen in weitere Einzelheiten würde hier ein Mißbrauch der Analyse sein und dieselbe zu einem nutzlosen oder gefährlichen Spiele machen. Hier wie in anderen Fällen darf die Spitze des Meißels die Oberfläche der Dinge nur streichen, und der Mensch, welcher ihn handhabt, muß sagen: „Hier könnte man theilen, dort schneiden; aber das Messer darf nie über eine Linie tief in die Substanz eindringen."

Diese Freuden drücken sich, da sie ruhig und würdevoll sind, meistentheils mit sehr wenigen Zügen aus; kaum daß sie dem Auge einen Glanz verleihen oder die Physiognomie zu einem wohlgefälligen Lächeln spannen. In den höchsten Graden kann ein tiefer Seufzer genügen, um die intensivste Freude kundzuthun. Die Spuren des Kampfes und der ausgestandenen Schmerzen dienen dem Freudenbilde oft zum Hintergrunde, und in diesem Falle ist der Anblick ein erhabener. Der Mensch empfindet fast immer ein Wohlgefallen, seine Pflicht gethan zu haben, erhebt den Kopf und macht alle jene thatkräftigen Geberden, welche die Ausübung einer moralischen Anstrengung begleiten. Nur ein großer Künstler oder ein großer Dichter vermag die ideale Hoheit dieser Bilder errathen zu lassen; der Philosoph, auch wenn er mit der gewissenhaftesten Genauigkeit alle Elemente derselben sammelte, würde nichts als die Knochen eines Skelets ohne Form und ohne Leben in Händen haben. Die höchste Wahrheit und die höchste Poesie könnten, vereinigt, zu gleicher Zeit die Anatomie und das Leben einiger moralischen Bilder geben; aber ein unerbittlicher Philosoph und ein großer Dichter vereinigen sich selten in einem einzigen Geiste. Wenn Ihr je einen solchen Menschen findet, verehret ihn, denn es ist fast ein Gott.

In einigen seltenen Fällen kann das Rechtsgefühl wegen eines Verstandes- oder Herzensfehlers auch krank sein, und der Mensch kann sich in einem Act der Gerechtigkeit gefallen, während er vielleicht eine schuldige Handlung begeht. In manchem Falle moralischer Unnatur geberdet sich der Mensch wie ein Held und begeht, indem er ausruft: „es ist meine Pflicht“ eine vom Eigennutz oder von der Ehrsucht eingegebene Handlung. Wenn nicht die Scham diese Marktihelden mit einer Maske bedeckt, sondern nur die unbefangene und muthwillige Unwissenheit die Scene vorschreibt, dann haben wir eine der lächerlichsten moralischen Caricaturen, die man sich nur denken kann, vor Augen.

27. Kapitel.

Von den Freuden der Hoffnung.

Ich habe bereits bei Gelegenheit der religiösen Freuden von der Hoffnung gesprochen und wundere mich, sie nicht auch schon andernorts genannt zu haben; denn diese unzertrennliche Begleiterin unseres Lebens folgt uns wie unser Schatten in Freud und Leid, und, glänzend wie die Sonne oder unsichtbar wie die Luft, mischt sie sich in alle unsere Handlungen, in alle unsere Gedanken.

Die Hoffnung ist weder ein ursprüngliches Gefühl noch eine selbständige Kraft mit einem bestimmten Ausgangspunkte und einer einzigen und nothwendigen Region, sondern sie ist nur eine Geberdung der Affecte, ein Schwanken der Begierde nach dem Ziele, eines der zartesten und interessantesten Phänomene der moralischen Welt. Von den warmen Regionen des Herzens oder von den eisigen Regionen des Verstandes erhebt sich ein Nebel, der leicht und schnell in die Höhe strebt. Es ist eine Begierde, ein Bedürfniß, es ist der Ausfluß eines Affects, der einen Gefährten sucht, oder es ist der frische Luftzug einer Verstandeskraft, die ein Segel sucht, in welches sie wehen kann.

Die „Begierde", maßlos und ungezwungen wie ein Jüngling, erhebt sich zuerst schnell und ungestüm, ohne den Kompaß zu Rathe zu ziehen, ohne den Wind zu wittern und vielleicht auch ohne je das Ziel gekannt zu haben, das sie erreichen, oder den Weg, den sie verfolgen soll. Verwegen und ungeduldig, trachtet sie nur darnach, zu steigen, und sich erhebend, erfreut er sich der heftigen und freien Bewegung, ohne um sich zu schauen und ohne zu zweifeln. Aber nicht immer wird das Ziel erreicht, und sehr selten läßt der Zufall den geraden Weg einschlagen, welcher Bedürfniß und Genuß vereinigt. Oefters hält die leichte Wolke der Begierde, nachdem sie sich schnell in die höheren

Regionen der Atmosphäre erhoben, ungewiß an und schwankt in einem Aether, der einer Leere gleicht. Dort wehen leichte und laue Winde und tragen die Begierde sanft auf ihren himmelblauen Flügeln, die, ohne zu steigen und zu fallen, sich zitternd hin und her bewegt. Jene sanfte Bewegung ist die Hoffnung, jene unermeßliche Region ist die Atmosphäre, in welche sich alle menschlichen Gefühle erheben, ist der Raum, wo die Begierden, Leben oder Tod erwartend, zwischen dem Himmel und dem Abgrund schweben. Ihr Alle, die Ihr diese Seiten leset, müsset jene Region kennen, denn Ihr Alle habt Begierden, welche an dem äußersten Horizont Eurer Träume ziehen und welche in jener harmonischen Bewegung, die man „Hoffnung" nennt, erzittern; Ihr Alle müsset dort Eure schwebenden Wolken haben; Ihr Alle müsset mit zitternder Angst dem Schicksal Eurer auf jenem unbegrenzten Meere gleitenden Schiffchen folgen. Ja, es ist ein Meer ohne Wellen; aber es ist fürchterlich, sowohl bei Windstille als im Sturm, und die über ihm schwebenden leichten Wolken der Begierden zittern immer ungewiß und ängstlich. Sie sind so zart, jene Nebelflocken, daß sie bei der geringsten die sanften Schwingungen der Hoffnung unterbrechenden Erschütterung an Furcht leiden, eine wahre Seekrankheit jenes mysteriösen Meeres. Hin und wieder wird eine Wolke, die lange ohne zu steigen und zu fallen am Horizont schwebte, unversehens von einem tödtlichen Froste hinuntergestürzt, der sie, indem er sie verdichtet, unfähig macht, sich in jenen ätherischen Regionen zu halten. Alsdann hört das Schwingen der Hoffnung auf und der Schmerz folgt der Freude auf dem Fuße. Zuweilen hält ein wohlthätiger Sonnenstrahl das Ziel der Begierde in ihrem Falle auf, und diese schwingt dann, sich leicht ausdehnend, wieder in der sanften Bewegung der Hoffnung, und erhebt sich von Neuem. So geschieht es, daß die menschlichen Begierden, von einer wahren moralischen Schaukel hin- und hergeworfen, fast immer zwischen der Hoffnung und der Furcht schweben; und bald steigend, bald fallend, beschäftigen sie das Leben. Selten daß die Begierde, nachdem sie in der Bewegung der Hoffnung erzittert ist, sich schnell und gerade erhebt und das Ziel erreicht.

In allen diesen Bewegungen, in diesem meteorischen und nebeligen Leben bringt der Mensch, die lebhaftesten Freuden genießend oder die grausamsten Schmerzen ausstehend, den größten Theil seiner Tage zu. Ich habe hier nur einen knappen Umriß einer unbegrenzten Welt dargeboten; aber wenn das Glück mir Kraft und Leben giebt, werde ich vielleicht einmal die moralische Seite der „Hoffnung und Furcht“ ausführlicher behandeln. Jetzt muß ich zur kalten und ruhigen Analyse zurückkehren.

Das, was hauptsächlich die Hoffnung so verlockend macht, ist die ungewisse und schwankende Bewegung der Begierde, die wartet und nicht verzweifelt, die alle Augenblicke das Ziel sieht und alle Augenblicke nahe daran ist es zu erreichen. In den niederen Graden wird die Freude von Wolken dargestellt, welche immer fest an der gleichen Stelle stehen und langsam vibriren, jeden Augenblick erwartend, daß ein günstiger Wind sie erhebe. Viele unserer Begierden bringen ihr Dasein auf diese Weise zu und bleiben, nachdem sie mit dem ersten Erwachen der Vernunft am Horizont erschienen, immer, bis zum Tode schwankend, auf derselben Stelle. Sehr oft läßt sich die Lebensformel eines Menschen mit einer einzigen Wolke darstellen, welche geduldig und zuversichtlich auf derselben Stelle den Wind erwartet, der sie inmitten der Unbilden und Stürme langer Jahre erheben soll.

Die lebhaftesten Freuden werden jedoch empfunden, wenn die in Hoffnung erzitternde Begierde sich mit einem male zum Ziele erhebt. Es ist soviel Hochgenuß in diesem Fluge, daß die Feder mir in der Hand zittert, wenn ich nur daran denke. Auf einem weichen Kissen ruhend, saugen wir in tiefen Zügen das Leben ein, welches man in jenen Regionen athmet; und erzitternd in Furcht und in Freude blicken wir bald nach den tiefen Ebenen, welche wir verlassen haben, bald nach dem Horizont, der uns erwartet und der sich immer mehr ausdehnt, je höher wir steigen. Aber der Flug geht schnell und immer schneller, und die Schnelligkeit treibt uns das Blut in die Wangen, berauscht und entzückt uns, bis wir endlich in einem wahren Freudenrausche das

Ziel mit den Armen umschlingen und einen Augenblick der Glückseligkeit genießen. Bei allen Genüssen wird die größte Freude in dem Augenblicke empfunden, in welchem die Hoffnung zur Wirklichkeit wird, in welchem die letzte Welle des ersterbenden Wunsches oder der Begierde mit dem ersten Erzittern der beginnenden Befriedigung sich verschmelzt.

Eine andere sehr reiche Freudenquelle bietet das Wechselspiel des Fallens und Steigens, der Furcht und der Hoffnung. Manche Menschen finden in dem unruhigen Hin- und Herschwanken dieser Ungewißheiten gerade den größten Genuß und suchen mit unschuldigen Kunstmitteln die sich erhebende Wolke der Begierde zu verdichten, um sich hinunterfallen und wieder steigen zu lassen. Es ist ein wahres Spiel moralischer Luftschifffahrt und durchaus nicht frei von Gefahr. Zuweilen sieht der kühne Luftschiffer, — nachdem er die ihn haltende Wolke verdichtet hat, — während er sinkt, den Funken, welcher dieselbe ausdehnen sollte, unter seinen Händen erloschen und kommt dann in den Abgründen der Verzweiflung um. Da ich die einzelnen Varietäten eines und desselben moralischen Falles nicht beschreiben kann, so führe ich nur eine der außergewöhnlichsten Formen an; aber es werden wohl Alle die Wollust mancher Lebensaugenblicke kennen, in denen die Hoffnung plötzlich in Furcht, oder der Schmerz in Freude übergeht. Wir erhalten einen Brief, den wir seit langer Zeit ungeduldig erwarteten, auf den wir aber jetzt vielleicht nicht mehr hoffen. Die Schriftzüge der Adresse sind uns bekannt, und der Poststempel läßt uns glauben, daß jenes Blatt unbedingt nur von der Einen kommen kann, die wir über Alles lieben und verehren. Die süßeste Hoffnung läßt uns seufzen und lächeln, und angstvoll zitternd besehen wir den Brief, ohne daß wir ihn zu öffnen wagen. Da drinnen steht vielleicht schon das Urtheil geschrieben, von welchem unsere ganze Zukunft abhängt! Die Ungeduld verzehrt uns, aber es fehlt uns der Muth; den Brief beschauend und immer wieder beschauend, suchen wir aus der Art und Weise, wie die Adresse geschrieben wurde, aus den dort gebrauchten Ausdrücken, und sogar aus der Art und Weise, wie der Brief zusammengelegt und gesiegelt wurde, die Herzensbeschlüsse derjenigen, die ihn geschrieben hat, zu errathen. Endlich, nachdem wir unsern Muth übermenschlich angestrengt haben, ist das Siegel erbrochen, ist der Brief geöffnet, mißt das lüsterne und unruhige Auge die Länge des Schriftstücks und sucht sie zu erklären .... eine abschlägige Antwort könnte nicht so lange sein, ... eine tröstende Antwort würde nicht so kurz sein. Alles ist Pein und Alles tröstet uns, und zwischen Hoffnung und Furcht hin- und hergeworfen, empfinden wir in dem kürzesten Zeitintervalle einen Rausch der Freude und des Schmerzes, der keinen Namen hat.

Zwischen der Verzweiflung und der Glückseligkeit liegt eine unermeßliche Wüste, durch welche die Hoffnung einen grünen und weichen Pfad zog, der, zuerst ganz eng, sich allmählich erweitert, um eine immer blühende Wiese, ein wahres Wonneparadies zu bilden. Die Grade der Hoffnung gehen in's Unendliche und man kann sagen, daß sie jeden Augenblick ihr Volumen ändert, so empfindlich ist sie für die geringsten Temperaturschwankungen, die sie bald verdichten, bald ausdehnen. Alle Menschen hoffen, aber es giebt deren wohl nicht zwei, welche das gleiche Hoffnungskapital haben. Der Eine ist Millionär, der Andere ist Bettler; der Eine legt sein Kapital mit hundert Procent an, der Andere zieht aus demselben mit Mühe ein Procent. Die Zinsen der Hoffnung sind die Freuden; aber wie es Kapitalien giebt, die keine Zinsen einbringen, so giebt es auch eine Hoffnung, die keinen Genuß gewährt, so viele sind der Stürme und Lasten, mit denen sie überladen ist. Alsdann muß man vom Kapital zehren, und dieses nach den Ansprüchen des Hungers und dem Geize des Elendes abschätzen. Zuweilen muß man, nach Aufzehrung des eigenen Vermögens, von Almosen leben, und in diesem Falle findet man glücklicher Weise viele Großmuth. Alle sind bereit uns ihr Schärflein zu zahlen und sich uns mildthätig zu zeigen. Wenn Ihr Euch nicht zum gemeinen Bettler herabwürdigen wollt, verkaufet Euren Rock und gehet Euch ein wenig Hoffnung kaufen. Es fehlt nicht an Läden, welche sie verkaufen; es fehlt nicht an Wucherern, welche sie nach Pfunden, nach Unzen, nach Granen abwiegen und sie, je nach der Qualität der

Waare und dem Werthe, den die Kapitalien des öffentlichen Glaubens haben, zu allen Preisen verkaufen. Und nicht etwa, daß sich jene gemeinen Händler mit dem ehrlosen Handel begnügten, sondern sie fälschen auch noch die Waare und betrügen die gläubigen Käufer. Verflucht seien sie.

Wenn der Mensch sich keinen Heller Hoffnung kaufen kann oder wenn er sich nicht zum gemeinen Handel herablassen will, wird er Selbstmörder. Der lebende Mensch ohne Hoffnung ist widersinnig. Man kann ohne Genuß leben, man kann inmitten des Schmerzes leben; aber um das Leben zu ertragen, muß man einen Freudenwechsel auf die Zukunft in Händen haben, und sollte er auch falsch sein. Dieser Wechsel ist die Hoffnung.

Sie bildet das Gegengift der grausamsten Schmerzen, den süßesten Balsam der moralischen Wunden. Wenn sie ein großes Kapital ausmacht, kann sie ausreichen das Leben angenehm zu machen. Viele Menschen halten sich für reich, weil sie in ihren Schränken ganze Bündel Wechsel haben, die doch ihren ganzen Werth durch den Bankerott oder den Betrug eines Bankiers verlieren könnten; ebenso halten sich viele Menschen für glücklich, weil sie tausend von der Hoffnung ausgestellte Wechsel auf die Zukunft in Händen haben. Sie sterben lächelnd und selig, ohne daß ein einziger jener Scheine je in klingende Münze umgewechselt worden wäre. Von diesem Gesichtspunkte aus verkündigten einige Nationalökonomen laut, daß man sein Geld in jedem Falle in unbeweglichen Gütern und nicht in Papieren anlegen müsse; aber ich finde, daß, wenn man nicht klingende Münze haben kann, es immer besser ist ein Guthaben zu besitzen, und sollte es auch nie einzuziehen sein. — Um zu den ersten Plätzen auf der Lebensbühne zu gelangen, muß man immer etwas in der Hand haben, womit man den Pförtner, welcher der zagenden und drängenden Menge die Plätze anweist, bestechen oder täuschen kann. Man kann ein Fähigkeitszeugniß, ein schimmeliges Diplom, einen Sack mit Gold und einen von irgend einem reichen Bankier ausgestellten Wechsel vorzeigen. Die Hoffnung ist der magerste aller Bankiers; aber er wird so dick, wenn er sich in die Kunstmittel der Poesie und in die plastische Chirurgie der Phantasie kleidet, daß er oft für einen der wohlbeleibtesten Bankherren gehalten werden kann. In manchen Fällen habe ich einen unverschämten Marktschreier mit einem geistreichen Kniff zu den ersten Plätzen gelangen sehen. Nachdem derselbe lange ungeduldig geschnaubt und vor der Thüre, durch welche er auf die Lebensbühne treten sollte, gelärmt hatte, gab er einen feierlichen Faustschlag auf die Augen des Mörders, der, geblendet von dem blitzenden Schlag, viel Gold zu sehen glaubte und, sich mit dem Kopfe bis zur Erde verneigend, sagte: „hindurch, nur hindurch!" Das Gold nimmt immer den ersten Platz ein. Wenn Ihr nicht glauben wollt, daß der Pförtner zu schwach sei, sage ich Euch nur, daß der Beamte, welcher der Vertheilung der Plätze und der Rangordnung der Autoritäten vorsteht, die öffentliche Meinung ist, und dann werdet Ihr mir sogleich auf's Wort glauben.

Ob die tröstenden Freuden der Hoffnung der Frau oder dem Manne reichlicher zugemessen sind, vermag ich nicht zu entscheiden. Die Frau würde, da sie mehr leidet als der Mann, mit größerem Recht Anspruch auf sie machen können; aber auch das Recht ist ein Wechsel, der nicht immer an allen Orten und zu allen Zeiten bezahlt wird, obgleich er vom unverbrüchlichsten der Bankiers unterschrieben und von der Religion und der Moral besiegelt ist. Die einzigen immer und überall zahlbaren Wechsel des Rechts sind jene von der Kraft beglaubigten.

Man hofft in allen Lebensaltern; aber man hofft um so mehr, je mehr man Glauben hat. Der absolute Unglaube macht jedoch die Hoffnung nicht unmöglich, was, theoretisch genommen, widersinnig erscheinen könnte; und dennoch ist es Thatsache.

Man hofft in allen Ländern der Welt; man hat zu allen Zeiten gehofft und man wird stets hoffen. Die Hoffnung ist dem Menschen so unentbehrlich wie das Essen, Trinken und Athmen.

Die Physiognomie dieser Freuden ist in manchen Fällen sehr ausdrucksvoll, während sie in anderen nichtssagend ist. Wie mit allen Genüssen, welche lange anhalten, so ist's auch mit den aus der zweiten der drei christlichen Cardinaltugenden entspringenden; bald verharren sie im Zustande einer ruhigen und matten Flamme, bald sprühen sie helle und knisternde Funken. Der charakterischste Zug der Genüsse der Hoffnung ist der gen Himmel gerichtete Blick und die ganze auf bange Zuversicht und mysteriöse Verzückung hindeutende Haltung der Person. Es giebt vielleicht kein anderes Bild, das so vollkommen den Gegenstand, den es darstellt, ausdrückt, wie die Physiognomie der Hoffnung. Die gen Himmel gerichteten Augen offenbaren das Sehnen des Wunsches der zu den vom Glauben verkündeten unbekannten Regionen aufstrebt; während die schwankende Ungewißheit der Gesichtszüge, welche eine unklare Freude oder einen in Genuß übergehenden Schmerz ausdrücken, auf bewunderungswürdige Weise die diesem Herzenszustande eigene unbestimmte innere Bewegung andeutet.

Entsprechend der einzelnen Fällen ist die Physiognomie dieser Freuden sehr verschieden, je nach dem Ziele, welchem sich die Begierde zuwendet. Ich möchte hier sagen, daß die Hoffnung lediglich den Freuden anderer Gefühle eine rosige und zarte Färbung giebt. Ein ruhmbegieriger Jüngling bleibt z. B. mit erstauntem und lächelndem Blicke vor dem Bilde eines großen Mannes oder vor einem Denkmal stehen und nachdem er mit sich zu Rathe gegangen, hofft er, innerlich erbebend, daß auch er sich einst einen Lorberkranz verdienen werde. Ein Freund, am Bette seines kranken Freundes sitzend, prüft begierig das Auge des Arztes, um dort ein Urtheil zu lesen, und, getröstet von einem halb versprechenden Blicke, hofft und jubelt er. In diesen zwei Fällen muß die Physiognomie der Freuden sehr verschieden sein. Im ersteren ist es die Ruhmbegierde, welche in Hoffnung erzittert; im letzteren dagegen das Freundschaftsgefühl. Es sind zwei verschiedene Affecte, welche sich in der gleichen zufälligen Lage befinden; zwei Genüsse, welche in demselben Lebensalter vorkommen.

Meiner Ansicht nach kann die Hoffnung nie erkranken, auch wenn sie sich bis zum Uebermaße, bis zu einer wahren Ueppigkeit in der Entfaltung steigert. Einige Philosophen nannten sie das Freudenmädchen des Lebens, andere hielten sie für eine moralische Krankheit; aber ich will dieses Urtheil, welches sicherlich aus einer in die schwarze Dinte der Verzagtheit oder des Pessimismus getauchten Feder floß, nicht unterschreiben. Für mich ist die Hoffnung immer ein tröstender Engel, der uns ermuthigt, auch wenn er uns täuscht, und der immer nur durch seine allzu große Güte sündigt. Wenn Ihr behaupten wollt, daß sie die Stelle des Geistes vertrete, so irrt Ihr Euch sehr; denn sie fühlt, sie überlegt nicht, — sie ist eine rechtmäßige Tochter des Herzens. Die Hoffnung richtet auf und erquickt, heilt und macht gesund; aber sie sieht das Uebel nicht voraus. Wenn Ihr Euch einem tollkühnen und rasenden Lauf hingebt und an einen Abgrund gelangt, wenn Ihr nahe daran seid Euch hinabzustürzen, schließt sie Euch vielleicht die Augen, damit Ihr nicht die Qual des vorhergesehenen Todes erduldet; und darin zeigt sie sich besorgt und wohlthätig wie immer. Hättet Ihr die Vernunft zum Führer Eurer Wanderung genommen, so würdet Ihr Euch nicht in's Verderben gestürzt haben. Die Hoffnung hat weder aus ihrem Amte herauszutreten, noch die Stelle des Geistes einnehmen können, sie, die nie überlegt; sie vermochte nichts anderes zu thun als Euch den letzten Dienst des Mitleids zu erweisen, nämlich den, Euch einen unvermeidlichen Schmerz zu mildern. Verfluchet also nicht die liebreichste, die zuverlässigste, die großmüthigste Freundin, die einzig und allein ihr Wohlwollen und ihre Liebkosungen verdoppelt, je mehr Ihr leidet.

Auch der gemeine Mensch hofft in dem Schmutze, in welchem er herumwühlt, noch ein Juwelenfragment oder ein von den Großen verlorenes Stückchen Band zu finden; auch der Dieb und der Mörder hoffen. Alle guten und schlechten Gefühle sind fähig, in dieser moralischen Bewegung zu erzittern.

28. Kapitel.

Von den Genüssen, welche aus der Befriedigung primitiver pathologischer Gefühle entspringen.

Die Reihe der vom Gefühl ertheilten Freuden schnell durchlaufend, sind wir auf viele unreine und kranke Genüsse gestoßen; doch war deren pathologischer Charakter nicht primitiv, sondern er entsprang nur aus einem Fehler der Quantität oder der Form. Der Affect war gut in seiner Wesenheit, aber entstellt durch Rhachitis oder durch Verkrüppelung. So sahen wir z. B. das edle Gefühl des Ehrgeizes uns in der Eitelkeit eine unwürdige Form darbieten. Zuweilen war der Affect von einer verhängnißvollen Krankheit betroffen, die ihn dermaßen entstellte, daß er wie maskirt erschien. Wir sahen in der That die rechtmäßige Freude des Besitzes erkranken und in die Lust des Stehlens ausarten. Immerhin aber konnte das beharrliche und scharfe Auge des Beobachters unter den sonderbarsten Krankheitsformen und den widerlichsten Verunstaltungen die Natur der Krankheit erkennen und deren Naturgeschichte schreiben. Unglücklicherweise hören hier die Krankheiten des Herzens nicht auf; sehr viele entspringen aus der Entwickelung eines krankhaften Elements eigenartiger Natur oder aus einem primitiven unreinen Gefühle. Ich habe nicht den Muth, hier in viele Einzelheiten einzugehen, und statt meinen Lesern alle widerwärtigen moralischen Wunden, welche in diesem Krankenhaus der Genüsse zu finden sind, unter Augen zu bringen, werde ich sie auf wenige Augenblicke in jene Säle führen, wo die Luft, welche man athmet, übelriechend und beklemmend ist.

Der Haß ist in seiner Wesenheit eines der einfachsten unreinen Gefühle, welches sich jedoch, da es über eine ungeheure Menge Kleider und Trachten verfügt, in die wunderlichsten Formen kleidet, so daß es anfangs oft sehr schwer fällt, seine Identität festzustellen. Seine besondere Eigenthümlichkeit ist die, in dem Leid Anderer seine Befriedigung zu finden; aber die Ursachen, welche ihn hervorrufen, sind immer sehr verschieden und modificiren bis zu einem gewissen Punkte die Natur des Gefühls, so daß es dann auch seinen Namen ändert. So erwecken gewisse dem Selbstgefühl zugefügte Kränkungen den Neid, der nichts anderes ist als ein Haß gegen Andere wegen deren Ueberlegenheit. Was jedoch mehr als alles andere die Natur des Hasses modificirt, ist das Maß des jedem Individuum eigenen unreinen Gefühls. Dieselbe Kränkung, welche den Einen nur zu einem Augenblicke unschuldigen Zornes bringt, kann in dem Andern die Flamme eines unversöhnlichen und tiefen Hasses entzünden oder ihn zur grausamsten Rache reizen. Dieselbe Demüthigung kann uns vor Aerger weinen, oder vor Zorn erbleichen, oder vor Wuth erglühen machen.

Jedenfalls hat der von irgendwelchen Ursachen erweckte Haß seine eigenen Bedürfnisse, und diese erzeugen Genuß, sobald sie befriedigt werden. Der Zorn, der nichts anderes ist als ein Aufleuchten des Hasses, reizt, wenn er in einem biedern Menschen angefacht wird, diesen nur, mit dem Fuße stampfen, irgend ein böses Wort auszustoßen, oder zu zerbrechen, was ihm in die Hände fällt. Die Wogen des Sturmes müssen sich gegen irgend ein Hinderniß austoben und müssen sich an einem Schiffe oder an einem Felsen brechen. Mitunter wird der Haß zum Theil von edlen Affecten elidirt, und, nicht stark genug um zur Kränkung zu reizen, lächelt er doch wohlgefällig über das Mißgeschick Anderer. In den höchsten Graden ist die Handlung wahrhaft nothwendig, um die außerordentliche Kraft, welche sich in einem vom heftigsten Hasse ergriffenen Herzen ansammelt, zu löschen, und die Verbrechen sind die rohen Freuden, welche dieses grausame Gefühl befriedigen. Oft schon sah man Menschen über die verhängnißvollen Folgen einer Verleumdung, welche geglaubt wurde, lächeln und mit wildem Behagen die letzten Zuckungen eines aus hundert Wunden blutenden Opfers betrachten.

Messet nur mit dem Blicke den ungeheuren Abstand zwischen einem Kinde, das sich damit unterhält, eine arme Ameise in ihren friedlichen Beschäftigungen zu quälen, und einem Mörder, der eine wilde Lust empfindet, wenn er die warmen, feuchten und zuckenden Eingeweide seines sterbenden Opfers unter den Händen fühlt, und Ihr werdet eine Vorstellung haben von der unendlichen Anzahl mehr oder weniger sündhafter Freuden, welche das Gefühl des Hasses in seinem Museum verborgen hält.

Wohl alle Menschen, sehr wenige Auserwählte ausgenommen, haben in ihrem Herzen einen Keim des Hasses, welcher, von den ihn üppig umwachsenden edlen Gefühlen verzehrt und unfruchtbar gemacht, hin und wieder schwache Lebenszeichen von sich giebt, oder, in einem plötzlichen Ausbruch, glühende Lava ausspeit, die Niemanden verletzt. Die unschuldigsten Formen, in welchen dieses krankhafte Gefühl sich in solchen Fällen entfaltet, sind die Zornesausbrüche, der bittere Haß gegen irgend ein Princip oder ein historisches Ungethüm und endlich der Aerger. Die ersteren Formen stellen das tiefe Getöse eines halb erloschenen Vulkans dar, während die letzteren die ab und zu aus dem lauen Krater steigenden knisternden Funken andeuten. Bei sehr vielen mittelmäßigen Individuen giebt der Haß weder Funken noch Flammen, sondern nur immer Rauch, und verbreitet ringsumher eine übelriechende schwarze Atmosphäre. Diese unleidlichen Menschen begehen positiv nie eine schlechte Handlung, aber stets gereizt und gallig, fangen sie an zu kläffen, sobald ein Strahl sie aufweckt oder ihre schlaftrunkenen Pupillen zu sehr belästigt.

Von allen Formen, die der Haß darbietet, führe ich hier nur eine der unschuldigsten und gewöhnlichsten an, welche zugleich eine freigebige Spenderin krankhafter Freuden ist, nämlich das Vergnügen, „Verdruß zu bereiten" oder „zu ärgern".

In den niedrigsten Graden läßt sich die Manie zu „ärgern" an Thieren aus, und man sieht alsdann die leidenschaftlichen Dilettanten der „kleinen Freuden des Hasses" Hunde an den Ohren und dem Schwanze ziehen, Pferde und Kühe stechen u. s. w. Einen Schritt weitergehend, sehen wir diese Plagegeister den Menschen angreifen und ihn mit tausend mehr oder weniger kunstreichen, aber immer frivolen und lästigen Neckereien peinigen, indem sie die Stelle der Fliege vertreten, eines der unerträglichsten Geschöpfe unseres Planeten. So lange jedoch diese ärgerlichen Neckereien in den Grenzen des Anstands bleiben und ein gewisses Maß nicht überschreiten, muß man sie schon dulden und ihren Urhebern verzeihen, weil diese einen wahren unwiderstehlichen Kitzel, ein unüberwindliches Bedürfniß empfinden, sich diesen unschuldigen Genüssen hinzugeben. Wenn Kinder, würden sie sich eher schlagen und einsperren lassen; wenn nicht mehr jung, würden sie eher ihre Würde auf's Spiel setzen, als auf eine so angenehme Unterhaltung verzichten. Sehet nur jenen Menschen, der aufmerksam und geduldig hinter dem Fenster steht und mit einer Wasserspritze bewaffnet, den Freund erwartet, der auf der Straße an ihm vorbeikommen muß. Er steht zusammengekauert da und lächelt hoffnungsvoll bei dem Gedanken an das große Vergnügen, das seiner wartet. Sein Herz pocht heftig, sein Gesicht röthet sich, denn er sieht, daß der Freund ernst und gesetzt daherkommt. Die Hand drückt den Kolben, der Wasserstrahl geht ab und der glückliche Erdensohn betrachtet sein durchnäßtes Opfer und empfindet, laut und höhnisch lachend, die lebhafteste Freude. Verzeihet diesem Menschen, denn er hat einen großen Genuß gehabt, und der kleine Schmerz seines Opfers erreicht nicht den tausendsten Theil seiner Freude. Ich habe sehr biedere Menschen gekannt, die einen solchen Genuß darin empfanden, Andere zu ärgern, daß sie bis zu Thränen lachten.

Wenn einer jener „Plagegeister" mein Buch lesen sollte, wird er es mir vielleicht übelnehmen, daß ich seine Freude in diesem Kapitel behandelt habe. Aber ich kann meine Meinung deshalb nicht ändern; denn Andere zu ärgern, ist, wenn es auch auf noch so unschuldige Weise geschieht, nicht moralisch und gewährt einen Genuß, der aus dem Schmerze Anderer entspringt. Wenn unser Opfer unsern Verrath nicht merkt oder sich den Anschein giebt, ihn nicht zu merken und nicht darunter zu leiden, so haben wir nur einen kleinen oder gar keinen Genuß; unsere Freude ist hingegen um so lebhafter, je peinlicher die Bestürzung und je lächerlicher die Lage unseres Opfers ist. Man kann also die Schuld dieser Freuden nicht in Abrede stellen. Ich verstehe unter „Haß“ eine Unzahl verschiedener Elemente, von denen einige zu den Vergehen und andere zu den Affecten, welche mit den edelsten Gefühlen zusammengrenzen, gehören. Es giebt große und beinahe verzeihliche Gehässigkeiten, und ebenso ganz geringe, welche man entschuldigt und belacht. Zu diesen letzteren gehören die Freuden des „Aergerns“.

Ein anderes weniger unschuldiges Vergnügen ist das Tödten von Thieren. Die Zerstörungssucht offenbart sich in der unschuldigsten Form in dem Bedürfnisse, zu zerbrechen, zu schneiden, zu vernichten. Ein Mensch, der von ihr befallen ist, — und der sonst der beste Ehemann von der Welt sein kann, — bleibt auf seinem Wege stehen, um einen Topf in tausend Scherben zu zerschlagen, und köpft mit seinem Stocke die schönsten Wiesenblumen, oder streift mit rasendem Wohlgefallen das Laub von den Zweigen ab. Wenn die Zerstörungssucht um einen Grad wächst, genügen dem Menschen die unbeseelten Wesen nicht mehr, und er zerquetscht alsdann mit Lust die armen Insecten, welche der Zufall ihm unter die Füße führt, oder reißt einem Schmetterlinge nacheinander die Flügel aus. Mitunter wird die Sucht zu zerstören und zu tödten eine wahre Wuth und wächst im Kampfe. Wer z. B. eine Heerde Schafe zu tödten hätte, würde das erste Schaf mit Ruhe umbringen, die anderen mit Lust, und den Schlächter machend aus Leidenschaft, würde er rasend tödten und viertheilen, zitternd vor Lust und die Zähne fletschend, daß man Furcht bekommen könnte. Ich habe einem derartigen Schauspiele beigewohnt und habe lange über den Fall nachgedacht, den ich vielleicht nicht geglaubt haben würde, wenn er mir von Anderen berichtet worden wäre. Ein zartbesaiteter und ruhiger junger Mann wurde vom Zufall gezwungen, ein halbes Dutzend Hühner zu tödten. Er rüstete sich zu dieser Operation ohne Widerwillen, aber mit aller Ruhe und Gleichgültigkeit. Eine solche Schlächterei nicht gewohnt, ließ er das erste Opfer unschuldigerweise einen langen Todeskampf ausstehen, und die Zuckungen desselben fingen an ihn zu beunruhigen. Er ging mit zitternder Hand an die zweite Execution, aber ohne zu wollen hielt er an, um die Zuckungen des Todeskampfes zu betrachten und die Hand fühlte die Stöße des entfliehenden Lebens und wurde mit Blut benetzt. Er tödtete das dritte unbarmherzig und mit Lust, und, außer sich gebracht, warf er sich, am ganzen Körper zitternd, mit gezücktem Messer auf die letzten Opfer, durchbohrte sie und trat sie mit Füßen, so daß eines von ihnen in Stücke gerissen wurde. Er empfand eine wilde Lust, und ich, der ich ihn sah, hatte Furcht vor ihm. Der Blutgierige gestand mir, daß die Farbe des vergossenen Blutes ihn geblendet hatte und daß er noch hundert andere Opfer mit Lust getödtet haben würde. Er fügte noch hinzu, daß er inmitten jener Raserei von einer sinnlichen Lüsternheit ergriffen wurde. Diese Thatsache ist von großer Wichtigkeit, weil sie vermuthen läßt, daß der Mordtrieb und das Zeugungsvermögen im Gehirn in anatomischer oder physiologischer Beziehung zu einander stehen. Auch zeigt uns die Geschichte, wie sich bei den Greuelthaten des Raubens die Grausamkeit immer mit der zügellosesten Sinnlichkeit vereinigt und wie aus dem Blute der Opfer ein Rauch aufsteigt, welcher den Geist blendet und den Menschen in ein Furcht und Abscheu erregendes Thier verwandelt.

Auch jene Form des Hasses, welche man „Rache" nennt, hat einige fast unschuldige kleine Freuden. Ich erinnere hier nur an das Wohlgefallen, welches man empfindet, wenn man einen peinigenden Floh mit einem Daumennagel zerquetscht.

Der Einfluß der Freuden des Hasses, sowie aller andern diesen gleichkommenden ist immer ein schlechter. Wenn der physiologische Genuß nie mit Schmerz verknüpft ist, der sündhafte Genuß trägt seine Verdammung in sich selbst. Ein Mensch, der an dem Leide Anderer sein Gefallen hat, fühlt auch im Augenblicke der Freude eine geheimnißvolle Unruhe, welche ihn auf unvollkommene Weise genießen läßt. Die aufgeregte Bewegung der Wellen macht die Wasser für einen Augenblick trübe, so daß sich der Grund des Bewußtseins nicht erkennen läßt; aber sobald die Ruhe zurückkehrt, sieht der Mensch in jenem unerbittlichen Spiegel den Reflex seiner Schuld und bereut die krankhafte Freude, die er genossen hat. Der Schmerz der Reue ist oft so grausam, daß der Mensch die Wasser wieder mit einem Vergehen trübt und auf diese Weise dahin gelangt, in dem Buche des Bewußtseins kein einziges Bild mehr zu lesen. Zuweilen, wenn er den klaren Spiegel, welcher immer eine ihn anklagende Wahrheit reflectirt, nicht mehr verdunkeln kann, macht er sich blind, indem er die Spitze des Sophismus in seine Augen treibt. Eitles und grausames Beginnen, denn das Bewußtsein läßt sich auf tausenderlei Weise vernehmen; und wenn es einen Weg versperrt findet, nimmt es einen andern und kommt immer zur rechten Zeit, um uns mit lauter Stimme sein Urtheil zu wiederholen.

Die Frau genießt diese Freuden viel weniger als der Mann, denn sie ist fast immer unverdorbener und herrscht im Gebiete des Herzens als einzige und unumschränkte Königin. Ein Mann, der sich in den Siegen des Gefühls und des Opfers die Krone des Primats aufsetzen wollte, würde sich sehr lächerlich ausnehmen. Er kann wohl Gatte der Königin werden, aber nie König.

Der Haß lodert am hellsten im Alter der Kraft, im Frühling und im Sommer des Lebens. Die Civilisation ist immer bestrebt, ihn zu dämpfen und auszulöschen; aber solange der Mensch auf Erden lebt, wird dieses verhängnißvolle Feuer nie ausgehen. Es ist ein Vulkan, der um so mehr zu fürchten ist, je ruhiger er scheint und der, ebenso wie er mit einem Funken ein menschliches Herz entzünden und ein Leben auslöschen kann, mit einem fürchterlichen Ausbruch eine ganze Nation zu zerstören und ganze Länder unter seine Lava zu begraben vermag. Die Natur hat ihn nicht umsonst erschaffen; der Haß ist ein Phänomen, das seine eigenen Gesetze und seinen eigenen Zweck hat. Wer nach Beispielen sucht, darf nur die Geschichte zu Rathe ziehen und sich in seiner Umgebung umschauen. Ueberall und immer ist gehaßt worden; überall und immer wird man hassen!

Die Physiognomie der Freuden des Hasses und der Rache hat ihre eigenen Bilder, die, fahl und unförmlich, wenn sie Neid, Verleumdung und Verachtung offenbaren, in manchen Fällen eine heftige Leidenschaft ausdrücken, welche nicht ohne Größe ist. Wenn Ihr ein einziges Mal die Gallerien besucht habt, wo die großen Künstler die Spuren ihres Genies hinterlassen haben, müsset Ihr Euch manchen erhaben-schauderhaften und grausenvoll-schönen Bildes erinnern können. Es giebt Augenblicke im Menschenleben, welche nicht länger dauern als das Aufleuchten des Blitzes, und in denen die Leidenschaften, in hellster Flamme auflodernd, sich alle auf dem Altar einer einzigen als Sühnopfer darzubringen scheinen, so daß der moralische Mensch in seiner ganzen Kraft zu brennen und sich mit einem Lichtblitze und einem erschütternden Schlage zu verzehren scheint. Der Haß kommt auf diese Weise sehr oft zum Ausbruch.

Die kleinen und unschuldigen Freuden des Hasses haben oft den unbefangensten Ausdruck, dem sich aber nicht selten ein leichter Anflug von Bosheit beimischt.' Das Lachen ist fast immer ein beständiges Symptom dieser Genüsse, weil die Idee des Lächerlichen, in welches unser Gegner versetzt wird, in den meisten Fällen den Hauptheil der Freude ausmacht.

29. Kapitel.

Von den negativen Genüssen des Gefühls.

Jeder in den Gefühlsorganen entstandene Schmerz kann abnehmen oder aufhören und hierdurch einen Genuß bereiten, der, wie wir dieses schon bei einigen Sinnesgenüssen gesehen haben, negativ genannt wird. Vollständig können diese Genüsse nur in der Geschichte des Schmerzes behandelt werden, weil dieser fast immer deren Stärkegrad bemißt und deren Natur bestimmt. Ich werde hier nur eine kleine Skizze von ihnen geben und im Uebrigen eine Lücke lassen, welche nur von der „Physiologie des Schmerzes" ausgefüllt werden kann.

Ein Maler könnte bis zu einem gewissen Punkte die Geschichte eines Gefühls darstellen und zwar durch Zeichnung einer Figur, welche in ihren äußeren Formen dessen charakteristische

Natur andeutete. Alsdann müßte er derselben eine Wage in die Hand geben, welche auf der einen Seite die Schmerzen und auf der andern die Genüsse, die jener Affect zu ertheilen vermag, wöge. Im Zustande der Ruhe hält der Genuß dem Schmerze das Gleichgewicht, und die Zunge ist unbeweglich; aber kaum nimmt die gewaltthätige Hand der Leidenschaft oder die launenhafte Hand des Geschicks aus der Schale des Genusses einen der vielen Juwelen, welche diese schmücken, so ist das Gleichgewicht gestört und die Wage läßt, auf der einen Seite des Schmerzes sinkend, durch ihre hastigen und ungleichmäßigen Schwankungen das Gefühl leiden. Je mehr aus der Schale des Genusses genommen wird, desto mehr kommt die Wage aus dem Gleichgewicht und desto mehr triumphirt der Schmerz. Wenn alsdann eine wohlthätige Hand den fortgenommenen Edelstein auf die kleine Schale des Genusses zurücklegt oder ihn durch einen andern von gleichem Werthe ersetzt, wird das Gleichgewicht wieder hergestellt, und die Zunge läßt, in leisen Schwankungen zur Ruhe zurückkehrend, den Finger des Gefühls, welcher die zarte Maschine in der Schwebe hält, in Lust erzittern. Entschuldiget dieses vielleicht unbestimmte oder mangelhafte Bild, aber verwerfet nicht die Thatsache, welche es darstellt. Jedesmal, wenn ein auf irgend eine Weise beleidigtes Gefühl einen Schmerz erzeugt, kann es uns die intensivsten Freuden gewähren, sobald eine mitleidige Hand dessen frische oder alte Wunde heilt; obgleich das Gefühl in den meisten dieser Fälle keinen positiven Genuß empfindet, sondern sich mit dem Aufhören des Schmerzes begnügen muß. Es giebt jedoch Qualen und Schmerzen in der Geschichte des Gefühls, unter welchen zu leiden nicht Alle „würdig" sind, und die mit dem bloßen Aufhören eine sehr lebhafte Freude, einen wahren Hochgenuß erzeugen können. Mitunter ist der Zufall, welcher den Schmerz hebt, ein so glücklicher, daß nicht nur Genuß aus der Herstellung des Gleichgewichts entspringt, sondern dieser auch, nachdem er mit seiner wohlthätigen Welle die Gluth des Schmerzes gelöscht hat, auf allen Seiten übertritt und überallhin Freude verbreitet. In diesem Falle erreicht die Lust die höchsten Grade menschlicher Kraft, und unser schwacher Organismus vermag kaum eine Erschütterung zu ertragen, unter welcher sein Gerüst zu knarren und zu zerbrechen scheint. Nur der Dichter und der Künstler allein können, in einem Genieblitze, ein solches Bild zeichnen, oder besser, ein solches Bild in seinen Umrissen und Färbungen entwerfen, so daß man dessen unermeßliche Größe sehen und dessen gigantische Schattenspiele bewundern kann. Der Philosoph kann nur analysiren und beschreiben, und kann uns, indem er auf der einen Seite die Geschichte der Freude und auf der andern Seite die Geschichte des Schmerzes schreibt, eine Vorstellung geben von der Entfernung zwischen diesen zwei Welten und von dem unaussprechlichen Zucken, welches entsteht, wenn ein unermeßlicher Genuß sich plötzlich in die Arme eines unermeßlichen Schmerzes stürzt, um sich mit diesem zu verschmelzen und zu unificiren und nur noch einen harmonischen Wonneaccord zu bilden. Die größten Kräfte, die größten Phänomene gehen aus dem Zusammenstoß und der Verschmelzung zweier entgegengesetzter Elemente hervor, der positive und negative Pol, die Säure und die Base, die Anziehung und die Abstoßung, das Gute und das Schlechte, der Genuß und der Schmerz . . . . . Auf diesem Gebiete giebt der kalte Verstand der Poesie die Hand, und Beide vereinigen sich, um das große Gesetz des „Dualismus" zu bewundern, dessen Geschichte vielleicht die „Physiologie des Kosmos" sein würde.

Von den Gefühlen des Ich's sind es der Egoismus in allen Graden und die Eigenthumsliebe, welche die intensivsten negativen Freuden gewähren können. Eine unerwartete Heilung nach langem Fürchten und Verzagen und der Wiedererwerb verlorener Reichthümer können uns ein Beispiel der intensiven Genüsse, welche diese Gefühle gewähren, geben.

Die Kränkungen des Selbstgefühls in allen Formen lassen einen so langen und hartnäckigen Streifen von Verdruß hinter sich, daß die Freude selten dessen Spuren ganz zu verwischen vermag. Man könnte sagen, daß ein in seiner Selbstgefälligkeit beleidigter Mensch ein Schneckenthier wird, das überall wo es vorüberzieht eine Spur von übelriechendem und zähem Geifer hinterläßt, und überall, wo es sich umkehrt, das Abzeichen seines

Streifens findet; so daß er in seinen Erinnerungen nicht zurückgehen kann, ohne jenen verhängnißvollen Fleck, den die Zeit wohl erbleichen und grau machen, aber nie auslöschen kann, stets vor Augen zu haben. Ein Mensch, der ein einziges Mal in seinem Leben beleidigt wurde und die bittere Kränkung mit langsamer Pein verschlucken mußte, kann dieselbe nie vergessen, auch wenn er die höchste Stufe der socialen Leiter erstiege. Es kommen Augenblicke, in welchen er einen Arbeiter, der noch nie die Stirn vor Jemand beugte und sich noch nie schämte, ein Mensch zu sein, beneiden kann.

Alle „Gefühle zweiter Person" können uns die intensivsten negativen Freuden gewähren. Bald ist's ein Freund, der nach langer und schmerzvoller Abwesenheit in unsere Arme zurückkehrt; bald ist's die Mutter, die uns nach dem Groll weniger Tage, vor Freude weinend, segnet; bald ist's der heilige Boden des Vaterlandes, den wir nach einer langen Verbannung im Freudenrausche küssen. Manche dieser Freuden sind so lebhaft, daß sie die grausamen Schmerzen, welche deren nothwendige Ursache waren, fast wünschen lassen.

Die negativen Genüsse des Gefühls sind der süßeste Balsam der Schmerzen und Qualen des armen menschlichen Herzens. Manches Dasein würde bei den ersten Regungen unter dem rauhen Klima des Schmerzes erloschen sein, wenn nicht ab und zu ein heller Lichtstrahl die Dunkelheit eines immer trüben Horizonts durchbrochen, und ein gütiges Gestirn jenen sternenlosen Himmel auf einige Augenblicke erleuchtet hätte. Ein heller und warmer Blitzstrahl genügt, um die Finsterniß und die Kälte langer Jahre zu unterbrechen und macht, indem er die Hoffnung auf einen neuen Funken auftauchen läßt, das Leben erträglich. Es giebt allerdings traurige Fälle, in denen diese kurzen Aufheiterungen eines qualvollen Daseins wie eine bittere Parodie oder eine Verhöhnung erscheinen. Aber es soll nicht so sein, und die Hoffnung lehrt uns, daß jene flüchtigen Freudenblitze, indem sie uns das Leben ertragen lassen, den erhabenen Zweck haben, uns der Märtyrerqualen würdig zu machen, . . . — und der Hoffnung muß man immer auf's Wort glauben. Sie ist so harmlos und aufrichtig! Ohne Zweifel sind diese Freuden zahlreicher und lebhafter im Leben der Frau, welcher die Natur größere Schmerzen auferlegte. Wenn sie auch im Museum ihrer Genüsse keine sehr reiche Freudensammlung besitzt, so kann sie sich doch einiger Edelsteine rühmen, welche sich in den Freudensammlungen der Männer und der Egoisten, — in den meisten Fällen sinnverwandte Bezeichnungen — nicht vorfinden. Es giebt einige moralische Hochgenüsse, nur gekannt von Dem, der viel gelitten hat; und um viel zu leiden, muß man ein sehr reiches Herz haben. Hier, wie in vielen anderen Fällen, muß der Genuß mit vielen Anstrengungen erworben, muß die Freude durch den heftigsten und hartnäckigsten Kampf erobert werden.

Das Lebens- und das Zeitalter, die Bedingungen des socialen Lebens und der Länder, in welchen man mehr leidet, begünstigen ebenfalls den Genuß dieser negativen Freuden. Wenn ich mich hier eingehender mit ihnen beschäftigen wollte, würde ich unversehens in die Regionen des Schmerzes gerathen und den Weg verlieren, obgleich es moralisch unmöglich ist, die Physiologie des Genusses zu schreiben, ohne vom Schmerze zu sprechen und umgekehrt. Wenn ich ein Element vom andern getrennt habe, so that ich's, weil auch ich ein Mensch bin und weil ich, wie alle anderen, theilen muß, um zu analysiren, und schneiden muß, um zu studiren.

Die Physiognomie der negativen Gefühlsgenüsse ist in den einzelnen Fällen sehr verschieden, und das einzige sie charakterisirende Merkmal wird vom Erstaunen und von der Vereinigung der Züge des Schmerzes und der Freude gebildet. Wir haben bereits andernorts den eigenthümlichen Zauber dieser Bilder angedeutet, in denen zwei entgegengesetzte Elemente einander ausstoßen und der Geist, ohne zu wollen, sich eine aus dem Gleichgewicht eines Gegensatzes entspringende Harmonie vorstellt und gleichzeitig die Aesthetik der Unordnung und das Schöne der Ordnung bewundert.

Dritte Abtheilung:

Verstandesgenüsse.

1. Kapitel.

Allgemeine Physiologie der Verstandesgenüsse.

Je mehr wir uns in der Analyse des moralischen Menschen von der einfachen Empfindung entfernen, um zu den erhabensten Schöpfungen des Geistes zu gelangen, desto mehr befinden wir uns vor einem nebeligen und unbestimmten Horizont, an welchem die Gegenstände sich so undeutlich abzeichnen, daß unser schwaches Auge öfters nicht nur unfähig ist, zu erkennen, woher sie kommen und wohin sie gehen, sondern wir auch meistentheils deren Individualität nicht feststellen können. Im Reiche der Sinne finden wir viele Geheimnisse, aber wir haben eine Einsicht in den allgemeinen Verlauf der Phänomene: wir haben einen Körper, der uns mit seinen Molekülen, mit dem Lichte oder dem Klang „berührt", kurz einen Gegenstand, der uns etwas zusendet, dessen wir gewahr werden. Im Reiche des Gefühls wachsen die Geheimnisse, fallen die Schatten auf den Horizont unserer Untersuchungen, aber wir kennen uns noch aus. Es sind Kräfte, die von uns ausgehen und sich auf einen physischen oder moralischen Punkt richten; es sind warme und dunstige Ausflüsse, mit welchen das Ich der Natur antwortet. Wenn wir aber von dem zusammengesetztesten Gefühl zur einfachsten Verstandesthätigkeit übergehen, fühlen wir uns gleich in einer andern Welt und unter einem dunkleren Himmel; und das Bewußtsein, obgleich es uns von den Geistesphänomen benachrichtigt, giebt uns doch keine

Anleitung sie zu studiren oder deren Ursprung oder Ursache zu erkennen. Vorher bedienten wir uns des Geistes, um etwas zu studiren, das, obgleich vielleicht eng mit ihm verknüpft, doch immer außer ihm war; jetzt hingegen ist es der Geist, der sich selbst studiren soll: ist's das Ich, welches, nachdem es das Gebäude betrachtet hat, in dem es wohnt, und nachdem es seine Gärten, seine Besitzungen, seine Gewänder wohlgefällig gemustert hat, sich dem eigenen Selbst gegenüber befindet, und, in den Spiegel des Bewußtseins schauend, auf einmal überrascht und betroffen bleibt, sich in demselben zu erkennen, ohne jedoch die eigenen Züge unterscheiden und ohne sich erforschen zu können. Viele Menschen können dieses nicht begreifen, weil sie nie fähig waren, sich einen einzigen Augenblick von der Außenwelt abzusperren, sich aus den Armen der Sinne und des Gefühls zu befreien; und in den Spiegel des eigenen Bewußtseins schauend, könnten sie ihr Ich nie nackend, abgesondert, schwebend vor dem dreifachen Reiche der menschlichen Natur sehen oder fühlen. Doch muß man hier wohl unterscheiden. Der Mensch kann, wenn er Geduld und Aufmerksamkeit hat, die Flächen seines moralischen Polygons nacheinander betrachten und die einzelnen Züge seines Geistes analysiren, — er kann das Gedächtniß, die Vernunft, die Phantasie studiren; doch studirt er in diesem Falle nur die Instrumente, die Organe und die einzelnen Theile, aber er sieht noch nicht das Ganze des Mechanismus, er erkennt nicht die menschliche Einheitlichkeit. Nur für den Blitz einer Sekunde kann man, mit einem starken Willen, die Bewegung des moralischen Lebens beinahe anhalten und kann, ohne sich zu erinnern, ohne zu denken oder zu schaffen, das Bewußtsein des reinen und einfachen Ich's haben und jenen von der Kreuzung aller physischen und moralischen Kräfte gebildeten geheimnißvollen Punkt vor sich selbst betrachten. Darüber hinaus kann man nicht gehen. Jener Punkt ist untheilbar, und wir können ihn nur wie das Schnellen eines Blitzes vor unserm Bewußtsein haben.

Trotz aller dieser Schwierigkeiten, den eigenen Geist zu studiren, würde man schon einen großen Schritt gemacht haben, wenn man ihn gänzlich von den anderen zwei Reichen der menschlichen Natur absondern könnte, oder wenn wenigstens eine Kluft das Gefühl vom Verstande trennte; aber unglücklicherweise ist dieses nicht der Fall. Der Schlund existirt nicht, und eine gemeinsame Vegetation, welche auf den Grenzen der beiden Welten wächst, erlaubt uns nicht, sie voneinander zu trennen. Die Philosophen ziehen Seile nach allen Richtungen, um die verschiedenen Staaten der moralischen Welt abzutheilen; aber sie täuschen nur sich selbst, indem sie Grenzen zeichnen, die gar nicht existiren. Die Grenzämter der Könige und die Pfeifer und Fäden der Philosophen können keine Länder schaffen; nur die Natur hat sich das Recht vorbehalten, die geographische Karte der Welt und des menschlichen Geistes zu machen. Wenn wir im blühenden Garten des Affects sind und uns auf wonnige Weise entkräftet fühlen von der heißen Luft, die man dort athmet, können wir allerdings mit Gewißheit sagen, daß wir uns in den Gefühlsregionen befinden; wenn wir aber die Grenzmauer des köstlichen Gartens suchen, können wir sie nicht finden; und wenn wir, aufmerksam auf die Verschiedenheit der Temperatur und der Vegetation, vom Mittelpunkte aus in gerader Linie vorwärtsgehen, um zu finden, wo das Herz aufhört und der Verstand beginnt, machen wir es wie jene Hunde, welche, nachdem sie die Spur des Hasen verloren haben, ärgerlich bellen und, nach rechts und nach links laufend und tausendmal wieder auf ihre Fußstapfen zurückkehrend, nie die ersehnte Fährte finden, welche sie bisher geleitet hatte. Hier ist es zu kalt, wir müssen uns bereits im Reiche des Verstandes befinden; aber diese Blumen wachsen doch nur in den warmen Regionen . . . Hier ist es zu warm, wir sind noch in den Gärten des Herzens; aber es ist unmöglich, sehet Ihr nicht den Lärchenbaum und die Tanne? . . . Nur allzuwahr: die „idealen Gefühle“, nämlich jene, welche aus einer Idee hervorgehen oder sich an eine Idee richten, bilden einen Ring, der die Regungen des Herzens mit den Aspirationen des Gehirns verbindet. Die Wahrheit ist eine Idee, die Beschreibung ihrer Genüsse hat also ihren Platz in der Physiologie der Verstandesgenüsse; aber die Wahrheit fühlt man, und die Wahrheitsliebe ist ein Gefühl.

Jedenfalls ist es hier, wie ich schon früher bemerkt habe, nicht meine Aufgabe, die Geographie des menschlichen Geistes zu schreiben, sondern ich habe nur alle aus demselben entspringenden Genüsse aufzuzeichnen; weshalb ich eine beliebige Reihenfolge einhalten werde, welcher ich nicht die geringste Bedeutung beilege und welche ich nur als leitenden Faden, als Führer benutzte, um in dem dichten Walde nicht den Weg zu verlieren.

Der Verstand hat einen sehr großen Antheil in allen Genüssen, er wirkt in ihnen mit vielen wechselnden Elementen und mit der beständigen und unerläßlichen Bedingung der Aufmerksamkeit mit. Doch selten gewährt er uns primitive und einfache Freuden, in welchen er der alleinige wirkende Faktor ist. Er ist ein strenger Arbeiter, der unverdrossen, ohne zu lächeln, schafft, und der, wenn er heiter ist, seine Freude fast immer dem Becher eines ihn berauschenden Gefühls verdankt. Sehr viele Menschen haben in ihrem Leben keine anderen reinen Verstandesgenüsse gekostet als die aus der „Idee des Lächerlichen" entspringenden, welche eine besondere Klasse bilden und in Jedermanns Bereich liegen. Wenn ein geistiges Vermögen allein, ohne Mitwirkung des Sinnes oder des Gefühls, eine Freude erzeugen soll, muß es außergewöhnlich entwickelt sein. Andernfalls bewirkt das Uebermaß der Thätigkeit oder der Kraft, welche zur Erzeugung der für alle Genüsse unentbehrlichen Reizbarkeit nothwendig ist, anstatt der Freude, Schmerz, und wäre es auch nur unter der Form von Müdigkeit. Viele studiren mit Vergnügen, aber dieses entspringt fast immer aus der Befriedigung eines Gefühls, welches edel oder unedel, erhaben oder gewöhnlich sein kann. Es kann die Ruhmesliebe oder die Eitelkeit, der Eigennutz oder das Pflichtgefühl sein. Wenige lieben das Studium um seiner selbst willen und sind fähig, einen rein intellectuellen Genuß zu empfinden. Ihr werdet Euch wohl jetzt nicht mehr wundern, daß dieser dritte Theil der Welt der Genüsse eine so geringe Anzahl von Seiten umfaßt.

Die reinen oder nur ganz leicht vom Gefühl angehauchten Verstandesfreuden können jedoch den höchsten Grad der Kraft erreichen und ein ganzes Dasein glücklich machen. Sie bewahren in ihren kostbaren Schätzen die ruhigsten und stürmischsten Freuden, laue Flammen, welche ein ganzes Leben mit einem milden Glanze erhellen, und Blitze, welche den Horizont eines Daseins auf Augenblicke mit einem Lichtstreifen durchfurchen. Ihre besondere Eigenthümlichkeit ist, daß sie fast ganz unabhängig von Schmerzen sind, ja daß sie sogar sehr oft vor Mißgeschick bewahren. Sie haben das Vorrecht, zweimal „unser" zu sein und in keiner Beziehung zum Egoismus zu stehen, und sich zu jedem unserer Befehle im Heiligthum des Geistes bereithaltend, bleiben sie in allen Lebensaltern treu und sind unerschütterlich gegen die politischen Veränderungen und die Fehler des Herzens, ja oft auch gegen die Verwüstungen der Zeit. Einem edlen Ziele zugewendet und leicht erwärmt vom Hauche eines zarten Gefühls, können sie eine Form der Glückseligkeit bilden, welche sich am meisten dem Ideal der Vollkommenheit nähert.

Ich sagte, daß die Verstandesfreuden vom Gefühle „lau angehaucht" sein müssen; denn wenn die Temperatur des Gefühls sich bis zur wirklichen Wärme steigerte, würde sie die glänzende Reinheit der geistigen Freuden nur verderben. In ihrer ganzen Vollkommenheit zeigen sie sich nur auf den Trümmern der Affecte und der Sinne; und einem Menschen, der Märtyrer des Gedankens ist, kann man deshalb die Ertödtung des Herzens fast immer verzeihen. Er tödtet in sich den Geliebten, den Vater, den Bürger, vielleicht sogar den Sohn und den Freund, aber er findet die Wahrheit; und die gleichzeitigen oder zukünftigen Generationen erleuchtend, bezahlt er reichlich den Tribut, welchen er der Menschheit schuldet. Sich das Herz ausreißend, zerstört er mit diesem oft die Quelle der süßesten Freuden, der glühendsten Affecte; aber er hört nicht auf, ein ehrbarer und rechtschaffener Mensch zu sein und kann es sogar bis zum Märtyrerthume bringen. Er hat ein erhabenes Ziel im Auge, das er um jeden Preis erreichen muß; er ist in eine so zarte und gefährliche Arbeit vertieft, daß das leiseste Geräusch oder der geringste Stoß ihn ablenken oder verwunden könnte. Die launenhafte Maschine des Herzens machte zuviel Lärm, er hat sie deshalb herausgerissen und zur Thür hinausgeworfen, wie er es mit einem bellenden Hunde gethan haben würde. Wenn nur sein Gehirn der Feder Gedanken über Gedanken eingiebt, würde er sich selbst in den köstlichen Ofen, welcher seine Werkstätte erwärmt, werfen. Soweit kann jedoch nur ein Genie gehen. Ein gewöhnlicher Mensch, der eine einzige Regung seines Herzens unterdrückte, würde einen Frevel begehen. Werde er ein Göthe oder ein Bacon, und wir werden Nachsicht mit seinem Egoismus und seiner Hartherzigkeit haben.

2. Kapitel.

Von den Genüssen der Aufmerksamkeit und den Genüssen, welche aus dem Bedürfnisse zu erkennen, zu beobachten und zu lernen erwachsen. — Von den krankhaften Genüssen der Neugierde.

Die Aufmerksamkeit ist weder ein primitives geistiges Vermögen noch eine besondere Kraft; sondern sie ist nur ein Zustand, in welchem sich der Geist befindet, wenn er auf die Thätigkeit eines der in der moralischen Werkstätte unter seiner Leitung stehenden Arbeiter achtet. Man kann sagen, daß sie der Blick des Verstandes ist, ohne welchen das Bewußtsein nicht reflectirt und das Gedächtniß sich nicht erinnert, das Auge des Gebieters, ohne welches die Arbeit der Diener nachläßt oder aufhört. Im gewöhnlichen Zustande „sieht" der Geist, d. h. er verwendet eine kaum genügende mittelmäßige Aufmerksamkeit um die Empfindungen und die anderen moralischen Phänomene zu erfassen. Mitunter aber „schaut" der Geist, und die wachsende Aufmerksamkeit steigert den Genuß, wenn er existirt; oder ruft ihn hervor, wenn die Empfindung an und für sich keinen Schmerz erzeugen konnte. In manchen Fällen sieht und schaut der Geist nicht nur, sondern er vertieft das scharfe Auge und hängt mit gespanntem Blick an dem Gegenstande seiner Betrachtung; alsdann findet die Reflexion statt, welche nichts anderes ist als eine höhere Art von Aufmerksamkeit. Die Neuheit und die Natur der Gegenstände, sowie die, je nach diesen verschiedene, besondere Vorliebe reizen zu einem verschiedenen Grade von Aufmerksamkeit oder Reflexion, weshalb in jedem Falle, da der Grad der Geistesthätigkeit nicht der gleiche ist, auch der Genuß modificirt wird. Stellet Euch einen Minister vor, der einen Haufen Briefe durchsieht, welche schon lange seiner warteten. Einige derselben, welche er sogleich als langweilige Bittschriften oder als reine Formalitätsberichte erkennt, lassen ihn gleichgültig und er sieht sie kaum an. Andere zeigen neue Schriftzüge oder tragen ein geheimnißvolles Siegel; er „besieht" sie und empfindet einen zusammengesetzten Genuß, welchem sich jedoch sehr oft als Hauptelement die Aufmerksamkeit des Geistes beigesellen kann. Wenn sich endlich ein Brief zeigt, der noch geheimnißvoller ist als die anderen, wächst die Aufmerksamkeit um einen Grad und kann, indem sie Reflexion wird, einen noch lebhafteren Genuß erzeugen.

Ihr werdet mir vielleicht sagen, daß in diesem Falle der Genuß durch die Befriedigung der Neugierde erzeugt wurde, welche im weitesten Sinne des Wortes nichts anderes ist als die Begierde kennen zu lernen oder zu „erkennen", und ich gebe das zu; in dem zusammengesetzten intellectuellen Genusse wirkt jedoch auch die Aufmerksamkeit mit, welche sehr selten, ja vielleicht nie eine primitive Freude hervorrufen kann, sondern in alle Genüsse als Mischungselement tritt.

Der Geist, aufmerkend auf die von allen Seiten der Außen- und Innenwelt anlangenden Materialien, erkennt dieselben bevor er sie in seinen Archiven niederlegt und registrirt. Dieser geistige Act ist das Phänomen des Erkennens oder Begreifens. Bei dieser Thätigkeit, welche die einfachste und elementarste des ganzen Verstandesmechanismus ist, empfindet der Geist oft einen großen Genuß. Machet Euch ein klares Bild von dem Geiste, der in seinem kleinen Vorzimmer die ihm beständig von allen Seiten zugehenden äußeren und inneren Empfindungen aufmerksam erfaßt, und Ihr werdet sofort alle Genüsse des „Erkennens", des „Beobachtens" und des „Lernens" begriffen haben.

Wenn die Arbeit des Registrirens ermattet und der Geist, welcher sie leitet, nicht sehr thätig ist, wird der Genuß nur durch die Neuheit der anlangenden Gegenstände erzeugt. Die Natur, welche die Kraft ursprünglich in uns legte, und die Erfahrung, welche uns lehrte, daß die Thätigkeit angenehm ist, lassen uns das „Erkennen" begehren oder treiben uns zur Neugierde. Mit anderen Worten, der protokollirende Geist sucht mit Ungeduld nach der Eintrittsthür und verlangt von den Sinnen und Gefühlen ungestüm neue Materialien zum Erkennen. Das eine Mal liebt er mehr die Anzahl und die Neuheit, alsdann herrscht der Genuß des „Erkennens" oder des „Lernens" vor; das andere Mal will er mit Ruhe erfassen und registriren, und dann hat er den Genuß des „Beobachtens". Bei dem Genusse des Erkennens hat der Geist nur seinen gewöhnlichen Blick und giebt mit seiner Feder dem Gegenstand in aller Eile das entsprechende Zeichen, um ihn sogleich in andere Hände übergehen zu lassen. Beim Genusse des Beobachtens steckt der Geist die Feder hinter's Ohr und hält an, um den Gegenstand, welchen er erkennen will, zu betrachten und zu untersuchen. Beim Genusse des Lernens endlich begnügt sich der protokollirende Geist nicht mit dem Beschauen und Stempeln, sondern er will das Bild des ihm zugegangenen Gegenstandes bewahren, und ihn sorgfältig mit beiden Händen erfassend, traut er ihn dem als Archivar waltenden Gedächtnisse an. Hier vollzieht sich ein sehr zarter geistiger Act, welcher aber, einmal überrascht, sehr leicht begriffen werden kann. Bei dem allgemeinen Genusse des Lernens ist die Mitwirkung des Gedächtnisses nicht unumgänglich nothwendig; aber die Befriedigung des Erkennungs-Bedürfnisses genügt nicht. Der Genuß entspringt gerade in dem Augenblicke, in welchem der Registrator die Depesche dem Archivar übergiebt. Auch wenn das Gedächtniß seiner Pflicht untreu wird und die Depesche, statt sie aufzubewahren, in den Papierkorb wirft, die Freude, gelernt zu haben, wurde schon genossen.

Nicht immer hat der registrirende Geist die gleiche Beobachtungs- und Lernbegierde. Mitunter erfüllt er seine Arbeit gähnend und schläfrig, wie eine traurige Pflicht; während er bei anderen Individuen von einer wahren Lernsucht ergriffen wird, so daß es dem unermüdlichsten Pförtner nicht gelingt, genügende Arbeit für seine wüthende Thätigkeit zu verschaffen. Der Sold ist jedenfalls der Genuß, und dieser bemißt sich immer nach der Stärke und Vollkommenheit seiner Arbeit. — Das Alter hat großen Einfluß auf die Natur dieses Genusses. Mancher thätige Geist, der in seiner Jugend den stärksten Pförtner zum Schwitzen brachte und an einem einzigen Tage ganze Bände neuer Protokolle schrieb, wird im späteren Alter ruhiger Beobachter und zieht vor, wenige Gegenstände kennen zu lernen, aber sie nach allen Regeln der Kunst zu registriren.

Die Genüsse des Beobachtens und des Erwerbens von Kenntnissen bilden den integrirenden Hauptheil der Freuden des Studirens, welches immer eine sehr zusammengesetzte Verstandesarbeit ist und sich in seinem Ganzen nicht analytisch behandeln läßt. Es ist im allgemeinen Sinne das Suchen des Geistes nach dem Wahren, dem Guten und dem Schönen; weshalb es drei Welten umfaßt, welche ihre eigenen Himmel, ihre eigenen Planeten und Satelliten haben und deren Geschichte sich nicht auf wenigen Seiten schreiben läßt.

Die Lernbegierde ist eine sehr gute Sache; doch kann sie sich auch in Begleitung mittelmäßiger Geistesfähigkeiten zeigen. In manchen Fällen ist sie nichts als eine wahre Verschlingungswuth, ein wahrer kranker Hunger, der Alles hinunterschlucken läßt, auf die Gefahr hin, sich den Magen zu verderben. Ich möchte sagen, daß sie die Liebe zur Wissenschaft im Jugendstadium darstellt. Dieses gilt jedoch nur für jene Fälle, in denen das Lernbedürfniß Selbstzweck ist. Zuweilen häuft man an, um dann zu classificiren und zu destilliren; und so gierig und instinctmäßig der Hunger nach Kenntnissen dann auch sein mag, ist er doch nie lächerlich. Jedenfalls kann der Genuß des Lernens ein sehr großer sein und mit einem einzigen seiner Blitze für die schwersten über das Selbstgefühl davongetragenen Siege entschädigen. Um zu lernen, muß man immer Schüler sein, muß man vor Büchern oder Menschen über die eigene Unwissenheit erröthen. Manche können, weil sie dieses Opfers unfähig sind, nie zum Genuß einer ganz reinen Freude gelangen; Andere erreichen sie deshalb nicht, weil die Mühe des Lernens, zur Schwäche ihrer geistigen Fähigkeiten in zu ungleichem Verhältnisse stehend, von dem Genusse des Wissens nicht genügend entschädigt wird. Wer matt und angegriffen auf dem Gipfel eines hohen Berges anlangt, kann das erhabene Schauspiel, das sich dort dem Blicke zeigt, nicht genießen, weil der Genuß, den er empfindet, von dem Schmerze, den er aussteht, übertroffen wird, ebenso wird der Schüler, der auf dem Pfade der Wissenschaft hinkt, schwitzt und weint, keine Liebe zu derselben fassen können, sondern sie als eine der traurigen Nothwendigkeit des Lebens verfluchten.

Die Genüsse des Lernens variiren in ausgedehntem Maßstabe, je nach der Natur der Kenntnisse. Wer sich mit besonderer Liebe der Mathematik widmet, kann beim Lesen eines geschichtlichen Buches gähnen; wer gern Sprachen betreibt, kann bei der interessantesten Lection in der Chemie gleichgültig bleiben u. s. w. Auch andere äußere und innere Umstände können die Genüsse, welche uns das Erwerben von Kenntnissen gewährt, modificiren; aber das allbewegende Element, das den Genuß fast immer mit genauem Maße mißt, ist der verschiedene Glaube in der menschlichen Wissenschaft. Wer eine sehr große Anzahl Artikel in seinem Glaubensbekenntnisse hat, kann vor Freude außer sich werden, wenn er erfährt, daß ein Insekt Neu-Guinea's den Mund genau sieben Linien weit vom Hintertheile hat, während derjenige, welcher sein Glaubensbekenntniß auf wenige oder gar nur auf einen einzigen Artikel beschränkt hat, vielleicht gähnt, wenn er von der Entdeckung eines neuen Landes liest. Diese beklagenswerthen Ungläubigen studiren jedoch oft gern und leidenschaftlich, alle Augenblicke aber halten sie an, um zu fragen: „und dann?"

Das Lernbedürfniß kann seine Leidenschaft in aller Unbefangenheit bis zum höchsten Lebensalter bewahren und sich immer frisch erhalten; der Beobachtungssinn hingegen ist immer gereift, oft auch alt. Wenn das erstere selbst im Verein mit dem erbärmlichsten Verstande auftreten kann, ist das zweite hingegen immer ein sicheres Anzeichen einer gewissen Ueberlegenheit. Die Freuden, welche diese zweite Art des Registrirens bietet, sind ruhiger aber zarter, — ich möchte fast sagen „schärfer", und scheinen sich über das ganze Geistesgebiet zu verbreiten. Ich würde sicherlich nicht den Genuß, ein moralisches Phänomen zu beobachten, der Freude, alle europäischen Sprachen zu kennen, zum Opfer bringen. Glaubet mir hier jedoch nicht gleich auf's Wort, denn ich liebe jene Freuden ungemein und ziehe sie vielen anderen vor, so daß ich mich ihnen leicht parteiisch zeigen könnte.

Beim Beobachten ist der ganze Geist aufmerksam einem Dinge zugewendet, sich darauf vorbereitend, die Entdeckungen, welche er jeden Augenblick macht, zu verarbeiten. Es ist seltsam, aber doch scheint während der Beobachtung noch kein Verstandesarbeiter mit der Arbeit zu beginnen, sondern nur Alles vorzubereiten, um sich später daran zu machen. Jedenfalls läßt sich der Genuß des Beobachtens sehr gut mit dem Gefallen eines Arbeiters vergleichen, der seine Werkzeuge in schöner Ordnung zurechtlegt oder die Arbeit, welche er im Begriffe ist zu beginnen, betrachtet. Im Allgemeinen wird dieses Wort gebraucht, um die Aufmerksamkeit zu bezeichnen, welche der Geist den ihm durch den Gesichtssinn zugehenden Eindrücken zollt; aber im weitern Sinne kann man auch ein inneres Phänomen „beobachten".

Die Genüsse, welche uns das Sammeln von Kenntnissen oder das Beobachten gewährt, wirken fast immer wohlthätig auf die intellectuellen Fähigkeiten. Der Wissensdrang für sich allein ist ein durchaus neutrales Vermögen; da er aber von der Wissenschaft befriedigt wird, so folgt daraus, daß, wer deren Freuden kostet, dieselben immer mehr begehrt und, die weniger edlen oder gefährlichen Genüsse verachtend, eine wahre Leidenschaft für's Studium erwirbt.

Die Freuden der Beobachtung schärfen den geistigen Blick, erziehen zum ruhigen und gesetzten Nachdenken; und obgleich sie für sich allein noch nicht das Denken lehren, geben sie doch dem Geist eine der vortrefflichsten Uebungen und machen, indem sie das geistige Rüstzeug verbessern, später die Arbeit leichter und fruchtbarer. Die richtige Pflege dieser Genüsse kann das Denken ruhiger und umsichtiger machen. Die Beobachtung ist der beste Zügel, welcher das feurige Roß der Phantasie bändigen kann, der strengste Lehrmeister, welcher die kindischen Launen und die wunderlichen Grillen des Geistes züchtigt, der beste Reisebegleiter, den die Poesie auf ihrem Wege zur Wahrheit haben kann.

Alle diese Freuden werden mehr vom Manne als von der Frau gepflegt. Die Civilisation breitet sie durch die Erziehung auf eine immer größere Zahl Individuen aus; aber was sie verschieden bemißt, ist die geistige Verfassung, welche wir bei Geburt empfangen. Alle empfinden in ihrem Leben zuweilen den Genuß des Lernens, aber nicht Alle kosten den Genuß des Beobachtens. Es giebt ganz leichte Kenntnisse, welche, spontan durch die Sinne zu unserm Geiste gelangend, nicht die geringste Mühe kosten; weshalb sie auch die schwächsten Gehirne auf angenehme Weise anregen können. Die Beobachtung aber erscheischt immer eine besondere Spannung, welche kleine Gehirne ermüdet und nicht ergötzt. Alle können beschauen und beobachten aber um die Pupille einen Augenblick lang fest und unbeweglich zu halten, müssen Manche die armen Augenmuskeln mit solcher Kraft anspannen, daß dieses thränt und dann stumpfsinnig und matt wird.

Diese Freuden werden in den ersten Lebensjahren nur ganz schwach genossen; es herrschen dann auf außerordentliche Weise jene vor, welche aus dem Kennenlernen der Dinge entspringen. Auch ein Kind, das noch nicht lesen kann und noch nicht die geringste Erziehung erhielt, lernt jeden Augenblick viele Dinge und empfindet darüber fast immer eine Freude, welche ihm die unzulängliche Aufmerksamkeit nur schwach und flüchtig zu genießen erlaubt. Die Genüsse der Lernbegierde sind im Allgemeinen lebhafter im Jünglingsalter; bei manchen Individuen wachsen sie jedoch mit dem Aelterwerden, und der übergroße Wissensdurst läßt dann erst unter dem Hauche des Greisenalters etwas nach. Die ruhigen Freuden der Beobachtung hingegen sind lebhafter im reifen Alter, obgleich wohl Manche schon vom frühesten Jünglingsalter an zu beobachten verstehen. Diesen ist die Langeweile fast immer ein unbekanntes Uebel, und die sie umgebende Welt ist ihnen eine an Beobachtungen und Freuden unerschöpfliche Fundgrube.

Der Genuß des Erkennens und des Lernens kann eine sehr verschiedene Physiognomie haben; bald kann dieselbe ruhig und gelassen sein, bald kann sie sich zu einem wohlgefälligen stummen Lächeln ausbreiten. Beim Genusse des Beobachtens thut das Auge fast immer allein das Vergnügen des Geistes kund. Sein Ausdruck läßt sich nicht beschreiben; es lächelt und spricht, ist fast immer unbeweglich, wechselt aber alle Augenblicke seinen Glanz und seine Lebendigkeit. Oft liest man in ihm eine ruhige und kalte Freude, welche jedoch ab und zu von einigen Funken, — erzeugt von den gemachten kleinen Entdeckungen, — belebt wird. Diese Entdeckungen sind in ihrer Wesenheit nichts anderes als neue Kenntnisse, die wir im Buche der Natur zu lesen verstanden haben. Ich kann nur ein allgemeines Bild von der Physiognomie dieser Genüsse entwerfen; denn dieselben variiren in ausgedehntem Maße, je nach den besonderen Fällen und den Affecten, welche sich ihnen beimischen. Ein Mensch, der sich freut, eine neue Schnecke kennen zu lernen, wird natürlich eine andere Physiognomie haben als jener, der mit großem Vergnügen Leibnitz'sche Philosophie studirt. Wer entzückt einen Gegenstand unter dem Mikroskop beobachtet, kann nicht dieselbe Freude kundthun wie ein Anderer, der die Sterne am Himmel betrachtet, selbst wenn der Genuß zufällig immer gleichen Grades wäre. Bei der Analyse der Verstandesgenüsse lassen sich nur sehr ausgedehnte Grenzen und grobe Figuren zeichnen; denn wenn man ganz fein zergliedern wollte, würde man, ohne zu wollen, in das Gebiet der Sinnes- oder Gefühlsgenüsse treten.

Die Pathologie dieser Genüsse findet ihren Grund fast immer in einem Gefühle, welches die Thätigkeit des Geistes einem unreinen Zwecke zulenkt. Im Bereiche der Moral ist der Verstand Diener des Herzens und ein Instrument, welches für sich selbst nicht die geringste Verantwortlichkeit hat, indem es ebenso gut dazu dienen kann, das Gefühl zu läutern, wie es unfruchtbar zu machen. Das Verdienst der geistigen Arbeit bemißt sich immer nach dem Affecte, welcher dieselbe anregt; ohne diesen kann sie sich weder Belohnung noch Strafe zuziehen. Für den Philosophen kann der Verstandesgenuß krankhaft sein, auch wenn er nicht gerade ein Vergehen in sich schließt, nämlich, wenn er von einer im Ebenmaß oder in der Natur unedlen Fähigkeit erzeugt wird und wenn er das Wahre und Schöne beleidigt. Von den pathologischen Verstandesgenüssen sind einige krankhaft und unrein, andere krankhaft und unschuldig. In allen Fällen muß die Strafe das Gefühl treffen, denn der Verstand kann nie schuldig sein.

Nachstehendes Beispiel wird uns das deutlicher machen. Man kann sich freuen, Kenntnisse, welche der Moral gefährlich sind, zu erwerben, man kann ebenso mit wahrer Lust eine sündhafte Handlung beobachten; aber in beiden Fällen wird der krankhafte Genuß vom Gefühl ertheilt. Man kann ferner von einer wahren Sucht ergriffen sein, kleine und unbedeutende Dinge kennen zu lernen und zu beobachten; man kann, mit einem Worte, „neugierig“ sein, und dann ist der Genuß, den man empfindet, zwar nicht sündhaft, wohl aber krankhaft; und die Krankhaftigkeit ist, obgleich angesichts der Moral unschuldig, doch eine Ausartung intellectueller Organisation.

Die Neugierde ist eine leichte geistige Krankheit, in welcher der Beobachtungssinn und die Lernbegierde in eine launenhafte und convulsivische Anwandlung verfallen, die gleichgültigsten und albernsten Dinge zu wissen, — in einen unwiderstehlichen Kitzel, den eigenen Verstand alle Augenblicke mit den läppischsten Nachrichten zu reizen. Es ist dieses eine kleine Leidenschaft, welche nie die zwerghaften Verhältnisse überschreitet, aber welche hartnäckig ist wie ein eigensinniges Kind, unvernünftig wie ein zorniges Weib, aufdringlich wie eine Fliege. Die Frauen kennen sie besser als wir; aber auch an neugierigen Männern fehlt es gewiß nicht. Uebrigens ist diese geistige Krankheit so leicht, daß sie sich oft von vollkommener Gesundheit nicht unterscheiden läßt; und wenn sie nicht in Unbescheidenheit ausartet oder zu rohen Verletzungen des Anstandes führt, kann man sie wohl noch entschuldigen. Im Kleinen ist sie, wie der Ehrgeiz, eine neutrale Leidenschaft, welche wissenschaftlich oder frivol, kindisch oder edel genannt werden kann. Jedenfalls sind diese Genüsse immer unbedeutend, und statt die Neugierde zu ermüden oder zu befriedigen, scheinen sie dieselbe nur noch zu reizen und dringender und heftiger zu machen. Kein Lebensalter ist von dieser Krankheit ausgeschlossen; doch bleibt dieselbe immer nur in den Kinderschuhen.

3. Kapitel.

Von den Genüssen, welche aus der Denkthätigkeit entspringen.

Die Arbeiter der geistigen Werkstätte sind so geschäftig, daß sie jede ihnen zugehende protokollarisch aufgenommene Empfindung sogleich in das geheimnißvolle Triebwerk werfen, welches sie zu einer Vorstellung verarbeitet. Diese Vorarbeit ist für jede weitere Thätigkeit unerläßlich; Alles was durch die Sinne, die Ueberbringer der von Außen ertheilten Berichte, oder durch das Bewußtsein, den Minister des Innern, in der großen Werkstätte anlangt, muß zur Vorstellung umgewandelt werden. Eine Empfindung jedoch, mag sie nun von Außen kommen oder im Innern erzeugt sein, muß, wenn sie zur Vorstellung wird, in einer dichten Hülle verschlossen sein, welche sie vor der Verdunstung bewahrt und sie den Augen der immer kurz- oder schwachsichtigen Arbeiter sichtbar macht. Die Hülle liefert das Wort, ein mehr oder weniger durchsichtiges Gefäß, welches die Farbe des Stoffes, die Natur der „Mutteridee" sehen oder errathen läßt. Die reinen Vorstellungen sind so flüssig, flüchtig und farblos, daß die Arbeiter sie unter der Hand verschwinden sehen und nicht wiederzufinden wissen würden. Es bedarf der Worte für die Vorstellungen wie der Gefäße für die Flüssigkeiten. Es ist Naturgesetz, unvermeidliche Nothwendigkeit. Ein Gegenstand kann nicht existiren ohne einen Raum, welcher ihn aufnimmt; und eine Vorstellung ohne Wort wurde noch von Niemand gefunden. Die Vollkommenheit der Kunst des Denkens macht das Gefäß dünn und durchsichtig, so daß es sich oft kaum von der Flüssigkeit, welche es enthält, unterscheiden läßt; aber das Gefäß existirt immer, das Wort fehlt nie. Man kann erhaben fühlen so lange man will, ohne ein Wort zu denken, ohne das flüchtigste Bild zu zeichnen, welches das uns anregende Gefühl oder den uns berauschenden sinnlichen Genuß darstellt; aber wenn es sich darum handelt die geringste Vorstellung zu bilden, muß man zu den Hülsen der Worte greifen. Und wenn nur der Stoff, welcher die Vorstellungen einschließt, hart wie Glas wäre. Die Zerbrechlichkeit würde zwar manchen Theil der Flüssigkeit umkommen lassen; aber der Stoff würde sich immer rein erhalten. Doch jene geheimnißvolle durchsichtige Substanz ist porös, elastisch und sehr weich, so daß die Vorstellungen durchsickern und sich untereinander vermischen, und die Gefäße, aus einer Hand in die andere gehend, ihre Form verändern. Es geschieht zuweilen, daß zwei Vorstellungen ineinander gerathen und eine allgemeine Verwirrung daraus entspringt. Man könnte in der That Mitleid haben mit jenen armen Arbeitern, die von der ungeheuren Masse der ihnen zugehenden Materialien ganz in Bestürzung gebracht werden, und gezwungen sind, mit flüchtigen Flüssigkeiten umzugehen und sie in Gefäße zu schließen, welche einen Stoiker zur Verzweiflung bringen würden. Oft sind sie denn auch so verwirrt, daß sie die Flüssigkeiten und Gefäße in ihren Händen nicht mehr zu erkennen vermögen und, berauscht von einer Atmosphäre, die erfüllt ist von den Ausflüssen aller durch die Poren der Worthülsen entschlüpften Ideen, bei ihrer mühseligen Arbeit hin- und herschwanken.

Wenn die Empfindungen zu Vorstellungen abgezogen und in die Worthüllen geschlossen sind, gelangen sie in eine höhere Werkstätte, in welcher sie verschiedenartig geordnet und als Begriffe zu Urtheilen und Schlüssen combinirt werden. Wer Logik studirt hat, wird wissen, daß diese Thätigkeit nach unveränderlichen Gesetzen erfolgt, von denen man sich nicht entfernen kann ohne in den Irrthum zu fallen. Unglücklicherweise irren sich jene armen Arbeiter oft, und statt die Begriffe nach der von der Wahrheit vorgeschriebenen Reihenfolge, — der Symmetrie des Verstandes, — zu setzen, versehen sie sich in der Ordnung und im Ebenmaß und zeichnen unnatürliche Figuren. Ich kann hier jedoch nur von den Genüssen sprechen, welche die Arbeiter jener Werkstätte als Lohn für ihre Arbeit erhalten; sie schaffen in der That mit einer großen Energie und einer Unbefangenheit, welche ein besseres Loos verdienen dürfte.

Bei den einzelnen Operationen der Verstandesthätigkeit, welche ich flüchtig genannt habe, können verschiedene Genüsse empfunden werden, die fast immer im Verhältniß zur Schwierigkeit der Arbeit wachsen. Der Bau der Begriffe und der Urtheile geht so leicht von statten, daß er sehr wenige Genüsse gewährt. Mag sein, daß im Beginne des Lebens die erste Verstandesregung so lebhaft ist, daß das Kind auch beim Denken ganz einfacher Sätze eine Freude empfindet. Der lebhafteste Genuß beginnt jedoch, wenn die Urtheile sich in der Maschine des Vernunftschlusses verketten, um neue Ideen und neue Urtheile zu bilden. Hier hat die wirkliche Verfertigung ihren Anfang, und die Umbildung der Urstoffe in die herrlichen Kunsterzeugnisse ist so wunderbar, daß sich die Einen von den Anderen kaum unterscheiden lassen. Beschuldiget mich nicht des Materialismus; denn die „Fabrikation“ ist für mich nur ein Bild, welches mir das Ausdrücken schwerverständlicher und mysteriöser Ideen erleichtert. Aus den neuen Begriffen zweiter Ordnung, welches wahre Begriffe von Begriffen sind, erstehen neue Urtheile, die, sich mit neuen Vernunftschlüssen verkettend, ganz hohe Ideen bilden, — wahre Quintessenzen des Geistes. Dieser Ideen-Destillation ist keine Grenze gesteckt; auch weiß man nicht wo die Werkstätte ein Ende hat. Mancher Geist bleibt bei den Begriffen erster Ordnung, zu welchen er nach langer und mühseliger Arbeit gelangt, stehen; während andere sehr thätige Verstandeswerkstätten die Begriffe vierter oder fünfter Ordnung als

Urstoffe nehmen und, — indem sie auf diese Weise einen ungeheuren Sprung machen, — die ätherischsten und übersinnlichsten Essenzen abzuziehen vermögen, welche sich kaum von dem Horizont, an dem sie sich abzeichnen, unterscheiden. Aus den mit dem Kitte der Logik zusammengefügten Begriffen und Vernunftschlüssen werden dann mehr oder wenige schöne Mosaikarbeiten hergestellt, welche in den Handel kommen. Es sind dies die Werke der Poesie, der Literatur, der Philosophie, der Wissenschaft; — die Erzeugnisse des menschlichen Geistes. Diese Erzeugnisse werden auf dem Markte der öffentlichen Meinung verkauft und lassen sich mit edlen Metallen, mit Lorbeern und bunten Bändern billig erwerben. Einige Fabrikanten arbeiten nur zu ihrem Vergnügen und zur Ehre der Fabrik; andere hingegen verkaufen ihre Erzeugnisse an weitere schon berühmt gewordene Häuser.

Die allgemeine Bewegung, welche die geistige Werkstätte belebt, heißt „Denken“, und der dieselbe begleitende Genuß ist zusammengesetzt aus den kleinen Specialfreuden des Vorstellens, des Bildens von Begriffen, von Urtheilen und Schlüssen. Alle Menschen denken, aber nicht alle empfinden Genuß bei dieser Arbeit. Bald müssen sie sich zu sehr dabei anstrengen; bald ist der Gang ihrer Fabrik so verwirrt, daß sie absolut keinen Gefallen daran finden können. Andere, obgleich an der Spitze einer sehr thätigen Werkstätte stehend, sind zu unruhig und stürmisch, um die unaufhörliche Bewegung des mysteriösen Mechanismus mit Genuß betrachten zu können, und genießen nur die großen Freuden der Entdeckungen oder des Zwecks, den sie mit der Geistesarbeit erreichen. Der Verstand bietet ihnen nur Genuß, weil er sie zu Reichthum und Ehre führt; aber sie ergötzen sich nicht an den Freuden des Denkens.

Und doch ist die geistige Thätigkeit so reich an Wonne, daß sie ein ganzes Leben erheitern, oder uns über alle großen und kleinen Erbärmlichkeiten, welche uns auf unserm Lebenswege treffen, hinwegsetzen kann. Ich deute dieses hier nur an, weil ich hoffe noch einmal mit würdigeren Kräften darauf zurückkommen zu können; doch kann ich nicht verschweigen, daß der Genuß des Denkens, auch unabhängig von irgendwelchem Zwecke, irgendwelcher Belohnung, einer der größten des Lebens ist. Die Empfindungen gelangen von allen Seiten zu uns und werden sogleich zu Vorstellungen. Die Thätigkeit beginnt wirksam und geordnet, und von allen Seiten benachrichtigt uns ein neues Zittern, daß ein neuer Mechanismus in Bewegung gesetzt ist. Hier hat eine Idee, indem sie einen Zahn des Rades berührte, welches die Gedächtnißarchive öffnet, durch Analogie eine historische Idee erweckt; dort hat eine Zusammenstellung von Urtheilen einen Lichtstrahl oder einen Funken hervorgezaubert. Das Licht, welches die große Werkstätte erleuchtet, erstrahlt plötzlich in allen Regenbogenfarben und wirft seinen Refler auf alle Maschinen und Arbeiter. Es ist die Phantasie, die, ihr Kaleidoskop hin- und herbewegend, oder sich einem ihrer optischen Spiele überlassend, eine neue Farbenzusammenstellung geschaffen hat. Bald ist's das betäubende Geräusch der Werkstätte, die wie rasend fortarbeitet, um einen einzigen Gedanken zu erzeugen; bald ist's wieder die vollkommenste Ruhe, welche ganz plötzlich das stürmische Schlagen der Hämmer und das wüthende Knarren der Räder unterbricht. Die Reflexion hat das Licht aufgefangen und hat die Arbeit zum Stillstand gebracht; und die Arbeiter bleiben still und unthätig inmitten einer Dunkelheit, die nur von schwachen Strahlen und von Funken unterbrochen wird, welche aus den Spalten eines glühenden Ofens steigen, wo vielleicht eine große Wahrheit destillirt wird. Und alle diese tausend Vorfälle einer thätigen Werkstätte reflectiren sich in dem Spiegel des Bewußtseins, wo das Ich schaut und lächelt. Glaubet nicht, daß ich übertreibe oder dichte. Nicht Alle, welche mit Genuß denken, drücken denselben auf die gleiche Weise aus; aber Alle fühlen, daß es eine unbeschreibliche Freude ist, die sich nie erschöpft und sich immer erneuert; die vielleicht kalt und ruhig ist, aber die man wie eine Herzensfreude lieben kann.

Das männliche Geschlecht, das erwachsene Alter und die Civilisation begünstigen den Genuß dieser Freuden. Die größte Verschiedenheit dieser Genüsse wird mehr von dem Grad des Empfindungsvermögens und der Kraft des Willens bestimmt als von dem Grad der Intelligenz. Viele gut beanlagte und vielleicht auch geistvolle Menschen werden von Gedanken fortgezogen, und das Ziel in's Auge fassend, schauen sie vielleicht nie auf den Pfad, den sie einschlagen. Zuweilen machen sie sich nichts aus den kleinen Freuden und haben, sich in die erhabensten Speculationen vertiefend, nicht Zeit zu denken, daß sie „denken".

Um den primitiven Genuß der Verstandesthätigkeit zu kosten, muß man die Geduld haben, mitten im Laufe die Straße zu beschauen, welche man durcheilt, muß man Herr und nicht Diener des eigenen Gedankens sein; kurz, muß man der schwierigen Aufgabe, sich inmitten der Thätigkeit und der Arbeit ruhig zu halten, gewachsen sein.

Von allen Verfertigern geistiger Producte sind es im Allgemeinen die Philosophen und Literaten, welchen das Denken den lebhaftesten Genuß bereitet; während die Gelehrten denselben weniger lebhaft empfinden. Doch sind diese fast immer Wiederverkäufer der Erzeugnisse Anderer und nicht Verfertiger.

Der Einfluß dieser Freuden ist sehr wohlthuend. Sie machen uns glückselig oder befähigen uns, nach der Glückseligkeit zu trachten; und indem sie uns über die anderen Menschen erheben, machen sie uns fast immer würdig, nach den warmen Genüssen der Ruhm- und Ehrbegierde zu streben. Wer dahin gelangt, die wahre „Lust" des Denkens zu empfinden, findet jeden andern geistigen Genuß fade und leer und vernachlässigt auch oft die mehr oder weniger gefährlichen Genüsse des Gefühls.

Der reine und einfache Genuß des Denkens kommt gewöhnlich durch Leuchten der Augen oder durch die Lebhaftigkeit der Gesichtszüge zum Ausdruck; aber er kann auch zuweilen ganz ohne Ausdruck bleiben. Man kann einen krankhaften Genuß empfinden, indem man sich freut zu urtheilen und zu denken, während man unvernünftig spricht oder phantasirt. Wenn die Gefühle des Wahren und des Schönen gesund sind, kann man nie an einem gewöhnlichen oder fehlerhaften Gedanken Gefallen haben; und der Genuß beginnt erst, wenn die Thätigkeit der Werkstätte schnell und intensiv ist und wenn die daraus hervorgehenden Erzeugnisse würdig genug sind, um von jenen strengen und unbestechlichen Richtern gebilligt zu werden.

4. Kapitel.

Von den Genüssen, welche aus der Sprachthätigkeit entspringen.

Wir haben gesehen, wie jede Vorstellung, sobald sie gebildet ist, in die Hülle des Worts geschlossen wird, ohne welche sie von den Arbeitern der großen Geisteswerkstätte nicht gehandhabt werden könnte. Das Wort kann unter der Form eines mysteriösen Zeichens in den Archiven des Gedächtnisses aufbewahrt werden, oder kann durch die Sprache, durch die Schrift und durch andere mehr oder weniger unvollkommene Mittel ausgedrückt und einem andern Menschen verständlich gemacht werden. Alle diese verschiedenen Phänomene gehören physiologisch zu einer und derselben Verstandesfunction, welche uns durch ihre Thätigkeit mannichfaltige Genüsse gewähren kann.

Die Sprachfunction trägt zum kleinen Theile zur Bildung des umschließenden Genusses des Denkens bei, in welchem auch nothwendigerweise die Arbeit des Einkleidens der Vorstellungen mitwirkt; aber dieser Genuß geht fast immer unbeachtet vorüber, weil er mit dem größeren Genusse, welcher aus der Bildung der Ideen und aus deren logischen Zusammenstellungen entspringt, verschwimmt. Wenn man denkt, darf das Wort nie fehlen, aber die unmerklichsten und unvollkommensten Zeichen genügen, um es darzustellen; und die Geistesthätigkeit nimmt blitzschnell ihren Fortgang, ohne daß man der sie begleitenden Stenographie große Aufmerksamkeit schenkt. Unser Geist versteht fast immer die verteufeltsten Zeichen auszulegen, wenn sie in unserm Hause gemacht sind. Wenn wir dagegen unsere Ideen Anderen begreiflich machen sollen, müssen wir sie mit allen nothwendigen Worten darstellen und diese ordnen und aussprechen, so daß die Arbeit der Gestaltung in diesem Falle eine große Bedeutung erlangt, welche jener der Verfertigung der Ideen gleichkommt, ja sie zu=

weilen übertrifft; weshalb denn auch Sprachthätigkeit, wenn sie leicht und wirksam ist, einen Genuß gewähren kann.

Der Genuß des Sprechens ist sehr zusammengesetzt und schließt fast immer ein vom Herzen, — nämlich vom socialen Gefühl — gegebenes Element in sich ein, welches durch die Mittheilung unserer Ideen befriedigt wird. Das Selbstgefühl macht sehr oft seinen Einfluß geltend. Der dem Verstande zugehörige Freudenantheil wird von dem zarten Bewußtsein jenes mysteriösen Uebergangs von der gefaßten Idee zu dem gesprochenen Worte gebildet, ein Genuß, der für sich allein oft sehr lebhaft ist. Es scheint, als stellten wir uns zwischen die Außenwelt und das geheimnißvolle Laboratorium unseres Geistes; und alle Augenblicke zurückschauend, um zu erfahren ob der Gedankenfluß nicht nachläßt, sind wir überrascht, den majestätischen Hofstaat von Worten zu sehen, der, geordnet und harmonisch, in Gestalt der Sprache aus unserm Munde steigt. Wir wissen, von wo der Gedanke ausgeht und wo er anlangt; aber zwischen der Idee und dem Worte liegt eine Kluft, die wir durchaus nicht sehen können und über die wir doch jeden Augenblick ohne die geringste Mühe springen. Auf einer andern Seite bewundern wir, wenn wir zu „sprechen verstehen", auch ohne zu wollen, die Schnelligkeit, mit welcher unser Geist von den vielen unseren Ideen angemessenen Kleidern die elegantesten und prächtigsten wählt; und angeregt von diesem Wohlgefallen, denken und sprechen wir zu gleicher Zeit mit dem größten Genusse.

Obgleich die Sprache nur eine sich unserer Unvollkommenheit anpassende Form des Gedankens ist, übt sie doch einen solchen Einfluß auf die Ideen, daß diese ihr oft gehorchen müssen. Es geschieht nicht selten, daß im Eifer des Gesprächs ganz plötzlich tausend Gedanken erstehen, die ewig geschlummert haben würden, wenn die mechanische Function des Sprechens sie nicht zum Leben erweckt hätte; weshalb denn gewöhnlich im Genusse des Sprechens auch jener der größeren Denkthätigkeit mitwirkt. Es giebt Menschen, die, ohne mittelmäßigen Geistes zu sein, einen Gedanken nicht einmal auf einige Augenblicke mit dem stenographischen Zeichen des Geistes allein festzuhalten vermögen;

sondern zum gesprochenen oder geschriebenen Worte greifen müssen, um dem Faden der Ideen folgen und neue Ideen schaffen zu können. Man sagt scherzhaft, daß Viele ohne zu denken sprechen, was doch ganz und gar unmöglich ist; man könnte dagegen mit größerer Wahrheit sagen, daß Viele nicht denken können ohne zu sprechen.

In sehr vielen Fällen mischt sich in den Genuß des Sprechens auch zum geringen Theile eine Tastempfindung, erzeugt von der zum Aussprechen der Worte nothwendigen Muskelbewegung. Es giebt verschiedene eigenthümliche Buchstabenverbindungen, bei deren Aussprechen man ein gewisses Vergnügen empfindet, und einige Sprachen bestechen uns durch eine gewisse Plastik des Accents, welche so zu sagen den Sinn kitzelt. Menschen, welche ein besonderes Talent zur Erlernung von Sprachen haben, wissen sehr wohl mehrere Arten Genüsse zu unterscheiden, die man beim Sprechen der verschiedenen modernen Sprachen empfindet; und wenn sie mit einem glücklichen Instinkt einige feine Accent-Abstufungen erfassen, welche Anderen entgehen, empfinden sie ein wahres halbsinnliches Wohlgefallen, in welchem das Element des Selbstgefühls gänzlich fehlen kann.

Die Sprachfunction für sich allein gewährt wenige Genüsse; bietet aber einige der erhabensten geistigen Freuden, wenn sie sich mit anderen höheren Verstandesthätigkeiten verbindet. Derartige Genüsse geben uns z. B. die Redekunst und der Unterricht. Die Gefühle verbinden sich oft mit der Geistesthätigkeit und erzeugen dann die herrlichsten Freudencombinationen.

Diese Genüsse bemessen sich fast immer nach dem verschiedenen Grad der Vollkommenheit des Sprachvermögens. Manche haben solche Mühe die Worte zu finden und zu ordnen, daß die telegraphische Thätigkeit der Rede alle Augenblicke unterbrochen wird und sie nie den Genuß des Sprechens zu empfinden vermögen. Andere hingegen können viel besser sprechen als denken und gönnen sich fortwährend diese Genüsse, indem sie ohne Aufhören erörtern, erzählen und plaudern. Ihre Genüsse werden erst dann krankhaft, wenn sie, um sich dieselben zu verschaffen, ihre Zuhörer langweilen und wenn sie sich für beredt halten, weil sie viel und ohne anzuhalten sprechen.

Es scheint, daß bei der Frau der Faden, welcher die Gedankenwerkstätte mit dem Sprachtelegraphen verbindet, viel kürzer sei als beim Manne, so daß die Worte den Weg schneller durchlaufen und sich drängen und übereinander stürzen. Sehr viele Frauen haben die Gewohnheit, die Worte mit einem gewissen Stoße auszusprechen, als seien es Funken, die sie wüthend nach einander abschnellen. Andere können nicht den geringsten Gedanken fassen, ohne ihn einem nachsichtigen Auditorium sogleich in Worten aufzutischen. Alles Gute oder Schlechte, alles Mangelhafte oder Vollkommene, was in jenen Köpfen fabricirt wird, wird zum öffentlichen Rechte gemacht, und vom Morgen bis zum Abend wird ohne Unterbrechung gesprochen. Obwohl das Bedürfniß zu sprechen bei den Frauen im Allgemeinen größer ist, möchte ich doch nicht ohne Weiteres behaupten, daß die Frau diese Genüsse mehr koste als der Mann; denn sie schenkt dem, was sie spricht, wenig Aufmerksamkeit und nimmt dem Worte, indem sie es alle Augenblicke preisgiebt, einen Theil seiner Würde.

Der Greis empfindet diese Genüsse fast immer mehr als der Jüngling.

5. Kapitel.

Von den Genüssen des Gedächtnisses.

Eine der ausgesprochensten Fähigkeiten des menschlichen Geistes, welche ihren Namen die Jahrhunderte hindurch unverändert in der Volkssprache erhielt, ist das Gedächtniß. Daß die Philosophen dieses Vermögen getheilt und wiedergetheilt haben, will nichts bedeuten. Wenn sie so glücklich wären, das letzte

Atom der Materie unter Augen zu haben, würden sie noch versuchen, es mit ihrem mörderischen Messer zu zertheilen. Obgleich nun aber dieses Vermögen die genauesten Grenzen und die unbestrittenste Unwandelbarkeit hat, ist es in seiner Wesenheit deshalb doch nicht weniger geheimnißvoll. Ich, der ich hier nur von den Genüssen zu sprechen habe, die es uns gewährt, stelle es mit einer hinter den Spiegel unseres Bewußtseins gestellten photographischen Platte dar. Alle von der Außenwelt oder den verschiedenen Bereichen unseres Gehirns kommenden Empfindungen und Ideen lassen, indem sie sich in diesem Spiegel reflectiren, auf der sehr empfindlichen Platte unseres Gedächtnisses ein Bild, welches, je nach dem Grade des darauf fallenden moralischen Lichtes, mehr oder weniger intensiv wird. Jene Platte zerfällt in tausend Abstufungen, je nach der Natur der Bilder, die sich darauf abdrücken sollen, so daß die Gesichtsempfindungen sich auf die Gesichtsempfindungen, die Gefühle sich auf die Gefühle, die Gedanken sich auf die Gedanken legen. Aber das ist noch nicht Alles, das Wunderbare ist, daß diese Bilder sich nicht vermengen, sondern ganze Bände bilden, in denen jede Seite eine Zeichnung trägt. Bei dieser Operation moralischer Photographie üben die Zeit und unser Wille ihre verschiedenen Einflüsse aus, die sich gegenseitig aufheben oder sich verbinden und so zu verschiedenen Resultaten führen. Die Zeit macht im Allgemeinen die Bilder des Gedächtnisses bleich und wäscht sie nach und nach ganz aus, den Platz für neue Zeichnungen freilassend. Je lebhafter das Bild des sich abdrückenden Gegenstandes war, desto länger erhält sich dessen Bild, und umgekehrt. Es giebt moralische Fälle, die von einem so schwachen moralischen Lichte beleuchtet sind, daß ihr Bild in wenigen Stunden erlischt und nicht die geringste Spur zurückläßt; während manche Genüsse und Schmerzen nie aus der mysteriösen Pinakothek unseres Gedächtnisses verschwinden. Unser Wille vermag jedoch einen sehr großen Einfluß auf die Erhaltung der Bilder zu üben, weil er, den Geist auf das, was zum Bewußtsein gelangt, aufmerksam machend, die sich auf der großen Platte abzeichnende Spur tiefer gräbt. Er kann nun auch mit dem Schwamm über schon fertige Bilder fahren und sie bleicher machen oder ganz auswischen; aber er kann sie ebenso durch angestrengte Aufmerksamkeit neu beleben und erhalten.

Es wird Euch jetzt wohl begreiflich sein, wie man mitunter sich sogleich eines Bildes oder eines Gedankens zu erinnern vermag; während man andere Male viele Mühe hat und sich's sauer werden lassen muß. Im ersten Falle findet der Geist das gesuchte Bild augenblicklich in der Sammlung, weil es sich an seinem Platze befand oder sich durch besondere Merkmale dem Blicke zu erkennen gab; im zweiten Falle hingegen mußten alle jene Bände lange durchstöbert werden, um ein Blatt zu finden, welches nicht an seinem Platze lag oder welches eine so matte Zeichnung trug, daß dieselbe kaum zu sehen oder von anderen ähnlichen zu unterscheiden war. Dieses Bild könnte uns, so oberflächlich und unvollkommen es auch ist, zu weiteren Studien über das Gedächtniß führen, doch würde ich mich dann zu weit von meinem Thema entfernen.

Diese Genüsse sind sehr verschieden, je nachdem wir uns der Verstandes-, der Sinnes- oder der Gefühlsproducte erinnern.

Bei der photographischen Arbeit der Gedanken wirkt das Herz fast nie oder doch nur auf ganz secundäre Weise mit, und man empfindet lediglich den Genuß einer thatkräftigen Gymnastik des Geistes. Derartige Genüsse bietet uns das Lernen fremder Sprachen, sowie das Auswendiglernen wissenschaftlicher Lehren jeder Art.

Das Selbstgefühl mischt sich immer diesen Genüssen bei und ertheilt ihnen zum mindesten die Genugthuung einer Anstrengung oder des Gelingens. Wenn die Gedächtnißübung so leicht ist, daß sie nicht die geringste Anstrengung erheischt, dann kann von Genuß keine Rede sein; dagegen erreicht derselbe einen gewissen Grad, wenn man ein sehr gutes Gedächtniß besitzt, mit welchem man Vorstellungen intellectueller Gymnastik geben kann. Doch ist der geistige Genuß immer kalt und wird erst dann ein wenig belebt, wenn sich ihm die Befriedigung des Selbstgefühls beigesellt. Zuweilen empfindet man noch eine Art Wohlgefallen, wenn man aufmerksam in dem großen Buche des Gedächtnisses stöbert, um einen Gedanken zu suchen, der sich verloren zu haben scheint. Doch fühlt man hier immer den Sprung; ein in der Erinnerung auftauchender Gedanke tritt immer ganz und deutlich vor uns, ohne daß wir ihn vorher in Umrissen bemerkt haben. Auch wenn man „fühlt", daß man nahe daran ist ihn zu finden, sieht man ihn noch nicht; und zwischen Sehen und Nichtsehen giebt es keinen Mittelweg. Wenn man sich nur eines Wortes und einer beliebigen Gedankenform erinnert (Zahlen u. s. w.), fühlt man doch immer den Stoß oder das Zucken eines sich in Sprüngen bewegenden Mechanismus; man hat nie etwas allmählich Auftauchendes vor sich.

Die durch die Sinne zu unserm Bewußtsein gelangten Nachrichten drücken sich auf der photographischen Platte des Gedächtnisses auf mysteriöse ab; weshalb der Genuß, jene kostbaren Bände zu durchblättern, einen besonderen Reiz hat. Während der Abdruck der Ideen mittelst gewöhnlicher und immer sich gleich bleibenden Zeichen erfolgt, zeichnen sich die Empfindungen mit ungewissen und nebeligen Farben, mit feinen Lichtspielen, welche die erhabensten Schauspiele moralischer Perspective bilden, im Gedächtnisse ab. Die Sinneserinnerungen an und für sich sind neutral, aber sie erlangen einen ungeheuren Werth, weil sie als Anhaltspunkte für das Herz dienen, welches für sich allein nicht die nothdürftigste Skizze abzuzeichnen vermag. In der That, der Mensch vermag sich nicht eines reinen Gefühlsbildes zu erinnern, sondern er muß das Gefühl auf eine Sinneserinnerung stützen, muß sich eines heiligen Gegenstandes, einer geliebten Person entsinnen. Der Haß, die Liebe und der Ehrgeiz lassen sich nicht ohne die Hilfe eines von den Sinnen gegebenen Bildes in der Erinnerung wachrufen. Immerhin aber befestigt sich der unsichtbare und formlose Ausfluß des Gefühls zusammen mit dem materiellen Bilde der Sinne im Gedächtnisse und bildet die herrliche Gallerie der Erinnerungen und der Reminiscenzen.

Alle Gefühle zahlen den Erinnerungen ihren Tribut; aber es befindet sich in denselben ein Genußelement, welches ausschließlich aus der Thätigkeit des Geistes entspringt, der die Schatten unseres Lebens aus der Welt der Vergangenheit erweckt. Gestellt zwischen eine Zukunft, die uns mit Hoffnung und Furcht erfüllt, und eine Vergangenheit, die uns beständig die Zukunft verschlingt, sind wir in den engen Raum der Gegenwart geschlossen, wo wir uns kaum bewegen und wo wir kaum athmen können. Lüstern nach Raum und nach Zeit, können wir unsern engen Horizont um keine Linie erweitern, können wir die unerbittliche Zeit, die in ihrem Laufe uns unaufhörlich mit sich zieht, keinen Augenblick anhalten. Die Zukunft ist noch nicht unser, die Gegenwart genügt uns nicht, und die Natur gewährt uns wie zum Troste die Vergangenheit, auf welcher wir mit unserm Blicke verweilen können. Wir wenden den Blick von dem stürmischen Schauspiel der Gegenwart, welche die Zukunft in ihren Strudel stürzt, und flüchten uns, die Augen schließend, in die Welt der Schatten. Dort wenigstens rastet der Blick, und während wir doch immer auf den Flügeln der Zeit weitergetragen werden, haben wir die Täuschung eines Augenblicks der Ruhe und empfinden einen Genuß. Von dem äußersten und nebelhaften Horizont unserer Erinnerungen lösen sich alsdann einige mysteriöse Schatten ab, die langsam näherrücken und, mit sanfter und melancholischer Miene grüßend, vorüberziehen, um wieder zu verschwinden. Von allen Seiten tauchen wie aus einem Nebel tausend Phantasmen geliebter Bilder auf, die, mehr oder weniger deutlich, eine Freude oder einen Affect in uns wachrufen. Bald ist's das Haus, in dem wir geboren worden, das sich grau und nebelhaft mit dem dazu gehörigen Garten, in dem wir die ersten Schritte versucht haben, abzeichnet; bald ist's ein ganzer Ort oder eine Straße, die wir nicht nennen hören können, ohne das Herz stärker schlagen zu fühlen. Unsere Bücher, unsere Spiele, unsere Verwandten, unsere Freunde, — alle tauchen sie auf, grüßen uns und ziehen vorüber. Welche Freude gewährt uns nicht jenes Schattenspiel! Bald gleitet der Blick begierig über den ganzen Horizont und betrachtet die Unermeßlichkeit jenes dunklen und stillen Raumes; bald verweilt das Auge, in süßen Thränen schwimmend, auf einer Lieblingsgestalt, die beim Vorüberziehen unser Herz gestreift hat. — Ja, wir können in unseren Erinnerungen, wie Geologen, eine einzige sich durch alle Schichten des Lebens ziehende Gefühlsader verfolgen, und können ebenso alle Wesen, welche den Boden eines einzigen Lebensalters bevölkerten, vor unser Auge führen. Wir können die Geschichte der Freundschaft oder der Liebe verfolgen, oder können eine ganze Welt beleben, die jetzt nicht mehr existirt.

Wer die Schätze der Vergangenheit und der Erinnerungen nicht kennt, dem ist eine der zartesten und süßesten Freuden versagt. Die gewöhnlichsten Begebenheiten, die gleichgültigsten Personen, die kleinsten Genüsse erscheinen bedeutender und erhabener, wenn sie uns in der Welt der Erinnerungen begegnen, wo ihnen die Phantasie einen glänzenden Mantel umzuhängen scheint. Manche Genüsse, die wir mit der größten Gleichgültigkeit gekostet haben, erwecken, wenn wir uns später ihrer erinnern, eine lebhaftere und intensivere Freude. Sogar viele grausame Schmerzen können, wenn sie aus einer tiefen Schicht gegraben werden und wenn sie von der alles versteinernden Zeit fossilisch gemacht sind, eine sanfte Melancholie erwecken. Raum und Zeit läutern und verschönern Alles; die Todten werden besser als die Lebenden, die Entfernten größer als die Nahen; Alles, was der Geschichte angehört, ist viel poetischer als das Zeitgenössische, und das ist natürlich. Die Erinnerung bewahrt uns nur eine nebelhafte und undeutliche Vorstellung unserer Genüsse und Schmerzen, und die Phantasie, welche die vorhandene Leere ausfüllen muß, streut dort ihre kostbarsten Edelsteine aus. Außerdem hat Alles, was ungewiß und schwankend ist, was man mehr errathet als wirklich sieht, mehr ahnt als versteht, immer einen besonderen ergreifenden und verführerischen Reiz. Der Genuß ist vielleicht nur ein Schwanken ....

Die Freuden des intellectuellen Gedächtnisses vervollkommnen dieses Vermögen. Der Mißbrauch läßt, indem er zuviele Materialien in den Verstandesräumen aufhäuft, keinen Platz mehr für die Gedankenwerkstätte. Viele Gelehrte haben nie selbständig einen Gedanken gedacht. Doch können sie, wenn sie sonst die aufgenommenen Stoffe gut zu verdauen verstehen, der Gesellschaft nützen. Diese Genüsse bemessen sich immer nach dem Grad der Gedächtnißkraft und sind lebhafter beim Manne und im Jugendalter.

Die Genüsse der Erinnerung regen die Phantasie an und erwecken in uns Verehrung für die Vergangenheit, welche fast immer Hand in Hand mit einem feinen und geläuterten Geschmack geht. Doch können diese Genüsse auch in Verbindung mit dem widerlichsten Egoismus auftreten und werden mehr von der Vollkommenheit des Verstandes als von dem zarten Fühlen des Herzens bemessen. Der Greis müßte sie mehr als Andere kosten, weil er größere Schätze zu bewahren hat; doch empfindet sie der Jüngling, da er ein besseres Empfindungsvermögen und eine glühendere Phantasie hat, sicherlich mit größerer Intensität.

Wer sich Gedanken in's Gedächtniß zurückruft, giebt gewöhnlich kein Zeichen seiner Freude oder deutet dieselbe durch Leuchten der Augen und durch energische und abwechselnde Geberden kaum an.

Wer in dem Buche seiner Erinnerungen blättert, giebt seine Freude auf verschiedene Weise kund, je nach dem Gefühl, welches seine Bilder belebt. Im Allgemeinen jedoch verräth sein Ausdruck eine ruhige Aufmerksamkeit und eine wehmüthige Begeisterung.

6. Kapitel.

Von den Freuden der Phantasie.

„Wer giebt mir die Stimme und die Worte", um die unzähligen Freuden zu beschreiben, welche die Phantasie in großmüthiger Weise den wenigen Glücklichen gewährt, denen sie eine unzertrennliche Lebensgefährtin ist? Wie werde ich diese herrliche Geisteskönigin definiren können, deren Herrschaft sich bis in die Regionen der Sinne und des Gefühls erstreckt und die sich mit den verschiedensten Elementen verbindet und verschmelzt, so daß sich ihre Gegenwart überall fühlen, ihre moralische Individualität aber fast nie feststellen läßt? Ich stehe von der Definition ab, denn wohl alle gebrauchen in der gewöhnlichen Sprache das

Wort „Phantasie" im gleichen Sinne, ohne zu bestimmen, ob dieselbe ein primitives Vermögen oder nur eine Form des Denkens darstelle. Jedenfalls haben die Freuden, welche sie uns gewährt, ein so charakteristisches Gepräge, daß sie als besondere Klasse behandelt zu werden verdienen.

Wenn sich das Gedächtniß mit einem Archivar, der aufbewahrt, das Bewußtsein mit einem Spiegel, der reflectirt, vergleichen läßt, so hat die Phantasie die größte Aehnlichkeit mit einem Künstler. Sie hat stets eine Palette mit den lebhaftesten Farben in der Hand und bemalt mit ihrem schnellen und convulsivischen Pinsel alle ihr erreichbaren Gegenstände. Eingenommen für die leuchtendsten Farben, kann sie die graue Farbe der Wirklichkeit nicht ertragen und fühlt ein wahres Bedürfniß, diese mit der buntesten Tünche zu überdecken. Sie berührt mit ihrem Zauberpinsel das unansehnlichste Steinchen und den Koloß der Alpen, den Sperling und den Adler, und Alles, was jenen Pinselstrich erhält, wird schön und erhaben. Bei manchen Individuen hat die Phantasie eine wahre Sucht Alles anzumalen, und sobald nur eine Empfindung oder eine Idee sich im Bewußtsein reflectirt, berührt der Zauberpinsel dieselbe, und sogleich stellt sich ihnen das physische oder moralische Object so zu sagen im Festkleide dar. Ihnen bleibt nichts gleichgültig und die ganze Welt stellt sich ihnen wie in einer Zauberlaterne dar.

Während jedoch die Phantasie den Künstler macht und Alles mit ihrem fruchtbaren Pinsel berührt, schlägt sie gleichzeitig auch das Object mit dem Schöpferstabe und läßt tausend harmonische Funken daraus hervorspringen. Jeder Gegenstand, so klein und gewöhnlich er auch sein mag, spürt immer einen zweifachen Einfluß beim Berühren der Phantasie; er erhält eine Färbung, die ihn verschönert, und erzittert auf eine Weise, daß Licht und Harmonie daraus hervorgehen. Aus den welken Blättern einer Rose vermag die Zauberin des Geistes einen Strom des Entzückens und der Wonne für das Herz, einen ganzen Band süßer Ergüsse zu ziehen; aus einem verrosteten Nagel vermag sie mit einem Schlage ihres Stabes eine Geschichte hervorzuzaubern, die uns erschauern oder vor Freude weinen macht. Für sie giebt es nichts, was unfruchtbar und nutzlos wäre. Sie findet in jedem Dinge einen Schatz und baut auf einem Sandkörnchen einen Palast, zu dessen Grundlage eine Welt nicht ausreichen würde.

Die Phantasie ist den Menschen in sehr verschiedenem Grade zugetheilt. Manche haben eine so schwache Phantasie, daß sie deren Anwesenheit gar nicht fühlen und dann oft sogar sich dessen rühmen. Sie thun gerade wie Jemand, der sich rühmen wollte Eunuch zu sein. In den niedrigeren Graden ertheilt die Phantasie die kleinen Freuden, wie sie uns die von ihrem Pinsel rosenfarbig angemalten Dinge gewähren. Zuweilen genießen wir einige kleine optische Spiele, welche aus der verschiedenartigen Verbindung der gegenwärtigen Bilder mit den von dem Gedächtnisse gesammelten entspringen. Wenn der Geist die Beziehung zwischen zwei Ideen, von denen die eine die andere erweckt hat, wahrnimmt, empfindet er den Genuß der Ideenassociation, welchem sich als Hauptelement die Befriedigung der Beobachtungsgabe beimischt.

Sehr viele der von der Phantasie gewährten Genüsse lassen sich mit jenen vergleichen, welche uns im Kleinen vom Kaleidoskop geboten werden. Sie versteht die Bruchstücke unserer Erinnerungen und die gegenwärtigen Bilder zu wahren Gemälden moralischer Perspective zusammenzustellen, in welchen alle zur Hervorbringung des künstlerischen Schönen mitwirkenden Elemente sich auf die verschiedenste Weise vereinigt finden können. Bald bewundert man die mit wenigen Farben und wenigen Linien erzielte harmonische Einfachheit, und bald betrachtet man erstaunt die Kühnheit eines gewaltigen Bildes; bald beschaut man mit Wohlgefallen die vielen wunderlichen Verzierungen und Verschlingungen, und bald wird man wie betäubt beim Anblick eines Bildes, in welchem alle Elemente der moralischen Welt sich in chaotischer Verwirrung beisammen befinden; und alle diese Bilder wechseln miteinander ab oder vereinigen sich auf einen einzigen Schlag, den die Phantasie ihrem Zauberapparat ertheilt.

Die höchsten Genüsse empfindet man, wenn die Phantasie, alle Hilfsmittel der Kunst benutzend, uns wahre Schöpfungen bietet, in denen die seltsamsten und zauberischsten Spiele des

Panoramas, des Dioramas, der Phantasmagorie und des Kaleidoskops sich mit den grellsten und künstlerischsten Gegensätzen des Lichts vereinigen. Es ist wohl wahr, daß der Mensch seinen engen Horizont um keine Linie überschreiten und kein einziges Element, welches ihm nicht durch die Sinne bekannt gegeben ist, schaffen kann; daß er nicht im Stande ist sich etwas durchaus Neues vorzustellen; doch kann er so kühne und unerwartete Combinationen bilden, daß dieselben fast als wirkliche Schöpfungen erscheinen. Zu solchem Fluge der Phantasie schwingt sich der Mensch jedoch nur in einem wahren Geistesfieber, welches man Begeisterung oder Delirium nennt und welches dem, der es fühlt, eine den stürmischsten Herzensfreuden gleichkommende geheimnißvolle Wonne gewährt. Wir glauben alsdann, uns von der Erde erhebend, dem elenden Atom, an das wir gefesselt waren, einen wüthenden Fußtritt zu geben, so daß es in die Abgründe des Nichts sinkt und uns frei in den Himmelsräumen läßt. Wir glauben alsdann die Welten zu umarmen und sie gegeneinander zu entfesseln, so daß sie in Staub zerfallen, während wir entsetzt mitten im Chaos der Zerstörung und des Verderbens bleiben. Zuweilen erheben wir uns langsam und verzückt auf einer Wolke, um die unermeßlichen Räume der Leere zu durchfliegen, und wähnen, wenn wir — schwebend in einem Aether, der uns kaum zu tragen vermag — die äußersten Grenzen des Weltalls erreichen, uns der Harmonien der Sonnen zu erfreuen, welche, die Schaar ihrer Planeten mit sich ziehend, in ihrem Laufe erzittern und, an uns vorübereilend, untergehen.

Diese Freuden sind unzählig und formell sehr verschieden. — Die Welt ist grau und erst die Phantasie verleiht ihr Farbe; der Horizont unserer Sinne ist eng, aber die Phantasie täuscht uns mit erhabenen Perspektivspielen.

Man wirft der Phantasie vor, daß sie uns täuscht und irre leitet, aber es läßt sich hier nur wiederholen, was wir schon über die Hoffnung gesagt haben. Wenn man alles, was uns von der Phantasie vorgeführt wird, für wahr und wirklich halten will, so ist es nicht die Schuld dieser erhabenen Malerin, welche ihre Gemälde durchaus nicht für wirkliche Gegenstände ausgiebt. Der Irrthum liegt im Geiste, welcher verkehrt urtheilt. Die Phantasie ergötzt uns mit ihren glänzenden Bildern, aber sie lehrt uns nicht dieselben für wirkliche Gegenstände zu nehmen; sie ist bizarr im wahrsten Sinne des Wortes und bewegt sich nur zu oft auf den Grenzen des Wahns, weshalb sie auch nie die Stelle der logischen Urtheilskraft einnehmen kann. Sie ist stets leicht, launenhaft, verlockend; kurz sie ist eine erhabene Närrin.. Manche Menschen, bei denen eine ausschweifende Phantasie sich mit einem eisernen Willen und einem analytischen Verstande verbindet, geben sich oft mit größter Lust blindlings den Vorspiegelungen dieser Närrin hin, aber nur einen Augenblick; alsdann fesseln sie sie und betrachten lächelnd die Natur in ihrer Wirklichkeit. Sie haben die Phantasie in ihrer Gewalt und unterwerfen sich ihr nur auf Augenblicke, etwa so wie man sich einem Kinde, mit dem man spielt, unterwerfen kann. Auf dieselbe Weise wie ein Kind, das gewohnt ist aus Scherz zu befehlen, in einem Augenblicke des Zorns die Sache ernst nehmen und Eure Autorität blosstellen kann, kann auch die Phantasie, wenn sie einmal entfesselt ist, wie verrückt über Wiesen und Felder laufen, so daß die Vernunft alles aufbieten muß, um sie zu ergreifen und ruhig an ihren Ort zurückzuführen. Der Kampf zwischen Vernunft und Phantasie stellt die Geschichte vieler großen Menschen dar. Bei den größten Menschen waren die zwei Kräfte stets unzertrennliche Gefährten, aber die letztere hatte gegen die erstere die Ehrerbietung des Kindes und des Schülers.

Die Genüsse der Phantasie erwecken fast immer Liebe zur Einsamkeit in uns, weil diese die vollkommenere Entfaltung ihrer Bilder begünstigt; während die beständige unruhige Bewegung der Welt uns von der Betrachtung ihrer Bilder ablenkt. Sie haben den Uebelstand, daß sie unser Interesse für die Schauspiele der wirklichen Welt abschwächen, zumal diese den glänzenden Bildern, welche die Phantasie mit ihrem Zauberpinsel schafft, fast immer nachstehen. Wenn ich auf Reisen gehe, lese ich die Beschreibung der Orte, die ich besuchen will, nie bevor ich diese selbst gesehen habe. Mache ich es anders, dann finde ich die

Wirklichkeit stets gegen das Bild meiner Phantasie zurückstehen. Abbildungen von Monumenten zu sehen, ohne die Monumente aus eigener Anschauung zu kennen, ist mir fast unmöglich; weil sie mir einen der verlockendsten Genüsse einer jungfräulichen Empfindung verderben. Was die Naturschauspiele anbetrifft, so scheue ich mehr die Bücher als die Bilder, welche letzteren fast nie deren wahre Größe errathen lassen. In der Natur habe ich bis jetzt zwei Dinge gefunden, welche das Bild, das die Dichter und meine Phantasie mir eingegeben hatten, übertrafen: die Alpen und das Meer. Von Monumenten und Kunstbauten übertrafen der Dogenpalast in Venedig und der Krystallpalast in Sydenham meine Erwartung.

Die Phantasie kann, da sie über die ganze moralische Welt verfügt, auch die vom Gefühl gegebenen Bilder in ihr Kaleidoskop bringen, welche uns, da sie gleich den anderen sehr lebhaft sind, mitunter über die Wirklichkeit eines Affects täuschen können. So kommt es, daß manche mit lebhafter Phantasie begabte Menschen ein zartes und edles Herz zu besitzen glauben, weil sie die heftigsten nnd zartesten Affecte beschreiben können. Mag sein, daß sie wirklich fühlen, während sie denken; aber die von ihrer Phantasie entzündete Flamme kann von einem Augenblicke zum andern mit der Lichtscheere des Willens ausgelöscht werden, während das Feuer des Affects nicht unter dem Hauche des Geistes erlischt. Man kann die glühendste Phantasie und dabei doch das gefühlloseste Herz der Welt haben. Die Phantasie ist ein reines Verstandesvermögen, und obgleich sie einem Gefühl der Form nach sehr ähnlich sein kann, nähert sie sich ihm doch nie im Wesen.

Die Freuden der Phantasie sind lebhafter im Jugendalter und beim männlichen Geschlecht. Die Frage, welchen Einfluß Klima und Zeit auf diese Genüsse haben, ist zu delicat und erheischt eine Analyse aller geistigen Fähigkeiten, die ich an diesem Orte unmöglich geben kann. Ich bemerke hier nur, daß die Phantasie zwei sehr verschiedene Varietäten darbietet. Die eine offenbart sich uns in der ganzen Pracht ihrer Formen bei den orientalischen Völkern, während die andere in ihrer ganzen ätherischen Reinheit sich in Deutschland zeigt. Ich möchte behaupten, daß die Genüsse der Phantasie in Italien vollkommener sind als sonst irgendwo, weil sie den prunkvollen Luxus der orientalischen Farben und die liebliche Harmonie des deutschen Phantasieflugs in sich vereinigen.

Ein Mensch, der in Phantasien schwelgt, hat gewöhnlich ein erregtes Gesicht und leuchtende Augen. Zuweilen schließt er die Augenlider, um in der Betrachtung seiner innern Welt von den Bildern der Außenwelt nicht gestört zu werden. In Fällen eines wahren Fieberwahns läuft der Mensch oft rasend hin und her und begleitet die Handlungen, welche er ersinnt, mit Geberden. Uebrigens sind die Ausdrucksbilder je nach den Fällen sehr verschieden. Seufzer, Thränen, Freudenausrufe, oder die größte Gelassenheit können eine mehr oder weniger heftige Empfindung ausdrücken.

Die Spiele der Phantasie sind immer unschuldig; nur wenn der Genuß aus der Schöpfung abscheulicher Bilder entspränge, könnte man ihn pathologisch nennen. Das Uebermaß dieser Genüsse kann ebenfalls krankhaft sein, wenn nämlich die Vernunft unvermögend ist die Phantasie zu zügeln, und diese uns unaufhörlich aus einer Welt in die andere versetzt und uns betäubt. Der Mißbrauch dieser Freuden kann uns närrisch machen. Trockene, auf Erfahrung gegründete Studien sind die besten Mittel, um eine zu ausschweifende Phantasie zu zügeln. Byron studirte die armenische Sprache, um seine unbändige Phantasie zu zähmen.

7. Kapitel.

Von den Genüssen des Willens.

Alle werden wissen, was der Wille ist; somit unterlasse ich es, hier eine Definition zu geben, welche, wenn sie begründet und in's rechte Licht gestellt werden soll, viele Seiten ausfüllen würde. Da ich ja doch nur von den Genüssen zu sprechen habe, welche uns dieses hohe Geistesvermögen gewährt, so wird mir wohl Niemand einen Vorwurf deshalb machen.

Die Thätigkeit des Willens ist nicht immer mit Genuß verbunden. Meistentheils constituirt sie nur einen zu einer Verstandesarbeit nothwendigen Act, und der Genuß, welcher sie begleiten kann, ist so schwach, daß er nicht wahrgenommen wird oder sich mit dem aus der Thätigkeit des Geistes entspringenden Genusse verschmelzt. Wenn wir uns z. B. entschließen spazieren zu gehen oder zu studiren, das Gute zu thun oder eine Leidenschaft zu bekämpfen, setzen wir immer den Willen in Thätigkeit; aber wir bemerken es nicht und die herrschende Gefühlsregung oder Verstandesthätigkeit nimmt die Willensthätigkeit, welche nur ein nothwendiges Moment eines zusammengesetzten Phänomens ist, in sich auf. Nur wenn der Wille eine gewisse Kraft anwenden muß, um einen großen Widerstand zu besiegen, kann der Mensch dessen Thätigkeit bemerken und kann, indem er die Aufmerksamkeit auf diesen flüchtigen Geistesact richtet, eine Freude empfinden, welche fast nur aus diesem allein entspringt. Da jedoch in jedem Falle irgend ein Willensact zwischen eine Kraft und einen Widerstand, zwischen eine Begierde und ein Ziel gesetzt ist, so geschieht es sehr selten, daß die Freude des Willens ganz rein ist; fast immer verschmelzt sie sich mit dem ihr vorausgehenden oder mit dem ihr nachfolgenden Element oder mit beiden zugleich. Wir werden z. B. am Morgen von dem Wecker unserer Uhr aufgeweckt und zu einer Arbeit gerufen, welche wir uns am Abend vorher vorgenommen haben. Jenes durchdringende Geräusch stört ganz plötzlich unsern Schlaf, und indem es uns einen Augenblick das selige Bewußtsein der Ruhe genießen läßt, ladet es uns mehr als je ein, die Augen wieder zu schließen. Die Liebe zur Arbeit ruft uns jedoch an den Tisch, die Pflicht will uns wach erhalten. Zwischen zwei verschiedene Kräfte gestellt, bleiben wir einige Zeit schwankend, bis wir endlich, siegreich aus dem Bette springend, mit Wohlgefallen rufen: „ich will.“ Mag sein, daß in diesem Falle der größte Genuß aus der Thätigkeit des Willens entspringt; aber es ist fast unmöglich, daß sich ihm nicht eine Befriedigung des Selbstgefühls oder eine von der Liebe zur Wissenschaft gegebene Freude beigesellt.

Die Genüsse des Willens sind so fest mit anderen Elementen verbunden, daß es sehr schwer ist, sie zu analysiren. Sie halten sich im Mittelpunkte, welcher die drei Reiche des moralischen Menschen vereinigt, und an und für sich zu den Verstandesgenüssen gehörend, können sie sich doch über die Gebiete der Sinne und des Gefühls verbreiten. Die Kampfesliebe und das Selbstgefühl in allen Formen sind die untrennbarsten Elemente in dem aus der Willensthätigkeit entspringenden Genusse.

Bei jedem energischen Act giebt es einen Kampf und einen Sieg; es kann also der Genuß, welcher das Aufeinanderstoßen zweier Kräfte und die mit dem Sieg verknüpfte Belohnung begleitet, nie fehlen. Bei den auf uns selbst gerichteten Willensacten ist es das Selbstgefühl, welches uns krönt; wenn wir dagegen den Willen auf Andere richten, belohnt uns der Ehrgeiz. Alle guten und schlechten Gefühle können diesen Genüssen ihren Tribut zahlen, ohne jedoch durchaus nothwendig zu sein. Wir können uns selbst mit wahrer Lust eine moralisch gleichgültige Handlung befehlen und können ebenso ein unendliches Gefallen an dem Gehorsam Anderer gegen uns finden, ohne daß uns dasselbe indirect Reichthümer und Ehre verschafft.

Die Freude des Wollens befähigt uns, wenn sie dem Guten zugewendet ist, zu den größten Handlungen; weil sie mit der Uebung wächst und immer nach größeren Anstrengungen verlangt. Man kommt in gewissen Fällen bis zu einer convulsivischen Wuth, alles das zu wollen, was schwer ist. Menschen mit eisernem Willen fühlen sich zuweilen vollständig Herr über sich selbst und empfinden, als schlössen sie in die eine Faust das Herz und in die andere das Gehirn, ein Zucken eisiger Lust bei dem Gedanken, daß sie durch Zudrücken oder Oeffnen der Hand das Herz ersticken oder lebenswarm schlagen lassen, das Denken zum Schweigen bringen oder der stürmischsten Thätigkeit überlassen können.

Sehr schwer ist es jedoch, einen von Natur starken Willen nicht zu mißbrauchen. Man kann mit dem unschuldigsten Eigensinn oder den launenhaftesten Willensäußerungen beginnen und mit der Ausübung der grausamsten Tyrannei über sich selbst und Andere endigen. Der Mensch wird in diesen Fällen ein rasender Verehrer seiner Kraft und macht den Willen, indem er vergißt, daß derselbe nur ein Mittel ist, um das Schöne, das Gute und das Wahre zu erreichen, zum Selbstzweck. Er ersinnt die ungewöhnlichsten Anstrengungen, macht die kühnsten Versuche moralischer Gymnastik und kommt soweit, sich selbst Liebe oder Haß, Ruhe oder Arbeit, die Tugend oder das Laster zu befehlen. Diese Willenshelden können, wenn sie der sich alle Augenblicke in ihnen entfaltenden Kraft eine einheitliche Richtung geben, sowohl in der Tugend als im Laster, zu einer außergewöhnlichen Höhe gelangen. Die Verfassung ihres Geistes beschränkt sich auf ein Princip, welches in unumschränkter und despotischer Weise herrscht und welches allen untergebenen Fähigkeiten durch den Willen, — den ersten und letzten Minister, — Befehle ertheilt. Kein Gefühl, vom edelsten bis zum gemeinsten, kein geistiges Vermögen darf den Mund aufthun oder einen Schritt aus eigenem Antriebe machen. Gleichgiltig und still verharren sie auf ihrem Posten und warten ab, ob der Gebieter ihnen Leben oder Tod auferlege. In dieser — selten anzutreffenden — Alleinherrschaft liegt etwas, was Bewunderung und Entsetzen einflößt.

Da wir nun einmal angefangen haben von der Pathologie der Genüsse des Willens zu sprechen, so wollen wir dieselbe auch beendigen. Eine der gewöhnlichsten krankhaften Formen dieses geistigen Vermögens ist der „Eigensinn." In dieser Krankheit strengt der Mensch seinen Willen übermäßig an für eine Handlung, welche es nicht verdient, und fährt fort zu wollen, auch wenn die Vernunft oder die Pflicht ihm rathen sollte, davon abzustehen. Den Genüssen, welche er empfindet, mischt sich fast immer die Genugthuung eines Kampfes oder eine krankhafte Befriedigung des Selbstgefühls bei. Jedenfalls ist der Eigensinn eine Mißgeburt oder eine widernatürliche Form eines edlen Vermögens und zeigt sich fast immer im Bunde mit der Unwissenheit oder der Eitelkeit.

Gewisse Launen, in denen sich Kinder und Frauen so sehr gefallen, beruhen in der Hauptsache immer auf einem Mißbrauch des Willens, und diese Freuden zeigen, zum Unterschied der anderen zu derselben Klasse gehörigen, in ihrer Physiognomie ein erbärmliches lächerliches Gepräge, gemischt aus Elementen des Aergers und des Genusses.

Die physiologischen Genüsse des Willens werden mehr vom Manne, vom Jüngling und vom Erwachsenen gekostet. Ich glaube, daß in den nördlichen Ländern der Wille stärker sei. Die größte Verschiedenheit wird jedoch von der individuellen Organisation bestimmt. Manche haben nie eine reine Freude des Willens empfunden, während Andere diese Genüsse mit besonderer Sorgfalt pflegen und sich täglich eine gewisse Gabe davon gönnen. Man kann groß sein, auch ohne je eine dieser Freuden genossen zu haben; aber man kann dieses Vermögen nicht in einem gewissen Grade der Kraft besitzen, ohne eine gewisse Ueberlegenheit im Guten oder Bösen zu haben.

Diese Freuden kommen mit wenigen Zeichen zum Ausdruck, welche immer die Thätigkeit einer Kraft und die Entschiedenheit eines Befehls offenbaren. Zuweilen genügt das Zusammenpressen der Lippen und Zähne, um einen der lebhaftesten Genüsse auszudrücken. Mitunter stampft man mit dem Fuße auf die Erde und hält die Arme über der Brust gekreuzt. Das Auge begleitet die Muskelbewegung stets mit einem kalten und funkelnden Blitze.

8. Kapitel.

Von den Genüssen, welche uns das Suchen der Wahrheit gewährt.

Die physiologische Analyse der Idee des Wahren ist so zart, und heikel, daß das beharrliche Studium vieler Jahrhunderte noch nicht genügt hat, uns eine zuverlässige und unbestreitbare Definition derselben zu geben. Ich kann hier natürlich keinen neuen Versuch machen und muß mich damit begnügen, die Genüsse anzudeuten, welche uns das Suchen der Wahrheit gewähren kann.

Die Wahrheit ist eine Idee; es steht aber außer Zweifel, daß wir sie fühlen und daß sie in unserer moralischen Organisation die beiden Gebiete des Verstandes und des Gefühls beherrscht.

Wir werden dieser gemischten Natur inne, wenn wir, von einer Unwahrheit beleidigt, das Gesicht aufheitern und einen wahren Genuß beim Entdecken der Wahrheit empfinden. Diesem Genusse können sich viele andere moralische Elemente beimischen, aber den Grund bildet stets die Befriedigung eines Gefühls, das beleidigt worden war.

Die reinen Genüsse, welche uns die Wahrheit verschafft, sind fast immer negativ. In allen übrigen Fällen vereinigt sich die Befriedigung der Wahrheitsliebe mit vielen anderen Genüssen, welche, sich auf mannigfache Weise verbindend und verwebend, eine einzige Freude bilden, bei der sich der genaue Antheil der Wahrheit schwer feststellen läßt. Bei allen Verstandesthätigkeiten, vom Lesen bis zum eigenen Schaffen, wirkt das Suchen der Wahrheit immer als Erzeugungselement des Genusses mit; aber es tritt in der Thätigkeit des Denkens, welches zusammen mit der Ruhmbegierde oder anderen geringeren Gefühlen den ersten Platz einnimmt, nicht hervor. Wenn wir z. B., über unsern Lebenswandel befragt, eine schwierige Wahrheit eingestehen, empfinden wir mitunter einen Genuß, in welchem die Befriedigung der Wahrheitsliebe zusammen mit verschiedenen anderen von der

Kampfesliebe, vom Selbstgefühl und von unserer Eitelkeit gegebenen Genüssen mitwirkt. Bei allen Entdeckungen und allen Erfindungen findet die Wahrheitsliebe ihre Befriedigung; aber es ist unmöglich, daß in den Genüssen nicht das Selbstgefühl unter irgend einer Form mitwirkt.

Wer über „Wahrheit" schreiben will, muß nothwendigerweise einen Unterschied machen zwischen der moralischen Wahrheit und der intellectuellen Wahrheit. Man sagt täglich, daß die Wahrheit nur eine einzige sei und man wiederholt so immer einen der gröbsten Irrthümer. — Ich deute nur hier den Ort einer reichen Fundgrube an, die ich nicht öffnen kann, da ich meinen Lauf durch die Welt der Genüsse fortsetzen muß.

Die Unwahrheit oder Lüge ist der größte Feind der Wahrheit; der Irrthum ist eine unschuldige Krankheit derselben. Wer lügt, empfindet fast immer eine mehr oder weniger bittere Reue, weil er die Wahrheitsliebe beleidigt; und wer wirklich einmal Genuß aus der Lüge zieht, empfindet nichts anderes als die boshafte Freude, zu täuschen oder sich zu schützen. Mitunter lügt der Mensch jedoch aus wirklicher Neigung und selbst wenn er nicht nöthig hat, sich zu vertheidigen. Alsdann leidet sein Wahrheitsgefühl an einer angeborenen Krankheit, welche ihm das Lügen zum großen Genusse machen kann.

Eine der eigenthümlichsten Formen der pathologischen Genüsse der Wahrheit ist das Vergnügen, Anderen unwahre Geschichten aufzubinden, oder „aufzuschneiden." Manchen Menschen wird dieses Vergnügen ein wahres Bedürfniß, so daß sie sich demselben alle Augenblicke hingeben und ihre Würde auf's äußerste blosstellen. Diesem Vergnügen mischt sich immer eine mehr oder weniger große Dosis Bosheit oder etwas von jener leichten Gehässigkeit bei, die wir schon bei Gelegenheit der Freuden des Aergerns behandelt haben. Ein anderes beständiges Element dieser Genüsse ist das Ersinnen der Lüge, welches bei manchen Individuen fast die einzige Freudenquelle bildet. In diesem Falle hat man es mit wahren Künstlern zu thun, die sich vornehmen, das Unglaublichste der größten Anzahl von Individuen „aufzubinden."

9. Kapitel.

Von den Genüssen des Lesens, des Zusammentragens, des eigenen Schaffens und anderer Verstandesarbeiten.

In den vorhergehenden Kapiteln habe ich Ursprung und Natur der Genüsse, welche die Uebung der geistigen Fähigkeiten begleiten, flüchtig skizzirt, aber ich habe mich nicht mit den zusammengesetzten Formen beschäftigt, welche diese Genüsse bei ihrer verschiedenartigen Verbindung darbieten. Die Verstandesarbeiten setzen fast immer mehrere Fähigkeiten gleichzeitig in Thätigkeit, welche, in Zahl und Natur variirend, verschiedene Genüsse erzeugen. Das eingehende Studium dieser zusammengesetzten Geistesgenüsse ist sehr interessant, erheischt jedoch die vollständige Geschichte des menschlichen Geistes, die ich an diesem Orte nicht geben kann. Uebrigens finden sich in den vorausgehenden Kapiteln der Physiologie der Verstandesgenüsse alle Elemente zerstreut, welche, sich gruppirend, die Freuden des Lesens, der wissenschaftlichen und literarischen Forschungen und Untersuchungen und des eigenen Schaffens bilden; ich werde diese letzteren daher nur classificiren.

Der Genuß des Erkennens und des Lernens in allen Formen bildet den Grund der Freuden des Lesens, auf welchem dann die Mitwirkung aller Gefühle und aller Verstandeskräfte erfolgt. Die vollständige physiologische Analyse des Lesens würde die Geschichte fast aller Genüsse geben können, weil das Gebiet der Literatur so ausgedehnt ist, daß sich in einer Bibliothek Genüsse für alle Gefühle und alle Verstandeskräfte finden lassen. Auch die Sinnesgenüsse können sich in unserm Bewußtsein unter der Form moralischer Bilder reflectiren, und wir können lesend oft sehen, hören und befühlen, ohne daß die Augen, die Ohren und die Hände dabei mitwirken. Vielen gewährt das Lesen nur einen negativen Genuß, indem es ihnen lediglich die Langeweile vertreiben hilft; für Andere hingegen bildet es eine der liebsten Beschäftigungen, eine der größten Belustigungen. Die unermüdlichsten Leser sind fast immer mit einem guten Gedächtnisse begabt, welches gerade in den ihm beständig zugehenden Materialien ein Mittel findet, seine Kräfte zu üben.

Zu den Genüssen des Lesens können auch jene gruppirt werden, welche man beim Zuhören von Vorträgen, beim Besuchen der Museen u. s. w. empfindet.

Das Aufnotiren, das Excerpiren und das Sammeln von Notizen gewährt oft ein ganz eigenthümliches Vergnügen, welches die friedfertigere Thätigkeit des Geistes und die Regung der Besitzesliebe unter der Form des Sammeltriebs in sich vereinigt. Manche lieben das Excerpiren oder das Notiren von Bruchstücken aus Büchern so sehr, daß sie fast nur deshalb lesen, um sich ihrer Lieblingsbeschäftigung hingeben zu können. Dieses Vergnügen ist natürlich, wenn es Aeltere sind, die ihm huldigen; bei Jüngeren ist es fast immer ein sicheres Zeichen von Frühreife des Verstandes oder schwachem Gedächtnisse.

Die Verstandesarbeit, welche die lebhaftesten Genüsse gewährt, ist das eigene Schaffen. Sei es, daß unser Geist ganz plötzlich von einer leuchtenden Wahrheit erfüllt wird, sei es, daß der ausdauernde Blick des Verstandes allmählich einen Funken inmitten einer tiefen Dunkelheit entdeckt, der Augenblick der Entdeckung ist einer der köstlichsten des Lebens. Ich beschränke mich auf diese Andeutung und gehe weiter.

Die Genüsse der Beobachtung und der kleinen Entdeckungen bilden fast die ganze Anziehungskraft der Naturwissenschaften, welche so reich an Freuden sind, daß sie für sich allein ein ganzes Leben beschäftigen können. Es sind ruhige und heitere Genüsse, die sich in allen Stürmen des Alters und der Politik ungetrübt erhalten.

Der Genuß, die Stoffe zu bearbeiten und deren Form zu verändern, ist einer der eigenthümlichsten und ursprünglichsten und wird bei den Arbeiten der Kunst und Industrie empfunden. Der Geist scheint in die Hand überzugehen, welche, — als hätte sie das Bewußtsein ihrer kunstreichen Bewegungen, — die Materie mit dem sie modificirenden Geiste in directe und lebendige Verbindung setzt. Alle diese Freuden können eine natürliche Gruppe von Genüssen bilden, die ich „plastischen" nennen möchte; sie gehen immer aus der Thätigkeit einer Verstandeskraft hervor, mit welcher sie beständig die Uebungen des Tastsinnes verbindet. Diesen zwei zur Erzeugung aller „plastischen" Genüsse durchaus nothwendigen Elementen gesellt sich auch oft noch der Gesichtssinn als wirkendes Element bei. Wer gesehen hat, wie elastisch und intelligent sich der Pinsel in der Hand eines Malers bewegt, muß sagen, daß jenes Instrument wie belebt erscheint und daß der Geist des Künstlers es fast in einen Nerv verwandelt, durch welchen hindurch die Materie, indem sie alle Augenblicke ihre Form verändert, ihre Regungen fühlen läßt.

Die „mathematischen" Genüsse können eine andere sehr natürliche Gruppe in der Welt der geistigen Genüsse bilden. Sie sind kalt und ruhig, können aber einen außerordentlichen Grad von Kraft erreichen. Fast immer hat der gelehrte Mathematiker das köstliche Bewußtsein einer unwandelbaren Ordnung und eines Getriebes von Verhältnissen, dessen Gesetze er gründlich kennt und dessen Bewegungen er regulirt. Die unerwarteten Entdeckungen, die er bei seinen Forschungen alle Augenblicke macht, bilden Funken, welche die ruhige Flamme seines Genusses beleben, und die Gewißheit der Wahrheit besiegelt alsdann die Freude mit der erhabensten der Belohnungen. Er hat das Recht, sich den sichersten aller Arbeiter der großen Verstandeswerkstätte zu nennen.

Die Genüsse des Lesens, des Zusammentragens und des eigenen Schaffens verbinden sich untereinander zu den Freuden der literarischen und philosophischen Arbeiten, bei denen fast immer die anderen plastischen und mathematischen Elemente fehlen.

Die Genüsse der Beobachtung im Verein mit einigen plastischen Freuden bilden den Reiz der anatomischen, physikalischen, chemischen und medicinischen Arbeiten.

Die plastischen Genüsse im Verein mit den mathematischen bilden die Freuden der Ingenieure, Architekten und Mechaniker. — Wenn ich die Geistesarbeiten in zwei große Klassen theilen dürfte, würde ich sie in philosophische und in plastische theilen. Zu den ersteren würde ich alle jene Arbeiten zählen, welche es mit Büchern und Ideen zu thun haben; zu den letzteren dagegen alle jene, welche der Zahlen, der Materie und der Form bedürfen. Die zu diesen beiden Klassen zählenden Genüsse sind untereinander sehr verschieden und schließen sich gegenseitig fast immer aus. Der Literat kann Philosoph, und dieser wiederum kann Dichter oder Historiker sein; sehr selten aber wird der Mathematiker oder der Mechaniker Verse machen können oder in der Prosa große Beredtsamkeit besitzen. Nur bei sehr wenigen Exemplaren des Homo sapiens vereinigen sich alle Geistesgaben in einem Schädel; aber auch bei diesen herrscht immer eine Rangordnung der Fähigkeiten vor. Göthe wollte Naturforscher sein, aber die Botaniker nennen ihn kaum; Haller war Dichter, aber seine Verse können sicherlich nicht als Muster gelten; Galilei war Literat, aber seine Spielereien sind kaum von den Gelehrten gekannt. Leibnitz, Michelangelo, Leonardo da Vinci, Voltaire und einige Andere umfaßten einen großen Theil des menschlichen Wissens, aber sie waren weder in allen Wissenschaften noch in allen Künsten gleich groß.

Zwischen den elementaren geistigen Genüssen, welche aus der Thätigkeit einzelner Verstandeskräfte entspringen, und den zusammengesetzten Genüssen, welche von der gleichzeitigen und aufeinanderfolgenden Thätigkeit verschiedener geistigen Vermögen erzeugt werden, befinden sich einige einfachere secundäre Gruppen, welche die Genüsse der Analyse, der Synthese, der Vergleichung, sowie aller jener zum Denken nothwendigen Operationen umfassen. Auch diese Genüsse kann ich hier nicht ausführlicher behandeln, sondern muß meine Leser auf die Zukunft verweisen.

10. Kapitel.

Von den Genüssen des Lächerlichen.

Wer das Lächerliche als eine nicht unangenehm berührende Ungestaltheit oder Häßlichkeit definiren wollte, würde mit seiner Definition nur einen kleinen Theil der Gegenstände, auf welche sich jenes Wort anwenden läßt, umfassen und würde viele andere, welche diese Bezeichnung wirklich verdienen, davon ausschließen. Es giebt viele Dinge, die unförmlich und nicht unangenehm, aber doch nicht lächerlich sind; hingegen wieder sehr viele andere, welche uns vor Lachen bersten machen können, ohne daß sie das geringste Zeichen von Ungestaltheit darbieten. Wenn der Philosoph ein moralisches Object vereinfachen und mit möglichst wenigen Worten umfassen will, ist er fast immer sicher, es zu zerschneiden und zu verunstalten, aber nicht zu definiren. Die Definitionen der Philosophen sind Fragmente des großen Naturmosaiks, mit dem Meißel in die Form von Schaumünzen gebracht und ausgestellt in den Museen ihrer Werke. Sie sollten jedoch nur leichte Linien sein, auf der Oberfläche der Dinge gezogen, um in dem großen Mosaik die geographische Lage der Steinchen, welche man beschreiben will, zu bestimmen.

Ich möchte das Lächerliche mit einem Verstandes- und Gefühlskitzel vergleichen, der ganz plötzlich verschiedene Fähigkeiten anregt, so daß eine Art Jucken entsteht, welches zum Lachen reizt. In den drei Reichen der menschlichen Natur beobachtet man eine Form von Kitzel. Gleichwie der Sinneskitzel im Allgemeinen durch die schnelle Reizung der Nerven des Gefühlssinnes erzeugt wird, wird das Lächerliche, der wahre moralische Kitzel, fast immer durch den lebhaften Gegensatz zweier Affecte oder zweier Ideen, oder durch den Zusammenstoß eines Gefühls und eines Gedankens hervorgerufen. Gleichwie jedoch der Sinneskitzel zuweilen durch eine ganz geringe Ursache erweckt werden, oder bei den stärksten Reizungen ausbleiben kann, platzt auch das Lächerliche, launisch und mysteriös wie der Kitzel, oft wie eine Bombe aus einem unbedeutenden Bilde oder Gegenstande heraus, und schlummert andere Male bei den fratzenhaftesten und drolligsten Caricaturen.

Es giebt ein Lächerliches, das aus dem Gegensatze zweier Affecte entspringt. Die Eitelkeit und die Selbstgefälligkeit in allen ihren Formen können uns z. B. herzlich lachen machen, weil sie uns ein moralisches Bild darbieten, das mit den Gefühlen des Schönen, des Guten oder des Wahren, welche wir in uns haben, auf eigenthümliche Weise in Widerspruch steht. Ein stärkerer Gegensatz der Bilder würde unangenehm berühren, während dieser Kampf einen wahren Kitzel hervorruft, welcher reizt, ohne zu beleidigen. In manchen Fällen genügt die Reizung eines einzigen Affects, ohne Gegensatz und ohne Ungestalheit, um uns lachen zu machen. Wenn wir uns z. B. vornehmen, einen Freund mit einem Scherze zum Besten zu haben, können wir für uns allein lachen, weil wir mit einer unschuldigen und kleinen Genugthuung das Gefühl des Bösen reizen und einen Kitzel erzeugen. Mag sein, daß die Vorstellung des gefoppten Freundes gleichzeitig unsern Geist beschäftigt, aber sie ist nicht nothwendig, um uns lachen zu machen; — schon der Plan an und für sich bewirkt das Lachen.

Die reichste Quelle des Lächerlichen entspringt jedoch aus den Ideen, welche sich an die Empfindungen des Gesichtssinnes knüpfen und welche das Gefühl des Schönen reizen, ohne es zu beleidigen. Die Zerrbilder der Natur und der Kunst, die wunderlichen Zusammenstellungen der Formen bilden ein ganzes Arsenal lächerlicher Varietäten. Auch der Gehörssinn kann uns Genüsse dieser Art verschaffen, und in manchen Fällen können es auch die anderen Sinne, jedoch um so weniger, je mehr sie sich dem Tastsinne nähern. Das Lächerliche ist ein moralischer Faktor, welcher aus einer eigenthümlichen Thätigkeit des Geistes und des Gefühls hervorgeht, und steht mehr mit dem Gesichtssinne als dem edelsten, weniger dagegen mit dem Tastsinne als dem materiellsten Sinne in Fühlung.

Ebenso können die Irrthümer, indem sie das Wahrheitsgefühl kitzeln, lächerlich werden, besonders wenn sie von Anderen begangen werden. Jedenfalls muß die Wirkung plötzlich und möglichst neu sein. Die Schnelligkeit und die Neuheit der Empfindung sind Elemente, welche das Lächerliche auf außerordentliche Weise heben und welche mitunter fast allein ausreichen, es hervorzurufen. Ganz ebenso wie man, um beim Kitzel des Gefühlssinnes lachen zu können, sich in einem Zustande leichter Reizbarkeit befinden muß, muß man, um über eine Caricatur oder einen Scherz lachen zu können, das moralische Empfindungsvermögen in einer eigenthümlichen Verfassung haben, die nicht alle Menschen besitzen und die sich nicht immer in demselben Grade zeigt. Manche Menschen haben eine solche Empfänglichkeit für das Lächerliche, daß sie es in jedem Gegenstande finden und es bei jedem Schritt wie aus einer mysteriösen Quelle hervorsprudeln lassen. Oft jedoch sind nur ihre eigenen convulsivischen Nerven für dieses krankhafte Lächerliche, welches sie überall herausfinden, empfänglich; während sie, wenn sie Geist haben, wirklich ein neues Lächerliches schaffen, welches von Allen als solches empfunden werden und welches selbst bei den ernstesten Menschen einen moralischen Kitzel hervorrufen kann. Es giebt Schriftsteller und Künstler, welche Meister in der Auffindung des Lächerlichen sind und welche dadurch ihr Brod verdienen, ja zuweilen auch Ruhm erwerben.

Die Genüsse des Lächerlichen reichen sicherlich nicht aus, ein Dasein glücklich zu machen; aber sie können Sorgen und Langeweile vertreiben. Manche suchen das Lächerliche mit wahrer Leidenschaft, weil sie leichte Genüsse aus demselben ziehen und weil ihnen dieses Suchen doch eine Beschäftigung bietet. Der Mißbrauch dieser Genüsse macht den Menschen jedoch leichtsinnig und oberflächlich. Wer für die höheren Verstandes- und Gefühls-Genüsse empfänglich ist, sucht diese Genüsse gewöhnlich nicht und kostet sie nur, wenn sie sich ihm zufällig auf seinem Lebenswege darbieten. Der öffentlichen Meinung können sie als ein schreckliches Hilfsmittel zur Erziehung und zur Verurtheilung dienen. Das Lächerliche ist stark genug, um ein Individuum zu tödten und ein Laster auszurotten. Seine Physiologie ist eine offene Fundgrube für die Philosophen, in welcher diese noch unberührte Schätze vorfinden können.

Diese Genüsse sind im reifen Alter und beim männlichen Geschlecht weniger lebhaft. Die Frau und das Kind sind vermöge ihrer sensitiven Beweglichkeit für den geringsten moralischen Kitzel empfänglich. — Von allen Völkern der Erde ist das französische ohne Zweifel dasjenige, welches am empfänglichsten für das Lächerliche ist.

Das wesentliche Element der diesen Genüssen eigenen Physiognomie ist, wie es schon das Wort andeutet, das Lachen, welches in jeder Form auftritt.

Krankhaft sind diese Genüsse, wenn sie sich auf den Schmerz Anderer gründen. Wer z. B. lacht, wenn er einen ehrbaren Menschen fallen sieht, oder wer Gefallen findet an all' den kleinen Unfällen, welche durch Beigesellung des Lächerlichen zu großen werden, empfindet entschieden einen krankhaften Genuß. Die Wirkung des Lächerlichen ist jedoch mitunter so gewaltig, daß wir uns derselben durchaus nicht entschlagen können, sondern lachen müssen, auch wenn die Moral uns gebieten würde, ernst zu bleiben oder unbillig zu werden.

In manchen Fällen kann man uns einen Genuß, der sich auf den Schmerz Anderer gründet, nicht zum Vorwurf machen, wohl aber die Art und Weise, wie wir ihn ausdrücken. Es kann z. B. Jemand von Natur so verunstaltet sein, daß wir uns nicht enthalten können, ihn lächerlich zu finden, aber wir können ihm nicht, ohne grausam zu werden, in's Gesicht lachen.

11. Kapitel.

Von den negativen geistigen Genüssen.

Negative geistige Genüsse sind kaum gekannt, weil uns der Verstand an und für sich wenige Schmerzen giebt und diese fast nie eine solche Stärke erreichen, daß uns durch ihr Abnehmen oder Aufhören allein ein Genuß bereitet werden könnte. Fast alle Schmerzen entspringen hier aus den Ungewißheiten und Zweifeln und somit aus den Krankheiten des Glaubens, bei welchen das Herz zum größten Theile mitwirkt, den Schmerz hervorzurufen. Wenn eine lange Zeit von Zweifeln gequälter Geist mit der Zuversicht plötzlich seine Ruhe wiedererlangt, kann daraus ein großer Genuß erwachsen, der negativ ist und fast immer aus dem Herzen entspringt. Der gefühllose Mensch glaubt oder zweifelt ohne Freude und ohne Schmerz, und auch wenn er zum zügellosesten Skepticismus gelangt, kann er mit den Lippen die glücklichen Gläubigen beneiden, sich mit einem poetischen Mißgeschick brüstend, welches interessirt; in seinem Herzen aber leidet er nicht die geringste moralische Pein, weshalb der Glaube keine Wunde zu heilen finden würde. Die Wahrheitsliebe ist ein Gefühl, das bei einem mittelmäßigen Menschen sehr lebhaft sein kann, trotzdem dieser vielleicht nie das Glück haben wird, auch nur eine einzige Wahrheit zu entdecken; während es sich bei einem großen Menschen, der die Wahrheit in Strömen hervorquellen läßt, im embryonalen Zustande befinden kann.

Zuweilen bringt uns der Verstand indirekt Schmerz, wenn wir bei unserer Arbeit mit großer Mühe an's Ziel kommen oder dasselbe nicht erreichen können. Alsdann gesellt sich zum Verdruß der schlecht befriedigten Geisteskraft die Kränkung unseres Selbstgefühls und es kann ein Schmerz von gewisser Intensität daraus entspringen. Wenn in solchen Fällen die Schwierigkeit plötzlich gehoben oder besiegt wird, kann man einen lebhaften Genuß empfinden, der gänzlich negativ ist.

Wer lange Zeit kein Buch in der Hand gehabt hat, und leidenschaftlich das Lesen liebt, kann sich mit wahrer Gier auf das erste Buch stürzen, das ihm unter die Augen kommt. Der Maler gebraucht den Pinsel mit wahrer Lust, wenn er lange Zeit von ihm getrennt war; der Chirurg ergreift, von einer langen Reise zurückgekehrt, mit lebhafter Freude sein Messer, mit welchem er wahre Verstandesarbeiten auf dem menschlichen Körper ausführt. Alle diese leidenschaftlichen Pfleger der Literatur, der Künste und der Wissenschaften empfinden in solchen Fällen einen Genuß, den sie ohne den vorausgegangenen Schmerz wahrscheinlich nicht gekostet haben würden oder der doch sicher weniger lebhaft gewesen wäre. Der Genuß ist nach einem beharrlichen Gesetze um so intensiver, je größer der Sprung des Empfindungsvermögens war. Vom größten Schmerze kann man nicht zum niedrigsten Grade des Genusses übergehen, ohne in wahrer Lust zu erzittern; während derselbe Genuß, wenn wir uns im Zustande der Ruhe befinden, uns kaum angenehm berührt oder uns gleichgültig läßt. Dieses Gesetz bewährt sich jedoch nur, wenn der Genuß und der Schmerz, welche einander bedingen, zu derselben Klasse von Empfindungen gehören. In allen anderen Fällen hingegen macht uns der Schmerz unempfindlich oder stumpf für den Genuß, und dieser schützt uns nur bis zu einem gewissen Grade vor dem Schmerze. Wer z. B. von Zahnschmerzen gepeinigt ist, wird vor dem schönsten Naturschauspiele sicherlich keine Freude empfinden; während er einen wirklichen Genuß kostet, wenn der Schmerz, der ihn peinigt, abnimmt; obgleich der Zustand, in welchem er sich befindet, keinem vollständig gesunden Menschen gefallen könnte. Hier läßt sich eine wunderbare Thatsache beobachten, die nur in der Geschichte des Schmerzes vollständig studirt werden kann, aber die ich doch flüchtig andeuten will. Der Genuß und der Schmerz welche als unbestreitbare positive Phänomene gelten, und an welche Alle glauben, sind doch nur relative Begriffe. Wenn der Mensich sich beständig im Zustande wollüstiger Trunkenheit befände, würde er vielleicht den Zustand der Ruhe Schmerz nennen; wenn hingegen sein natürlicher Zustand das größte Schmerzeszucken wäre, würde er vielleicht Zahn- oder Kopfschmerzen köstlich finden.

Zweiter Theil.

Synthese.

1. Kapitel.

Naturgeschichte des Genusses.

Im ersten Theile dieses Buches habe ich den Genuß auf wissenschaftliche Weise behandelt, oder, um mit weniger Anmaßung zu sprechen, — habe ich getheilt und getrennt, was in der Natur nur ein Ganzes bildet. Wenn die Elemente, welche ich unter das Messer der Wissenschaft gelegt habe, nicht auseinandergerissen oder zerstört sind, müßte ich jetzt Alles an seinem Platz zurückbringen können, so daß es mir möglich wäre die Regionen der moralischen Welt, welche ich studirt habe, zu beschreiben und synthetisch zu behandeln. In diesem zweiten Theile meines Buches müßten wir das herrliche Schauspiel der lebenden Natur in ihrer vollen Thätigkeit genießen können, und, — mit dem Auge über das ungeheure Gebiet des moralischen Menschen schweifend, — müßten wir auf jenen fruchtbaren Gefilden die Blumen ausgestreut sehen können, welche wir auf einer Excursion gepflückt haben, um sie unter der Linse und unter dem Messer zu studiren. — Ich muß jedoch gestehen, daß ich mich gänzlich unfähig fühle, die wirkliche Naturgeschichte des Genusses, die Synthese des großen Mosaiks und der tausend Zeichnungen, welche es zieren, zu geben. Die wenigen Skizzen, die ich dem Leser auf diesen letzten Seiten biete, sind nur mangelhafte Bruchstücke und deuten nur den Entwurf eines größeren Gebäudes an, welches aufzubauen meine Kräfte zu schwach sind.

Die verschiedenen Genüsse, welche ich nacheinander behandelt habe, existiren fast nie vereinzelt, sondern vereinigen sich unter einander auf mannichfache Weise zu mehr oder weniger umfassenden Formeln. Einige dieser letzteren sind so ausgesprochen, daß sie eigne Namen erhalten und eine besondere Physiologie verdienten, weil in ihnen so viele Elemente der physischen und moralischen Welt mitwirken, daß sie fast ein Stück thätigen Lebens bilden; ein einzelner Genuß hingegen, so intensiv und bedeutend er auch sein mag, bietet uns in seiner Geschichte nur eine einzige Fiber des menschlichen Geistes oder Herzens. Eine Beschreibung dieser „Gruppen“ würde den Genuß in seiner Wirkungsthätigkeit zeigen, würde aber immer nur auf eine analytische Synthese, — wenn man so sagen kann — hinauslaufen, in welcher sich nothwendigerweise der Meißel fühlbar machen müßte. Doch darf man nicht glauben in den Verstandesarbeiten jene Vollkommenheit zu erreichen, wie man sie sich in einem erhabenen Phantasierausche vorstellen kann. Es giebt eben so wenig eine absolute Synthese, wie eine absolute Analyse. Das Studium des Genusses, selbst unter dem weitesten Gesichtspunkte, ist immer nur ein „Analysiren“, weil derselbe nicht für sich allein existirt, und der Mensch, welcher ihn vom Schmerze, seinem rechtmäßigen Bruder, und von den tausend anderen sich mit ihm verschlingenden physischen oder moralischen Elementen trennt, führt stets eine analytische Operation aus. Doch darf uns das nicht entmuthigen; wir können mit dem Geiste aus den Grenzen unseres materiellen Gesichtskreises heraustreten, aber wir können nicht darnach trachten den Kosmos in einer einzigen Synthese zu umfassen. Wenn wir, nachdem wir uns in die Regionen der reinen Ideen erhoben haben, ruhen und den Kreis schließen wollen, können wir die äußersten Enden des Unbestimmten nur durch ein Mysterium oder einen Irrthum vereinigen. Im ersten Falle schließt man den kosmischen Kreis mit einem Acte bescheidener Unwissenheit; im zweiten Falle bringt man an irgend einer Stelle eine Vermuthung oder eine Hypothese an, d. h. einen sichern oder wahrscheinlichen Irrthum.

Um auf irgend eine Weise die Naturgeschichte des Genusses zu geben, könnte man die Gruppen, von denen ich gesprochen habe, von verschiedenen Gesichtspunkten aus feststellen. Man könnte z. B. den Genuß auf dem Lebenswege eines Menschen die verschiedenen Alterszonen hindurch begleiten. In diesem Falle hätte man eine Geschichte des Genusses von der Wiege bis zum Grabe. Man könnte auch noch ein weiteres Gebiet umfassen und ihn unter dem Gesichtspunkte der Zeit und des Raumes studiren, d. h. ihn den verschiedenen historischen Epochen und in den verschiedenen Ländern betrachten. Man könnte ferner den Maßstab der socialen Verhältnisse anwenden und von den Genüssen der verschiedenen Stände und Berufsarten sprechen. Man könnte Studien über den Genuß in seinem Verhältnisse zum Grade der Intelligenz und zur Feinheit des Gefühls, Studien über die Genüsse der Einsamkeit und des geräuschvollen Lebens der Gesellschaft u. s. w. machen. Bei allen diesen Studien würde man immer nur einen andern Weg machen um dasselbe Land zu durchreisen und an dasselbe Ziel zu gelangen; da aber die Wege, so breit sie auch sein mögen, immer nur einen unendlich kleinen Theil der Regionen einnehmen, welche sie durchziehen, so folgt daraus, daß man alle Wege und alle Pfade nacheinander durchlaufen müßte, um allmählich das ganze Land kennen zu lernen und eine Topographie desselben geben zu können. Da ich nur eine einzige Straße durchlaufen konnte, so habe ich die der Analyse gewählt, weil diese als die längste uns einen längeren Aufenthalt in den Regionen, welche wir zu studiren hatten, erlaubte. Bevor ich nun von meinen Lesern Abschied nehme, will ich sie noch einen Augenblick die Hauptstraße der Synthese bewundern lassen, welche, gerade und majestätisch, in der kürzesten Zeit durchlaufen werden kann.

2. Kapitel.

Von den Ausdrucksformen des Genusses.

Wir haben im ersten Theile die unzähligen Ausdrucksformen kennen gelernt, welche der Genuß in allen seinen Varietäten darbietet; jetzt bleibt uns noch übrig die Physiognomie dieses Phänomens in ihrer Allgemeinheit und die dabei in Betracht kommenden Elemente zu studiren.

Die bei dem Phänomen des Genusses wirkende Kraft verbreitet sich, von dem Punkte aus, in welchem sie sich primitiv entfaltet, die Empfindungsfibern entlang und versetzt die Systeme, denen sie sich mittheilt, in Thätigkeit. Auf diese Weise haben wir das Bewußtsein der Genüsse, welche wir selbst kosten, und können auf dem Gesichte unserer Mitmenschen oder auf dem der Thiere, unserer entfernten Verwandten, den Genuß, den dieselben empfinden, lesen. Die sinnlichen Zeichen, mit denen der Genuß sich kund thut, bilden dessen Ausdruckszüge oder das anatomische Gerippe seiner Physiognomie; der Antheil hingegen, den die moralischen Kräfte im Ausdruck des Phänomens haben, bildet die belebte Physiognomie, welche sich auf dem unwandelbaren und festen Hintergrunde der antaomischen Züge abzeichnet. Diese Unterscheidung ist künstlich und riecht nach Metaphysik, aber sie dient hier um die Ausdruckserscheinungen des Genusses zu studiren.

Die anatomischen Elemente jeder Ausdrucksform des Genusses sind die Nerven und die Muskeln, welche je nach der Natur der von den peripherischen Nerven oder den Nervencentren ihnen zugehenden Ströme auf verschiedene Weise bewegt werden. Keine Bewegung jedoch ist charakteristisch bei den angenehmen Empfindungen, und die eigenartige Natur ergiebt sich nur aus der Art und Weise, wie sich die verschiedenen Elemente verbinden und wie sie zusammenwirken. Der Genuß kann durch Lachen oder durch Weinen, durch Sich-Heben der Mundwinkel, oder durch vollständige Unbeweglichkeit der Lippen, durch die ausgedehnteste und ungestümste Bewegung oder durch die vollständigste Ruhe zum Ausdruck kommen. Wir können jedoch auf den ersten Blick die unzähligen Abstufungen eines Lächelns oder eines aus einem Schleier von Thränen hervorleuchtenden Lichtstrahls erkennen. Hier, wie bei vielen anderen moralischen Phänomen reflektirt unser Bewußtsein in seinem glänzenden Spiegel ein kaum umrissenes Bild, welches das geistige Auge nicht definiren oder erkennen kann, welches wir aber sehr wohl in dem Bewußtsein eines andern Menschen reflektiren lassen können, indem wir uns der Stenographie des Wortes oder der Telegraphie des Blickes bedienen.

Fast alle Genüsse können durch das einfache Leuchten und die Bewegungen des Auges zum Ausdruck kommen. Bei den lebhaften und intellectuellen Freuden ist das Auge im Allgemeinen hell leuchtend, weiter geöffnet und beweglicher; bei den intensiveren Sinnesgenüssen hingegen ist es schmachtend, ungewiß oder auch starr, und in deren höchsten Graden verbirgt es sich gänzlich unter dem Schleier der Augenlider. Die zartesten Affecte kommen alle durch unzählige Abstufungen von Bewegungen nach unten, nach oben, nach rechts oder nach links zum Ausdruck; und hier ist es in der That wunderbar zu beobachten wie der Raum weniger Linien die ganze unermeßliche Gallerie der Bilder, welche die menschlichen Leidenschaften darstellen, enthalten könne. Das Auge malt im Blitze eines Augenblicks ein Bild, zu dessen Darstellung der Künstler lange Stunden brauchen würde und welches der Philosoph viele Tage studiren müßte, um es auf unvollkommene Weise analysiren zu können.

Das Auge trägt zum Ausdrucke des Genusses auch mit der Ausscheidung von Thränen bei, welche in den höheren Graden der Gefühlsgenüsse nie fehlen. Die Thräne auf der Wange einer Mutter, die, vor Freude gerührt, ihren von einer gefährlichen Krankheit genesenen Sohn umarmt, hat dieselbe chemische Zusammensetzung wie jene im Auge eines Koches, der Zwiebeln schneidet; sie ist von derselben Drüse ausgeschieden, hat dieselbe Form, dieselbe Farbe; aber die erstere erglänzt in einem geheimnißvollen moralischen Lichte, welches, in unserm Bewußtsein reflektirt, uns eine reine Freude einflößt und uns auch vielleicht zu sanften Thränen rührt. Diese Form des Ausdrucks ist eine der interessantesten, und sie genügt für sich allein, um Mitempfindung in uns zu erwecken. Vielleicht ergreift uns der geheimnißvolle Vorgang eines Phänomens, welches bestimmt ist, ebensowohl Freude als Schmerz auszudrücken, und erhebt uns, ohne daß wir es merken, in die höheren Regionen der idealen Welt, wo die äußersten Gegensätze sich in kosmischer Harmonie verbinden.

Alle Muskeln des Gesichts sind beim Ausdrucke des Genusses mit unzähligen Bewegungen betheiligt, welche alle die Neigung haben, dasselbe auszuspannen und zusammenzuziehen, auf diese Weise physisch die Ausdehnung kundthuend, die wir bis in die Eingeweide empfinden. Die Nase in ihrer stoischen Unempfindlichkeit bleibt ihrer Gewohnheit treu und bewegt sich nicht, während der Mund sich mehr als jeder andere Theil bewegt und seine Winkel fast immer nach oben zieht, auf diese Weise das Lächeln bildend, — eines der einfachsten Gemälde mit welchen der Genuß zur Darstellung kommt.

Nach den Gesichtsmuskeln sind es die Muskeln des Halses und des Rumpfes, welche beim Genusse häufiger in Thätigkeit versetzt werden; dann folgen die Arm- und Handmuskeln, und als die letzten treten die Muskeln der unteren Gliedmaßen in Thätigkeit. Selbstverständlich gilt dies nur im Allgemeinen; die Ausnahmen sind zahlreich. Eine der elementarsten Muskelausdrucksbewegungen ist das Gegeneinander-Reiben der Hände, welches ein fast charakteristisches Zeichen der guten Laune und der Lustigkeit bildet. Complicirtere Bewegungen sind das Springen, das Laufen, das Tanzen und unzählige andere wunderlichere und seltenere Verrichtungen. Davy empfand, als er das Kalium entdeckte, eine solche Freude, daß er in seinem Laboratorium zu tanzen anfing. Das Zittern und Zucken der Sehnen kann ebenfalls einige Grade der Lust ausdrücken, und in manchen seltenen Fällen können sogar Convulsionen den Genuß zum Ausdruck bringen.

Eine der charakteristischsten Physiognomien des Genusses ist das Lachen, beruhend auf einer längeren, unterbrochenen und geräuschvollen Ausathmung, bei welcher das Zwerchfell von Zuckungen ergriffen wird. Diesem Hauptacte gesellen sich in den verschiedenen Fällen das Leuchten der Augen, sowie Bewegungen der Gesichtsmuskeln und der ganzen Person bei. Das bescheidenste Lachen ist ein etwas lebhafteres Lächeln, d. h. es heben sich noch mehr die Mundwinkel, es öffnen sich etwas die Lippen, so daß die Zähne sichtbar werden und es erfolgt eine einzige geräuschvolle Ausathmung. Wenn sich dieses wiederholt und die

Mundwinkel sich krampfhaft heben und senken, wächst das Lachen an Intensität, bis der Krampf sich so steigert, daß der Athem unterbrochen und das Ausathmen erschwert wird und die armen Baucheingeweide, von den Erschütterungen des Zwerchfells beständig hin- und hergerüttelt, ihr Getöse vernehmen lassen, so daß die Hand sich beeilt, sie vor der übermäßigen Bewegung zu schützen. Zuweilen ist man sogar gezwungen den Bauch an die Wand oder an einen andern festen Körper zu lehnen, um das Schütteln der Eingeweide zu mäßigen. Die Circulation wird gleichfalls gestört und das Gesicht röthet sich, während die Augen durch einen rein mechanischen Vorgang zu Thränen gereizt werden; mitunter empfindet man auch einen starken Schmerz am Hinterkopfe. In seinen stärkeren Graden kann das Lachen gefährlich werden.

Das Lachen, auf eine Elementarformel reducirt, welche es darstellt, ist eine nervöse Entladung, die durch das plötzliche Ausbrechen das Zwerchfell und andere sekundäre Muskeln in krampfhaftes Zucken versetzt, — ist ein Sicherheitsventil für jenes Uebermaß von Kraft, welches in der Maschine nicht zurückgehalten werden kann. Wenn ein Genuß lange anhält und dem Grade nach allmählich wächst, kann er die höchste Intensität erreichen, ohne durch Lachen zum Ausdruck zu kommen; während ein Genuß niedrigen Grades ganz plötzlich in das stürmischste Gelächter ausbrechen machen kann. Doch übt die Natur des Genusses in dieser Beziehung einen viel größeren Einfluß als dessen Intensität, und das Lachen ist der natürlichste Ausdruck einer besondern Klasse geistiger Genüsse, welche, wie wir schon gesehen haben, der wunderlichen Welt des Lächerlichen angehören. Wenn das Lachen bei einem rein sinnlichen Genusse erfolgt, kann man immer beobachten, daß der wachsende Strom des Genusses plötzlich von einem helleren Funken unterbrochen wird, welcher, wie eine unerwartete Entladung wirkend, leichter zum Lachen reizt, weil unser Empfindungsvermögen sich bereits in einem Zustande des Genusses befand. Merkwürdig ist es, daß einige Empfindungen durchaus aller höheren geistigen Elemente entbehren und uns doch mit Uebermacht zum Lachen reizen, wie z. B. der

Kitzel. Das Phänomen scheint sich in diesem Falle auf eine Reflexionsbewegung zu beschränken, hervorgerufen durch eine Reizung besonderer Art.

Die gewöhnlichsten Arten des Lachens sind nur dem Grade nach verschieden und bewegen sich zwischen dem stillen Lächeln und dem lauten Auflachen; aber es giebt noch einige seltenere Arten, welche der Natur nach variiren. Kinder und Frauen haben ein metallisches und elastisches Lachen, korpulente Personen hingegen ein feistes und klangloses. Geistreiche Menschen haben meistentheils ein scharfes und schneidendes Lachen, wollüstige Frauen dagegen haben ein sammetnes. Offenherzige und großmüthige Menschen geben sich im Allgemeinen dem Lachen mit mehr Wallung hin als Egoisten, welche immer auf unharmonische Weise lachen. Es giebt ferner ein hohles, ein vibrirendes, ein stummes Lachen u. s. w. Das gezwungene Lachen ist stets krankhaft, und statt uns zu erfreuen läßt es uns kalt oder stößt uns zurück.*)

Das Lachen verursacht einige mechanische Wirkungen, übt aber auch einen moralischen Einfluß aus. Wenn wir uns auch nur bei mittelmäßig guter Laune befinden, sind wir leicht und durch den geringsten Anlaß zum Lachen zu bringen, und sehr oft dauert die durch eine sehr unbedeutende Ursache oder auch durch den einfachen Kitzel erzeugte Entladung längere Zeit freiwillig fort; — sei es daß wir über uns selbst lachen, weil wir uns so leicht zum Lachen haben bringen lassen, sei es daß wir den Nervenstrom nicht auf einmal zu zügeln vermögen. Jedenfalls kann man das Lachen als ein moralisches Niesen betrachten, welches unser Nervensystem aufrüttelt, — als eine wahre Reaktion der Gehirnmaschine, welche dessen Bewegung erleichtert. Zuweilen fügt es sich auch, daß wir mitten im düstern Sinnen

*) Die Frauen der Mangandscha in Mittel-Afrika lachen, wie Livingstone berichtet, sehr graziös. Es ist weder ein anmaßendes Lächeln noch ein dummes Gelächter, sondern ein frisches und vibrirendes Lachen, das man mit großem Vergnügen hört. Wenn eine von ihnen anfängt zu lachen, lachen die andern gleich mit und schlagen dann alle die Hände zusammen.

über irgend etwas lachen müssen, und nachdem die leuchtende Rakete abgebrannt ist, bleiben wir verwirrt zurück und können den Faden der trüben Gedanken nicht wiederfinden, so daß wir einen angenehmeren Weg einschlagen.

Der Seufzer kann ein Symptom des Genusses sein und drückt im Allgemeinen einen großen Sinnesgenuß oder die Ueberfülle eines angenehmen Gefühls aus. Er stellt langsam das Gleichgewicht her, indem er die übermäßige Spannung allmählich aufhebt, auf dieselbe Weise wie das Lachen diese Wirkung plötzlich erzeugt.

Die Physiognomie eines und desselben Genusses ist verschieden, je nach der individuellen Constitution, dem Alter, dem Geschlecht und den andern angeborenen oder zufälligen Umständen, welche unsere Art, zu fühlen, modificiren können.

Nervöse und reizbare Individuen empfinden sehr stark und drücken den Genuß mit größerer Thätigkeit aus als stumpfsinnige Menschen. Ihre Nerven erzittern bei den geringsten Schwingungen und sie ergötzen sich am Mikrokosmus der Genüsse, welcher vielen Menschen immer verschlossen bleibt. Da ihre Mimik jedoch oft übertrieben ist, so drücken sie, ohne zu wollen, mehr aus als sie wirklich empfinden. Es giebt in dieser Beziehung Sonderbarkeiten, welche uns oft nicht erlauben, aus den Gesichtszügen den Grad des Genusses, den ein gegebenes Individuum empfindet, zu errathen. Manche lachen z. B. fast nie, ohne deshalb unglücklich oder unempfindlich zu sein; andere einfältige und oberflächliche Weiber lachen geräuschvoll bei der geringsten Gelegenheit, ohne sonst sehr zarte Nerven zu haben.

Die Frau wird von einer kleinen Menge Nervenkraft leichter gesättigt, weshalb diese schneller Neigung zeigt, sich zu entladen, indem sie das Muskelsystem in Reaction setzt. Die Physiognomie der Genüsse ist bei der Frau deshalb lebhafter und bilderreicher; der Mann hingegegen absorbirt den Genuß mit größerer Ruhe, ohne ein großes Bedürfniß zu haben ihn zu entladen. Die übergroße Reizbarkeit des Nervensystems macht die Frau dem Weinen und Lachen leicht zugänglich, und oft verschmelzt sich bei ihr das letzte Schimmern eines verschwindenden Schmerzes mit dem ersten Dämmern eines aufsteigenden Genusses.

Im Kindesalter kommt das offenherzige Lachen in seiner ganzen Reinheit zum Ausdruck. Im Jünglingsalter zeigen wir in unserm Gesichte mehr die stürmischen Freuden; im erwachsenen Alter drücken wir in würdevollster Ruhe die Zufriedenheit aus, während Niemand besser als der Greis mit einem intelligenten Lächeln die ruhigen Freuden des Geistes und die warme Wonne der Erinnerung anzudeuten vermag.

Die südlichen Völker sind mittheilsamer als die nördlichen, weshalb sie den gleichen Genuß lebhafter und geräuschvoller ausdrücken und hierin große Aehnlichkeit mit den Frauen haben. Der heitere Italiener singt, tanzt und lärmt, während der Engländer lächelnd sein Glas Bier trinkt. Der erstere hat das Gleichgewicht in seinem Nervensystem durch ein helles Gelächter schon wieder hergestellt, der letztere hingegen beginnt kaum mit einem kalten Lächeln sich seiner Freude zu entledigen.

Das künstlerische Schöne der Physiognomie des Genusses zeigt sich in seiner ganzen idealen Vollkommenheit nur bei den gebildeten Klassen der Gesellschaft oder bei den wenigen Individuen, die durch ihre große Intelligenz mit einem Sprunge den Platz erreichten, zu welchem die Anderen auf dem langen Wege der Erziehung und durch den Einfluß der natürlichen Vererbung gelangt waren. Eine gewisse Mäßigung beim Ausdrücken der Freude kann in manchen Fällen gefallen, weil dadurch unserer Eitelkeit geschmeichelt wird, besonders wenn wir nur einfache Zuschauer eines Genusses sind, den wir nicht theilen.

Der Genuß hat seine Heucheleien und der Mensch sucht aus Interesse oder aus Eitelkeit einen Genuß, der die Achtung Anderer für ihn vermindern könnte, zu verbergen. Von allen Ausdrucksformen des Genusses läßt sich die Muskelthätigkeit am leichtesten verbergen, während das Leuchten der Augen fast immer hervortritt, selbst wenn die Physiognomie sonst die unerschütterlichste Ruhe zeigt. Mitunter scheint es sogar, daß die ganze Ueberfülle an Nervenkraft, da sie nicht auf andere Weise zum Ausbruch kommen kann, sich in den Augen concentrirt, deren eigenthümliche Lebhaftigkeit im grellsten Gegensatze zur fingirten Ruhe der Gesichtszüge steht. Auch das Lachen läßt sich, wenn es schnell und heftig ist, kaum mit einer außerordentlichen Willenskraft zurückhalten, und meistentheils kommt es, nachdem es einige Zeit zurückgehalten worden ist, ganz plötzlich mit einem wahren Knall zum Ausbruch und entladet mit einem Male die Kraft, welche sich übermäßig angehäuft hatte. Der Mensch kann es zuweilen fertig bringen, einen Schmerz zu heucheln, während er einen Genuß empfindet; aber in diesem Falle wird die Natur verhunzt, und sie bestraft den Schuldigen, der sie beleidigt, damit, daß sie ihn das Gefühl der eigenen Würde verlieren läßt, ohne welches die Quelle der reinsten und höchsten Herzensfreuden verschlossen bleibt.

Der Genuß kann auf übertriebene oder falsche Weise zum Ausdruck kommen und bietet uns dann eine wahre „Pathognomie" oder krankhafte Physiognomie dar. Der pathologische Charakter des Ausdrucks kann in dem Mangel an Uebereinstimmung zwischen der Empfindung und dem Zeichen, welches sie darstellt, sowie in einigen besonderen, das Schönheitsgefühl beleidigenden Elementen liegen. Es ist nichts Seltenes Personen zu sehen, welche recht tölpisch lachen oder ihre Freude auf verschrobene Weise ausdrücken, so daß sie, statt uns zur Heiterkeit anzuregen, uns vielmehr abstoßen.

Alle Thiere werden die Genüsse, welche sie empfinden, auf irgend eine Weise zum Ausdruck bringen; wir können jedoch die Freuden nur bei denen lesen, die uns näher stehen. Bei Fischen und Reptilien wird wohl noch Niemand den Ausdruck der Freude wahrgenommen haben, bei Vögeln hingegen drücken die Lebhaftigkeit der Bewegungen, die Munterkeit des Gesanges und das Leuchten der Augen klar und deutlich die Freude aus. Es scheint sogar, als seien diese lebenswarmen Geschöpfe immer froh und immer jung. Die außerordentliche Weite ihrer Athmungswege ist vielleicht die einzige Ursache hiervon. Die frei in ihren Wäldern lebenden Säugethiere verbergen ihre Genüsse vor unseren Augen, weshalb wir deren Physiognomie nicht studiren können, und haben wir einmal das Glück, uns unter vier Augen mit ihnen zu befinden, so lesen wir auf ihrem Gesichte den Schmerz oder die Furcht, — wenn wir stärker sind als sie; haben sie dagegen stärkere Muskeln und Zähne als wir, so wird es uns gewiß nicht einfallen ihre Physiognomie zu analysiren, welche vielleicht die Freude über einen Sieg oder einen bevorstehenden Leckerbissen offenbart. Die Hausthiere drücken ihre Freude mit besonderen Zeichen aus, die wir sehr gut verstehen: Der Hund wedelt mit dem Schwanze, das Pferd bewegt die Ohren und wiehert auf eigenthümliche Weise u. s. w. Man kann sagen, daß die elementaren Ausdrucksformen des Genusses allen höheren Säugethieren gemein sind, aber daß das Lachen nur dem Menschen gewährt ist.

3. Kapitel.

Moralische Physiognomie und Pathognomie des Genusses; — Philosophie der Feste.

Zwischen den physischen und den moralischen Ausdruckszeichen des Genusses stehen einige gemischte Formeln, welche als Uebergang von den einen zu den anderen dienen und welche auf diese Weise die Physiognomie der Freude vervollständigen. Die hauptsächlichsten gemischten Ausdruckszeichen sind die „Ausrufe" und der „Gesang".

In den höchsten Graden des Genusses fehlen die Ausrufe fast nie; sie drücken die Bestürzung des Geistes aus, welchen die Intensität der Empfindung zu erstaunen scheint. Auf ihre Wesenheit zurückgeführt, sind sie nur stenographische Zeichen, mit welchen wir unsern Zustand mehr darzustellen als zu definiren suchen. Der Verstand kann nicht die nöthige Ruhe haben, um den uns überfluthenden Genuß zu analysiren; da er aber doch in dem großen Sturme nicht unthätig bleiben kann, so thut er mit einem kühnen Zeichen oder mit abgebrochenen Worten kund, daß er lebt und sieht. So geschieht es, daß wir, ohne zu wollen, zu den höchsten Ideen eilen und den Himmel, die Sterne und das höchste Wesen nennen, oder im Augenblicke einige Worte bilden, welche durch ihre wunderliche Form oder durch die zu ihrer Aussprache nothwendige Kraft die Spannung, in welcher sich unser ganzes Nervensystem befindet, vermindern. Die Ausrufe drücken im Allgemeinen mehr die plötzlichen und in Funken sich entladenden Genüsse aus. Jedenfalls hat die Natur der vom Ausrufe dargestellten Idee nur eine sehr geringe Bedeutung beim Ausdruck, da dessen innerstes Wesen von der Form bestimmt wird. In der That können die Worte „mein Gott“ ebenso die größte Lust wie den größten Schmerz ausdrücken, und die Verschiedenheit des Ausdrucks besteht nur in der Art und Weise wie man sie ausspricht.

Jene Genüsse hingegen, welche wir mit der Flamme verglichen haben, thun sich meistentheils durch Gesang kund, welcher ein gemäßigteres und gleichmäßigeres Ausdrucksmittel ist als der Ausruf. Er bildet den natürlichen Uebergang von dem unbestimmtesten und verwirrtesten Worte zu den vollkommensten Ausdrucksmitteln der Poesie. Der Geist ist nicht so verwirrt und überrascht wie beim Ausruf, aber er kann den Zustand des Bewußtseins noch nicht in einen Gedanken fassen, weshalb er zu der unbestimmten Sprache der Musik greift, die mit ihrer Harmonie den angenehmen aber ungewissen Zustand, in welchem wir uns befinden, vollkommen ausdrückt. Der unharmonische und ungeordnete Gesang drückt noch die Verwirrung der geistigen Kräfte oder das Vorherrschen der Empfindung aus und ist mitunter so zügellos, daß er einem Rausche gleicht und so den Sturm des Herzens vollkommen darstellt. Wenn hingegen die Wellen sich beruhigen und der Spiegel des Bewußtsein das Bild des Genusses reiner reflectirt, ist der Gesang geordnet und harmonisch.

Laien, welche die Freude mit der Sprache der Musik zum Ausdruck bringen, schöpfen aus den Archiven des Gedächtnisses; Künstler hingegen greifen zum Schöpferstabe und schaffen neue Formen der Harmonie. Oft, wenn sie freudetrunken sind, eilen sie zum Klavier oder ihrem Lieblingsinstrument, oder ergreifen die Feder, um erhabene musikalische Gedanken niederzuschreiben, welche dereinst vielleicht die ganze Welt entzücken können.

Vom einfachen Ausruf sind wir zu den musikalischen Schöpfungen gelangt und befinden uns also schon im Gebiete des moralischen Ausdrucks des Genusses, d. h. in jenem Theile, der dem Geiste angehört. Der einfachste Antheil, den der Verstand in der moralischen Physiognomie des Genusses hat, besteht in dem vom Worte formulirten Gedanken. Sehr oft, wenn wir freudig gestimmt und allein sind, sprechen wir zu uns selbst, weil die im Bewußtsein reflectirte Idee uns nicht genügt und wir das Bedürfniß nach einer zweiten Reflexion fühlen, welche mittelst des Ohres stattfindet. In allen Fällen muß die angenehme Empfindung, um zum Ausdruck zu kommen, von dem sie beherrschenden Geiste bewältigt werden, bis — in den äußersten Graden — der Genuß wie ein Gegenstand außer uns wird, den der Verstand mit analytischer Ruhe und Schärfe betrachtet. Fast immer genügt uns alsdann das Wort nicht mehr und wir greifen zur Feder, um den moralischen Ausdruck unserer Freude weniger flüchtig zu machen. Dieses Bedürfniß ist jedoch fast nie primitiv und rein, sondern erwächst aus der Verbindung vieler Elemente.

Nicht selten werden wir von der Uebermacht der Empfindung getrieben, unsern Genuß zu schildern, und halten nicht einen einzigen Augenblick inne, um der uns bewegenden Kraft nachzuforschen. Alsdann eilt unsere Feder und schreibt in „Versen", die uns bewegende Freude mit der vollkommensten Form und in ihrer ganzen Wahrheit ausdrückend. Mit der Erhabenheit der Idee stellt sie den analytischen Scharfsinn des sich selbst studirenden Geistes dar; mit der Formenpracht und dem harmonischen Gewande hingegen drückt sie den köstlichen Sturm, in welchem unser Empfindungsvermögen wogt, aus. Der Dichter gräbt, im Edelmuth seines Genies, seine flüchtige Freude in den unsterblichen Marmor seiner Verse und läßt den zukünftigen Generationen eine neue Freudenquelle offen.

Der Geist kann denn Genuß noch auf andere Weise formuliren, indem er ihn auf der Leinwand oder in Marmor zur Darstellung bringt. Wir können so zusammen mit einem Künstler lachen, der seit Jahrhunderten unter der Erde ruht.

Die Erfindung neuer Spiele und neuer Unterhaltungsmittel kann eine andere Formel sein, mit welcher wir unsere Freuden auf unsere Nachkommen übertragen. Von diesem Gesichtspunkte aus könnte man sagen, daß der Genuß seine „geologische“ und seine „paläanthologische“ Geschichte habe und daß sich in unseren Bibliotheken und Gallerien wahre „fossile Genüsse“ vorfinden.

Da der Genuß jedoch eine Empfindung ist, so zieht er leichter das Gefühl in Mitthätigkeit, welches mit diesem Lebensphänomen so große Aehnlichkeit hat.

Der Genuß findet, indem er durch alle offenen physischen und moralischen Wege zum Ausbruch zu gelangen sucht, in dem socialen Gefühl eine der natürlichsten Freuden, mittelst deren er die ganze in ihm verborgene Lebensfülle ergießen kann. Wenn wir Anderen unsere Freuden mittheilen, befreien wir uns von dem Uebermaße der Empfindung, welches wir nicht zu tragen vermögen, und indem wir die sich in Anderen entfaltende Freude betrachten, erhalten wir sie durch Reflex auch wieder in uns. Zwei Wesen, welche sich zusammen freuen, sind somit zwei Körper, welche sich gegenseitig in's Gleichgewicht bringen. Der Eine sendet dem Andern einen Freudenstrom, welcher in diesem dasselbe Phänomen hervorruft; der Andere, welcher empfangen hat, sendet seinerseits auch einen Freudenstrom zurück und die Gaben werden so wechselseitig und ununterbrochen ausgetauscht. Die Freude, die wir einem Andern mittheilen, kehrt jedoch vollkommener und wärmer zu uns zurück, und jedes Mal, wenn der Freudestrahl sich in uns oder außer uns reflectirt, ist er heller und wärmer. Die einfache und primitive Freude hat sich mit der Befriedigung eines wohlwollenden Gefühls verbunden, und während vorher in uns nur der individuelle Mensch genoß, genießt jetzt der sociale, d. h. der ganze Mensch. Dieses ist die allgemeine Formel, welche das Geheimniß der getheilten Genüsse darstellt.

Das Bedürfniß, Anderen unsere Freude mitzutheilen, ist so mächtig, daß wir manches Mal sogar mit unbelebten Gegenständen sprechen oder lachen, oder unsere glücklichen Erlebnisse Thieren erzählen.

Doch täuschen wir auf diese Weise nur die Natur; wenn wir freudig bewegt sind, suchen wir gierig einen Menschen, der sich mit uns freut. Ist unsere Freude eine übergroße, dann können wir uns in die Arme der ersten Person stürzen, die uns begegnet, auch wenn wir sie nie gekannt haben. Bleibt dieselbe erstaunt und kann sie eine unbekannte und auf so seltsame und stürmische Weise ausgedrückte Freude nicht sogleich mit uns theilen, laufen wir zu einer andern u. s. w., bis wir die rechte gefunden haben. Oft kommt auf diese Weise der durch irgend eine unerwartete Nachricht erweckte Volksjubel zum Ausdruck. Die Freude wächst aber über alle Maßen, wenn die mit uns sich freuende Person schon einen bestimmten Platz in unserm Herzen einnimmt, — wenn sie unser Freund, unser Bruder u. s. w. ist.

So schön auch der Ausdruck eines Genusses, der von zwei sich liebenden Personen getheilt wird, sein mag, begnügt sich das von den Kräften des Genusses auf den höchsten Grad gesteigerte sociale Gefühl doch nicht damit, sondern hat das Bedürfniß, sich noch weiter auszudehnen und seinen wohlthätigen Einfluß praktisch fühlen zu lassen. Die von edlen Gefühlen erleuchtete Vernunft zeigt uns dann in einem Augenblicke, wie egoistisch es sei, zu verlangen, daß Andere eine ausschließlich uns angehörende Freude genießen; und Wohlthaten erweisend, erwecken wir primitive Genüsse, damit die Heiterkeit der uns umgebenden Gesichter unsere Freude in ihrer ganzen Reinheit reflectire. Diese edelmüthigen Ausdrucksformen der Freude variiren jedoch sehr, je nach dem Maße des wohlwollenden Gefühls und je nach der Schwere der einzelnen Börsen. Jedenfalls fühlen sich fast Alle mehr geneigt, Gutes zu thun, wenn sie in freudiger Stimmung sind, und wohl Jeder wird sich einer Wohlthat erinnern können, die er im Freudenrausche erwiesen hat. Unglücklich der Mensch, welcher dieses nicht kann! Er muß ein eisiges Herz haben oder überhaupt keines besitzen, denn dieses sind die leichtesten von allen guten Handlungen.

Die Feste finden ihren primitiven Ursprung in einem glücklichen Ereignisse, welches einem Individuum große Freude bereitete und in ihm das Bedürfniß anregte, dieselbe weiter auszudehnen, d. h. sie Anderen mitzutheilen. Vielleicht hat der erste Mensch, als er zum ersten Male Vater geworden, in den Urwäldern Asiens das erste Fest gefeiert, indem er sich mit seinem Weibe über das ihm vom Himmel bescheerte Glück freute. Jenes Fest mußte einfach und herrlich gewesen sein und stellte in seinen Elementen die Formel aller zukünftigen Feste dar. Es waren da zwei Wesen, die sich eine und dieselbe Freude mittheilten und sie gemeinschaftlich genossen; das Mahl mußte glänzender als gewöhnlich sein, weil sie auch schon damals das Bedürfniß, die primitive Freude mit einer Krone geringerer Genüsse zu schmücken, fühlbar gemacht haben wird. Das Fest mußte sich bei der Geburt eines zweiten Kindes wiederholen und wird, wegen der gesammelten Erfahrung und weil ein anderes Wesen daran theilnahm, noch herrlicher gewesen sein. Sobald zwei Menschenfamilien existirten, gewann das Fest eine noch höhere Bedeutung und es entsprang die Gastfreundschaft, welche später so viele Namen annehmen und auf so vielfältige Weise zum Ausdruck kommen sollte. Das Nahen des Frühlings, das Aufhören eines langen Regens und viele andere glückliche Ereignisse steigerten die Zahl der socialen Feste, welche sich von Anfang an mit religiösen Feierlichkeiten verbanden. Jene primitiven Feste existiren noch überall und haben nur, je nach den Fortschritten der Civilisation oder der Entartung eine mehr oder weniger verschiedene Form angenommen. Sie bewegen sich in einem engen Kreise, können aber wonnevoll sein, wenn sie von der Liebe eingegeben werden und nicht von der Gewohnheit und wenn die Eitelkeit die Freuden der edeln und erhabenen Gefühle nicht erstickt.

Die gewöhnlichen Menschen können ihre Festfreuden nicht über die von der Freundschaft und der Verwandtschaft gezeichnete enge Grenze hinaus ergießen; aber große Menschen, welche die Geschicke der Nationen lenken, können ihre Freuden einem ganzen Volke mittheilen und unter Umständen einen allgemeinen Festtag veranlassen.

An den religiösen Festen betheiligen sich große und Kleine, indem sie sich andächtig im Gottestempel versammeln. Diese Feierlichkeiten haben ihre Philosophie und ihre physiologische

Formel; aber ich möchte sie nicht entheiligen, indem ich sie unter das unerbittliche Messer der Analyse bringe.

Spiele können zuweilen ein Fest glänzender gestalten, aber nie für sich allein ein solches constituiren.

Nicht alle Freuden haben eine moralische Physiognomie! die einfachsten und weniger intellectuellen Genüsse der Sinne haben nur physische Ausdruckszeichen. Die vollständigsten Ausdrucksformen, bei denen der Geist und das Gefühl mit ihren kostbarsten Schätzen mitwirken, sind nur den höheren Gefühls- und Verstandesgenüssen eigen.

Die Genüsse können ebensowohl eine krankhafte moralische Physiognomie, wie pathologische Züge haben. Mitunter ist das Gefühl so stumpf, daß es von dem größten Genuß nicht in Thätigkeit gesetzt wird und der Geist ruht fast ganz. Der schlimmste Feind der moralischen Aesthetik ist jedoch der Egoismus, welcher die schönsten Ausdrucksbilder des Genusses verdirbt, indem er das verlockendste Element, nämlich die Thätigkeit der wohlwollenden Gefühle in ihnen fehlen läßt. Der Egoist ist so geizig mit dem Leben, daß er die Regungen des mit der Freude in harmonischer Sympathie erzitternden Gefühls plötzlich anhält und lieber den Genuß lähmt und verdirbt als ihn in großmüthiger Weise sich entfalten und ausdehnen läßt, weil dieses ihn vielleicht zu einem gefährlichen Opfer verleiten könnte. Durch die Erfahrung gelingt es ihm, die dicke Hülle, in welche er sich schließt, recht fest zu machen, so daß er eine außerordentliche Spannung des Genusses ertragen kann, welchen er dann allmählich und ohne etwas davon entweichen zu lassen, in sich aufzunehmen versteht. Andere wiederum ergießen den sie überfluthenden Genuß mit größter Hast, so daß dann die großmüthige Ausdehnung ihre Börse zu sehr erleichtert und sie heiligere Pflichten vergessen läßt. Manche Menschen werden in wenigen Augenblicken ungemein verschwenderisch, wenn eine plötzliche Freude sie ergreift, und drohen die Personen, auf welche sie den Freudestrom ausdehnen wollen, zu ersticken, weil sie unfähig sind, denselben in den Grenzen einer weisen Mäßigkeit festzuhalten. In diesen beiden entgegengesetzten Fällen sündigt die moralische Physiognomie des

Genusses nur in der Quantität; aber es giebt auch Bilder, welche wegen der Natur der angewendeten Farben unrein sind.

Die pathologischen Gefühle haben, — wie man auch leicht voraussehen kann, — fast alle einen falschen und krankhaften Ausdruck. Die physische Physiognomie der unreinen Affecte haben wir bereits näher angedeutet, es bleibt uns jetzt noch über den moralischen Ausdruck zu sprechen übrig. Der von einem unreinen Gefühl erzeugte Genuß ist ein wirkliches moralisches Uebel, weil er pathologische Affecte belebt. Eine reine Freude regt die edlen Gefühle an, welche mit ihren verschiedenen Harmonien an ihr theilnehmen und so ein köstliches Concert bilden. Eine unreine Freude hingegen scheint die widerwärtigsten Gefühle sympathisch zu beleben, welche dann in der frechsten und ungestümsten Weise mitjubeln. Ein Mensch z. B., der sich freut seinen Nebenbuhler verleumdet zu haben, lacht auf eine Weise, daß man sich fürchtet; und Geist und Herz zu Rathe ziehend, ersinnt er neue Sünden, um sich neue Freuden zu verschaffen. — Mitunter ist die Freude in ihrem Ursprung rein und nur in ihrem Ausdruck unrein. Der daraus hervorgehende Contrast ist wahrhaft widerwärtig. Ein Volksfest, das mit Stiergefecht oder Hahnenkampf endet, ist durchaus verabscheuungswürdig; trotzdem giebt es in Europa noch Völker, welche sich daran ergötzen, wie einst die alten Römer an den abscheulichen Kämpfen im Circus. Glücklicherweise haben diese moralischen Krankheiten im Laufe der Generationen viel von ihrer bösartigen und pestilenzialischen Natur verloren; und man findet nur noch eine Spur von ihnen in den blutigen Spielen, an denen sich die Einwohner von Madrid ergötzen. — Auch die Trunkenheit kann ein krankhafter Ausdruck der Freude sein.

4. Kapitel.

Von den Genüssen im Leben des Menschen.

Ich habe bisher gesucht, die Verschiedenheiten anzudeuten, welche jeder Genuß je nach dem Alter, dem Geschlecht und den anderen weniger bedeutenden Umständen darbot; jetzt muß ich einen flüchtigen Blick auf alle Wandlungen werfen, welche der Genuß im menschlichen Leben durchmacht, um die Veränderungen dieses Phänomens auf eine einzige physiologische Formel zurückführen zu können.

Die Zukunft unserer Freuden ist schon bei unserer Geburt vorgezeichnet und zwar durch den einzigen Umstand des Geschlechts. Die Geschlechtsfunktion gewährt uns jedoch nur einige Genüsse, und die übermächtigste Kraft des Willens oder des Genies könnte uns nicht in dieser Beziehung die Grenzen, in welche uns die Natur geschlossen hat, um eine einzige Linie überschreiten lassen. In der moralischen oder geistigen Welt reducirt sich der Unterschied der Geschlechter, obgleich er sehr groß ist, doch auch fast immer nur auf Gradverschiedenheiten, und wie alle Geistesfähigkeiten, auf welche der Mann stolz ist, auch bei der Frau existiren, so regen sich alle Affecte, welche das Herz des schönen Geschlechts bewegen, auch im Mannesherzen. Die einzige Ausnahme wird von den Vater- und Muttergefühlen gebildet, welche natürlich nicht beiden Geschlechtern gemein sein können.

Unter sonst gleichen Umständen ist die Summe der Genüsse, welche das Leben erfreuen, bei der Frau immer geringer. Sie ist mit größerem Empfindungsvermögen und zarteren Gefühlen ausgestattet und besitzt in dieser Weise viele zum Erzeugen des Genusses geeignete Materialien; aber sie ist sehr großmüthig und wenig aufmerksam, weshalb sie einen großen Theil ihrer Freuden mit vielen Schmerzen aufwiegen muß. Wenn das Glück sie begünstigt, kann sie viel genießen; aber wenn Mißgeschick sie bedroht, versteht sie nicht sich zu vertheidigen und dagegen zu kämpfen und lehrt sehr oft den Leidenskelch heldenmüthig bis auf den Grund, indem sie sich ihm wie einem — auserwählten Seelen vorbehaltenen — Geschicke fügt. Andererseits legt sie ihre Kapitalien fast alle in einem der beweglichsten Güter an, welche man sich nur vorstellen kann, nämlich in dem Herzen Anderer; die geringsten Schwankungen, welche die Großmuth der Menschen alle Augenblicke erleidet, machen sie also immer vor Furcht erzittern, und die hinterlistigen Betrügereien, welche der Egoismus Anderer oft an ihr ausübt, lassen sie nach und nach die kostbarsten Schätze, aus denen sie die zum Leben nothwendige Freude zog, verlieren.

Der Mensch hat also als Mann von vorn herein mehr Wahrscheinlichkeit glücklich zu sein, denn das Weib.

Was die Sinnenwelt anbelangt, so zieht der Mann aus dem Gesichts- und dem Geschmackssinn zweifellos mehr Genüsse als das Weib; doch wurde der letzteren ein vollerer Becher beim Liebesschmause gewährt, so daß das Gleichgewicht wieder hergestellt ist.

Ein wesentlicher Unterschied besteht in der Vertheilung der Gefühls- und Verstandesgenüsse bei den beiden Geschlechtern. Der Mann genießt mehr die Freuden der Gefühle erster Person und die geistigen Genüsse in ihrer Gesammtheit; während der Frau die zarteren Genüsse der wirklichen Affecte vorbehalten sind, welche, von unserm Herzen ausgehend, in die uns umgebende Welt strömen, um in einem andern Herzen einen Stützpunkt zu suchen. In der Freudenwelt des Mannes sind die glänzendsten Sonnen die Genüsse des Ehrgeizes und der Kampfesliebe; die kleineren Gestirne sind die Freuden der Liebe und der Freundschaft, die Freuden der geistigen Arbeiten und die Genüsse des Geschmackssinnes. Am Freudenhimmel der Frau hingegen sind die Gestirne, welche alle anderen verdunkeln und welche mit dem Auf- und Untergehen für sich allein Tag und Nacht schaffen, die Gefühle der Liebe und der Mutterliebe, während die kleineren Gestirne von den Genüssen des Tastsinnes und von allen den kleinen Freuden der Affecte gebildet werden. Mitunter umfaßt der Horizont eines einzigen Mannes oder eines einzigen Weibes beide Freudenhemisphären. Dann geschieht es wohl, daß der Mann, während er in einem erhabenen Freudenrausche vom Baume des Ruhmes die letzten Blätter pflückt, welche dessen Wipfel zieren, sein Herz nicht vergißt und edelmüthig liebt; dann kann auch wohl die Frau, ohne zu vergessen daß sie Geliebte und Mutter ist, einen unsterblichen Lorbeerkranz auf ihre Stirn drücken, den sie mit Arbeiten des Verstandes verdient hat. Solche Fälle geistiger und moralischer Kraft sind jedoch sehr selten; fast immer beobachtet man das Vorherrschen einer Klasse von Genüssen.

Was nächst dem Geschlecht das Maß unserer Lebensfreuden am meisten modificirt, ist die physische und moralische Organisation, welche wir bei Geburt zugleich mit dem Leben empfangen; auch hier ist jedes Untersuchen und Erklären überflüssig. Das bei den verschiedenen Individuen variirende allgemeine Empfindungsvermögen befähigt dieselben, höhere oder niedrigere Grade des Genusses bei einer und derselben Empfindung zu erreichen; in gleicher Weise bestimmt die Uebermacht einiger Fähigkeiten über andere ein Vorherrschen gewisser Bedürfnisse und also auch entsprechender Genüsse.

Viele Menschen sind in dieser Beziehung höchst einseitig, und die Uebung einer gegebenen Fähigkeit mit deren entsprechenden Genüssen vervollkommnet sie in ihrer Einseitigkeit immer mehr, so daß sie oft für viele Genüsse, die außerhalb des Bereiches ihrer Vorliebe liegen, unempfindlich werden. Mitunter steigert sich diese Einseitigkeit dermaßen, daß sie einige Genüsse, die sonst ganz unschuldig sind, aber eben nicht zu den von ihnen bevorzugten, gehören, hassen.

Die meisten Menschen sind jedoch in mittelmäßigem Verhältnisse mit allen Fähigkeiten begabt, und keine macht sich bei ihnen auf hervorragende Weise geltend, so daß sich auch ihre Genüsse auf ein Durchschnittsmaß reduciren, welches fast auf die ganze Gesammtheit der Generationen aller Zeiten und aller Länder seine Anwendung finden kann.

Aber wenn auch das Maß unserer Genüsse schon vom Geschlechte und von der physischen und moralischen Organisation, welche wir bei der Geburt empfangen haben, annähernd vorgezeichnet ist, so erfährt es doch im Laufe des Lebens unzählige Abänderungen.

In den ersten Lebensjahren fangen wir an die Sinnesgenüsse zu kosten; da aber die Aufmerksamkeit noch sehr schwach ist, so sind unsere Freuden sehr hinfällig. Unser Gedächtniß erinnert sich keiner Empfindung jener Zeiten, aber es ist zweifellos, daß der Mensch auch als kleines Kind Freude empfindet und dieselbe ausdrückt. Auch noch ehe das Kind zu lachen versteht, drückt es den Genuß des Saugens und seines Wohlbefindens durch eine ruhige Gesetztheit seiner Gesichtszüge aus, welche die Mütter wohl zu deuten verstehen. Je weiter das Kind auf dem Lebenspfade vorrückt, desto mehr genießt es, obgleich es noch keine „Vorstellung" vom Genusse hat. Es ist alsdann auf der gleichen Stufe wie die Thiere, welche den größten Genuß empfinden, aber sich sicherlich keine Vorstellung davon bilden können.

In der Kindheit ersetzt die Jungfräulichkeit der Empfindung den Mangel der höheren Fähigkeiten; weshalb Eindrücke, welche im erwachsenen Alter ganz gleichgültig lassen, in der Kindheit eine Freudenquelle bilden können. Wir haben diese Bemerkung bereits bei Gelegenheit der Sinnesgenüsse gemacht. In jenem Alter ist außerdem der Lebensmechanismus beim gesunden Menschen so thätig und die Ernährungsbewegung so anhaltend und lebhaft, daß das bloße Bewußtsein des Lebens einen Freudenhintergrund bildet, welcher seine heitere Farbe über die Tage der Kindheit breitet, und auf dem sich leicht funkelndere Freuden abzeichnen können. Sobald sich das Nervensystem in einem Zustande großen Wohlgefühls und leichter Reizbarkeit befinden, genügt der geringste Eindruck oder die leichteste Thätigkeit eines Vermögens, um Genuß zu erzeugen. Eben deshalb ist ein gesundes Kind fast immer heiter. Der Genuß findet sich in diesem Alter übrigens meistentheils zufällig, nur selten wird er gesucht. Er betrifft fast immer die Sinne und besonders den von den Muskeln in Uebung gesetzten Tastsinn, die geringeren Gefühle und die Verstandesfähigkeiten zweiter Ordnung. Sehr selten findet das Kind an geistigen Arbeiten Gefallen, weil die Unzulänglichkeit der Verstandeskräfte noch eine zu große Anstrengung erheischt, als daß aus deren Thätigkeit Genuß entspringen könnte. Es lernt nur aus Pflicht, und wenn es wirklich mit Freude lernt, so ist's nur um des lieben Selbstgefühls willen und um Eltern und Lehrer zufriedenzustellen.

Der Jüngling genießt im Allgemeinen am meisten und an seine warme und pochende Brust schließt er die stürmischen Freuden des ersten Lebensalters zusammen mit den ruhigeren Genüssen des reifen Alters. Ich ziehe Ausnahmen hier nicht in Betracht. — Zuweilen wird er Selbstmörder, oft verflucht er das Leben und schimpft auf die Hoffnung; immer aber ist er ein Reicher, der unter dem Drucke seiner Reichthümer erstickt, — ist er ein Verschwender, der, nachdem er Alles gemißbraucht und in wenigen Augenblicken ungeheure Kapitalien vergeudet hat, jämmerlich klagt und verzweifelt. Er beweist alsdann die alte Wahrheit jenes traurigen Ausspruchs, daß „der Mensch nicht glücklich sein darf, weil er des Glückes nicht würdig ist." Wenn Alles ihm zulächelt, wenn er Herr aller Genüsse ist, wenn die ganze Natur ihm zu schmeicheln scheint, wenn die Sympathien Aller ihn in den Himmel heben, wagt er zu gähnen und verächtlich und cynisch zu lächeln, und mit wahrhaft frevelhafter Undankbarkeit wagt er „sich in's Leben zu schicken." Ich weiß, daß diese Thatsache ihre Gründe hat, doch kann ich hier nicht näher auf dieselben eingehen. Nur wiederholen möchte ich, was sich nie bestreiten lassen wird, daß nämlich das Jünglingsalter im Allgemeinen das Alter der größten Genüsse ist, und daß der Jüngling, welcher es schmäht, das Leben mißbraucht und später im reifen Alter die vergeudete Zeit und die in gefährlichen moralischen Spielen verbrauchten Kräfte nutzlos beklagen wird.

Im Jünglingsalter lernt man neue Genüsse kennen, ja kostet man vielleicht alle; aber nur sehr selten wird man eine Kunst oder eine Wissenschaft aus dem Genusse machen. Man läuft nach rechts und nach links, man fliegt und man vertieft sich, ohne die Abgründe und die eigenen Kräfte zu messen. Wenn man nur zu kämpfen und zu siegen hat, wenn man nur erglühen oder erzittern kann, lebt und genießt man. Das erste Bedürfniß ist jenes, die uns verzehrende Kraft zu entbinden und es ist uns im Uebrigen gleich, durch welches Ventil dieselbe entweicht. Bald erlischt sie in den Contractionen der Muskeln, bald verdampft sie in einer Fluth unmöglicher Projecte; bald entflieht sie zischend durch das Ventil der heftigeren Leidenschaften, bald dämpft sie sich in langen und gefährlichen Studien. Ein Mensch, der im Alter von 20 Jahren nicht verschwenderisch sein kann, ist zu bedauern.

Der Mensch hält in diesem Alter, überschüttet von so vielen Genüssen, doch fast nie an, um einen Genuß zu analysiren. Kaum hat er an einer Blume gerochen, kaum hat er ein Buch lieb gewonnen, so wirft er, stürmisch und leidenschaftlich wie er ist, Blume und Buch fort und stürzt sich, neue Genüsse begehrend, in den Wirbel der Welt. Wie viele erhabene Thorheiten, wie viele Hirngespinste, wie viel Schmähungen und wie viele Segnungen bezeichnen den feurigen Lauf dieses physiologischen Narren.

Die Natur setzt der Verschwendung des Menschen jedoch gewisse Grenzen, und wenn sein Blut weniger heftig rollt und die Ermüdung seine Schritte verlangsamt, hat er Zeit sich den Schweiß von der Stirn zu trocknen und sich umzuschauen, um die Topographie des Lebens kennen zu lernen. In jenem Augenblicke tritt er in das Mannesalter. Die Jahre und die körperliche Rüstigkeit können die Grenzen der physischen aber nicht der moralischen Lebensalter ziehen. Dieselben stimmen zwar oft, jedoch nicht immer überein. Der Jüngling kann in manchen Fällen mit einem frühreifen Verstande Mißbrauch treiben und im Alter von 18 Jahren vor der Arena des Jünglingsalters stehen bleiben; er kann sich umschauen bevor er läuft, er kann sich den Lebensweg zeichnen bevor er Baumeister ist, er kann haushälterisch, ja vielleicht auch geizig werden, ohne vorher verschwenderisch gewesen zu sein. Ein solcher Mensch tritt in das Mannesalter, ohne Jüngling gewesen zu sein. Er hat die Gefahren eines unmäßigen und tollen Laufens vorhergesehen, er hat die eigenen Kräfte gemessen und sie nicht ausreichend gefunden, um sich die Lustbarkeiten des Jünglingsalters zu erlauben; er verzichtet freiwillig darauf und ergiebt sich darin, mit 20 Jahren den gesetzten Gang des erwachsenen Menschen anzunehmen.

Mag der Mensch nun mit 20 oder mit 40 Jahren in's Mannesalter treten, soviel steht fest, daß seine Genüsse sich der Natur oder doch wenigstens der Form nach ändern, und während vorher die Kapitalien seiner Genüsse fast alle in beweglichen Gütern bestanden, haben sie sich jetzt in unbewegliche Güter umgewandelt. Im Jugendalter liebt man mehr den convulsivischen Wechsel des Geldbeutels, und wenn man nur recht hohe Zinsen zieht, geht man selbst dem Bankrott und dem Ruin ohne Furcht entgegen. Heute Millionär, morgen ohne einen Pfennig. In diesem entsetzlichen Schwanken ist Bewegung, Leben, Wonne. Der Erwachsene hingegen begnügt sich mit 3 oder 4 Procent Zinsen, aber will sie sicher und garantirt. Er legt seine Kapitalien in Häusern und Landgütern an, wird aber immer allen Versicherungsgesellschaften tributpflichtig. Die unbeweglichen Güter, welche die Genüsse des Erwachsenen eintragen, sind die Familiengefühle, das ruhige Trachten nach Ruhm, das Studium, die Liebe zum ersten besitzanzeigenden Fürwort und andere ähnliche Kapitalien, von denen ich schon früher gesprochen habe.

Wenn der Mensch in's Greisenalter tritt, findet er sich trotz aller seiner Sparsamkeit und Vorsorglichkeit von allen Freuden verlassen und wird geizig. Er nimmt alsdann seine Besitzungen aus den Händen der Pächter und wird selbst Verwalter und Kassirer. Er mißtraut Jedem und will selbst sehen und messen, und sein Hab und Gut um sich herum zusammendrängend, sucht er Alle, welche das Aussehen von Parasiten haben, von sich fernzuhalten. Er hat nicht Unrecht; die Kapitalien seiner Genüsse, mit denen er in der Jugend solchen Mißbrauch getrieben hat, sind ziemlich zusammengeschmolzen. Die Sparsamkeit des Mannesalters hat seine Finanzen zwar wieder etwas hergestellt, aber die Zeit, gegen die es keine Versicherung giebt, hat seine Häuser ruinirt, seine Felder unfruchtbar gemacht. Es bleiben ihm nur noch einige liebe Erinnerungen und die blassen Genüsse, welche er in seinem künstlich erwärmten Treibhaus aufbewahrt hat. Wenn er an Geist und Körper gesund ist, ist er nicht unglücklich, und obgleich er wankt und selten lächelt, liebt er doch sehr das Leben; und was man auch immer sagen mag, wenn der Mensch das Leben liebt, ist's weil es ihm mehr Genüsse als Schmerzen giebt.

Um das Charakteristische des Genusses in den verschiedenen Lebensaltern zur Anschauung zu bringen, möchte ich sagen: das Kind genießt die Jungfräulichkeit vieler Empfindungen und kostet deshalb viele kleine und lebhafte Genüsse; der Jüngling kostet die intensivsten und stürmischsten Genüsse des Lebens, weiß sie aber nicht gebührend zu schätzen; der Erwachsene genießt die Freuden der Ruhe und Behaglichkeit; dem Greise bleiben die letzten Genüsse, welche er empfindet, indem er einen letzten begehrlichen und sehnsuchtsvollen Blick auf die theuren Dinge wirft, die er nun bald verlassen soll.

Bis zum Jünglingsalter ist das Kapital unserer Genüsse in den Händen der Natur, und wir genießen die Zinsen ohne uns weiter um die Verwaltung zu kümmern. Haben wir das Jünglingsalter erreicht, so erklärt uns die Natur als mündig; aber indem wir so plötzlich den Besitz aller unserer Güter antreten, gerathen wir in einen wahren Besitzesrausch und werden verschwenderisch, so daß wir unser Vermögen immer in große Gefahr bringen. Oft macht unser übermäßiger Reichthum eine gänzliche Zerrüttung unmöglich; treten wir dann in's Mannesalter, so sammeln wir die Ueberreste unserer Güter und werden sparsam. Im Greisenalter sind wir immer geizig oder wucherisch.

Unser Gesundheitszustand kann einen großen Einfluß auf die Natur unserer Genüsse haben. Die Krankheiten vermindern, da sie uns positive Schmerzen bereiten, auch die Anzahl der Genüsse, und indem sie den allgemeinen Zustand unseres Empfindungsvermögens zuweilen lange Zeit hindurch beeinflussen, machen sie uns unempfänglich für die kleineren Freuden des Lebens. Es kommt jedoch auch vor, daß ein kränklicher Zustand, indem er uns zarter oder empfindlicher macht, uns zugleich mehr Empfänglichkeit zum Genießen giebt, und indem er uns das allgemeine Wohlbefinden als ein kostbares Gut erscheinen läßt, unsere Aufmerksamkeit auf die aus dem Bewußtsein des Lebensmechanismus entspringenden Genüsse steigert. Immerhin lassen uns Krankheiten die negativen Genüsse der Genesung empfinden.

5. Kapitel.

Moralische Topographie des Genusses.

Eine der wichtigsten sich auf die Synthese oder die Naturgeschichte des Genusses beziehenden Fragen ist die Vertheilung desselben in den verschiedenen Klassen der Gesellschaft. Dieses Thema würde für sich allein einen dicken Band erfordern, weil die größten Fragen der praktischen Philosophie und Politik dabei erörtert werden müßten; doch kann ich hier, wie an manchen anderen Stellen meines Buches, nur einige Andeutungen machen.

Wenn auch die den tugendhaften Menschen in Aussicht gestellten Genüsse des ewigen Lebens den Armen, welche im Elend leiden und ihr ganzes Leben hindurch die schwerste Arbeit verrichten müssen, um sich das Recht zum Leben zu erwerben, einen Trost geben können; so würde es doch eine ziemlich ernste Sache sein, welche die menschliche Gesellschaft bis auf den Grund ruiniren müßte, wenn das Geld den alleinigen Maßstab für die Genüsse in allen socialen Schichten abgäbe. Dann würde der reichste Mensch der glücklichste sein, und wer ohne Geld auf die Welt käme und sich keines verdienen könnte, müßte das Leben verwünschen und an der Vorsehung verzweifeln. Glücklicherweise ist dieses nicht der Fall: es giebt sehr viele Genüsse, die man nicht kaufen oder erwerben kann, selbst nicht mit den Millionen Rothschild's. Die zarteren und die heftigeren Genüsse des Affects liegen in Jedermanns Empfindungsbereich, und obgleich sie der Zufall mit launenhafter Parteilichkeit vertheilt, mißt er sie doch nie mit der Schwere des Geldbeutels ab. Auch die intellectuellen Genüsse sind den Armen nicht ganz versagt, und obschon sie größere Mühe haben sich dieselben zu verschaffen, können sie sie doch mitunter in den höchsten Graden kosten. Große geistige Fähigkeiten können glücklicherweise nicht vererbt werden wie viele andere Dinge und gehören deshalb nicht einer Klasse allein an. Endlich bleiben noch einige Genüsse der Naturbetrachtung, für welche ebenfalls Jedermann empfänglich ist.

Hiermit will ich jedoch nicht in Abrede stellen, daß in dem Maße des Genusses bei den verschiedenen socialen Ständen ein gewisses allgemeines Mißverhältniß besteht. Die Reichen haben sicherlich die Mittel in der Hand, sich eine größere Anzahl Genüsse zu verschaffen; da sie aber meistentheils mit beiden Füßen zugleich in's Glück hineinspringen, so kosten sie die stärksten Genüsse alle auf einmal und werden somit unempfänglich für die kleineren Genüsse, welche sie hinter sich gelassen haben. Wenn ihnen der Mißbrauch des Lebens, in welchen sie so leicht fallen, Langeweile gebracht hat, wenn sie die schönsten Blumen der Treibhäuser niedergerissen haben, können sie nicht mehr hinausgehen, um Wiesen- und Waldblumen zu pflücken, die doch so schön und wohlriechend sind. Der Arme hingegen ist bei der Geburt auf die äußerste Steppe des Lebens gesetzt, wo der Boden unfruchtbar und sandig ist und nichts als Disteln und Dornen hervorbringt. Er muß schwitzen, um sich einen Weg zu bahnen und vorwärts zu kommen; aber kein Zollamt hält ihn auf seiner Reise auf; und wenn er einen blitzenden Verstand oder die starke Hacke eines eisernen Willens hat, kann er die Dornen niederbrennen oder ausroden und kann, im Fluge weiterziehend, die unfruchtbare Steppe des Elends durcheilen, die fruchtbaren Ebenen und immer blühenden Felder der Wohlhabenheit erreichen und vielleicht auch kühn in die köstlichen Gewächshäuser der Reichen, von welchen ihn seine Geburt ausschloß, eindringen. Auf dieser Wanderung kann er anhalten, um den Duft jeder Blume einzusaugen; denn dieselben werden immer schöner und wohlriechender, entsprechend dem Boden, der immer fruchtbarer, und dem Klima, das immer milder wird. Der Weg, welcher von den Steppen der Armuth zu den tropischen Gärten des Reichthums führt, ist jedoch so lang, daß es selten einem Menschen gelingt, ihn ganz zu durchlaufen. Er wird aber immer von der Hoffnung getröstet, doch einmal das Ziel zu erreichen; und diese Hoffnung ist ein Genuß, welcher dem Reichen fehlt.

Wer mehr als jeder Andere durch seine sociale Stellung glücklich sein kann, das ist der im Wohlstande geborene Mensch. Er steht der Armuth nahe genug, um die Unfruchtbarkeit jenes Bodens erkennen und die fruchtbaren Ebenen, in denen er geboren ist, gebührend schätzen zu können; und andererseits ist er dem Reichthum nicht so fern, um an seinem Erreichen verzweifeln zu müssen. Wenn der Verstand oder das Glück ihm eine Eintrittskarte für jene tropischen Gärten bewilligt, versteht Keiner besser als er deren Kostbarkeiten zu schätzen und zu genießen. Der Arme wird, wenn er dort eintritt, eher berauscht und bestürzt als beseligt; und außerdem erlaubt ihm die Stumpfheit seiner Sinne nicht, die Genüsse der neuen Besitzungen in ihrer auserlesenen Feinheit zu kosten,

In jeder socialen Stellung kann man glücklich sein; aber der Arme ist es höchst selten, weil die Leiden in jenen schrecklichen Regionen an der Tagesordnung sind und ihn für viele Genüsse, welche Ruhe und Muße erheischen, unfähig machen. Um glücklich zu sein, bedarf der Arme einer erhabenen Moral, welche nicht Allen verliehen ist. Der Reiche hat alle Mittel in Händen, um nach Glückseligkeit trachten zu können, aber er mißbraucht sie sehr oft. Um glücklich zu sein, muß er in Allem Maß zu halten verstehen, was eben nicht so leicht ist. Der im Wohlstand geborene Mensch hingegen kann ohne großen Verstand und ohne hohe Moral leichter als alle Anderen glücklich sein. Es ist dies eine Wahrheit, so alt wie die menschliche Gesellschaft, und alle Dichter und Philosophen der Welt haben sie, jeder, in seiner Sprache, wiederholt. Wir dürfen uns jedoch nicht damit begnügen, sie nachzusprechen, sondern müssen ihr festen Glauben schenken. Die Reichen können, nachdem sie in einer behaglichen Atmosphäre das Licht der Welt erblickt haben, sicherlich nicht dieselbe verlassen ohne sich Entbehrungen aufzuerlegen; aber sie gähnen und langweilen sich dort oft bis zum Tode. Uns glücklichen Sterblichen nur gestattet die Natur die ganze Welt zu bewohnen; und wenn es uns, nachdem wir lange auf den Pfaden des Lebens gelaufen sind, im erwachsenen Alter gelingt, uns in ein wärmeres Klima zu flüchten, versichere ich Euch, daß wir nicht im geringsten an Hitze leiden werden. Wer reich zu werden wünscht, in der Hoffnung dann glücklich zu sein, täuscht sich meistentheils nicht und trachtet übrigens nach der natürlichsten Sache der Welt; aber wer reich geboren sein möchte, wünscht sich, wenigstens wenn er sonst nicht ein ökonomisches Genie ist, ein gefährliches Gut oder ein wahrscheinliches Uebel.

Jeder Beruf hat seine besonderen Genüsse oder, besser gesagt, seine Formel, welche sich aus einem charakteristischen Genusse und verschiedenen anderen kleineren und secundären Genüssen zusammensetzt, oder in welcher sich verschiedene Genüsse unter verschiedenen Formen und Verhältnissen zu einer eigenthümlichen Gruppe verbinden. Die Geschichte der Genüsse aller Berufsarten wäre gewiß eine interessante Arbeit; aber es würde sich alle Augenblicke das Fehlen eines durchaus nothwendigen Elementes in ihr fühlbar machen, es würde nämlich die Geschichte der Schmerzen fehlen, mit welchen zusammen die Genüsse die wirkliche physiologische Formel darstellen. Ich beschränke mich hier deshalb auf einige Andeutungen.

Es lassen sich verschiedene mehr oder weniger natürliche Classificationen der menschlichen Berufsarten machen, je nach dem Gesichtspunkte, von welchem man ausgeht. Hier will ich sie nach der Natur der in ihnen vorherrschenden Genüsse eintheilen.

Die Lustempfindungen des eigentlichen reinen Tastsinnes sind am zahlreichsten im Handwerker- und Künstlerstand. Der Bildhauer steht hier wohl obenan.

Die Genüsse des Geschmackssinnes werden im Allgemeinen am lebhaftesten vom Koch, vom Soldaten und vom Arzte empfunden.

Wegen des ungeheuren Unterschiedes, welcher in der Empfindungsfähigkeit der verschiedenen Nasen besteht, vermag kein Beruf auf die Genüsse des Geruchssinnes einen solchen Einfluß auszuüben, daß die Organisation des Sinnes auf merkliche Weise bemeistert werden könnte. Wenn dem nicht so wäre, müßten die Fabrikanten und Verkäufer von Parfumerien die Bevorzugten sein.

Musiklehrer und Tonkünstler kosten die Genüsse des vierten Sinnes mehr als Andere.

Die Genüsse des Gesichtssinnes werden am lebhaftesten von Reisenden, Zeichnern und Malern gekostet.

Die Genüsse des Ehrgefühls werden in jedem Berufe, am häufigsten aber in jenem des Soldaten gekostet.

Die Freuden der Ruhmbegierde sind jedem Arbeiter der socialen Fabrik erreichbar; aber um nach ihnen zu trachten, muß man wenigstens Werkführer sein.

Der Ehrgeiz in allen seinen Formen gewährt den Fürsten, Ministern, Kammerherren u. s. w. die größten Genüsse.

Die Genüsse der Besitzesliebe sind am lebhaftesten beim Bankier und beim Kaufmann.

Die Naturforscher und Spezialisten jeder Art kosten die Genüsse der Sammelliebe fast immer mehr als Andere.

Die Genüsse des praktischen Wohlwollens müßten am lebhaftesten von Aerzten, Lehrern und Priestern gekostet werden.

Die Vaterlandsliebe müßte die lebhaftesten Genüsse dem Soldaten gewähren.

Die religiösen Freuden müßten besonders von Priestern gekostet werden.

Die Kampfesliebe bietet die lebhaftesten Genüsse dem Soldaten, dem Jäger, dem Advokaten und dem Arzte.

Die Freuden der Gerechtigkeit sind dem guten Willen der Richter und Fürsten besonders zugänglich.

Die Freuden der Hoffnung sind in ausgedehntem Maße allen Ständen und Professionen verliehen, welche viel Arbeit und wenig Verdienst mit sich bringen.

Jeder Stand oder Beruf, der eine besondere geistige Thätigkeit erheischt oder mit sich bringt, hat sein verschiedenes Maß von intellectuellen Genüssen. Leider kann ich hier nicht auf Einzelheiten eingehen.

Die Genüsse, welche ich nicht aufgeführt habe, sind an keinen Beruf gebunden oder werden von demselben nur in so schwacher Weise beeinflußt, daß wir nichts Näheres festzustellen vermögen.

6. Kapitel.

Physische Geographie; — Ethnographie des Genusses.

Ein Häufchen Menschen gleicher Abstammung würde, wenn auf der Oberfläche der Erde in verschiedene Klimate vertheilt, nach einigen Jahrhunderten viele in Charakter und in Natur verschiedene Völker darbieten. Manche wollen die Eigenart des Stammes jedem umbildenden Einflusse der menschlichen Massen voranstellen; Andere hingegen halten dieselbe für ganz nebensächlich gegenüber dem langsamen und beständigen Einflusse des Landes, in welchem dieser lebt. Für uns wird es in diesem Falle genügen, die Thatsache gelten zu lassen, daß dieses Gepräge, ob stark oder schwach, sich dem Menschen aufdrückt und wie alles andere sich vererbt.

Wenn die Wärme und die Kälte, die Ebenen und die Berge das Denken und Fühlen der Völker modificiren können, so muß auch der Genuß als ein aus der Verschmelzung vieler verschiedener Elemente hervorgehendes Phänomen unter deren Einfluß stehen. Wir würden, wenn wir die verschiedenen Arten des Genusses unter diesem Gesichtspunkte studirten, zu einer „physischen Geographie" gelangen, welche ich hier nur in einigen Grundstrichen andeuten will.

In den nördlichen Ländern bringt die Kälte die Individuen einander näher und die Unfreundlichkeit des Himmels nöthigt sie, sich längere Zeit in ihre Häuser zu schließen, weshalb die ruhigeren Freuden der Familie und das stille Betrachten dort mehr gekostet werden als in den südlichen Ländern. Dort findet sich eine ganze Klasse von Personen, welche das Leben den matten oder schwerfälligen Freuden des Studiums widmet; während in den von einer glühenden Sonne und einem beständig heitern Himmel erleuchteten Ländern das Genie nur bei wenigen Menschen zur erhabenen Fähigkeit der Geduld gelangt und dann ein

Opfer vollbringt, von dessen Bedeutung die Bewohner des Nordens sich kaum eine Vorstellung machen können. Im Süden hüllen die schönen Künste und die Poesie die Sinnesgenüsse, welche hier in ihrer vollen Jugendkraft strahlen, in einen glänzenden Mantel ein.

In allen Zonen giebt es Genüsse, welche den drei Reichen angehören; sie entfalten sich jedoch nur in einem gegebenen Klima in ihrer ganzen Lebensfülle.

Ferner kann man sagen, daß in kalten Ländern die Ausdehnung des Genusses dessen Intensität überwiegt, während in warmen Ländern ein umgekehrtes Verhältniß stattfindet. In jenen ist der Genuß eine ruhige und leuchtende Flamme, welche lange anhält und in ihrem Dasein die Formel einer langen Parabel beschreibt; hier hingegen tritt der Genuß in Funken und blitzähnlichen Strahlen auf. Es zeigt sich auch hier das ewige Gesetz, welches alle physischen und moralischen Phänomene beherrscht. Das Mannesalter, die Vorsicht, die Ruhe, das männliche Geschlecht, der Verstand, der Egoismus und unzählige andere gute und schlechte Elemente bestehen besser in der Nähe der Pole; das Jugendalter, die Großmuth, die Leidenschaft, das schöne Geschlecht und das Herz hingegen gedeihen am besten unter den Tropen. Dort herrschen die Ausdehnung und die Zeit vor, hier die Intensität und das Leben.

Die Feuchtigkeit des Bodens, die Höhe, der ebene oder bergige Charakter des Landes müssen ebenfalls den Genuß irgendwie beeinflussen.

Das fruchtbarste Feld für das philosophische Studium des Menschen bietet die Vertheilung der Genüsse bei den verschiedenen Stämmen des Menschengeschlechts. Ein näheres Eingehen auf dieses Thema würde nothwendigerweise zu einer vollständigen physischen und moralischen Physiologie führen, weil die Genüsse sich mit derselben Genauigkeit der Organisation anbequemen, wie die Muskeln dem Knochengerüste unseres Körpers, und in ihren verschiedenen Graden die entsprechenden Kräfte der den menschlichen Mikrokosmus bildenden verschiedenen Fähigkeiten darstellen. — Ich sehe deshalb von einer ausführlichen Darstellung ab und gebe, dem Zwecke meines Buches entsprechend, in einer besonderen Tabelle*) eine allgemeine Uebersicht der Vertheilung der Genüsse bei den menschlichen Rassen und Völkern, soweit ich dieselben auf meinen vielen Reisen näher kennen gelernt habe. Es fällt mir natürlich nicht ein, meine ethnologischen Gruppen irgendwie zu rechtfertigen; dieselben sind unvollkommen, wie alle Classificationen überhaupt, von der orthodoxesten des adamitischen Stammbaums bis zur kühlen Eintheilung des Menschen in verschiedene Arten. Die Rassen sind Schöpfungen des menschlichen Geistes; auf der Erde haben wir weder Rassen noch Arten, sondern Familien; und diese bilden auf Grund vieler gemeinsamer Merkmale natürliche Gruppen, bei welchen die äußeren Formen, der Schädel und vor Allem die verschiedene Entwickelung der intellectuellen und moralischen Kräfte als Grundlage der natürlichen Eintheilung dienen müssen.

Die Genüsse variiren sehr bei den verschiedenen Rassen, nicht nur dem Grade nach, in welchem sie empfunden werden, sondern auch in der Art und Weise wie sie zum Ausdruck gelangen.

Die amerikanischen Rassen drücken ihre Genüsse mit sehr wenigen Zeichen aus, so daß es dem Europäer sehr schwer fällt, auf jenen unempfindlichen schmutzigen Gesichtern die Züge der Freude oder des Schmerzes zu lesen.

Im schärfsten Gegensatze zu ihnen haben die Neger eine außerordentliche physiognomische Beweglichkeit, und um die physischen Genüsse und die Freuden des Herzens auszudrücken, bedienen sie sich ihrer Glieder, als wären es Telegraphen, und dehnen und verzerren die Muskeln ihres glänzenden und fettigen Gesichts auf tausenderlei Art und Weise. Ihr Lachen ist ein prasselndes Getöse, das mitunter in wildes Geschrei übergeht. Das physische Bewußtseins des Daseins ist bei diesen Rassen im intensivsten Grade, und ihr lebhaftes Grinsen erinnert an die Affen, welche zu den muntersten Geschöpfen des Thierreichs gehören.

*) Dieselbe befindet sich am Schlusse des Werkes.

Die geistig höher entwickelten Rassen bringen ihre Genüsse mit einer sehr reichen, aber weniger lebhaften oder ausgedehnten Physiognomie zum Ausdruck. Die Muskeln sind dabei nur in geringem Grade betheiligt, aber desto größern Antheil hat der Verstand.

Ich habe die Trunkenheit bei vielen europäischen Nationen, bei den Paraguay-Indianern in Süd-Amerika und bei vielen Negerstämmen Afrika's beobachtet und habe immer die Thatsache wahrgenommen, daß die Lust um so lebhafter und geräuschvoller zum Ausdruck kommt, je schwächer entwickelt der Verstand ist.

Der Genuß hat seine Geschichte und muß auch seine Chronologie haben.

Das wie eine elastische und leichte Münze von einer Generation auf die andere übergehende Leben wird von Jedem, der es genießt oder mißbraucht, modificirt, so daß wir in unserm Denken und Fühlen, ohne es zu wissen, die Fehler unserer Väter theuer bezahlen und die Fähigkeiten und Tugenden unserer ältesten Vorfahren genießen. Wenn das Leben in seiner Allgemeinheit vom Laufe der Jahrhunderte modificirt wird, so muß auch der Genuß, der ein Moment desselben bildet, in den verschiedenen Zeiten verschieden sein.

Die Statistik hat für die Geschichte des Genusses keinen Werth. Es giebt nicht zwei ganz gleiche oder auch nur ähnliche Genüsse. Die Bewußtseinsacte der einzelnen Menschen lassen sich weder addiren noch theilen, und das Gedächtniß, der einzige Ring, welcher das „Ich" von gestern mit dem „Ich" von morgen verbindet, hat noch nicht einmal die geistige Photographie unseres Selbst darzustellen vermocht, damit wir zwei Augenblicke unseres Daseins genau miteinander vergleichen könnten.

Wenn wir heute einen Genuß zum zweiten Male kosten und ihn mit dem früher gekosteten ähnlichen Genusse zu vergleichen suchen, gebrauchen wir das Gedächtniß und das Bewußtsein von heute, schon ganz verschieden von dem Gedächtnisse und dem Bewußtsei von damals. Wer kann wohl je das beständige Sich-Abnutzen der Zellen und Gewebe aufhalten?

7. Kapitel.

Von der Kunst des Genusses; — Philosophie der Spiele.

Die primitiven und ungestümsten Genüsse sind von der Natur als Mittel zur Erreichung eines Zweckes vorgezeichnet worden und der Mensch lernt sie durch den Instinkt oder die Erziehung kennen. Er kann das Empfindungsvermögen jedoch mit seinem Verstande weiter ausbilden, die den Genuß beherrschenden Gesetze erforschen und ihn auf diese Weise feiner und lebhafter gestalten oder neue Arten desselben schaffen. Das auf die Verschönerung oder Vermehrung der von der Natur gewährten Freudenschätze gerichtete Studium des menschlichen Geistes ist an und für sich nicht sündhaft und bildet eine wahre Kunst, die uns treibt und leitet, die aber bisher noch mit keinem besonderen Worte benannt worden ist. Das scharfe Auge des Beobachters kann darin eine raffinirte Heuchelei oder auch ein harmloses Zartgefühl sehen, je nach dem Grade seines Optimismus. Ich finde darin, aufrichtig gesagt, einen Zug von Zurückhaltung oder Schamhaftigkeit des Gefühls, der mich rührt. Der Mensch trachtet mit der größten Leidenschaft nach dem Genusse; er sieht ihn in der Arbeit und in der Ruhe, im Wissen und im Nicht-Wissen, im Himmel und auf der Erde. Die Civilisation in ihren edlen Bemühungen hat keinen andern Zweck als den ehrbaren Genuß der möglichst großen Zahl von Individuen zu theil werden zu lassen; die Gewinnsucht, welche unser Jahrhundert verzehrt, ist nur darauf gerichtet, Genuß zu schaffen; die schönen Künste und die Literatur schaffen immer neue Freuden; das Geld ist allmächtig und eben deshalb verehrt, weil es uns erlaubt viele Genüsse zu kaufen. Da uns nun aber das Herz lehrt, daß der Genuß nicht der letzte und einzige Lebenszweck sein dürfe, so haben wir nicht den Muth, unsere unmäßige Genußsucht einzugestehen, und während das Menschengeschlecht, — von Adam bis zu uns, — mit allen Kräften arbeitet und schwitzt, um die Zahl und Feinheit der Genüsse zu steigern, besitzen wir nicht einmal ein Wort, um die „Kunst des Genusses“ auszudrücken. In unserer Erbärmlichkeit gereicht uns dieser Zug von Zartgefühl sehr zur Ehre; denn er beweist, daß wenn wir auch den höchsten Grad von Vollkommenheit nicht zu erreichen vermögen, wir ihn doch sehen können und zu achten verstehen.

Der größte Ruhm für die Kunst des Genusses ist die Musik, welche — man kann wohl sagen — vom Menschen geschaffen ist; denn in der Natur existirt sie nicht. Die süßen Melodien der Nachtigall sind von der einfachsten auf einer Schalmei gespielten Weise so verschieden, daß sich überhaupt kein Vergleich ziehen läßt. Diese herrliche Kunst steht höher als alle anderen Künste, weil sie die lebhaftesten Genüsse erzeugt und weil sie von Allen verstanden wird. Selbstverständlich spreche ich hier von dem von der Masse des erzeugten Genusses bemessenen Werth und nicht von der idealen Vollkommenheit; denn in dieser Hinsicht muß sie den Meisterwerken des menschlichen Geistes, den Erzeugnissen der Poesie und Philosophie, den Vorrang lassen. Alle anderen schönen Künste erzeugten ebenfalls neue Genüsse; aber in ihnen herrscht immer mehr die Nachahmung als das eigene Schaffen. Das schönste Gemälde und die herrlichste Statue sind immer Nachbildungen eines Gegenstandes, der existirt oder der existiren kann; eine musikalische Composition dagegen ist ein wirkliches Produkt des menschlichen Geistes. Manche geben der Malerei oder der Bildhauerkunst den Vorrang vor der Musik; aber die Musik allein ist eine Sprache, welche von Allen verstanden und von fast Allen gesprochen oder gelallt wird.

Die geringeren Erzeugnisse der „Kunst des Genusses“ sind die „Spiele“, welche in ihrer Wesenheit nichts anderes sind, als Mittel, ersonnen zum alleinigen Zwecke des Genusses. Wenn die Handlung, welche den Genuß erzeugt, einen mehr oder weniger rechtmäßigen höhern Zweck haben kann, verliert sie den Namen „Spiel“ und nimmt einen weniger frivolen an. Hier haben wir eine andere Probe jener Heuchelei und jener Schamhaftigkeit, von welcher wir vorhin gesprochen, vor Augen. Man kann in's Theater oder auf die Jagd gehen zum alleinigen Zwecke des Genusses; doch können diese Mittel schon einen andern Zweck haben und den Namen „Belustigungen" verdienen. Man kann trinken und essen aus dem einfachen Grunde, sich einen Genuß zu verschaffen; aber wenn man ein Glas guten Wein trinkt oder Gefrorenes zu sich nimmt, oder wenn man sich einem Genusse hingiebt, mit welchem die Natur getäuscht und hintergangen wird, „spielt" man nicht.

Obwohl die von den Menschen erfundenen Spiele zahlreich und untereinander verschieden sind, haben sie doch alle einige Elemente in sich gemein. Das erste und vielleicht das allen Spielen unumgänglich nothwenige Element ist die Regung des Selbstgefühls in allen Formen. Es muß immer Einer da sein, der gewinnt und Einer, der verliert. Und wenn sich auch das mit einem Balle spielende Kind allein unterhält, hat es doch den Genuß, daß es ihm gelingt etwas zu thun, das eine gewisse Schwierigkeit darbietet. Bei Spielen, in welchen der Sieg nur dem Zufalle zu verdanken ist, hat man doch immer den Ruhm des Glückes, und wir sind, — sowohl in kleinen Dingen als in großen, — eitel genug, unser Gefallen daran zu haben.

Das zweite, zur Erzeugung des Genusses fast ebenso unentbehrliche Element wie das erste, ist die leichte Arbeit, welche uns erholt oder zerstreut, und welche uns in jedem Falle nicht die unerträgliche Last einer vollständigen Muße fühlen läßt. Ich habe diesen Genuß bereits im Kapitel über den Tabak analysirt.

Die einfachste Formel, welche alle Spiele darstellt, ist aus zwei Elementen gebildet, nämlich aus einem geringen Wohlgefallen des Selbstgefühls und aus dem Genusse, etwas ohne Mühe zu thun. Man füge nun noch die Genüsse der Neugierde und des Gewinnes hinzu, und man hat den Rahmen, auf welchem sich die wunderlichsten und verwickeltsten Combinationen weben.

Die Neugierde mischt sich als Erzeugungselement des Genusses in fast alle Spiele, doch ist sie nicht so nothwendig wie man glaubt. Man kann mit Vergnügen spielen, auch wenn man des Sieges gewiß ist, und in manchen Fällen auch, wenn man weiß, daß man verliert. Wer da glaubt mich hier im

Widerspruch zu finden und mir vorhalten will, daß im letztern Falle das Selbstgefühl ganz und gar ausgeschlossen sein müsse, dem bemerke ich, daß der Mensch, welcher ohne Schmerz verliert, immer das Wohlgefallen empfindet, sich großmüthig zu fühlen, auch wenn er dieser schnellen Selbstprüfung keine Aufmerksamkeit schenkt. Uebrigens wissen wir ja, daß das Selbstgefühl nicht immer unrein ist.

Die Liebe zum Gewinn kann von den bei jedem Spiele miteinander kämpfenden mehr oder weniger kleinen Leidenschaften vollständig ausgeschlossen sein; aber wenn sie hinzutritt, erlangt sie fast immer ein solches Uebergewicht, daß sie alles beherrscht. Mit dem Selbstgefühl zusammen erzeugt sie die ungestümsten Gemüthsbewegungen; fast immer aber übertrifft sie dieses bedeutend, so daß sie oft das ganze Gebiet der Spielfreuden für sich in Anspruch nimmt, welches alsdann zum Kampfplatz wird, wo die Ereignisse eines heftigen Kampfes einen unruhigen und peinigenden Genuß hervorrufen, der sich auch mitunter bis zum Delirium steigern kann.

Sobald das Bedürfniß nach den heftigen Gemüthsbewegungen des Spiels eine Leidenschaft wird, gewährt es uns krankhafte Genüsse, welche die moralische Aesthetik beleidigen, wenn sie uns nicht zu der schweren Sünde verleiten, ihretwegen die heiligsten Pflichten zu vergessen. Wer diese Leidenschaft gegen die Anklage der Gemeinheit vertheidigt und behauptet, daß ihr nicht Gewinnsucht zu Grunde liege, sondern daß sie nur nach der großen Lust heftiger Gemüthsbewegungen trachte, begeht einen groben logischen Fehler. Man sucht allerdings im Spiele Gemüthsbewegungen, doch könnte man diese nicht haben ohne die heftige Begierde nach Gewinn und die schreckliche Furcht vor Verlust, und wenn nicht Hoffnung und Furcht in dem schnellen Wechsel von Niederlagen und Siegen beständig hin- und herschwankten. Mag sein, daß der Gewinn nicht der Hauptzweck des Spiels ist, aber es bleibt doch wahr, daß man zur Erzeugung des Vergnügens ein verwerfliches Gährungsmittel, eine niedrige oder sündhafte Leidenschaft anwendet.

Wenn man auf dem von den Genüssen des Selbstgefühls, der leichten Beschäftigung, der Neugierde und der Liebe zum Gewinn gebildeten Rahmen alle Combinationen der Genüsse des Tast- und des Gesichtssinnes, der socialen Gefühle und der Thätigkeit einiger geistigen Fähigkeiten webt, erhält man die Formeln für die Freuden aller bekannten Spiele. Statt mich in Einzelheiten zu verlieren, gebe ich hier eine oberflächliche Eintheilung der Spiele nach dem Genusse, der in ihnen vorherrscht. Sie lassen sich alle in folgender Weise classificiren:

Spiele, in welchen der Genuß, zu gewinnen und von den schnellen und beständigen Schwankungen des Glücks hin- und hergeworfen zu werden, vorherrscht (Glücksspiele).

Spiele, in welchen das Wohlgefallen des sich auf eine geistige Fähigkeit stützenden Selbstgefühls vorherrscht (Schachspiel, Damenbrett u. s. w.).

Spiele, welche ihre Haupt-Anziehungskraft der Uebung der Muskeln und der Sinne, sowie dem Selbstgefühl verdanken, welches aus dem Wohlgefallen, mehr oder weniger geschickt zu sein, entspringt (Billard, Kegelspiel u. s. w.).

Spiele, in welchen die Neugierde das Hauptelement des Genusses bildet (Glücksspiel ohne Gewinn).

Spiele, in welchen Glück und Geschicklichkeit sich verbinden, so daß, da sich der Einfluß jedes dieser zwei Elemente auf den Ausgang nicht genau bemessen läßt, der Sieger das ganze Verdienst des Sieges für sich in Anspruch nehmen kann und der Besiegte ein gewisses Recht hat, das Glück anzuklagen und sich vor der Demüthigung seines Verlustes zu bewahren. Diese Spiele sind sehr zahlreich, eben weil sie sich so bequem den Anforderungen des Selbstgefühls anpassen (Tarok und andere Kartenspiele, Domino u. s. w.).

Außer diesen Hauptklassen kann man auch noch andere secundäre Klassen bilden, wo es sich um Combinationen verschiedener Genüsse handelt. Ich habe hier nur einige Spiele angeführt, um den Weg zu zeigen, den man bei einer philosophischen Classification der Spiele nach dem in ihnen vorherrschenden Genusse einschlagen könnte.

Außer den Spielen im wahren Sinne des Wortes giebt es viele Beschäftigungen, welche ursprünglich nicht zum alleinigen Zwecke des Genusses ersonnen wurden, welche aber sehr gut zu diesem Zwecke dienen können. Dahin gehören die Jagd, der Fischfang, das Spazierengehen, das Reiten, das Theater und unzählige andere Beschäftigungen, welche unter dem allgemeinen Namen „Belustigungen" verstanden werden. Einige dieser vielseitigen Genüsse wurden bereits im ersten Theile dieses Buches analysirt, andere wurden übergangen, weil sie nur im synthetischen Theile studirt werden konnten, wo sie eine ausführlichere Behandlung verdient haben würden, wenn die Natur dieses Buches mir erlaubt hätte, mich eingehender mit jeder Combination oder Gruppe von Genüssen zu beschäftigen.

Uebrigens lassen sich, obgleich im ersten Theile dieses Buches der Jagd, des Fischfangs, des Theaters u. s. w. nicht gedacht wurde, hier und dort zerstreut die verschiedenen Genußelemente dieser Belustigungen finden.

8. Kapitel.

Vom Glück und seinen Formen; — Welches der größte Genuß und welches der glücklichste Mensch ist.

Alle kunstreichen Mittel, welche der Mensch ersonnen, um neue Genüsse zu erzeugen, genügen nicht, ihn glücklich zu machen, während eine einzige Freude oft alle anderen überflüssig und ihn des Glückes würdig machen kann. Die sich aus dem Studium des Genusses ergebenden allgemeinen Gesetze bilden eine wahre Wissenschaft, welche zwar keinen besondern Namen hat, welche aber viele Künste und Wissenschaften erleuchtet, indem sie sie geheimnißvoll dem letzten Ziele des Glückes zuwendet.

Alle Menschen suchen auf verschiedenen Wegen dieses Ziel zu erreichen, aber fast immer schreien sie entmuthigt bei den ersten Schritten, daß das Glück nur ein Hirngespinnst sei, und hüllen sich stoisch und ergeben in jenen aus kleinen Freuden und großen Schmerzen gewobenen Mantel, welchen der Stoff unseres Daseins bildet. Viele haben allerdings nicht unrecht sich zu ergeben, denn, obgleich sie die gute Absicht haben glücklich zu werden, kommen sie damit doch nie zu Stande, und tausend unvermeidliche Schmerzen aller Art peinigen sie unaufhörlich und zerstören im Keime die Genüsse, welche sie gesät hatten. Manche Andere aber müßten sich selbst anklagen, wenn sie nicht glücklich werden können; weil sie immer aus Unwissenheit sündigen. Sie glauben, daß das Glück von der Größe oder der Anzahl der Genüsse abhänge, und in der Meinung, daß das Geld die Quintessenz sei, welche sie alle in sich vereinigt, suchen sie gierig nach Besitz und Genuß und wundern sich dann höchlichst, wenn das ersehnte Glück sich nicht beeilt in ihre goldenen Paläste zu treten und sich an ihre reichen Tische zu setzen. Nachdem sie vielleicht den schönsten Theil des Lebens verbraucht haben um das schwere Ziel zu erreichen, merken sie, daß sie sich getäuscht haben, und da es nicht mehr Zeit ist umzukehren und einen andern Weg einzuschlagen, verwünschen sie das Dasein oder fügen sich darin, das Leben wie eine Last zu tragen. Bevor wir dieses Problem zu lösen suchen, müssen wir verschiedene Formen des Glückes unterscheiden, welche durch den verschiedenen Einfluß, den sie auf unser Leben haben, sehr von einander abweichen.

Oft dauert das Glück nur einige Augenblicke und wird von einem einzigen Genuß erzeugt, welcher, seine höchsten Grade erreichend, uns beseligt. In jenem Momente vergißt man Kummer und Sorgen, und sich ganz dem flüchtigen Rausche einer köstlichen Empfindung überlassend, ruft man seufzend: „ich bin glücklich.“ — Fast alle Menschen haben in ihrem Leben solche Funken der Glückseligkeit an ihrem Horizonte aufleuchten sehen, welche unsererseits fast nie ein philosophisches Studium erfordern, sondern auch ohne die elementarsten Kenntnisse der Wissenschaft vom Genusse gekostet werden können. Diese meteorischen Formen des Glückes können in manchen Fällen von allen Genüssen der drei Reiche gewährt werden; meistentheils sind es jedoch Funken, welche aus den immer rauchenden Kratern der heftigsten Leidenschaften steigen. Die physische und die moralische Liebe, die Regungen der Freundschaft, das Leuchten des Ruhms, die Genüsse der Musik können Augenblicke einer convulsivischen Glückseligkeit gewähren. Es ist jedoch unmöglich genau festzustellen, welches der von der Natur dem Menschen gewährte größte Genuß sei. Es giebt Elemente, welche einigen der größten Genüsse ganz und gar abgehen und welche dagegen die höchste Wonne anderer bilden; und andererseits bringt die verschiedene Organisation eine verschiedene Empfänglichkeit für diese oder für jene Klasse von Genüssen mit sich. Der Ruhm, die Liebe, die Musik, der Rausch des schaffenden Geistes sind sicherlich die Quellen der lebhaftesten Freuden, aber sie machen sich den Rang streitig, und da fast alle dieselben Rechte haben, so ist ein Urtheil schwer zu fällen. Die Genüsse der geschlechtlichen Umarmung liegen in Jedermanns Bereich, weshalb ihnen von Vielen die Krone aufgesetzt und der erste Platz unter den Genüssen eingeräumt wird. Wer jedoch die Wonne eines edlen Gefühls oder den hohen Rausch des schaffenden Geistes gekostet hat, wird die Krone nicht den hinfälligen Genüssen der physischen Liebe aufsetzen.

Die zweite Art des Glückes ist jene, welche sich wie eine ruhige und sanfte Harmonie über das ganze Leben breitet und den Menschen mit Dank gegen die Vorsehung und das Geschick erfüllt. Um diesen Schatz zu erlangen, bedarf es weder einer großen Anzahl Genüsse noch der Mitwirkung einiger lebhafteren Freuden. Hier wird der größte Einfluß von dem „abgemessenen" Empfindungsvermögen des Individuums ausgeübt, nämlich von der sehr schwierigen Verbindung zweier ganz entgegengesetzten Elemente der moralischen Welt, — der Feinheit des Empfindens und der Mäßigkeit des Begehrens. Das Glück ist höchst anspruchslos; aber es hat die Begierde zum Verwalter, welche unverschämt, ungeduldig und reizbar ist. Das Glück begnügt sich mit einer Hütte und einem Garten, mit einem Händedruck und einem Lächeln; aber der Verwalter, welcher ausgeht, um seine Einkäufe zu machen, vergeudet das Geld und stürzt sich, um seinen Verlust wieder einzubringen, in den Wirbel der gefährlichsten Spiele, so daß er fast immer ohne einen Pfennig zurückkehrt. Man schilt und züchtigt die Begierde, damit sie das häßliche Laster, zu viel zu wollen, verliere, und nachdem man sie mit neuen Mitteln versehen, überläßt man sie sich selbst. Sehr oft macht die Erfahrung die Begierde nur noch mehr lüstern und rottet nie ganz das alte Laster aus; sie versucht die alten Speculationen und indem sie uns zum Millionär machen will, kann sie uns nicht einmal einen Veilchenstrauß schenken, der doch zur Glückseligkeit, die so anspruchslos ist, schon genügt haben würde. Jedoch nicht immer haben die Speculationen der Begierde einen schlechten Ausgang; zuweilen verschafft sie uns köstliche Freuden, welche ebenfalls ausreichen würden, ein beständiges Kapital für die Glückseligkeit zu bilden. Doch wenn diese ihr Kapital anlegen und mäßige aber sichere Zinsen daraus ziehen will, mischt sich immer die Begierde mit ihren Luftschlössern hinein und überredet uns mit den spitzfindigsten Trugschlüssen, den Gewinn auf der Bank des Glückes zu wagen, so daß wir uns wieder der Angst und der Gefahr aussetzen. Auf diese Weise verbringt man meistentheils das Leben, ohne je für einen Pfennig Glückseligkeit genießen zu können.

Zuweilen kann man nach hartnäckigen Kämpfen und schweren über die Begierde davongetragenen Siegen Kapitalien zusammenhäufen; doch haben wir die tausend Verluste zu ertragen, denen die Glückseligkeit, das zarteste und gefährlichste aller Güter, ausgesetzt ist. Ich sehe so zu sagen in ihr ein armes herzensgutes und duldsames Weibchen, welches bei jedem Windzug in Ohnmacht fällt und an Migräne leidet, sobald es der Sonne ausgesetzt ist. Wenn die Glückseligkeit nicht krank ist, ist es eine wahre Wonne, die Frische ihrer Gesichtsfarbe zu betrachten und ihre liebenswürdige Lebhaftigkeit zu bewundern; aber ihre Gesundheit ist so schwach und räthselhaft, daß man nur selten jenes schöne Schauspiel genießen kann. Die Krankheiten, welche die Glückseligkeit befallen, sind unzählig; einige kommen von außen, andere entspringen in uns selbst. Die ersteren werden von den Schmerzen gebildet, welche uns — sei es durch eigene Schuld oder ohne jede Ursache überhaupt, — Andere bereiten, indem sie undankbar gegen uns sind, oder sterben, oder auch indem sie ihre

Leiden in uns reflectiren; die letzteren werden von den physischen Schmerzen unseres Körpers bedingt. Manche wenden ein verwerfliches Mittel an, um die Glückseligkeit vor allen von außen kommenden ansteckenden Krankheiten zu bewahren, und dieses besteht darin, daß sie sie zu wiederholten malen in Egoismus tauchen, — das beste Mittel, um jeden Schmerz von sich abzuhalten. Doch kann uns auch dieser Firniß, so undurchdringlich er ist, nicht gegen die physischen Uebel schützen, und außerdem verbreitet er einen so unausstehlichen Geruch rings herum, daß Niemand sich unserer „in Egoismus einbalsamirten Glückseligkeit" zu nahen wagt.

Ihr werdet wohl begreifen, warum es theoretisch so leicht scheint, glücklich zu sein, und warum einem dieses nie gelingt. Jedenfalls muß man, um wenigstens nach einem beliebigen Platz im Heiligthum der Glücklichen auf Erden trachten zu können, vor allen Dingen zum Verwalter der eigenen Güter eine Begierde nehmen, welche alt und verständig ist. Alle Mühen, die Ihr bei dieser Wahl ertragen müsset, werden Euch reichlich vergolten werden und Ihr könnet ohne Gewissensbisse einige Jahre vergehen lassen, ehe Ihr eine entscheidende Wahl treffet. Es ist, — ich wiederhole es, — eine heikle und schwierige Sache. Die Begierden sterben oft wegen Mißbrauch des Lebens in der Blüthe der Jugend, und auch die wenigen, welche überleben, bleiben fast immer ungestüm und verwegen bis zur Unklugheit. Uebrigens, wenn Ihr keine Begierde finden könnet, die ruhig von Natur ist, suchet sie zu zähmen und zu entkräften, so daß sie langsam und hinkend sich bewegt, wenn sie ausgeht, um Euer Geld auszugeben. Alsdann leget Eure Kapitalien zu mäßigen Zinsen aber sicher an, versichert sie mit der Tugend, mit der Vorsicht, mit dem Studium. Leget Euch ein Gärtchen an und bildet Euch eine kleine Welt, und schauet in andere Gärten nur, wenn Ihr guter Laune seid, und auch dann nur mit einem umgekehrten Fernrohr, das Euch die Gegenstände entfernt. Begnüget Euch mit Wenigem, und auf alles das, was Ihr nicht besitzet, verschaffet Euch einige von der Hoffnung ausgestellte Wechsel; liebet die Menschen und Euch selbst; verschönert mit der Phantasie, was Euch abschreckend und häßlich erscheint; erfreuet Euch Eurer Besitzthümer ohne Hochmuth; glaubet und lachet, und wenn Ihr dann noch nicht glücklich seid, könnt Ihr wenigstens sagen, Alles gethan zu haben, was man auf rechtschaffene Weise thun konnte, um es zu werden. Erinnert Euch zu Eurem Troste auch immer, daß das Glück nicht ein natürlicher Zustand für rechtschaffene Menschen ist, sondern daß es fast immer nur von einem guten Geschicke abhängt.

Unter sonst gleichen Umständen ist der glücklichste Mensch jener, welcher mit einem feineren Empfindungsvermögen, mit größerer Phantasie, mit stärkerem Willen und mit wenigen Vorurtheilen ausgestattet ist. Es ist jener seltene Mensch, welcher „so viel zu wollen" versteht, daß die Erzitterungen des Schmerzes aufgehoben werden und alle Saiten in Genuß erklingen.

Das Glück kann also ein Genuß im höchsten Grade sein, ein Funken lebhaftester Freude, welcher am Horizonte unseres Lebens aufsteigt und dann verschwindet, nachdem er eine sehr kurze Parabel durchlaufen hat. In diesem Falle ist es gleichbedeutend mit Seligkeit, — einem auf dem höchsten Grad menschlichen Fühlens gesteigerten Genusse, und ist von dem vollen Bewußtsein der Befriedigung begleitet.

Zuweilen ist es auch eine Leuchte, welche einen Zeitabschnitt unseres Daseins oder gar das ganze Leben erleuchtet, und in diesem Falle ist es das höchste Gut, nach welchem der Mensch in diesem Leben trachten kann. — Von diesem seligen Zustande giebt es so viele Varietäten wie menschliche Naturen, und wir würden deshalb die ganze Geschichte des menschlichen Herzens verkennen, wenn wir das Glück auf eine einzige Formel reduciren wollten. Damit das Glück sein könne, muß ein vollkommener Einklang bestehen zwischen den äußeren Umständen und dem sich in denselben befindenden Menschen, und es muß daraus die Befriedigung in ihrem höchsten Grade hervorgehen. Das Glück ist nichts als die vollständige Harmonie unseres Ich's mit der uns umgebenden Welt, weshalb unser Bewußtsein der einzige competente Richter über dasselbe ist.

Die verschiedenen Arten des Glücks lassen sich weder miteinander vergleichen noch summiren oder theilen. Der Pampas-Indianer streckt sich, nachdem er große Mengen warmen Pferdebluts zu sich genommen, unter dem Dach seiner luftigen Hütte aus, mit dem seligen Bewußtsein einer ausgezeichneten Verdauung; er ist glücklich wie der Sultan, der in den Vergnügungen seines Harems, in den gaukelhaften Träumen des Opiumrausches sich einbildet, Herr eines großen Theils unserer Erde zu sein, oder wie der Philosoph, der, nach langen Stunden intellectuellen Rausches zwischen seinen Büchern und seinen Manuscripten, sich zu Bette legt mit dem Ausruf: „Wer ist wohl glücklicher als ich in Europa?"

Diese drei Menschen haben verschiedene Naturen, genießen auf sehr verschiedene Art und Weise, sind aber alle glücklich, weil sie eben glauben es zu sein. Auch der Narr, der bei seinen wahnwitzigen Ideen lächelt, ist glücklich, wenn er sich dafür hält. Man kann das Glück heucheln wie alles andere auf dieser Welt; aber wenn Jemand sich einbildet glücklich zu sein, ist er es auch, und weder die Beredtsamkeit eines Cicero noch die Gewaltthätigkeit eines Tyrannen könnten ihn in seiner Meinung ändern.

Von den tausend Formen des Glücks lasse ich nachstehend einige folgen, welche den äußersten Bedingungen der Gehirnorganisation und der gesitteten Entwickelung entnommen sind.

I.

Emanuel Vasquez, Gutsbesitzer in Buenos-Ayres, hat zehntausend Kühe und viertausend Pferde, ein schönes Weib und eine gute und kräftige Nachkommenschaft. Nachdem er stundenlang seinen Maté-Thee eingesogen und dabei mit höchstem Wohlgefallen das in einem unermeßlichen Grasmeere umherirrende Vieh betrachtet hat, besteigt er sein Rennpferd, und im Fluge die vielen Meilen durcheilend, welche ihn von seinen Freunden trennen, findet er sich überall gut aufgenommen und gefeiert. Sein Braten ist immer fett, sein Maté-Thee ist immer ausgezeichnet, seine Nächte sind immer sehr ruhig. Seine Kühe und Pferde pflanzen sich auf seinen eigenen Feldern fort. Jener Mann ist glücklich.

II.

Don Diego Figueroa, erzogen im Seminar von Salamanca, hat die Werke des heil Dominicus und des heil. Ignazius auswendig gelernt. Sittsam, mäßig, grausam, hat er in der katholischen Religion nur die Ausschreitungen der Unduldsamkeit gesehen und den Scheiterhaufen, das Büßerhemd und die Hölle über Alles gelobt. Er ist Schulmeister in einem kleinen Dorfe der Mancha, hat immer viele Kinder, die er mit seinem Stecken blutig schlagen kann, hat des Morgens immer seine Chokolade, des Abends sein Gebetbuch. Sein Geld wird länger leben als seine Möbel und sein Skelet. Er ist glücklich.

III.

John Fitz in Massachusetts, Sohn eines Schreibers, war Ladenbursche, dann Handlungsreisender und später Theilnehmer eines Geschäftshauses in New-York. Mit 20 Jahren verheirathet, hatte er zu jener Zeit ein jährliches Einkommen von 200 Dollars, mit 24 Jahren ein Einkommen von 2000 Dollars; jetzt ist er 50 Jahre alt und sein jährliches Einkommen beträgt 5000 Pfund Sterling. Seine Frau ist haushälterisch und gesund; seine Tochter ist an einen reichen Kaufmann verheirathet; sein Thee und sein Pudding sind immer ausgezeichnet, die Bibel fehlt nie an ihrem Platze. Die Geschäftsangestellten sind intelligent und ehrlich, die Hauptbücher alle in bester Ordnung. John Fitz ist glücklich.

IV.

Jacob Dummel von Weimar ist Professor der Philosophie. Er war immer bestrebt, seine Bedürfnisse auf's kleinste Maß zu beschränken, lebt von Brod und Milch, schafft sich alle vier Jahre einen neuen Anzug an und giebt alles Geld, das ihm von seinem Gehalte übrig bleibt, den Armen. Immer gesund, immer vergraben unter seinen Büchern und Schülern, ohne Begierden und ohne Bedürfnisse, ist er glücklich.

V.

Die Gräfin von Saint-Armand, reich, sehr schön und liebenswürdig, hat einen schlechten Gatten und ausgezeichnete Verehrer, einen eleganten Wagen und eine Loge im Opernhause. Ihr Geschmack, sich zu kleiden, ist immer tadellos; ihr Selbstgefühl hat nie eine Beleidigung erfahren; sie hat nie gewußt, daß man auch auf Betttüchern schlafen könne, die nicht von holländischer Leinwand sind. Sie ist glücklich.

VI.

Chiang-fou, seit vielen Jahren auf Java ansässig, bietet dem Publikum seine Dienste als Lastträger an und eilt dann in seine Hütte, wo er sich mit einer Pfeife und Opium einschließt. Er geht nur aus, um zwei Stunden zu arbeiten und sich etwas Opium zu kaufen. Den ganzen Tag in der seligen Phantasmagorie des orientalischen Betäubungsmittels schwimmend, bemitleidet er den Gouverneur von Batavia, der so viele Stunden des Tages arbeiten und so viele Angelegenheiten erledigen muß. Die einzige Sorge, die ihn einige Augenblicke lang in seinem Leben gequält hat, war jene, sich selbst zu fragen, warum wohl die Menschen unter der Sonne sich so sehr abquälen, um das Glück zu suchen, da Gott doch Allen den herrlichen Mohnsaft gewährt. Er ist glücklich.

VII.

W., König von Geburt, hat nie die Schmeichelreden seiner Höflinge beargwöhnt und nie die Macht gegen sein Volk gemißbraucht. Von Allen geliebt, zufrieden im Kreise seiner Familie und zufrieden auf dem Throne, hat er die geographische Karte von Europa nie mit neidischem Blicke betrachtet. Mit der Gewißheit, als Herrscher zu sterben, hinterläßt er eine zahlreiche Familie, welche seinen Stamm nicht zu Grunde gehen lassen wird. W. ist glücklich.

VIII.

Anton Borghesi, 45 Jahre alt, dem die schärfsten Polizeibeamten nur die Bemerkung „regelmäßige Gesichtszüge“ in den

Paß zu schreiben wußten, war mit 24 Jahren Doctor der Rechte, dann Amtsgehülfe und jetzt ist er Richter. Er weiß, daß er in wenigen Jahren Rath werden wird. Er ist ledig und hat einen Vollbart, verdaut gut und raucht Tabak. Er ist glücklich.

IX.

Der Baron von Zillersberg ist Siegelbewahrer des Großherzogthums O. Von hohem Adel, tief vertraut mit der Heraldik, genießt er das Vertrauen seines Fürsten. Er hat nie — nicht einmal aus Zerstreutheit — die Hand einem Menschen gereicht, der ihm nicht ebenbürtig war; er hat immer eine steife Halsbinde und ein elastisches Rückgrat. Er hat nie geweint, denn er hat nie gelitten; er hat nie gelacht, denn das Lachen ist plebejisch. Er lächelt immer zu Allem und über Alles. Warum soll er wohl nicht glücklich sein?

X.

Vincenz Nardi von Mailand, Sohn eines Lastträgers und selbst Lastträger, hat immer guten Appetit, hat eine gute Faust, um sich zu vertheidigen und „anzubinden“, und eine gesunde Kehle, um beim Spiele mit seinen Kameraden zu schreien und eine Maß Wein nach der andern hinunterzugießen. Er hat nie an sich oder an Anderen gezweifelt. Seine Kraft hat nie nachgelassen; er hofft sich einen Sparpfennig für das Alter zurückzulegen. Er ist glücklich.

XI.

Peter Roberts, von Geburt schwach und grausam, war Straßenjunge, dann Dieb und endlich Gefängnißwärter. Er hatte die Ehre, dem Henker zu helfen und hofft selbst einer zu werden. Er kennt alle Flüche der englischen Sprache, alle Schenken in London und ist der erste Branntwein-Feinschmecker auf britannischem Boden. Er hat nie Jemand geliebt und Alle gehaßt. Er ist glücklich.

XII.

Elise Dewees, erzogen im Luxus, in einer moralischen und religiösen Atmosphäre, hat nie ein profanes Buch gelesen und nie ein Wort gehört, welches das keuschste Ohr Schottlands hätte beleidigen können. 18 Jahre alt, lernte sie einen jungen Mann kennen und liebte ihn. Auf immer mit ihm vereinigt, sah sie tausend andere, die in ihren Augen nur Menschen waren, während ihr Gatte ein Engel ist. Binnen Kurzem wird sie den Traum ihrer ganzen Jugend verwirklichen, nämlich den, nach Italien zu reisen. Sie glaubt, daß die Armen da seien, um die Mildthätigkeit der Reichen anzuregen, und hat den Schöpfer nie gefragt, warum er den Rosen Dornen gegeben. Sie ist glücklich.

9. Kapitel.

Vom Genusse im Mikrokosmus der lebenden Materie; — Philosophie des Genusses.

Wenn man auch mit mathematischer Sicherheit eine Definition vom Leben geben könnte, würde es doch immer schwer sein, die feine Linie zu bestimmen, welche die beiden Welten der lebenden und der todten Materie trennt. Jene glücklichen Erdensöhne, welche sich vertrauensvoll und ruhig hinter das Bollwerk ihrer Definitionen stecken und welche dem Universum Gewalt anthun möchten, um es in den Kreis ihrer Ideen zu zwängen, haben nie daran gedacht, daß das Leben auch außerhalb des Thier- und Pflanzenreichs seine warmen Ausflüsse ergieße, und würden demjenigen in's Gesicht lachen, der die Aufmerksamkeit auf den Begriff des Lebens lenken wollte. Andere, getrieben von einer glühenden Phantasie und von Natur eingenommen für das, was den meisten unglaubwürdig erscheint, halten Alles für belebt, was sich bewegt, wächst und sich vermehrt, und meinen, daß man das Leben keinem erschaffenen Dinge absprechen könne und daß es, nur in der Form und im Maße variirend, das Universum mit seinen reichen Säften erfülle.

Zu diesen beiden Ansichten werden wir, mehr als vom Despotismus der Traditionen oder der Volksmeinung, von dem langsamen aber unwiderstehlichen Einflusse unserer Organisation getrieben; und in der Finsterniß, welche diese hohe Metaphysik unseres Gehirns umhüllt, können wir mit scharfsinniger Dialektik beide aufrecht erhalten, denn die eine sowohl wie die andere ist wahrscheinlich und der Vernunft nicht widersprechend. Vielleicht ist das Leben nicht ein von dem analytischen Verstandes-Vermögen als Begriff formulirtes Collectiv-Factum, sondern nur der Reflex unseres Ich's in der uns umgebenden Welt. Um denselben Begriff in einer uns mehr der Welt der Empfindungen nähernden Form zu wiederholen, möchte ich sagen, daß der Mensch, ohne es zu wollen, die Wesen, welche ihm in den Hauptacten des Daseins gleichen, gesucht hat, und von den ähnlichsten hinabsteigend bis zu den letzten Gliedern der großen Kette der erschaffenen Wesen, ist er auf einen Punkt gekommen, auf welchem er die Geschöpfe nicht mehr als Brüder oder entfernte Verwandte anerkennen konnte, weil er sie zu verschieden von sich fand. Um diese Operation seines Verstandes mit einem stenographischen Zeichen anzudeuten, würde er den Begriff des „Lebens" erfunden haben, der, sich seiner Schwäche anpassend und ihn mit dem besseren Theile seines Ich's zufrieden machend, ihn alsdann verhindert, zu einem synthetischeren Begriff und zu einer kosmischen Betrachtung der Naturphänomene zu gelangen.

Jedenfalls concentrirt sich das Leben, wenn es alle erschaffenen Dinge erfüllt, oft in einem Punkte, und ein kleines Stofftheilchen befruchtend, macht es daraus ein Individuum, welches, abgesondert und sich in einer autonomischen Atmosphäre bewegend, nur mittelst der Kräfte, die es als Theil des Ganzen durchdringen, mit der Welt verbunden bleibt. Je mehr sich dieser Mikrokosmus vom Makrokosmus, vom dem es Form und Leben hat, trennt, je ausgedehnter der individuelle Horizont ist, welcher beständig mit dem ihn umschließenden Kreis kämpft, desto klarer bildet sich der Begriff des Lebens. Eine Gruppe organisirter Kräfte, entfaltet in einem sich unaufhörlich bewegenden und umbildenden Individuum, ist vielleicht die genauste Formel der lebenden Materie.

Die Zeit ist nur das Gesammtleben des Weltalls, und das Leben ist nur das Aufleuchten eines organisirten Mikrokosmus.

Ich möchte nicht, daß diese meine Ideen ein metaphysisches Anagramm wären, sondern der einfache und synthetische Ausdruck der Naturbeobachtung; sonst könnten sie mir als leichter Weg zum Studium der Einzelheiten dienen.

Alle lebenden und empfindungsfähigen Wesen müssen genießen. Es giebt zwei Wege, um dieses zu beweisen.

Der Genuß hat seinen physiologischen Grund in sich selbst, weshalb er nichts als ein vorher bestimmtes und nothwendiges Lebensmoment ist, und sein Endzweck steht unter einem zu erhabenen Gesetze, als daß er bei den einfachsten Wesen ohnmächtig werden könnte. Je wesentlicher eine Function ist, je inniger sie sich an das Lebensskelett heftet, desto leichter läßt sie sich auf der Stufenleiter der Lebewesen verfolgen.

Ich glaube, daß der Genuß unter dieses Gesetz fällt. Es bedarf weder der Vernunft noch des Willens, damit die Befriedigung eines Bedürfnisses von Genuß begleitet sei, sondern es genügt zu diesem Zwecke, daß das Geschöpf empfindet. Nun wohl, auch die Pflanzen empfinden, und auch sie können genießen. In dem Augenblicke, in welchem ein Lebensbedürfniß befriedigt wird, muß das bei der Empfindung zunächst betheiligte Organ auf eine ganz andere Weise erzittern, als wenn dasselbe eine Kraftveränderung erleidet, welche die physiologische Function stört und vielleicht das Leben gefährdet. Die wesentliche Verschiedenheit dieser beiden Daseinsmomente ist vielleicht die Hauptgrundlage dieses Phänomens, die Wiege, aus welcher der erste, d. h. der einfachste und elementarste Genuß entspringt.

Wenn die Sinnpflanze (Mimosa pudica) ihre Blätter schließt, wenn sich die Staubfäden der Loasblume aufrichten, als wollten sie sich mit wahrer Liebesumarmung um das weibliche Organ schlingen, so sind das Momente des Pflanzenlebens welche wirkliche organische Bedürfnisse darstellen, und sie können — das erstere von Schmerz, das letztere von Genuß begleitet sein.

Die Physiologie der Pflanzen ist noch zu dunkel, als daß man ihnen mit irgendwelcher Begründung den Genuß abstreiten könnte.

Um zu genießen, bedarf es in keiner Weise des Bewußtseins des analysirenden Ich's und noch weniger der Vernunft, welche den Act der Empfindung zur Vorstellung verwandelt. Man kann genießen, ohne zu denken und ohne sich des Genusses zu erinnern. Das wesentliche Phänomen, die philosophische Vorstellung des Genusses, besteht in der Fähigkeit, zwei Momente zu empfinden, das eine entsprechend dem Endzweck der Dinge und das andere im entgegengesetzten Sinne. Die intellectuelle Vergleichung ist nicht nothwendig, und sie würde immer das Gedächtniß voraussetzen. Das ganze Geheimniß des Unterschieds zwischen Genuß und Schmerz liegt in der Structur des empfindenden Organs, und da dieses immer in denselben Lebensbedingungen verbleibt, so genießt und leidet es je nach den Einflüssen, welche es von der Außenwelt empfängt.

Wer den Pflanzen den Genuß absprechen will, nur weil man nicht absolut beweisen kann, daß sie genießen, den möchte ich darauf aufmerksam machen, daß man logischer Weise auch nicht beim Pferde und beim Hunde den Genuß beweisen kann, trotzdem sie uns in vielen Structur- und Functionsverhältnissen sehr nahe stehen. Wenn wir den Nerven eines Frosches unter das beste Mikroskop bringen und ihn der Wirkung reagirender Chemikalien aussetzen, so daß er einen Strom heftigen Schmerzes erfährt, können wir doch keine stoffliche Veränderung wahrnehmen, und haben also auch nicht das Recht, die Annahme zurückzuweisen, daß der Blumengriffel beim Empfangen des befruchtenden Funkens in Genuß erzittern könne. In jenem Liebesaugenblicke athmen die Blumen ebensowohl wie die Thiere und entwickeln Ströme der Wonne und vielleicht auch der Elektricität. Und warum soll das Befriedigen des dringendsten aller organischen Bedürfnisse nicht empfunden und genossen werden? Der Staubfaden der Loasblume fühlt das weibliche Organ und nähert sich ihm; alle Pflanzen fühlen das Licht und suchen es, und überall wo Empfindung ist, kann auch Genuß und Schmerz sein.

Möge ein Botaniker nach physiologischer Methode in den Pflanzen die Organe suchen und er wird sie finden.*)

Zwischen ihren Nerven und den Nerven der Thiere wird vielleicht derselbe Unterschied sein wie zwischen den Tracheen und den Lungen, zwischen dem Blattgrün und den Blutkügelchen, zwischen dem Oel und dem Fett; aber das Organ darf nicht fehlen, weil die Function existirt.

Der zweite Weg, den Genuß bei den lebenden Wesen zu ermitteln, ist kein wissenschaftlicher und kann zu Irrthümern führen; aber er liegt dem Begriffsvermögen Aller sehr nahe, weshalb er von den Meisten betreten wird. Nachdem man die äußeren Zeichen kennt, mit denen der Genuß sich beim Menschen manifestirt, sucht man dieselben bei den Thieren und Pflanzen anzutreffen, und wo sie sich finden, hält man sie für Zeichen des Genusses. Dieser auf die Analogie sich gründende Vernunftschluß ist sehr unsicher, denn die Physiognomie des Genusses ist zu vielgestaltig und bietet kein charakteristisches Zeichen dar. Auch der Mensch, der so viele zur Darstellung seiner Empfindungen geeignete Hülfsmittel besitzt, weint vor Freude und vor Schmerz, bewegt sich und lärmt oder schlürft unbeweglich und still die Wellen des Genusses ein. Die Gewohnheit des Vergleichens, der uralte Gebrauch des Gruppirens und Klassificirens könnte uns leicht verleiten, nicht einem einzelnen Zeichen der Physiognomie des Genusses, wohl aber einem eine charakteristische Form bildenden Complex von Ausdruckszeichen eine große Bedeutung zu geben. Doch auch hier verlieren wir uns im Unbestimmten und Nebelhaften. Das Feuer des Ausdrucks, die Lebhaftigkeit der Bewegungen, der Glanz des Auges und andere physiognomische Zeichen können die verschiedensten Leidenschaften darstellen, und wenn wir uns einige Schritte vom Menschen abwenden, vermögen wir keine Silbe mehr auf dem Ge-

*) Einige neuere Entdeckungen der botanischen Hystologie scheinen diese meine vor Jahren gemachte Bemerkung bestätigen zu wollen.

sichte unserer fernen Verwandten zu lesen. Ich zweifle, daß Lavater die Physiognomie eines Hechtes, der mit Genuß eine Forelle zwischen den Zähnen hält, oder die Wollust eines unter den Zuckungen langer Liebesumarmungen sterbenden Insektes darzustellen vermochte. Wenn Granville mit Meisterhand die Leidenschaft auf dem Gesichte der vierfüßigen Thiere und auf dem Gefieder der Vögel zu schreiben verstanden hat, hat er den Menschen in die Thiere gepflanzt und sich seiner wie eines Spiegels bedient; aber er würde nie den Genuß der Thiere darzustellen vermocht haben.

Wenn die Pflanzen genießen können, müssen die Thiere genießen. Bei den Vibrionen und Monaden hat man trotz Mikroskop weder Nerven noch Nervenknoten finden können, aber, — sei es, daß diese sich unseren Nachforschungen entziehen oder sei es, daß die Empfindungsfähigkeit die ganze homogene und plastische Masse durchdringt, aus der sie gebildet sind, — wer auch nur einige Monate lang diese Infusionsthierchen studirt hat, wird sie genießen und leiden gesehen haben.

Der Genuß muß, zusammen mit den Organen und Functionen, vollkommener werden, je höher man auf der Stufenleiter der lebenden Wesen steigt, und kein Thier auf der Erde genießt mehr als der Mensch. Trotz des vollkommenen Bewußtseins beim Menschen müssen nun allerdings manche Sinnengenüsse von einigen Thieren stärker empfunden werden, aber die Summe der Genüsse muß doch immer zu unseren Gunsten sein. Der egoistische Gast unserer Wohnung empfindet gewisse Genüsse vielleicht mehr als wir, die, nach äußeren Kundgebungen zu schließen, sich den höchsten Graden der Wollust nähern; der Jagdhund muß, wenn er die Nähe eines Hasen wittert, mit dem Geruchssinn mehr genießen als wir. So können vollkommenere Geschöpfe als wir auch hundertmal mehr genießen als wir, und wenn sie nicht, — ohne unser Wissen, — unsere Zeitgenossen auf anderen Planeten und in anderen Welten sind, werden sie unsere Nachkommen in späteren Zeitaltern unserer Erde sein. Jedes Organ, jede Function, die sich dem Rahmen des Organismus hinzugesellt, schafft neue Bedürfnisse und erweckt neue Genüsse. Die ideale Vollkommenheit würde in einem Wesen bestehen, das, die vollständigste Entwickelung der lebenden Organisation in sich vereinigend, nach seinem Willen alle den lebenden Wesen gewährten Genüsse nacheinander und gleichzeitig kosten könnte, so daß dieselben, indem sie sich alle in jenem einfachsten Bewußtsein reflectiren, ihm in einem einzigen Augenblicke den Genuß der ganzen Schöpfung gewähren könnten. Wenn Gott genießt, muß er auf diese Weise genießen.

Die Philosophen haben tausend Definitionen des Genusses gegeben, die sich ihrer intellectuellen Entwickelung anpaßten. Sie werden immer den pathologischen Weg der Metaphysik oder den bescheidenen Pfad der Beobachtung verfolgen. Nachstehend gebe ich einige Definitionen, die, zuerst ganz materialistisch, immer idealer werden. Man setze zwischen dieselben tausend andere, welche sie miteinander verknüpfen, und man wird das in der ganzen Menschheit reflectirte Bewußtsein des Genusses dargestellt haben.

1. Der Genuß ist der physiologische Reiz der Empfindungsnerven.
2. Der Genuß ist die Empfindung im Vergleichungs-Zustande und in warmer Temperatur.
3. Der Genuß ist der Rausch der Empfindung.
4. Der Genuß ist die Befriedigung eines Bedürfnisses.
5. Der Genuß ist eine Empfindung, welche beim Vollziehen eines physiologischen Actes wahrgenommen wird.
6. Der Genuß ist das Bewußtsein des physiologischen Lebens.
7. Der Genuß ist das erste und letzte Ziel, nach welchem alle lebenden Wesen trachten.
8. Der Genuß ist die Verneinung des Schmerzes.
9. Der Genuß ist das Gegengift des Lebens.
10. Der Genuß ist der Kuß, welchen die Natur dem lebenden Wesen giebt.
11. Der Genuß ist die bewegende Kraft, ist die offene oder verborgene Feder aller menschlichen Leidenschaften.
12. Der Genuß ist eine Täuschung der Natur, um uns volens nolens zum Gehorsam gegen ihre Gesetze anzuhalten.

13. Der Genuß ist die machiavellistische Politik der Vorsehung.
14. Der Genuß ist das Hilfsmittel, dessen die Vorsehung sich bedient, um uns zur höchsten Vollkommenheit und zum wahren Heil zu führen.
15. Der Genuß ist der harmonische oder melodiöse Accord, welcher aus der Verbindung der Seele und des Körpers hervorgeht.
16. Der Genuß ist ein vom Schöpfer im Schmutze der Materie vergessener Lebensfunken.
17. Der Genuß ist eine beim Bilden des Universums vom Schöpfer gefaßte Vorsorge.

10. Kapitel.

Grundzüge der Edonologie oder der Wissenschaft vom Genusse; — Aphorismen.

Die Edonologie ist die Wissenschaft vom Genusse. Bemäntelt mit dem Schamgefühl oder der Heuchelei der Menschen, tief versteckt in den Falten des individuellen Bewußtseins oder in den Institutionen der Völker, findet sie sich in kleinen und großen Bissen vertheilt, und du findest ihre Bruchstücke ausgestreut überall, wo ein Mensch oder ein Volk lebte.

Wenn es keine Sünde ist, den moralischen Genuß zu suchen und ihn in einem größeren Kreise zu verbreiten, so kann es mir auch nicht als Vergehen angerechnet werden, wenn ich die Begierde dieser Wissenschaft mit einem dem Griechischen entnommenen Worte auszudrücken versucht habe.

Gierig den Genuß zu suchen und ihn über Alles zu lieben, den leichtesten und intensivsten vorzuziehen, einzig und allein an's Genießen zu denken, sind sichere Zeichen eines raffinirten Egoismus, eines kraftlosen Geistes und großer Verderbtheit; aber alles dieses ist keine Wissenschaft, sondern reine Sinnlichkeit. Aber die

Quellen dieser Empfindung zu studiren, deren äthiologischen Ursprung und Endzweck zu erforschen und dieselbe bis auf's feinste zu zergliedern, das ist Sache der Philosophie und der Oekonomie. Die Grundsätze der Edonologie beruhen auf der vollkommenen Thätigkeit des intellectuellen Mechanismus, auf der Topographie des Menschen im Universum und auf der Geschichte des menschlichen Herzens.

Bis sich diese Wissenschaft entwickelt und gestaltet gebe ich nachstehend deren Grundzüge in Form von

Aphorismen.

I.

Der Genuß ist die „Art und Weise" einer Empfindung, nie die Empfindung selbst.

II.

Wie die Farben und die Gerüche nicht für sich allein existiren, so stützt sich auch der Genuß immer auf ein Moment des Empfindens.

III.

Der Genuß ist also das Product einer intellectuellen Analyse. Der Genuß, eine Rose zu riechen ist eine Empfindung des Geruchssinnes, deren Charakter vom Bewußtsein sehr gut unterschieden und erkannt wird und welcher der Geist die Bezeichnung „angenehm" giebt.

IV.

Das wesentliche Merkmal, welches den Genuß von jeder andern Art des Empfindens unterscheidet, wird nur vom Bewußtsein erkannt, dem obersten Richter desselben.

V.

Von den tausend Elementen, welche den flüchtigen Augenblick des Genusses modificiren können, ist das mächtigste das Gehirncentrum. Dieselbe Empfindung kann also, je nach dem Zustande des Ich's, angenehm oder schmerzhaft sein.

VI.

Es ist also kein Paradoxon, sondern eine ausgemachte physiologische Wahrheit, wenn man sagt, daß es keinen Genuß giebt, der wesentlich und nothwendig ein solcher ist. Der größte Schmerz kann in einem gegebenen Falle ein Genuß, und die größte Freude kann eine drückende Last sein.

VII.

Der Genuß wird sehr oft vom Grade der Empfindung bedingt. Einen Grad niedriger tritt Gleichgültigkeit ein, einen Grad höher Schmerz.

VIII.

Von der Gleichgültigkeit zum Genusse aufwärts steigend, finden die Menschen denselben auf verschiedener Höhe; die edonometrische Scala der Empfänglichkeit bemißt die specifische Verwandtschaft für den Genuß.

IX.

Je empfänglicher und intelligenter der Mensch ist und je besser er die Hauptgesetze der Edonologie kennt, desto leichter findet er den Genuß auf geringer Höhe.

X.

Die zarte Frau erheitert sich mit einigen Tropfen Orangenblüthenwasser; der Matrose beginnt zu lachen, nachdem er ein Liter Alkohol gesoffen hat.

XI.

Jedes Individuum hat seine edonische Empfänglichkeitsscala, und jeder Genuß hat ebenfalls seine Scala.

XII.

Jeder kann durch die Erfahrung die Intensität vieler Genüsse bemessen und den größten ermitteln. Nachstehend gebe ich einige Scalen, welche verschiedenen intellectuellen Typen entsprechen.

Sinnesgenüsse.

Niedriger Typus.	Blumengerüche.	Niedrigste Stufe.
	Handarbeit.	
	Musik.	
	Essen und Trinken.	Mittlere Stufen.
	Alkoholische Trunkenheit.	
	Geschlechtliche Umarmung.	Höchste Stufe.

Mittlerer Typus.	Handarbeit.	Niedrigste Stufe.
	Blumengerüche.	
	Essen und Trinken.	Mittlere Stufen.
	Musik.	
	Genüsse d. Gesichtssinnes.	
	Geschlechtliche Umarmung.	Höchste Stufe.

Höchster Typus.	Essen und Trinken.	Niedrigste Stufe.
	Handarbeit.	
	Blumengerüche.	
	Genüsse d. Gesichtssinnes.	Mittlere Stufen.
	Coffeïnische Trunkenheit.	
	Musik.	
	Geschlechtl. Umarmung.	
	Narkotische Trunkenheit.	Höchste Stufe.

Gefühlsgenüsse.

Niedriger Typus.	Ehrgefühl.	Niedrigste Stufe.
	Wohlwollen.	
	Liebe zu den Thieren.	
	Liebe.	Mittlere Stufen.
	Genüsse d. Eigenthumsgef.	
	Väterl. u. mütterl. Gefühle	
	Selbstgefühl.	
	Egoismus.	Höchste Stufe.

Mittlerer Typus.	Würdegefühl.	Niedrigste Stufe.
	Schamgefühl.	Mittlere Stufen.
	Freundschaft.	
	Väterliche und mütterliche Gefühle.	
	Vaterlandsliebe.	
	Religion.	
	Eigenthumsgefühl.	
	Egoismus.	
	Liebe.	
	Selbstgefühl.	Höchste Stufe.

Höchster Typus.	Egoismus.	Niedrigste Stufe.
	Liebe zu den Thieren.	Mittlere Stufen.
	Selbstgefühl.	
	Eigenthumsgefühl.	
	Kampfesliebe.	
	Schamgefühl.	
	Religion.	
	Vater- und Mutterliebe.	
	Liebenswürdigkeit.	
	Freundschaft.	
	Vaterlandsliebe.	
	Würdegefühl.	Höchste Stufe.

Verstandesgenüsse.

Niedriger Typus.	Studium.	Niedrigste Stufe.
	Phantasie.	Mittlere Stufen.
	Willen.	
	Neugierde.	
	Das Lächerliche.	Höchste Stufe.

Mittlerer Typus.	Eigenes Schaffen.	Niedrigste Stufe.
	Studium. Neugierde. Willen. Das Lächerliche.	Mittlere Stufen.
	Phantasie.	Höchste Stufe.

Höchster Typus.	Das Lächerliche.	Niedrigste Stufe.
	Gedächtniß. Neugierde. Studium.	Mittlere Stufen.
	Willen.	Höchste Stufe.

XIII.

Der Genuß in der Zeit wird immer durch eine Parabel bezeichnet.

XIV.

Es giebt nicht zwei gleiche Genüsse.

XV.

Es giebt nicht zwei gleiche aufeinanderfolgende Momente in einem und demselben Genusse.

XVI.

Je intensiver der Genuß ist, desto schneller fällt er vom höchsten Grade auf den niedrigsten.

XVII.

Die ruhigen Genüsse sinken langsam vom Scheitelpunkt der Parabel auf die Ebene der Gleichgültigkeit.

XVIII.

Die Elemente, welche zur Steigerung des Genusses mitwirken, sind das zarte Empfindungsvermögen, die Neuheit der Empfindung, das dringende Bedürfniß, das höchste Zeitmaß der Begierde, die hohe intellectuelle Entwickelung und die Aufmerksamkeit.

XIX.

Der vorhergehende Satz gilt für die Genüsse im Allgemeinen. Jeder derselben hat seine eigenen Reiz- und seine eigenen Abschwächungsmittel.

XX.

Die Elemente, welche den Genuß vermindern, sind die Stumpfsinnigkeit, die geringe Begierde oder das gänzliche Fehlen derselben, die Beschränktheit des Geistes und die geringe Aufmerksamkeit.

XXI.

Die Gewohnheit ist einer der mächtigsten Faktoren in der Genesis des Genusses. Im Allgemeinen steigert sie die schwachen und schwächt sie die stärkeren Genüsse. Für sich allein kann sie der gleichgültigsten Empfindung einen angenehmen Charakter verleihen.

XXII.

Es gibt ein Empfindungsvermögen für den Genuß, welches von dem allgemeinen verschieden ist und welches nicht immer von der Fähigkeit eines tiefen Schmerzempfindens bemessen wird.

XXIII.

Dieses Vermögen wirkt mehr als jedes andere mit, den Genuß zu vervielfachen und das Menschenleben glücklich zu gestalten.

XXIV.

Das französische Volk ist dasjenige, welches dieses Vermögen im höchsten Grade besitzt.

XXV.

Die Genüsse können einander ausstoßen, modificiren, sich zusammenreihen und sich kreuzen.

XXVI.

Es existiren Genüsse, die ganz neu und den Menschen noch unbekannt sind und die er auf dem glänzenden Wege der Civilisation finden wird.

XXVII.

Die Hauptquellen eines jeden Genusses sind zwei, nämlich erstens die Erreichung eines innig an die Weltordnung geknüpften, unwiderstehlichen Endzweckes, und zweitens das secundäre Resultat der vorherbestehenden Hauptkräfte.

XXVIII.

Die aus der ersten Quelle entspringenden Genüsse sind jene, welche aus der Befriedigung eines zum physischen und socialen Leben des Menschen nothwendigen Bedürfnisses hervorgehen, nämlich die Genüsse des Essens und Trinkens, des Liebens und Hassens, des Ehrgeizes u. s. w.

XXIX.

Genüsse, welche aus der zweiten Quelle entspringen, sind jene des Kitzels, des Lächerlichen, der Musik u. s. w.

XXX.

Zur deutlichen Unterscheidung der Genüsse primären und secundären Ursprungs diene folgendes Beispiel. Ein Mechaniker baut eine Maschine und, sehend, daß ihre Thätigkeit dem Zwecke, für den sie gemacht wurde, entspricht, freut er sich. Einige Augenblicke später bemerkt er, daß das von der Thätigkeit der Federn und Räder erzeugte Geräusch angenehm ist und genießt eine neue Freude. Die Maschine war nicht gebaut worden, um ein angenehmes Geräusch zu erzeugen. Der erste Genuß ist primär, der andere secundär.

XXXI.

Der Genuß nimmt fast immer zu, wenn er sich in Worte kleidet und in dem Spiegel des Bewußtseins anderer Personen reflectirt.

XXXII.

Jedes empfindungsfähige Wesen kann genießen.

XXXIII.

Das Thier findet den Genuß, der Mensch sucht und findet ihn.

XXXIV.

Die leichten und Jedermann zugänglichen Genüsse erschöpfen sich bei Mißbrauch und entkräften Leib und Seele.

XXXV.

Die schwer erreichbaren und seltenen Genüsse erheben und vervollkommnen das Vermögen Desjenigen, der sie genießt.

XXXVI.

Die Moral ist die dem Wohle Aller richtig angepaßte Kunst des Genusses.

XXXVII.

Die Unsittlichkeit ist der Mißbrauch dieser Kunst zum Vortheile eines Individuums und zum Nachtheile der Gesellschaft.

XXXVIII.

Die Religion ist die Heiligung der Kunst des Genusses. Den hinfälligen Tag des Daseins zu ertragen, um ewig zu genießen, heißt der Gegenwart einen Tribut bezahlen, um sich die Zukunft zu sichern.

XXXIX.

Die Moral und die Religion heiligen also durch ihre Gutheißung die Kunst und die Wissenschaft des Genusses.

XL.

Je edler die Genüsse sind, die wir suchen, desto mehr befähigen wir uns, größere zu kosten.

XLI.

Die Genüsse der Tugend und des Opfers sind Wechsel für die Ewigkeit.

XLII.

Die unedlen Genüsse sind Selbstmorde des Genusses.

XLIII.

Die Sünde des Genusses wird mit genauem Maße von der darauf folgenden Reue bemessen.

XLIV.

Sich ausschließlich mit dem Genusse zu beschäftigen, ist Egoismus oder raffinirte Sinnlichkeit, ihn in den höheren Regionen der Moral und der Intelligenz zu suchen, heißt den kürzesten und sichersten Weg zum Glücke finden.

XLV.

Eine Abhandlung über Edonologie und ein Buch der Moral sollen gleichbedeutend sein.

XLVI.

Genießen, ohne Andere zu beleidigen, ist nicht immer moralisch; denn wir, die wir der menschlichen Familie angehören, können nicht zu unserm alleinigen Vortheil durch Verringerung des Werthes unseres Selbst's das sociale Kapital ruiniren.

XLVII.

Die Formen der Civilisation sind zahlreicher als die Kleider eines Schauspielers; aber der Kern aller vergangenen, gegenwärtigen und zukünftigen Civilisationsformen reducirt sich auf die Formel: „Genießen und genießen lassen."

XLVIII.

Die Speculanten auf die menschliche Schwäche werfen uns viele Hindernisse auf den Weg, um uns in unserer Wanderung zum Glücke aufzuhalten.

XLIX.

Mit Christus und dem Gewissen muß man alle Barrikaden der Dummheit und der Heuchelei niederreißen und den Weg auskehren, damit die ganze Menschheit zum „moralischen Genusse", dem ersten und letzten Zweck, für welchen der Mensch erschaffen wurde, gelangen könne.

L.

Das ideale Vorbild der menschlichen Vollkommenheit besteht darin, den Schmerz aus den Empfindungen auszulöschen und allen unter der Sonne geborenen Menschen die größte Zahl Genüsse zu verschaffen. Alles Uebrige ist der „Traum eines Schattens".

Inhalts-Verzeichniß.

1. Theil: Analyse.

Erste Abtheilung:

Lustempfindungen und Genüsse der Sinne.

Seite

Zweite Abtheilung.

Genüsse des Gefühls.

Dritte Abtheilung.

Genüsse des Verstandes.

Zweiter Theil: Synthese.

www.ingramcontent.com/pod-product-compliance
Lightning Source LLC
Chambersburg PA
CBHW070742220326
41598CB00026B/3725
* 9 7 8 3 8 6 7 4 1 4 2 0 3 *